MCS－51
单片机原理及应用

（第3版）

张毅刚　刘　杰　主编

哈爾濱工業大學出版社

内 容 简 介

本书详细地介绍了 MCS-51 单片机的原理，包括硬件结构、指令系统，从应用的角度介绍了汇编语言程序设计与各种硬件接口设计、接口驱动程序设计，最后介绍了 MCS-51 单片机应用系统的设计。本书突出了选取内容的实用性、典型性，具有原理与应用相结合的特点，对 MCS-51 单片机应用系统设计中的各种新器件也作了介绍。

本书可作为高等工科院校、职业技术学院的电子技术、计算机、自动控制、智能仪器仪表、电气工程、机电一体化各专业单片机课程的教材，也可供从事 MCS-51 单片机应用工作的工程技术人员参考。

图书在版编目(CIP)数据

MCS-51 单片机原理及应用/张毅刚主编. —哈尔滨：哈尔滨工业大学出版社，2008.9(2018.7 重印)
ISBN 978-7-5603-2027-4

Ⅰ.M… Ⅱ.张… Ⅲ.单片微型计算机 Ⅳ.TP368.1

中国版本图书馆 CIP 数据核字(2008)第 120380 号

责任编辑 王超龙
封面设计 卞秉利
出版发行 哈尔滨工业大学出版社
社 址 哈尔滨市南岗区复华四道街 10 号 邮编 150006
传 真 0451-86414749
网 址 http://hitpress.hit.edu.cn
印 刷 肇东市一兴印刷有限公司
开 本 787mm×1092mm 1/16 印张 17.75 字数 410 千字
版 次 2004 年 6 月第 1 版 2008 年 9 月第 3 版
2018 年 7 月第 9 次印刷
书 号 ISBN 978-7-5603-2027-4
定 价 38.00 元

前　言

单片机自20世纪70年代问世以来,已对人类社会产生了巨大的影响。尤其是美国Intel公司生产的MCS-51系列单片机,由于其具有集成度高、处理功能强、可靠性高、系统结构简单、价格低廉、易于使用等优点,已在工业控制、智能仪器仪表、办公室自动化、家用电器等诸多领域得到广泛的普及和应用。此外,世界各大公司以MCS-51单片机基本内核为核心的各种扩展型、增强型的新型单片机不断推出,在今后若干年内,MCS-51系列及其兼容的各种增强型、扩展型的单片机,仍是我国单片机应用领域的主流机型。单片机技术开发和应用水平已成为一个国家工业化发展水平的标志之一。

本书在编写时,重点考虑了如下问题:

1.注重了原理与应用的相结合。避免仅从原理上去对MCS-51单片机进行分析和介绍,书中不仅详细介绍了各种硬件接口的设计,而且对如何进行系统设计也作了详细介绍,并给出实例,使得学生能很快地掌握常用的应用系统设计方法。

2.突出了选取内容的实用性、典型性,内容丰富、详实。所介绍的各种设计方案,均为常用、典型的方案。书中提供了大量的接口设计实例及程序实例,非常有利于学生提高设计工作的效率。

3.对系统设计用到的新器件也作了详细的介绍。

4.文字精练,通俗易懂,深入浅出,便于自学。书中各章后均附有思考题与习题,供学生巩固、消化、理解课堂所学内容之用。

本书首先详细地介绍了MCS-51单片机的硬件结构和指令系统,在此基础上详细介绍了MCS-51单片机的各类接口技术及应用系统设计。

全书共分为13章,第1章至第7章为MCS-51单片机的原理部分,介绍了硬件结构、指令系统及片内各功能部件;第8章至第12章介绍了各种类型的硬件接口及软件设计;第13章介绍了如何根据应用需求,来进行应用系统的设计,如何使用仿真开发系统来进行单片机应用系统的开发和调试。

全书的参考学时约40~60学时,可根据实际情况,对各章所讲授的内容进行取舍。

本书由哈尔滨工业大学电气工程及自动化学院张毅刚教授和沈阳师范大学软件学院刘杰教授编著。此外,参加本书编写工作的还有马云彤、黄灿杰、刘兆庆、孟升卫、乔立岩、刘旺、彭宇、孙宁。哈尔滨工业大学自动化测试与控制研究所硕士生卢艳东、杨海涛、贺建林为本书插图工作的完成付出了辛勤的劳动。在此,对他们一并表示衷心的感谢。

由于时间紧迫,书中疏漏之处在所难免,敬请读者批评指正。

作　者

2004年2月于哈尔滨工业大学

目　　录

第1章 绪 论

1.1 电子计算机发展概述

1.1.1 电子计算机及其发展历史

世界上第一台电子数字计算机诞生于1946年2月,它标志着计算机时代的到来。第一台电子计算机是电子管计算机,时钟频率只有100 kHz,在1秒的时间内完成5 000次加法运算。在第一台计算机研制的过程中,匈牙利籍数学家冯·诺依曼担任研制小组的顾问,并在方案的设计上作出了重要的贡献。1946年6月冯·诺依曼又提出了"程序存储"和"二进制运算"的思想,进一步构建了由运算器、控制器、存储器和输入/输出设备组成计算机的经典结构,如图1.1所示。

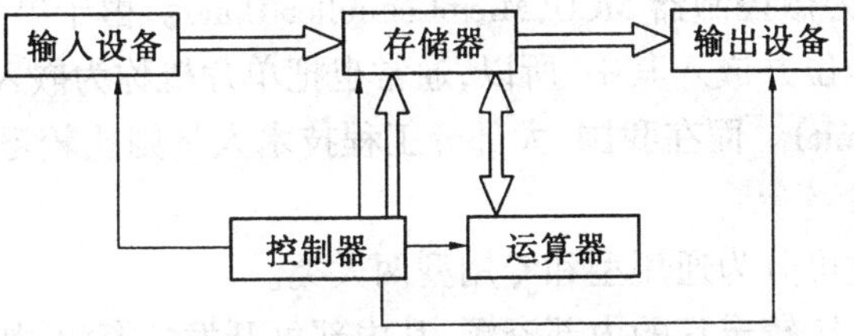

图1.1 电子计算机的经典结构

从第一台电子数字计算机诞生到现在,电子计算机的发展经历了电子管计算机、晶体管计算机、集成电路计算机、大规模集成电路计算机和超大规模集成电路计算机五个阶段。但是,计算机的结构仍没有突破冯·诺依曼提出的计算机经典结构框架。

第一台计算机诞生至今仅仅几十年的时间,计算机的性能已大大提高,而价格在不断下降,并且广泛地应用于人类生产和生活的各个领域。

1.1.2 微型计算机的组成

计算机真正得到广泛的应用和普及还是由于微型计算机的出现。1971年Intel公司的的技术人员将组成计算机的原始方案中的十几个芯片压缩成三个集成电路芯片。其中的两个芯片分别用于存储程序和数据,另一芯片集成了运算器和控制器及一些寄存器,被称为微处理器,这是世界上第一台微处理器,即Intel4004。

微型计算机是由微处理器、存储器加上I/O接口电路组成。微型计算机的各组成部分通过地址总线(AB)、数据总线(DB)和控制总线(CB)相连,如图1.2所示。

在微型计算机基础上,再配以系统软件和I/O设备,便构成了完整的微型计算机系统,简称微型计算机或微机。

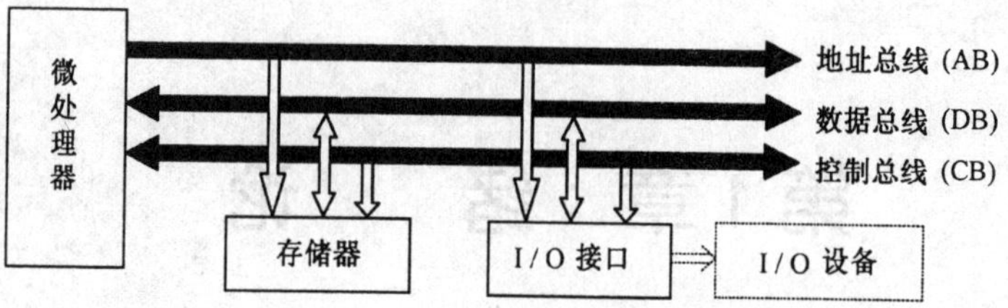

图 1.2 微型计算机的组成

1.2 什么是单片机

单片机自 20 世纪 70 年代问世以来,已广泛地应用在工业自动化控制、自动检测、智能仪器仪表、家用电器、电力电子、机电一体化设备等各个方面。

什么是单片机?单片机就是在一片半导体硅片上集成了微处理器(CPU)、存储器(RAM,ROM,EPROM)和各种 I/O 接口。这样一块集成电路芯片具有一台微型计算机的属性,因而被称为单片微型计算机,简称单片机。

单片机主要应用于测控领域,用以实现各种测试和控制功能。为了强调其控制属性,在国际上,多把单片机称为微控制器 MCU(MicroController Unit)。由于单片机在使用时,通常是处于测控系统的核心地位并嵌入其中,所以,通常也把单片机称为嵌入式控制器 EMCU(Embedded MicroController Unit)。而在我国,大部分工程技术人员则比较习惯于使用"单片机"这一名称。

单片机按照其用途可分为通用型和专用型两大类。

通用型单片机具有比较丰富的内部资源,其内部可开发的资源,如 RAM、ROM、I/O 等功能部件等全部提供给用户。用户可根据实际需要,设计一个以通用单片机芯片为核心,再配以外部接口电路及其他外围设备,来满足各种不同需要的测控系统。通常所说的和本书所介绍的单片机是指通用型单片机。

然而,在许多情况下是使用专门针对某些产品的特定用途而制作的单片机,例如,家用电器以及各种通信设备中的"专用"单片机等。这种应用的最大特点是针对性强且数量巨大。为此,单片机芯片制造商常与产品厂家合作,设计和生产"专用"的单片机芯片。设计中,已经对系统结构的最简化、可靠性和成本的最佳化等方面都作了全面的考虑,所以"专用"单片机具有十分明显的综合优势,也是今后单片机发展的一个重要方向。但是,无论"专用"单片机在用途上有多么"专",其基本结构和工作原理都是以通用单片机为基础的。

1.3 单片机的发展历史及发展趋势

1.3.1 单片机的发展历史

单片机根据其基本操作处理的位数可分为:1 位单片机、4 位单片机、8 位单片机、16 位单片机和 32 位单片机。

1971 年微处理器研制成功不久,就出现了单片机,但最早的单片机是 1 位的。

单片机的发展历史可分为四个阶段：

第一阶段(1974～1976年)：单片机初级阶段。因工艺限制，单片机采用双片的形式而且功能比较简单。例如，仙童公司生产的F8单片机，实际上只包括了8位CPU、64 byte RAM和2个并行口。因此，还需加一块3851(由1KROM、定时器/计数器和2个并行I/O口构成)才能组成一台完整的计算机。

第二阶段(1976～1978年)：低性能单片机阶段。以Intel公司制造的MCS－48单片机为代表，这种单片机片内集成有8位CPU、并行I/O口、8位定时器/计数器、RAM和ROM等，但是不足之处是无串行口，中断处理比较简单，片内程序存储器和数据存储器的容量较小，且寻址范围不大于4Kbyte。

第三阶段(1978年～1982年)：高性能单片机阶段。这个阶段推出的单片机普遍带有串行I/O口，多级中断系统，16位定时器/计数器，片内ROM、RAM容量加大，且寻址范围可达64Kbyte，有的片内还带有A/D转换器。这类单片机的典型代表是Intel公司的MCS－51系列、Mortorola公司的6801和Zilog公司的Z8等。由于这类单片机的性能价格比高，已被广泛应用，是目前应用数量较多的单片机。

第四阶段(1982年～现在)：8位单片机巩固发展及16位单片机、32位单片机推出阶段。16位单片机的典型产品如Intel公司生产的MCS－96系列单片机，其集成度已达120 000管子/片，主振为12MHz，片内RAM为232byte，ROM为8Kbyte，中断处理为8级，而且片内带有多通道10位A/D转换器和高速输入/输出部件(HSI/HSO)，实时处理的能力很强。而32位单片机除了具有更高的集成度外，其数据处理速度比16位单片机提高许多，性能比8位、16位单片机更加优越。

1.3.2 单片机的发展趋势

单片机的发展趋势将是向大容量、高性能化、外围电路内装化等方向发展。为满足不同的用户要求，各公司竞相推出能满足不同需要的产品。

1.CPU的改进

(1)采用双CPU结构，以提高处理能力。

(2)增加数据总线宽度，单片机内部采用16位数据总线，其数据处理能力明显优于一般8位单片机。

2.存储器的发展

(1)加大存储容量。单片机片内程序存储器容量可达28Kbyte，甚至达128Kbyte。

(2)片内程序存储器采用闪烁(Flash)存储器。闪烁存储器能在＋5V下读写，既有静态RAM读写操作简便，又有在掉电时数据不会丢失的优点。片内闪烁存储器的使用，大大简化了应用系统结构。

3.片内I/O的改进

(1)增加并行口的驱动能力。这样可减少外部驱动芯片。有的单片机能直接输出大电流和高电压，以便能直接驱动LED和VFD(荧光显示器)。

(2)有些单片机设置了一些特殊的串行接口功能，为构成分布式、网络化系统提供了方便条件。

4.外围电路内装化

随着集成电路技术及工艺的不断发展,把所需的众多的外围电路全部装入单片机内,即系统的单片化是目前单片机发展趋势之一。

5.低功耗化

8位单片机中有二分之一的产品已 CMOS 化,CMOS 芯片的单片机具有功耗小的优点,而且为了充分发挥低功耗的特点,这类单片机普遍配置有 Wait 和 Stop 两种工作方式。例如采用 CHMOS 工艺的 MCS-51 系列单片机 80C31/80C51/87C51 在正常运行(5V,12MHz)时,工作电流为 16mA,同样条件下 Wait 方式工作时,工作电流则为 3.7mA,而在 stop 方式(2V)时,工作电流仅为 50nA。

综观单片机几十年的发展历程,单片机今后将向多功能、高性能、高速度、低电压、低功耗、低价格、外围电路内装化以及片内存储器容量增加和 Flash 存储器化方向发展。

1.4 单片机的应用

单片机以其卓越的性能,在下述的各个领域中得到了广泛的应用。

1.工业自动化

在自动化技术中,无论是过程控制技术、数据采集还是测控技术,都离不开单片机。在工业自动化的领域中,机电一体化技术将发挥越来越重要的作用,在这种集机械、微电子和计算机技术为一体的综合技术(例如机器人技术)中,单片机将发挥非常重要的作用。

2.智能仪器仪表

目前对仪器仪表的自动化和智能化要求越来越高。在智能仪器仪表中,单片机应用十分普及。单片机的使用有助于提高仪器仪表的精度和准确度,简化结构,减小体积而便于携带和使用,加速仪器仪表向数字化、智能化、多功能化方向发展。

3.消费类电子产品

该应用主要反映在家电领域。目前,家电产品的一个重要发展趋势是不断提高其智能化程度,例如,洗衣机、电冰箱、空调机、电视机、微波炉、手机、IC 卡、汽车电子设备等。在这些设备中使用了单片机后,其功能和性能大大提高,并实现了智能化、最优化控制。

4.通信方面

在调制解调器、程控交换技术以及各种通信设备中,单片机得到了广泛的应用。

5.武器装备

在现代化的武器装备中,如飞机、军舰、坦克、导弹、鱼雷制导、智能武器装备中、航天飞机导航系统,都有单片机嵌入其中。

6.终端及外部设备控制

计算机网络终端设备,如银行终端,以及计算机外部设备,如打印机、硬盘驱动器、绘图机、传真机、复印机等,其中都使用了单片机。

7.多机分布式系统

可用多片单片机构成分布式测控系统,它使单片机的应用提高到一个新的水平。

综上所述，在工业自动化、智能仪器仪表、家用电器以及国防尖端技术等领域，单片机都发挥着十分重要的作用。

1.5 MCS－51 系列与 80C51 系列单片机

20 世纪 80 年代以来，单片机的发展非常迅速，世界上一些著名厂商投放市场的产品就有几十个系列，数百个品种，其中有 Motorola 公司的 6801、6802，Zilog 公司的 Z8 系列，Rockwell 公司的 6501、6502 等。此外，荷兰的 PHILIPS 公司、日本的 NEC 公司及日立公司等也不甘落后，相继推出了各自的单片机品种。

尽管单片机的品种很多，但是在我国使用最多的是 Intel 公司的 MCS－51 系列单片机。MCS 是 Intel 公司生产的单片机的系列符号，例如 Intel 公司的 MCS－48、MCS－51、MCS－96 系列单片机。MCS－51 系列是在 MCS－48 系列的基础上于 20 世纪 80 年代初发展起来的，是最早进入国内的单片机主流品种之一。

MCS－51 系列单片机既包括三个基本型 8031、8051、8751，也包括对应的低功耗型 80C31、80C51、87C51，虽然它是 8 位的单片机，但具有品种全、兼容性强、性能价格比高等特点，且软硬件应用设计资料丰富齐全，已为我国广大工程技术人员所熟悉。因此，MCS－51 系列单片机在我国得到了广泛的应用。

MCS－51 系列单片机的使用温度范围如表 1.1 所示。

表 1.1 MCS－51 的使用温度

民　品	0～＋70℃
工业品	－40～＋85℃
军　品	－65～＋125℃

设计者可根据不同的应用环境温度的需要来选择不同的品种。

20 世纪 80 年代中期以后，Intel 公司以专利转让的形式把 8051 内核技术转让给了许多半导体芯片生产厂家，如 AMTEL、PHILIPS、ANALOGDEVICES、DALLAS 公司等。这些厂家生产的芯片是 MCS－51 系列的兼容产品，准确地说是与 MCS－51 指令系统兼容的单片机。这些兼容机与 8051 的系统结构（主要是指令系统）相同，采用 CMOS 工艺，因而常用 80C51 系列来称呼所有具有 8051 指令系统的单片机。它们对 8051 一般都作了一些扩充，使其更有特点，且功能和市场竞争力更强，不应该直接称之为 MCS－51 系列单片机，因为 MCS 只是 Intel 公司专用的单片机系列符号。

近年来，世界上单片机芯片生产厂商推出的与 80C51 兼容的主要产品如表 1.2 所示。

表 1.2 与 80C51 兼容的主要产品

生　产　厂　家	单　片　机　型　号
美国 ATMEL 公司	AT89 系列（89C51、89C52、89C55 等）
荷兰 PHILIPS（菲力浦）公司	80C51、8×C552 系列
Cygnal 公司	C80C51F 系列高速 SOC 单片机
LG 公司	GMS90/97 系列低价高速单片机
ADI 公司	ADμC8×× 系列高精度单片机
美国 Maxim 公司	DS89C420 高速（50MIPS）单片机系列
华邦公司	W78C51、W77C51 系列高速低价单片机

目前,MCS-51系列及80C51系列的单片机衍生机型仍为我国单片机应用的主流系列,在最近的若干年内仍是工业检测、控制应用领域内的主角。

MCS-51系列及80C51系列单片机有多种品种。它们的指令系统相互兼容,主要在内部硬件结构上有些区别。目前,使用的MCS-51系列单片机及其兼容产品通常分成以下几类。

1.基本型

典型产品:8031/8051/8751。8031内部包括一个8位CPU,128byte的RAM,21个特殊功能寄存器(SFR),4个8位并行I/O口,1个全双工串行口,2个16位定时器/计数器,但片内无程序存储器,需外扩EPROM芯片。

8051是在8031的基础上,片内又集成有4Kbyte的ROM,作为程序存储器,是一个程序不超过4Kbyte的小系统。ROM内的程序是公司制作芯片时代为用户烧制的,所以8051应用程序已广泛用于批量大的单片机产品中。

8751是在8031基础上,增加了4Kbyte的EPROM,它构成了一个程序不大于4Kbyte的小系统。用户可以将程序固化在EPROM中,EPROM中的内容可反复擦写修改。但其价格相对于8031较高。8031外扩一片4Kbyte的EPROM就相当于8751。

2.增强型

Intel公司在MCS-51系列三种基本型产品基础上,又推出增强型系列产品,即52子系列,典型产品:8032/8052/8752。它们的内部RAM增到256byte,8052、8752的内部程序存储器扩展到8Kbyte,16位定时器/计数器增至3个,6个中断源,串行口通信速率提高5倍。

3.低功耗型

代表性产品为:80C31/87C51/80C51,均采用CMOS工艺,功耗很低。例如,8051的功耗为630mW,而80C51的功耗只有120mW,它们用于低功耗的便携式产品或航天技术中。此类单片机有两种掉电工作方式:一种掉电工作方式是CPU停止工作,其他部分仍继续工作;另一种掉电工作方式是,除片内RAM继续保持数据外,其他部分都停止工作。此类单片机的功耗低,非常适于电池供电或其他要求低功耗的场合。

4.专用型

如Intel公司的8044/8744,它们在8051的基础上,又增加一个串行接口部件,主要用于利用串行口进行通信的总线分布式多机测控系统。

再如美国Cypress公司最近推出的EZUSR-2100单片机,它是在8051单片机内核的基础上,又增加了USB接口电路,可专门用于USB串行接口通信。

5.超8位型

在8052的基础上,采用CHMOS工艺,并将MCS-96系列(16位单片机)中的一些I/O部件,如高速输入/输出(HSI/HSO)、A/D转换器、脉冲宽度调制(PWM)、看门狗定时器等移植进来构成新一代MCS-51产品,其功能介于MCS-51和MCS-96之间。PHILIPS公司生产的80C552/87C552/83C552系列单片机即为此类产品。目前此类单片机在我国已得到了较为广泛的使用。

6.片内闪烁存储器型

随着半导体存储器制造技术和大规模集成电路制造技术的发展,片内带有闪烁(Flash)

存储器的单片机在我国已得到广泛的应用。例如，美国 ATMEL 公司推出的 AT89C51 单片机。

在众多的 MCS－51 单片机及各种增强型、扩展型等衍生品种的兼容机中，PHILIPS 公司生产的 80C552/87C552/83C552 系列单片机和美国 ATMEL 公司的 AT89C51 单片机在我国使用较多，尤其是美国 ATMEL 公司推出的 AT89C51 单片机。它是一个低功耗、高性能的含有 4Kbyte 闪烁存储器的 8 位 CMOS 单片机，时钟频率高达 20MHz，与 MCS－51 的指令系统和引脚完全兼容。闪烁存储器允许在线（+5V）电擦除、电写入或使用编程器对其重复编程。此外，89C51 还支持由软件选择的两种掉电工作方式，非常适于电池供电或其他要求低功耗的场合。由于片内带 EPROM 的 87C51 价格偏高，而 89C51 芯片内的 4Kbyte 闪烁存储器可在线编程或使用编程器重复编程，且价格较低，因此 89C51 受到了应用设计者的欢迎。此外，PHILIPS 公司生产的 80C58 单片机，内部集成有 32Kbyte 的闪烁存储器，可满足具有较大规模测控程序的场合。

尽管 MCS－51 系列以及 80C51 系列单片机有多种类型，但是掌握好 MCS－51 的基本型（8031、8051、8751 或 80C31、80C51、87C51）是十分重要的，因为它们是具有 MCS－51 内核的各种型号单片机的基础，也是各种增强型、扩展型等衍生品种的核心。

思考题及习题

1.计算机由哪几部分组成？

2.微计算机由哪几部分组成？

3.微处理器、微计算机、微处理机、CPU、单片机它们之间有何区别？

4.除了单片机这一名称之外，单片机还可称为（　　　　）和（　　　　）。

5.单片机与普通计算机的不同之处在于其将（　　　　）、（　　　　）和（　　　　）三部分集成于一块芯片上。

6.单片机的发展大致分为哪几个阶段？

7.单片机根据其基本操作处理的位数可分为哪几种类型？

8.MCS－51 系列单片机的基本型芯片分别为哪几种？它们的差别是什么？

9.MCS－51 系列单片机与 80C51 系列单片机的异同点是什么？

10.8051 与 8751 的区别是　　（　　）

（A）内部数据存储单元数目的不同　（B）内部数据存储器的类型不同

（C）内部程序存储器的类型不同　（D）内部的寄存器的数目不同

11.在家用电器中使用单片机应属于微计算机的　　（　　）

（A）辅助设计应用　（B）测量、控制应用　（C）数值计算应用　（D）数据处理应用

12.单片机主要应用在哪些领域？

第2章　MCS－51的硬件结构

本章介绍 MCS－51 单片机的硬件结构。单片机是微计算机的一个分支，在原理和结构上，微计算机的许多技术与特点都被单片机继承下来。所以，可以用学习微计算机的思路来学习单片机。

通过对本章的学习，读者应牢记 MCS－51 单片机向我们提供了哪些硬件资源，如何去应用它们。

2.1　MCS－51的硬件结构

MCS－51 单片机的片内结构如图 2.1 所示。MCS－51 单片机是把那些作为控制应用所必需的基本功能部件都集成在一个尺寸有限的集成电路芯片上。它由如下功能部件组成。

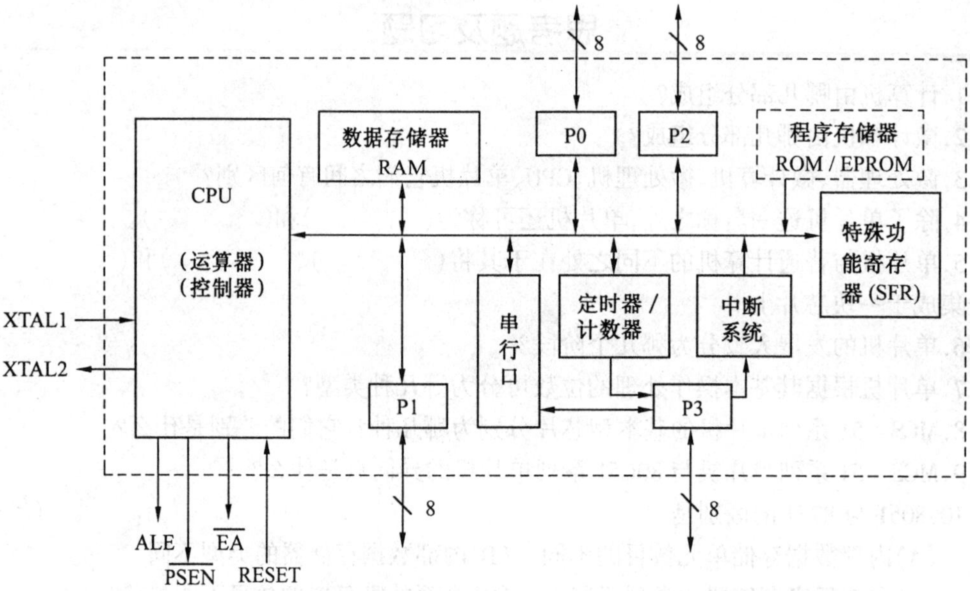

图 2.1　MCS－51 单片机片内结构

(1)微处理器(CPU)；

(2)数据存储器(RAM)；

(3)程序存储器(ROM/EPROM)(8031 没有此部件)；

(4)4 个 8 位并行 I/O 口(P0 口、P1 口、P2 口、P3 口)；

(5)1 个串行口；

(6)2 个 16 位定时器/计数器；

(7)中断系统；

(8)特殊功能寄存器(SFR)。

上述各功能部件都是通过片内单一总线连接而成(见图 2.1),其基本结构依旧是 CPU 加上外围芯片的传统微型计算机结构模式。但 CPU 对各种功能部件的控制是采用特殊功能寄存器(SFR—Special Function Register)的集中控制方式。

下面介绍图 2.1 中的各功能部件。

1.CPU(微处理器)

MCS－51 单片机中有 1 个 8 位的 CPU,与通用的 CPU 基本相同,同样包括了运算器和控制器两大部分,只是增加了面向控制的位处理功能。

2.数据存储器(RAM)

片内为 128byte(52 子系列的为 256byte),片外最多可外扩 64Kbyte。片内的 128byte 的 RAM,以高速 RAM 的形式集成在单片机内,可以加快单片机运行的速度,而且这种结构的 RAM 还可以降低功耗。

3.程序存储器(ROM/EPROM)

用来存储程序,8031 无此部件;8051 为 4Kbyte 的 ROM;8751 则为 4Kbyte 的 EPROM。如果片内只读存储器的容量不够,片外最多可外扩只读存储器的容量至 64Kbyte。

4.中断系统

具有 5 个中断源,2 级中断优先权。

5.定时器/计数器

片内有 2 个 16 位的定时器/计数器(52 子系列有 3 个 16 位的定时器/计数器),具有四种工作方式。

6.串行口

1 个全双工的串行口,具有四种工作方式。可用来进行串行通信,扩展并行 I/O 口,甚至与多个单片机相连构成多机系统,从而使单片机的功能更强,且应用更广。

7.P1 口、P2 口、P3 口、P0 口

为 4 个并行 8 位 I/O 口。

8.特殊功能寄存器(SFR)

特殊功能寄存器共有 21 个,用于 CPU 对片内各功能部件进行管理、控制、监视。实际上是一些控制寄存器和状态寄存器,是一个具有特殊功能的 RAM 区。

由上可见,MCS－51 单片机的硬件结构具有功能部件种类全、功能强等特点。

2.2 MCS－51 的引脚

掌握 MCS－51 单片机,应首先了解 MCS－51 的引脚,熟悉并牢记各引脚的功能。MCS－51 系列以及 80C51 系列中各种型号芯片的引脚是互相兼容的。制造工艺为 HMOS 的 MCS－51的单片机都采用 40 只引脚的双列直插封装(DIP)方式,如图 2.2 所示,目前大多数引脚为此类封装方式。制造工艺为 CHMOS 的 80C31/80C51/87C51,除采用 DIP 封装方式外,还采用方形封装方式,为 44 只引脚(其中 4 只是无用的引脚),如图 2.3 所示。

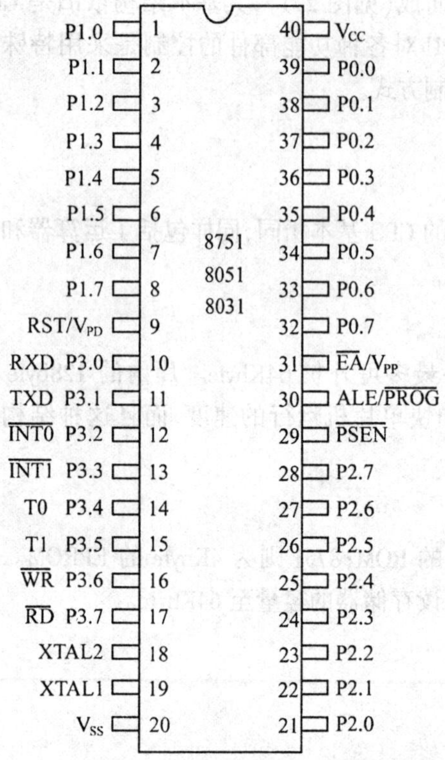

图 2.2　MCS-51 双列直插封装方式的引脚

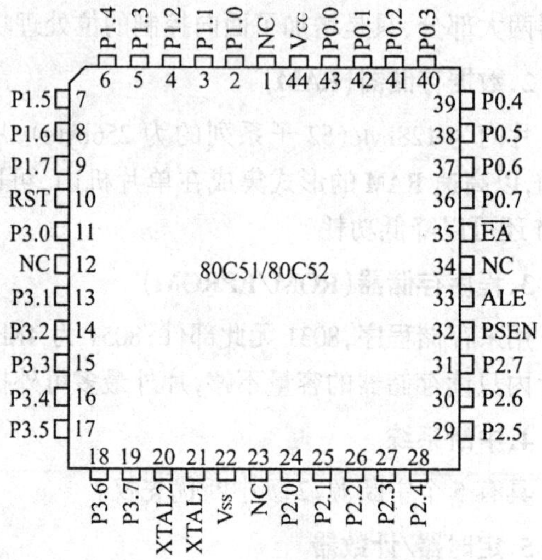

图 2.3　MCS-51 方形封装方式的引脚

40 只引脚按其功能来分,可分为如下 3 类:

(1)电源及时钟引脚: Vcc、Vss;XTAL1、XTAL2。

(2)控制引脚:$\overline{\text{PSEN}}$、ALE、$\overline{\text{EA}}$、RESET(即 RST)。

(3)I/O 口引脚:P0、P1、P2、P3,为 4 个 8 位 I/O 口的外部引脚。

下面结合图 2.2 来介绍各引脚的功能。

2.2.1　电源及时钟引脚

1.电源引脚

电源引脚接入单片机的工作电源。

(1)Vcc(40 脚):接 +5V 电源;

(2)Vss(20 脚):接地。

2.时钟引脚

两个时钟引脚 XTAL1、XTAL2 外接晶体与片内的反相放大器构成了一个振荡器,它为单片机提供了时钟控制信号。2 个时钟引脚也可外接独立的晶体振荡器。

(1)XTAL1(19 脚):接外部晶体的一个引脚。该引脚内部是一个反相放大器(片内振荡器)的输入端。如果采用外接晶体振荡器,此引脚应接地。

(2)XTAL2(18 脚):接外部晶体的另一端,在该引脚内部接至内部反相放大器的输出端。若采用外部时钟振荡器时,该引脚接收时钟振荡器的信号,即把此信号直接接到内部时钟发生器的输入端。

2.2.2 控制引脚

此类引脚提供控制信号，有的引脚还具有复用功能。

(1)RST/V_{PD}(9脚)

RST(RESET)是复位信号输入端，高电平有效。当单片机运行时，在此引脚加上持续时间大于两个机器周期(24个时钟振荡周期)的高电平时，就可以完成复位操作。在单片机正常工作时，此脚应为小于或等于0.5V的低电平。

V_{PD}为本引脚的第二功能，即备用电源的输入端。当主电源Vcc发生故障，降低到某一规定值的低电平时，将+5V电源自动接入RST端，为内部RAM提供备用电源，以保证片内RAM中的信息不丢失，从而使单片机在复位后能继续正常运行。

(2)ALE/$\overline{\text{PROG}}$(Address Latch Enable/PROGramming，30脚)

ALE为地址锁存允许信号，当单片机上电正常工作后，ALE引脚不断输出正脉冲信号。当单片机访问外部存储器时，ALE输出信号的负跳沿用作单片机发出的低8位地址(经外部锁存器锁存)的锁存控制信号。即使不访问外部锁存器，ALE端仍有正脉冲信号输出，此频率为时钟振荡器频率f_{osc}的1/6。

应当注意的是，每当MCS-51访问外部数据存储器时(即执行的是MOVX类指令)，在两个机器周期中ALE只出现一次，即丢失一个ALE脉冲。因此，严格来说，用户不宜用ALE作精确的时钟源或定时信号。ALE端可以驱动8个LS型TTL负载。

$\overline{\text{PROG}}$为本引脚的第二功能。在对片内EPROM型单片机(例如8751)编程写入时，此引脚作为编程脉冲输入端。

(3)$\overline{\text{PSEN}}$(Program Strobe ENable，29脚)

程序存储器允许输出控制端。在单片机访问外部程序存储器时，此引脚输出脉冲负跳沿作为读外部程序存储器的选通信号。此脚接外部程序存储器的OE(输出允许)端。$\overline{\text{PSEN}}$端可以驱动8个LS型TTL负载。

(4)$\overline{\text{EA}}$/V_{PP}(Enable Address/Voltage Pulse of Programing，31脚)

功能为内/外程序存储器选择控制端。

当$\overline{\text{EA}}$脚为高电平时，单片机访问片内程序存储器，但在PC值超过0FFFH(4Kbyte地址范围，对8051、8751)时，将自动转向执行外部程序存储器内的程序。

当$\overline{\text{EA}}$脚为低电平时，单片机则只访问外部程序存储器，不论是否有内部程序存储器。对于8031，因其无内部程序存储器，所以该脚必须接地。

V_{PP}为本引脚的第二功能。在对EPROM型单片机8751片内EPROM固化编程时，用于施加较高的编程电压(例如+21V或+12V)。对于89C51，则加在V_{PP}脚的编程电压为+12V或+5V。

2.2.3 I/O口引脚

(1)P0口：双向8位三态I/O口，为地址总线(低8位)及数据总线分时复用口，可驱动8个LS型TTL负载。

(2)P1口：8位准双向I/O口，可驱动4个LS型TTL负载。

(3)P2 口:8 位准双向 I/O 口,与地址总线(高 8 位)复用,可驱动 4 个 LS 型 TTL 负载。

(4)P3 口:8 位准双向 I/O 口,双功能复用口,可驱动 4 个 LS 型 TTL 负载。

有关准双向口与双向三态口的差别,将在 2.5 节中介绍。

至此,MCS-51 单片机的 40 只引脚已介绍完毕,读者应熟记每一个引脚的功能,这对于掌握 MCS-51 单片机以及应用系统的硬件设计是十分重要的。

2.3 MCS-51 的 CPU

由图 2.1 可见, MCS-51 的 CPU 是由运算器和控制器所构成的。

2.3.1 运算器

运算器主要用来对操作数进行算术、逻辑运算和位操作。运算器主要包括算术逻辑运算单元 ALU、累加器 A、位处理器、程序状态字寄存器 PSW 以及 BCD 码修正电路等。

1.算术逻辑运算单元 ALU

ALU 的功能十分强,它不仅可对 8 位变量进行逻辑"与"、"或"、"异或"、循环、求补和清零等基本操作,还可以进行加、减、乘、除等基本算术运算。MCS-51 的 ALU 还具有位处理操作功能,它可对位(bit)变量进行位处理,如置位、清 0、求补、测试转移及逻辑"与"、"或"等操作。

2.累加器 A

累加器 A 是一个 8 位的累加器,是 CPU 中使用最频繁的一个寄存器,也可写为 Acc。

累加器的作用是:

(1)累加器 A 是 ALU 单元的输入数据源之一,它又是 ALU 运算结果的存放单元。

(2)CPU 中的数据传送大多都通过累加器 A,故累加器 A 又相当于数据的中转站。为克服累加器结构所具有的"瓶颈堵塞"现象,MCS-51 增加了一部分可以不经过累加器的传送指令,这样,可减少累加器的"瓶颈堵塞"现象。

累加器 A 的进位标志 Cy 是特殊的,因为它同时又是位处理机的位累加器。

3.程序状态字寄存器 PSW

MCS-51 的程序状态字寄存器 PSW(Program Status Word),位于单片机片内的特殊功能寄存区,字节地址为 D0H。PSW 的不同位包含了程序运行状态的不同信息, PSW 的格式如图 2.4 所示。

	D7	D6	D5	D4	D3	D2	D1	D0	
PSW	Cy	Ac	F0	FS1	RS0	OV	—	P	D0H

图 2.4 PSW 的格式

PSW 中的各个位的功能如下:

(1)Cy(PSW.7)进位标志位

Cy 也可写为 C。在执行算术运算和逻辑运算指令时,Cy 可以被硬件或软件置位或清除,在位处理器中,它是位累加器。

(2)Ac(PSW.6)辅助进位标志位

Ac 标志位在 BCD 码运算时,用作十进位调整,同 DA 指令结合起来用。有关十进位调整的问题,将在后面有关章节介绍。

(3)F0(PSW.5)标志位

它是由用户使用的一个状态标志位,可用软件来使它置 1 或清 0,也可由指令来测试它,由测试结果控制程序的流向。编程时,用户应充分地利用该标志位。

(4)RS1、RS0(PSW.4、PSW.3)——4 组工作寄存器区选择控制位 1 和位 0

这两位用来选择 4 组工作寄存器区中的哪一组为当前工作寄存区(4 组寄存器在单片机内的 RAM 区中,将在本章稍后介绍),它们与 4 组工作寄存器区的对应关系见表 2.1。

表 2.1　4 组工作寄存器区的对应关系

RS1	RS0	所选的 4 组寄存器
0	0	0 区(内部 RAM 地址 00H ~ 07H)
0	1	1 区(内部 RAM 地址 08H ~ 0FH)
1	0	2 区(内部 RAM 地址 10H ~ 17H)
1	1	3 区(内部 RAM 地址 18H ~ 1FH)

(5)OV(PSW.2)溢出标志位

当执行算术指令时,由硬件置 1 或清 0,以指示运算是否产生溢出。各种算术运算指令对该位的影响情况较为复杂,将在第 3 章介绍。

(6)PSW.1 位

保留位,未用。

(7)P(PSW.0)奇偶标志位

该标志位用来表示累加器 A 中为 1 的位数是奇数还是偶数。

P = 1,则 A 中“1”的个数为奇数

P = 0,则 A 中“1”的个数为偶数

此标志位对串行口通信中的串行数据传输有重要的意义,在串行通信中,常用奇偶检验的方法来检验数据传输的可靠性。

2.3.2 控制器

控制器的主要任务是识别指令,并根据指令的性质去控制单片机各功能部件,从而保证单片机各部分能自动而协调地工作。

控制器主要包括程序计数器、程序地址寄存器、指令寄存器 IR、指令译码器、条件转移逻辑电路及时序控制逻辑电路。

1.程序计数器 PC(Program Counter)

程序计数器 PC 是控制器中最基本的寄存器,是一个独立的计数器,存放着下一条要执行的指令在程序存储器中的地址。

PC 中内容的变化决定程序的流向。PC 的位数为 16 位(2^{16} = 65 536 = 64K),故可对 64Kbyte 的程序存储器进行寻址。

程序计数器的基本工作方式有以下几种:

(1)当程序顺序执行时,程序计数器自动加 1,这也是为何该寄存器被称为计数器的原因。

(2)执行有条件或无条件转移指令时,程序计数器将被置入新的数值,从而使程序的流

向发生变化。

(3)在执行调用子程序指令或响应中断时,单片机自动完成如下的操作:

a.将PC的现行值,即下一条将要执行的指令的地址,也就是断点值,自动压入堆栈,保护起来。

b.将子程序的入口地址或中断向量的地址送入PC,程序流向发生变化,去执行子程序或中断服务子程序。子程序或中断服务子程序执行完毕,遇到返回指令RET或RETI时,将栈顶的断点值弹到程序计数器PC中,程序的流向又返回到断点处,从断点处继续执行程序。

2.指令寄存器、指令译码器及控制逻辑电路

指令寄存器用来存放指令操作码,其输出送指令译码器;然后对该指令进行译码,译码结果送定时控制逻辑电路,控制单片机的各部件进行相应的工作。

2.4 MCS-51存储器的结构

MCS-51单片机存储器采用的是哈佛(Har-vard)结构,即程序存储器空间和数据存储器空间各自独立。

MCS-51的存储器空间可划分为如下5类。

(1)程序存储器

单片机能够按照一定的次序进行工作,是由于程序存储器中存放了经调试正确的应用程序和表格之类的固定常数。程序存储器可以分为片内和片外两部分。8031由于无内部程序存储器,所以只能通过外部扩展程序存储器来存放程序。

(2)内部数据存储器

MCS-51单片机内部有128byte的随机存取存储器RAM,用作处理问题的数据缓冲区。

(3)特殊功能寄存器

特殊功能寄存器(SFR-Special Function Register)实际上是MCS-51各功能部件的状态及控制寄存器。SFR综合地、实际地反映了整个单片机基本系统内部的工作状态及工作方式。

(4)位地址空间

MCS-51单片机内共有211个可寻址位,构成了位地址空间。它们存在于内部RAM(共有128个)和特殊功能寄存器区(共有83个)中。

(5)外部数据寄存器

当MCS-51的片内RAM不够用时,又给用户提供了在片外可扩展64Kbyte的RAM的能力,至于究竟扩展多少,则根据用户实际需要来定。

2.4.1 程序存储器

MCS-51单片机可扩充的程序存储器空间最大为64Kbyte。有关程序存储器的使用应注意以下两点。

(1)整个程序存储器空间可以分为片内和片外两部分,CPU访问片内和片外程序存储器，可由$\overline{EA}$引脚上所接的电平来确定。

$\overline{EA}$引脚接高电平时，若 PC 值超出片内 ROM 的容量，则会自动转向片外程序存储器空间执行程序。

$\overline{EA}$引脚接低电平时，单片机只能执行片外程序存储器中的程序。

对于片内有 ROM/EPROM 的 8051、8751 单片机，应将$\overline{EA}$引脚固定接高电平。

8031 无内部程序存储器，应将$\overline{EA}$引脚固定接低电平。

(2)程序存储器的某些单元被固定用于各中断源的中断服务程序的入口地址。

MCS－51 复位后，程序存储器 PC 的内容为 0000H，要牢记程序存储器中的 0000H 地址是系统程序的启动地址。一般在该单元存放一条绝对跳转指令，跳向主程序的入口地址。64K 程序存储器空间中有 5 个特殊单元分别对应于 5 种中断源的中断服务程序的入口地址，见表 2.2。

表 2.2　5 种中断源的中断入口地址

中断源	入口地址
外部中断 0($\overline{INT0}$)	0003H
定时器 0(T0)	000BH
外部中断 1($\overline{INT1}$)	0013H
定时器 1(T1)	001BH
串行口	0023H

通常在这些中断入口地址处都放一条绝对跳转指令跳向中断服务子程序，而不是存放中断服务子程序。由于两个中断入口间隔仅有 8 个单元，如果这 8 个单元存放中断服务子程序，往往是不够用的，所以要利用跳转指令跳向中断服务子程序。

2.4.2　内部数据存储器

MCS－51 的片内数据存储器(RAM)单元共有 128 个，字节地址为 00H～7FH。图 2.5 为 MCS－51 片内数据存储器的结构。

地址为 00H～1FH 的 32 个单元是 4 组通用工作寄存器区，每个区包含 8byte 的工作寄存器，编号为 R7～R0。用户可以通过指令改变 PSW 中的 RS1、RS0 这二位来切换当前的工作寄存器区。

地址为 20H～2FH 的 16 个单元可进行共 128 位的位寻址，这 16 个单元也可以进行字节寻址。

地址为 30H～7FH 的单元为用户 RAM 区，只能进行字节寻址，用作存放数据以及作为堆栈区。

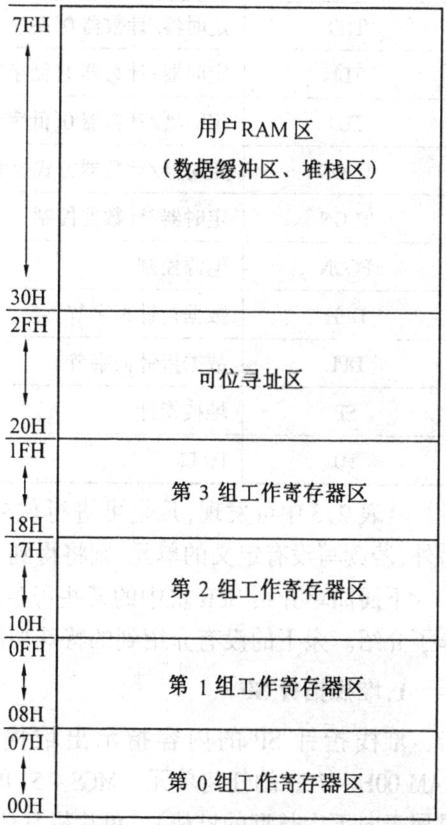

图 2.5　MCS－51 片内 RAM 的结构

2.4.3　特殊功能寄存器

MCS－51 中的 CPU 对各种功能部件的控制是采用特殊功能寄存器(SFR—Special Function Register)的集中控制方式。特殊功能寄存器的字节地址范围为 80H~FFH,共有 21 个,离散地分布在该区域中,其中有些 SFR 还可以进行位寻址。SFR 的名称及其分布,见表 2.3。

表 2.3 SFR 的名称及其分布

特殊功能寄存器符号	名 称	字节地址	位地址
B	B 寄存器	F0H	F7H~F0H
A(或 Acc)	累加器	E0H	E7H~E0H
PSW	程序状态字	D0H	D7H~D0H
IP	中断优先级控制	B8H	BFH~B8H
P3	P3 口	B0H	B7H~B0H
IE	中断允许控制	A8H	AFH~A8H
P2	P2 口	A0H	A7H~A0H
SBUF	串行数据缓冲器	99H	
SCON	串行控制	98H	9FH~98H
P1	P1 口	90H	97H~90H
TH1	定时器/计数器 1(高字节)	8DH	
TH0	定时器/计数器 0(高字节)	8CH	
TL1	定时器/计数器 1(低字节)	8BH	
TL0	定时器/计数器 0(低字节)	8AH	
TMOD	定时器/计数器方式控制	89H	
TCON	定时器/计数器控制	88H	8FH~88H
PCON	电源控制	87H	
DPH	数据指针高字节	83H	
DPL	数据指针低字节	82H	
SP	堆栈指针	81H	
P0	P0 口	80H	87H~80H

从表 2.3 中可发现,凡是可进行位寻址的 SFR,其字节地址的末位,只能是 0H 或 8H。另外,若读写没有定义的单元,则将得到一个不确定的随机数。

下面简单介绍 SFR 块中的某些寄存器,累加器 Acc 和程序状态字寄存器 PSW 已在前面作了介绍。余下的没有介绍到的特殊功能寄存器将在后续的有关章节中进行介绍。

1.堆栈指针 SP

堆栈指针 SP 的内容指示出堆栈顶部在内部 RAM 块中的位置。它可指向内部 RAM 00H~7FH 的任何单元。MCS-51 的这种堆栈结构是属于向上生长型的堆栈(另一种是属于向下生长型的堆栈)。单片机复位后,SP 中的内容为 07H,使得堆栈实际上是从 08H 单元开始,考虑到 08H~1FH 单元分别属于 1~3 组的工作寄存器区,若在程序设计中用到这些工作寄存器区，则最好把 SP 值改置为 1FH 或更大的值。

堆栈的主要功能是为子程序调用和中断操作而设立的。堆栈的具体功能有两个：保护断点和现场保护。

(1)保护断点

因为无论是子程序调用操作还是执行中断操作，最终都要返回主程序。因此，应预先把主程序的断点在堆栈中保护起来，为程序的正确返回作准备。

(2)现场保护

在单片机去执行子程序或中断服务程序之后，很可能要用到单片机中的一些寄存器单元，这样就会破坏这些寄存器单元中的原有内容。所以在执行子程序或中断服务程序之前要把单片机中有关寄存器单元的内容保存起来，送入堆栈，这就是所谓的现场保护。

此外，堆栈也可用于数据的临时存放，在程序的设计中时常用到。

堆栈的操作有两种：一种是数据压入(PUSH)堆栈，另一种是数据弹出(POP)堆栈。每次当 1 个字节数据压入堆栈以后，SP 自动加 1；一个字节数据弹出堆栈后，SP 自动减 1。例如 SP = 60H，CPU 执行一条子程序调用指令或响应中断后，PC 内容(断点)进栈，PC 的低 8 位 PCL 压入到 61H 单元，PC 的高 8 位 PCH 压入到 62H，此时，SP 中的内容为 62H。

2.数据指针 DPTR

数据指针 DPTR 是一个 16 位的 SFR，其高位字节寄存器用 DPH 表示，低位字节寄存器用 DPL 表示。DPTR 既可以作为一个 16 位寄存器 DPTR 来用，也可以作为两个独立的 8 位寄存器 DPH 和 DPL 来用。

3.I/O 端口 P0～P3

特殊功能寄存器 P0～P3 分别为 I/O 端口 P0～P3 的锁存器。

4.寄存器 B

寄存器 B 是为执行乘法和除法操作设置的。在不执行乘、除法操作的情况下，可把它当作一个普通寄存器来使用。

乘法中，ALU 的两个输入分别为 A、B，乘积存放在 BA 寄存器对中。B 中放乘积的高 8 位，A 中放乘积的低 8 位。

除法中，被除数取自 A，除数取自 B，商存放在 A 中，余数存放于 B。

5.串行数据缓冲器 SBUF

串行数据缓冲器 SBUF 用于存放欲发送或已接收的数据，只有一个字节地址，但物理上是由两个独立的寄存器组成，一个是发送缓冲器，另一个是接收缓冲器。要发送的数据传送到 SBUF 时，进的是发送缓冲器；接收数据时，数据存入接收缓冲器。

6. 定时器/计数器

MCS－51 有两个 16 位定时器/计数器 T1 和 T0，它们各由两个独立的 8 位寄存器组成，共有 4 个独立的寄存器：TH1、TL1、TH0、TL0，MCS－51 可以分别对这 4 个寄存器进行字节寻址，但不能把 T1 或 T0 当作一个 16 位寄存器来寻址访问。

2.4.4 位地址空间

MCS－51 在 RAM 和 SFR 中共有 211 个寻址位的位地址，位地址范围为 00H～FFH，其中

00H ~ 7FH 这 128 个位处于内部 RAM 字节地址 20H ~ 2FH 单元中，如表 2.4 所示。其余的 83 个可寻址位分布在特殊功能寄存器 SFR 中，如表 2.5 所示。可被位寻址的寄存器有 11 个，共有位地址 88 个，其中 5 个未用，其余 83 个位的位地址离散地分布于片内字节地址为 80H ~ FFH 的范围内，其最低的位地址等于其字节地址，并且其字节地址的末位都为 0H 或 8H。

表 2.4　MCS－51 内部 RAM 的可寻址位及其位地址

字节地址	位地址							
	D7	D6	D5	D4	D3	D2	D1	D0
2FH	7FH	7EH	7DH	7CH	7BH	7AH	79H	78H
2EH	77H	76H	75H	74H	73H	72H	71H	70H
2DH	6FH	6EH	6DH	6CH	6BH	6AH	69H	68H
2CH	67H	66H	65H	64H	63H	62H	61H	60H
2BH	5FH	5EH	5DH	5CH	5BH	5AH	59H	58H
2AH	57H	56H	55H	54H	53H	52H	51H	50H
29H	4FH	4EH	4DH	4CH	4BH	4AH	49H	48H
28H	47H	46H	45H	44H	43H	42H	41H	40H
27H	3FH	3EH	3DH	3CH	3BH	3AH	39H	38H
26H	37H	36H	35H	34H	33H	32H	31H	30H
25H	2FH	2EH	2DH	2CH	2BH	2AH	29H	28H
24H	27H	26H	25H	24H	23H	22H	21H	20H
23H	1FH	1EH	1DH	1CH	1BH	1AH	19H	18H
22H	17H	16H	15H	14H	13H	12H	11H	10H
21H	0FH	0EH	0DH	0CH	0BH	0AH	09H	08H
20H	07H	06H	05H	04H	03H	02H	01H	00H

表 2.5　SFR 中的位地址分布

特殊功能寄存器	位地址								字节地址
	D7	D6	D5	D4	D3	D2	D1	D0	
B	F7H	F6H	F5H	F4H	F3H	F2H	F1H	F0H	F0H
ACC	E7H	E6H	E5H	E4H	E3H	E2H	E1H	E0H	E0H
PSW	D7H	D6H	D5H	D4H	D3H	D2H	D1H	D0H	D0H
IP	—	—	—	BCH	BBH	BAH	B9H	B8H	B8H
P3	B7H	B6H	B5H	B4H	B3H	B2H	B1H	B0H	B0H
IE	AFH	—	—	ACH	ABH	AAH	A9H	A8H	A8H
P2	A7H	A6H	A5H	A4H	A3H	A2H	A1H	A0H	A0H
SCON	9FH	9EH	9DH	9CH	9BH	9AH	99H	98H	98H
P1	97H	96H	95H	94H	93H	92H	91H	90H	90H
TCON	8FH	8EH	8DH	8CH	8BH	8AH	89H	88H	88H
P0	87H	86H	85H	84H	83H	82H	81H	80H	80H

2.4.5 外部数据存储器

MCS－51 单片机内部有 128byte 的 RAM 作为数据存储器，当这 128byte 的 RAM 不够用时，则需要外扩数据存储器，MCS－51 最多可外扩 64Kbyte 的 RAM。

使用各类存储器，一定要注意以下几点。

(1)地址的重叠性。数据存储器与程序存储器全部 64Kbyte 地址空间重叠；程序存储器中片内外低的 4Kbyte 地址重叠；数据存储器中片内外最低的 128byte 地址重叠。虽然有这些重叠，但不会产生操作混乱。这是因为 MCS－51 单片机采用了不同的操作指令及$\overline{EA}$的控制选择来自动区分这些重叠的空间，用户不用担心重叠空间的地址冲突问题。

(2)程序存储器(ROM)与数据存储器(RAM)，在使用上是严格区分的。程序存储器只能放置程序指令及常数表格。除了程序的运行控制外，其操作指令不分片内和片外。而数据存储器则只存放数据，片内和片外的操作指令不同。

(3)位地址空间共有两个区域，即片内 RAM 中的 20H～2FH 的 128 位，以及 SFR 中的位地址。这些位寻址单元与位指令集以及 PSW 中的 Cy 位构成了位处理器系统。

(4)片外数据存储区中，RAM 存储单元与 MCS－51 外部扩展的 I/O 端口统一编址。MCS－51 在与外部扩展的 I/O 端口进行数据传送时，使用与访问外部数据存储器相同的传送指令。

作为对 MCS－51 存储器结构的总结，给出图 2.6 所示的 MCS－51 中各类存储器的结构图。从图 2.6 中可以清楚地看出前面介绍的各类存储器在存储器空间的位置。

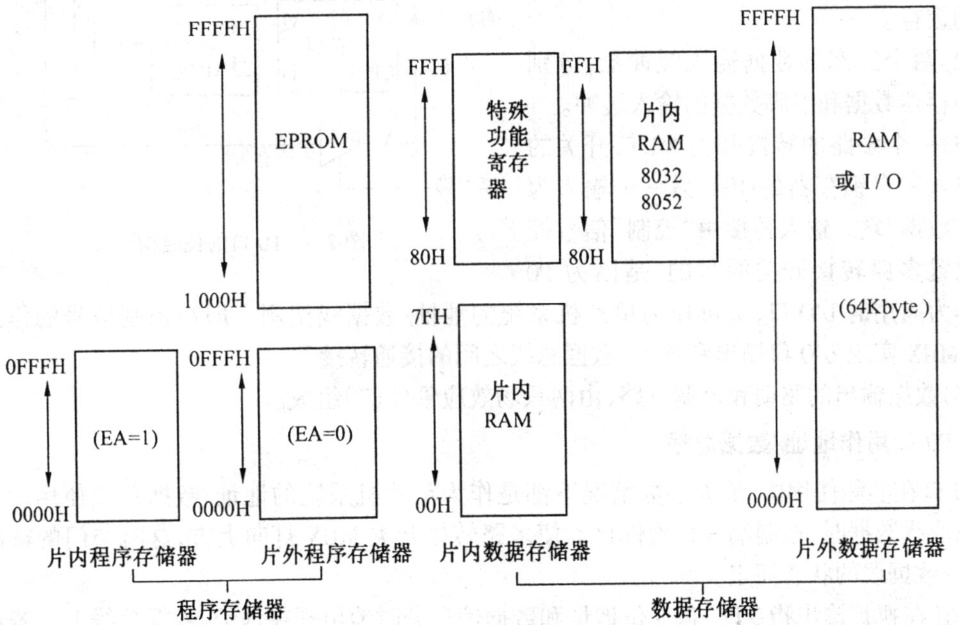

图 2.6 MCS－51 的存储器结构

2.5 并行 I/O 端口的结构与操作

MCS－51 单片机共有 4 个双向的 8 位并行 I/O 端口(Port),分别记作 P0～P3。端口的每一位均由锁存器、输出驱动器和输入缓冲器所组成。各口除了按字节输入/输出外,它们的每一条口线也可以单独作为位输入/输出线。

P1 口、P2 口、P3 口是 3 个 8 位准双向的 I/O 口,当这 3 个口用作输入使用时,首先要向该口先写“1”,这 3 个口无高阻的“浮空”状态。

而双向口 P0 口线除了作为输入/输出外,还可处于高阻的“浮空”状态,故称为双向三态 I/O 口。

由于 P0～P3 口在结构上有一些差异,故各端口的性质和功能有一些差异。下面对这 4 个端口内部的结构和功能进行分析。

2.5.1 P0 口的结构

P0 口的字节地址为 80H,位地址为 80H～87H。口的各位口线具有完全相同但又相互独立的逻辑电路,P0 口某一位的位结构如图 2.7 所示。

P0 口某一位的电路包括:

(1)一个数据输出锁存器,用于进行数据位的锁存。

(2)两个三态的数据输入缓冲器,分别用于锁存器数据和引脚数据的输入缓冲。

(3)一个多路的转接开关 MUX,开关的一个输入来自锁存器的$\overline{Q}$端,另一个输入为“地址/数据”端。输入转接由“控制”信号控制。设置多路转接开关的目的,是因为 P0 口既作为通用的 I/O 口,又可作为单片机系统的地址/数据线使用。即在控制信号的作用下,由 MUX 实现 I/O 口输出和地址/数据总线之间的接通转接。

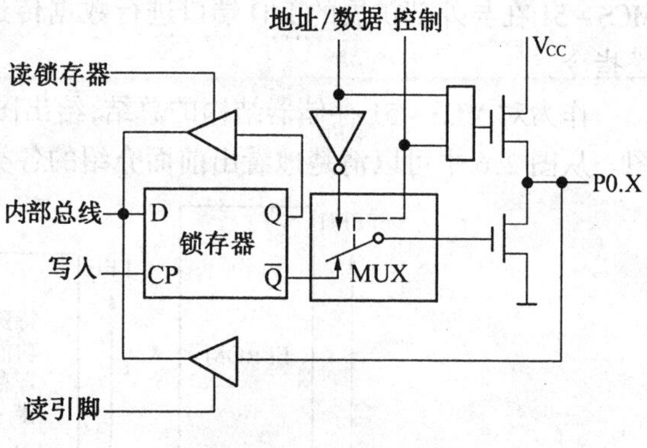

图 2.7 P0 口的位结构

(4)数据输出的驱动和控制电路,由两只场效应管(FET)组成。

1.P0 口用作地址/数据总线

P0 口在实际使用中,绝大多数情况下都是作为单片机系统的地址/数据总线使用。当传送地址或数据时,控制端＝1,硬件自动使多路转接开关 MUX 打向上方,这时与门的输出由地址/数据线的状态而定。

CPU 在执行输出指令时,低 8 位地址和数据信息分时地出现在地址/数据总线上。若地址/数据线的状态为“1”,则上方的场效应管导通,下方的场效应管截止,引脚的状态为“1”;若地址/数据线的状态为“0”,则下方的场效应管导通,上方的场效应管截止,引脚的状态为“0”。可见引脚的状态正好与地址/数据线的信息相同。

CPU 在执行输入指令时,首先低 8 位地址信息出现在地址/数据总线上,引脚的状态与地址/数据总线的地址信息相同。然后,硬件自动使转换开关 MUX 打向下面(注意,此时控制端=0,上方的场效应管截止)并自动向P0口写入“FFH”,此时下方的场效应管截止,同时“读引脚”信号有效,数据经缓冲器进入内部数据总线。

由上可见,P0口作为地址/数据总线使用时是一个真正的双向口。

2.P0口用作通用I/O口

当系统不进行外部程序存储器和数据存储器扩展时,P0口也可作为通用的I/O口使用。这时,CPU发来的“控制”信号为0,封锁了与门,并将输出驱动电路的上方的场效应管截止,而多路转接开关MUX打向下方,与D锁存器的端接通。

当P0口作为输出口使用时,来自CPU的“写入”脉冲加在D锁存器的CP端,内部总线上的数据写入D锁存器,并向端口引脚P0.X输出。但要注意,由于输出电路是漏极开路(因为这时上方场效应管截止),必须外接上拉电阻才能有高电平输出。

当P0口作为输入口使用时,应区分执行的是“读引脚”还是“读锁存器”的指令。为此,在口电路中有两个用于读入的三态缓冲器。所谓“读引脚”就是直接读取引脚P0.X上的状态,这时由“读引脚”信号把下方缓冲器打开,引脚上的状态经缓冲器读入内部总线;而“读端口”则是“读锁存器”信号打开上面的缓冲器把锁存器Q端的状态读入内部总线。“读锁存器”可以避免因外部电路原因使口引脚的状态发生变化造成的误读。例如,用一根口线驱动一个晶体管的基极,在晶体管的射极接地的情况下,当向口线写“1”时,晶体管导通,并把引脚的电平拉低到0.7V。这时,若从引脚读数据,会把状态为“1”的数据误读为“0”,若从锁存器读,则不会读错。当P0口作为输入口使用时,还要注意在执行输入指令前,一定要先向端口写入“1”,目的是使下方的场效应管截止,从而使引脚处于悬浮状态,可以作为高阻抗输入。否则,在作为输入方式之前曾向锁存器输出过“0”,下方的场效应管导通会使引脚钳位在“0”电平,使输入的“1”电平无法读入。所以,P0口用作通用I/O口时,属于准双向口。

2.5.2 P1口

P1口是MCS-51的惟一单功能口,字节地址为90H,位地址为90H~97H。P1口某一位的位结构如图2.8所示。

P1口只能作为通用的I/O口使用,所以在电路结构上与P0口主要有两点区别。

(1)因为P1口只传送数据,所以不再需要多路转接开关MUX。

(2)由于P1口用来传送数据,因此输出电路中有上拉电阻,这样电路的输出不是三态的,所以P1口是准双向口。

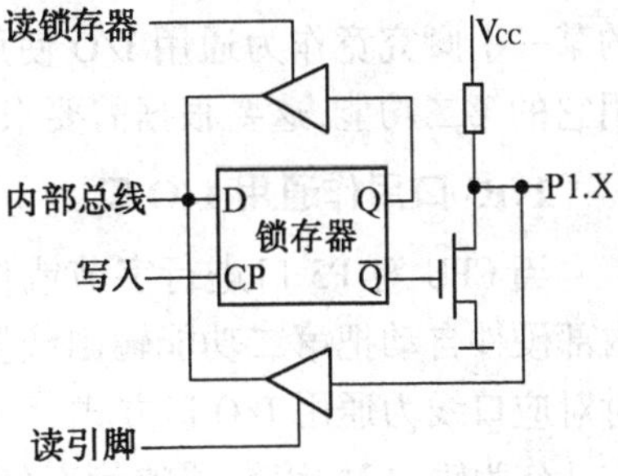

图2.8 P1口的位结构

因此,(1)P1口作为输出口使用时,与P0口不同的是,外电路无需再接上拉电阻;(2)P1口作为输入口使用时,应先向其锁存器先写入“1”,使输出驱动电路的FET截止。

2.5.3 P2口

P2口的字节地址为A0H,位地址为A0H~A7H。P2口某一位的位结构如图2.9所示。

1.P2口用作地址总线

在实际应用中,多数情况下P2口用于为系统提供高位地址,因此同P0口一样,在口电路中有一个多路转接开关MUX。但MUX的一个控制输入端不再是“地址/数据”,而是单一的“地址”,这是因为P2口只作为地址线使用。当P2口用作为高位地址线使用时,多路转接开关应接向“地址”端。正因为只作为地址线使用,口的输出用不着是三态的,所以,P2口也是一个准双向口。

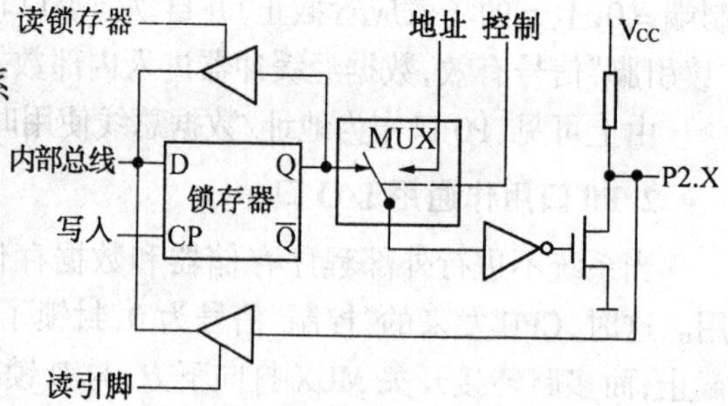

图2.9 P2口的位结构

2.P2口用作通用I/O口

当不需要在单片机外部扩展程序存储器,且只需扩展256byte的片外RAM时,只用到了地址线的低8位,此时,P2口也可以作为通用I/O口使用,这时,多路转接开关接向锁存器Q端。

当CPU在执行输出指令时,内部数据总线在“写锁存器”信号的作用下由D端进入锁存器,经反相器反相后送至场效应管再反相后,在P2.X引脚输出的恰好是内部总线的数据。

当P2口用作输入时,数据可以读自口的锁存器,也可以读自口的引脚,这要根据输入操作采用的是“读引脚”还是“读锁存器”的指令来决定。

由上可见,P2口用作通用I/O口时,属于准双向口。

2.5.4 P3口

P3口的字节地址为B0H,位地址为B0H~B7H。P3口某一位的位结构如图2.10所示。

由于MCS-51的引脚数目有限,因此在P3口电路中增加了引脚的第二功能。P3口的某一引脚究竟作为通用I/O使用,还是使用它的第二功能,这要根据需要来选择。

1.P3口用作通用I/O口

当CPU对P3口进行字节或位寻址时,内部硬件自动把第二功能输出线置“1”。这时对应口线为通用I/O口方式。

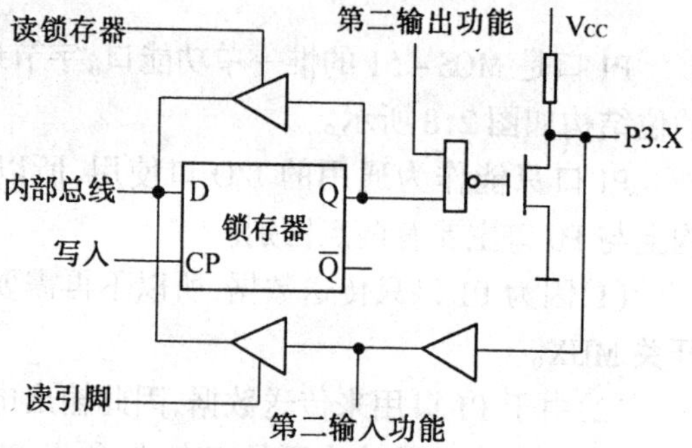

图2.10 P3口的位结构

作为输出时,锁存器的状态(Q端)与引脚输出的状态相同;作为输入时,也要先向口寄存器写“1”,使引脚处于高阻输入状态。输入的数据在“读引脚”信号的作用下,进入内部数据总线。所以P3口在作为通用I/O口时,也属于准双向口。

2.P3口用作第二功能使用

当CPU不对P3口进行字节或位寻址时,内部硬件自动将口锁存器的Q端置“1”。这时,P3口可以作为第二功能使用。P3口的第二功能定义如表2.6所示,读者应熟记。

表 2.6 P3 口的第二功能定义

口引脚	第二功能
P3.0	RXD(串行输入口)
P3.1	TXD(串行输出口)
P3.2	$\overline{INT0}$(外部中断 0 输入)
P3.3	$\overline{INT1}$(外部中断 1 输入)
P3.4	T0(定时器 0 外部计数输入)
P3.5	T1(定时器 1 外部计数输入)
P3.6	$\overline{WR}$(外部数据存储器写选通输出)
P3.7	$\overline{RD}$(外部数据存储器读选通输出)

作为第二功能输出的引脚(如 TXD),由于该位的锁存器已自动置"1",与非门对第二功能输出是畅通的,即引脚的状态与第二功能输出是相同的。

作为第二功能输入的引脚(如 RXD),由于此时该位的锁存器和第二功能输出功能线均为"1",场效应管截止,该口引脚处于高阻输入状态。引脚信号经输入缓冲器(非三态门)进入单片机内部的第二输入功能线。

2.5.5 P0~P3 口功能总结

前面介绍了 MCS-51 的 P0~P3 口的内部电路和功能,下面把这些口在使用中一些应注意的问题归纳如下。

(1)P0~P3 口都是并行 I/O 口,都可用于数据的输入和输出,但 P0 口和 P2 口除了可进行数据的输入/输出外,通常用来构建系统的数据总线和地址总线,所以在电路中有一个多路转接开关 MUX,以便进行两种用途的转换。而 P1 口和 P3 口没有构建系统的数据总线和地址总线的功能,因此,在电路中没有多路转接开关 MUX。由于 P0 口可作为地址/数据复用线使用,需传送系统的低 8 位地址和 8 位数据,因此 MUX 的一个输入端为"地址/数据"信号。而 P2 口仅作为高位地址线使用,不涉及数据,所以 MUX 仅有的一个输入信号为"地址"。

(2)在 4 个口中只有 P0 口是一个真正的双向口,P1~P3 这 3 个口都是准双向口。原因是在应用系统中,P0 口作为系统的数据总线使用时,为保证数据的正确传送,需要解决芯片内外的隔离问题,即只有在数据传送时芯片内外才接通;不进行数据传送时,芯片内外应处于隔离状态。为此,要求 P0 口的输出缓冲器是一个三态门。

在 P0 口中输出三态门是由两只场效应管(FET)组成,所以说它是一个真正的双向口。而其他的三个口 P1~P3 中,上拉电阻代替 P0 口中的场效应管,输出缓冲器不是三态的,因此不是真正的双向口,只能称其为准双向口。

(3)P3 口的口线具有第二功能,为系统提供一些控制信号。因此,在 P3 口电路增加了第二功能控制逻辑。这是 P3 口与其他各口的不同之处。

2.6 时钟电路与时序

时钟电路用于产生 MCS-51 单片机工作时所必需的时钟控制信号。MCS-51 单片机的内部电路在时钟信号控制下，严格地按时序执行指令进行工作。而时序所研究的是指令执行中各个信号在时间上的关系。

在执行指令时，CPU 首先要到程序存储器中取出需要执行的指令操作码，然后译码，并由时序电路产生一系列控制信号去完成指令所规定的操作。CPU 发出的时序信号有两类，一类用于片内对各个功能部件的控制，这类信号很多，但用户无需了解。另一类用于对片外存储器或 I/O 端口的控制，这部分时序对于分析、设计硬件接口电路至关重要。这也是单片机应用系统设计者普遍关心和重视的问题。

2.6.1 时钟电路

MCS－51 单片机各功能部件的运行都是以时钟控制信号为基准，有条不紊地一拍一拍地工作。因此，时钟频率直接影响单片机的速度，时钟电路的质量也直接影响单片机系统的稳定性。常用的时钟电路设计有两种方式，一种是内部时钟方式，另一种是外部时钟方式。

1.内部时钟方式

MCS－51 内部有一个用于构成振荡器的高增益反相放大器，该高增益反相放大器的输入端为芯片引脚 XTAL1，输出端为引脚 XTAL2。这两个引脚跨接石英晶体振荡器和微调电容，就构成一个稳定的自激振荡器，图 2.11 是 MCS－51 内部时钟方式的振荡器电路。

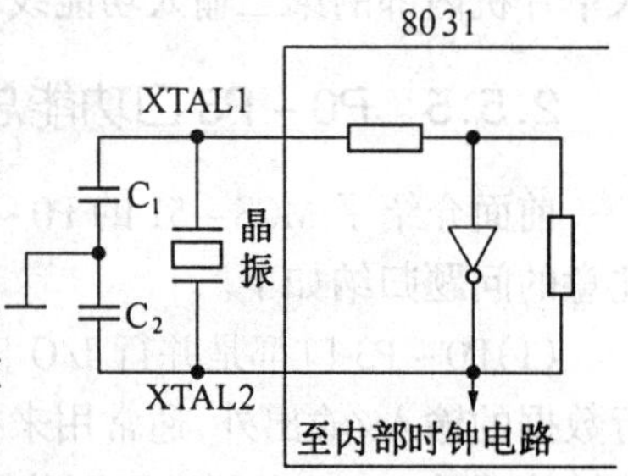

图 2.11 MCS－51 内部时钟方式的电路

电路中的电容 C_1 和 C_2 典型值通常选择为 30pF 左右。该电容的大小会影响振荡器频率的高低、振荡器的稳定性和起振的快速性。晶体的振荡频率的范围通常是在 1.2～12MHz 之间。晶体的频率越高，则系统的时钟频率也就越高，单片机的运行速度也就越快。但反过来运行速度快，对存储器的速度要求就高，对印刷电路板的工艺要求也高，即要求线间的寄生电容要小；晶体和电容应尽可能安装得与单片机芯片靠近，以减少寄生电容，更好地保证振荡器稳定、可靠地工作。为了提高温度稳定性，应采用温度稳定性能好的电容。

MCS－51 常选择振荡频率为 6MHz 或 12MHz 的石英晶体。随着集成电路制造工艺技术的发展，单片机的时钟频率也在逐步提高，现在的某些高速单片机芯片的时钟频率已达 40MHz。

2.外部时钟方式

外部时钟方式是使用现成的外部振荡器产生的脉冲信号，常用于多片 MCS－51 单片机同时工作，以便于多片 MCS－51 单片机之间的同步，一般为低于 12MHz 的方波。

对于目前常用的 89C51 单片机，其外部的时钟源直接接到 XTAL1 端，XTAL1 端电路见图 2.12。

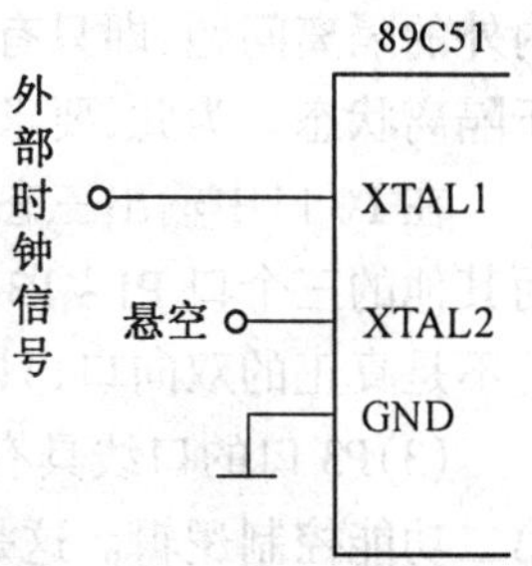

图 2.12 89C51 的外部时钟方式电路

3. 时钟信号的输出

当使用片内振荡器时，XTAL1、XTAL2 引脚还能为应用系统中的其他芯片提供时钟，但需增加驱动能力。其引出的方式有两种，如图 2.13 所示。

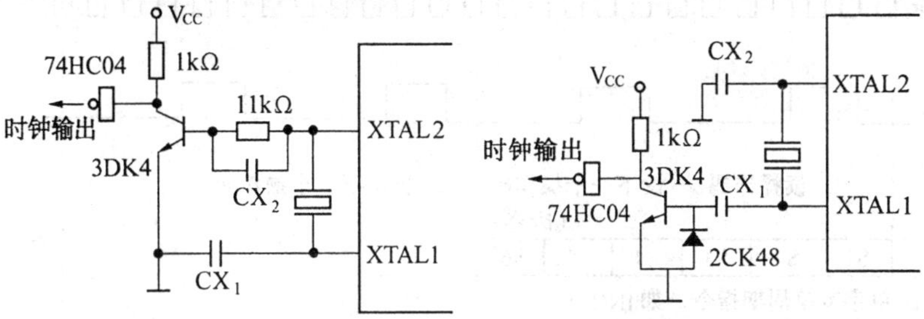

(a) 由 XTAL2 输出　　(b) 由 XTAL1 输出

图 2.13　时钟信号的输出

2.6.2　机器周期、指令周期与指令时序

单片机执行的指令均是在 CPU 控制器的时序控制电路的控制下进行的，各种时序均与时钟周期有关。

1. 时钟周期

时钟周期是单片机的基本时间单位。若时钟的晶体的振荡频率为 f_{osc}，则时钟周期 $T_{osc} = 1/f_{osc}$。如 $f_{osc} = 6\text{MHz}$，$T_{osc} = 166.7\text{ns}$。

2. 机器周期

CPU 完成一个基本操作所需要的时间称为机器周期。单片机中常把执行一条指令的过程分为几个机器周期。每个机器周期完成一个基本操作，如取指令、读或写数据等等。MCS－51 单片机每 12 个时钟周期为一个机器周期，即 $T_{cy} = 12/f_{osc}$。若 $f_{osc} = 6\text{MHz}$，则 $T_{cy} = 2\mu s$；$f_{osc} = 12\text{MHz}$，则 $T_{cy} = 1\mu s$。

MCS－51 的一个机器周期包括 12 个时钟周期，分为 6 个状态：S1 ~ S6。每个状态又分为两拍：P1 和 P2。因此，一个机器周期中的 12 个时钟周期表示为：S1P1、S1P2、S2P1、S2P2、…、S6P2，如图 2.14 所示。

3. 指令周期

指令周期是执行一条指令所需的时间。MCS－51 单片机中按字节可分为单字节、双字节、三字节指令。因此，执行一条指令的时间也不同。对于简单的单字节指令，取出指令立即执行，只需一个机器周期的时间。而有些复杂的指令，如转移、乘、除指令，则需两个或多个机器周期。

从指令的执行速度看，单字节和双字节指令一般为单机器周期和双机器周期，三字节指令都是双机器周期，只有乘、除指令占用 4 个机器周期。

4. 指令时序

MCS－51 单片机执行任何一条指令时，都可以分为取指令阶段和指令执行阶段。单片机在取指令阶段，可以把程序计数器 PC 中地址送到程序存储器，并从中取出需要执行指令

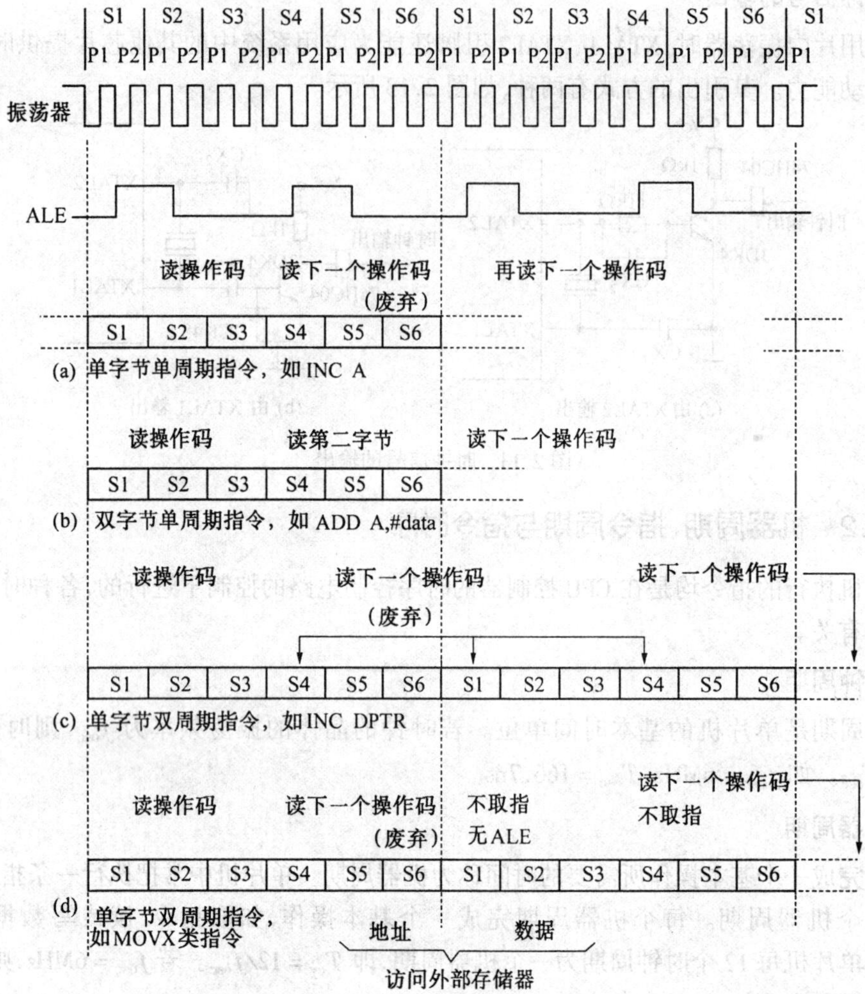

图 2.14　MCS－51 的机器周期

的操作码和操作数。指令执行阶段可对指令操作码进行译码，以产生一系列控制信号完成指令的执行。

图 2.14 中的 ALE 信号是为地址锁存而定义的，该信号每有效一次，则对应 MCS－51 的一次读指令的操作。ALE 信号以时钟脉冲 1/6 的频率出现，因此在一个机器周期中，ALE 信号两次有效（但要注意，在执行访问外部数据存储器的指令 MOVX 时，将会丢失一个 ALE 脉冲，将在后面有关章节中介绍），第 1 次在 S1P2 和 S2P1 期间，第 2 次在 S4P2 和 S5P1 期间，有效宽度为一个状态周期。

2.7　复位操作和复位电路

2.7.1　复位操作

复位是单片机的初始化操作，只需给 MCS－51 的复位引脚 RST 加上大于 2 个机器周期

(即 24 个时钟振荡周期)的高电平就可使 MCS－51 复位。复位时,PC 初始化为 0000H,使 MCS－51 单片机从 0000H 单元开始执行程序。除了进入系统的正常初始化之外,由于程序运行出错或操作错误而使系统处于死锁状态,为摆脱死锁状态,也需按复位键使 RST 脚为高电平,使 MCS－51 重新启动。

除 PC 之外,复位操作还对其他一些寄存器有影响,这些寄存器复位时的状态如表 2.7 所示。由表中可以看出,复位时,SP = 07H ,而 4 个 I/O 端口 P0P3 的引脚均为高电平,在某些控制应用中,要注意考虑 P0P3 引脚的高电平对接在这些引脚上的外部电路的影响。

另外,在复位有效期间(即复位引脚为高电平期间),MCS－51 的 ALE 引脚和 $\overline{PSEN}$ 引脚均为高电平,且内部 RAM 的状态不受复位的影响。

表 2.7　复位时片内各寄存器的状态

寄存器	复位状态	寄存器	复位状态
PC	0000H	TMOD	00H
Acc	00H	TCON	00H
PSW B	00H	TH0	00H
SP	00H	TL0	00H
DPTR	07H	TH1	00H
P0～P3	0000H	TL1	00H
IP	FFH	SCON	00H
IE	×××00000B	SBUF	××××××××B
	0××00000B	PCON	0×××0000B

2.7.2　复位电路

MCS－51 的复位是由外部的复位电路来实现的。MCS－51 片内复位结构见图 2.15。

复位引脚 RST 通过一个斯密特触发器与复位电路相连,斯密特触发器用来抑制噪声,在每个机器周期的 S5P2,斯密特触发器的输出电平由复位电路采样一次,然后才能得到内部复位操作所需要的信号。

复位电路通常采用上电自动复位和按钮复位两种方式。

最简单的上电自动复位电路如图 2.16 所示。上电自动复位是通过外部复位电路的电容充电来实现的。当电源 V_{cc} 接通时只要电压上升时间不超过 1ms,就可以实现自动上电复位。当时钟频率选用 6MHz 时,C 取 22μF,R 取 1kΩ。

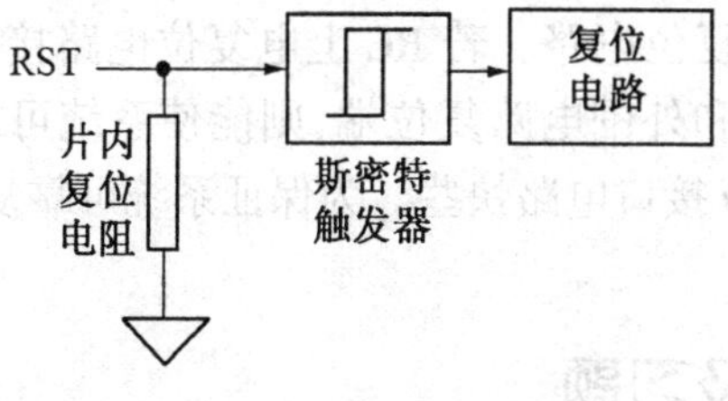

图 2.15　MCS－51 的片内复位结构

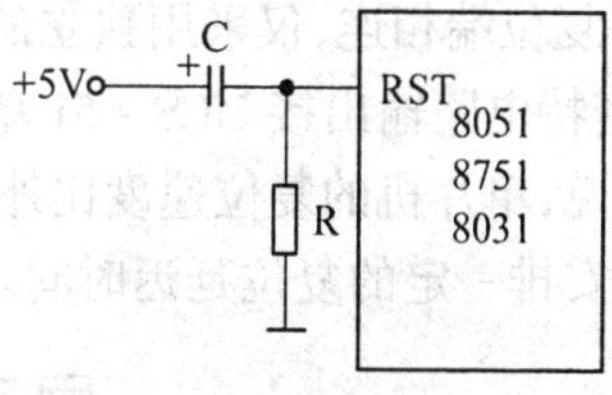

图 2.16　上电复位电路

除了上电复位外,有时还需要按键手动复位。按键手动复位有电平方式和脉冲方式两种。其中电平复位是通过 RST 端经电阻与电源 V_{cc} 接通而实现的,按键手动电平复位电路见

图 2.17。当时钟频率选用 6MHz 时，C 取 22μF，RS 取 200Ω，RK 取 1kΩ。按键脉冲复位则是利用 RC 微分电路产生的正脉冲来实现的，脉冲复位电路见图 2.18。图中的阻容参数适于 6MHz 时钟。

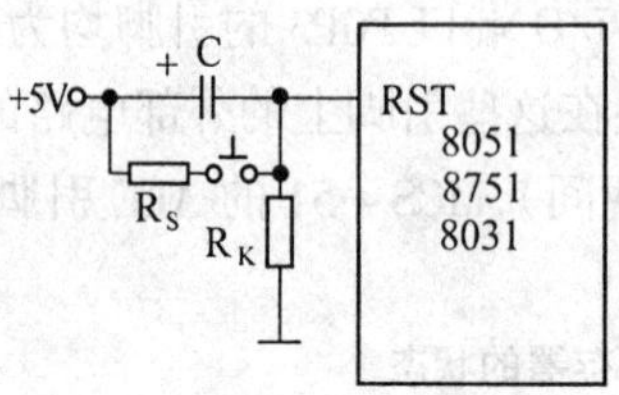

图 2.17　按键电平复位电路

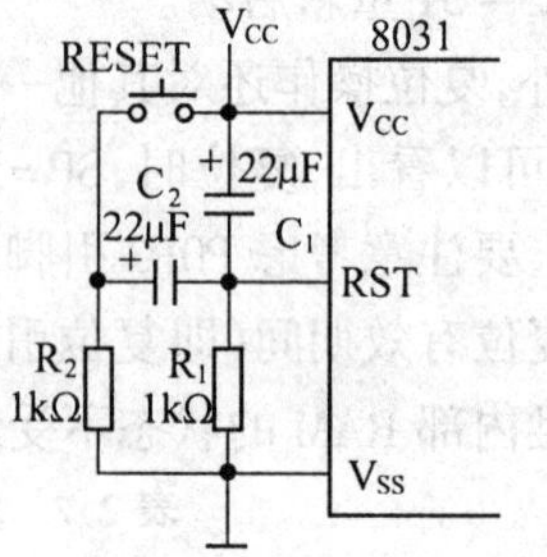

2.18　按键脉冲复位电路

图 2.19 为两种实用的兼有上电复位与按钮复位的电路。

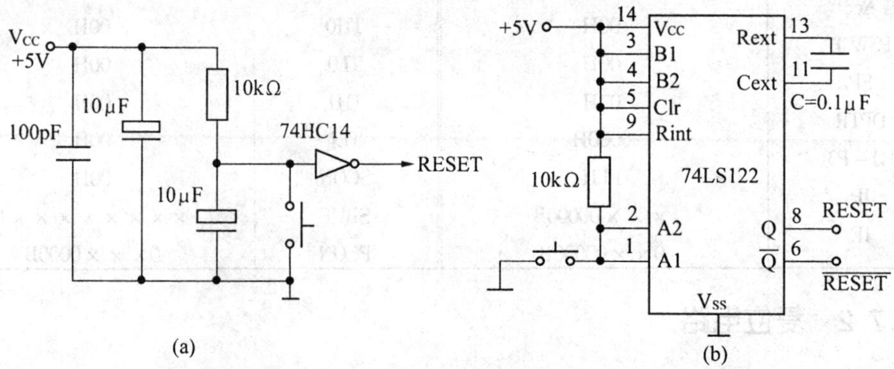

图 2.19　两种实用的兼有上电复位与按钮复位的电路

图 2.19 中(b)的电路能输出高、低两种电平的复位控制信号，以适应外围 I/O 接口芯片所要求的不同复位电平信号。图(b)中 74LS122 为单稳电路，实验表明，电容 C 选择约为 0.1μF较好。

在实际的应用系统设计中，若有外部扩展的 I/O 接口电路也需初始复位，如果它们的复位端和 MCS－51 的复位端相连，复位电路中的 R、C 参数要受到影响，这时复位电路中的 R、C 参数要统一考虑，以保证可靠地复位。如果 MCS－51 与外围 I/O 接口电路的复位电路和复位时间不完全一致，使单片机初始化程序不能正常运行，外围 I/O 接口电路的复位也可以不和 MCS－51 复位端相连，仅采用独立的上电复位电路。若 RC 上电复位电路接斯密特电路输入端，斯密特电路输出接 MCS－51 单片机和外围电路复位端，则能使系统可靠地同步复位。一般来说，单片机的复位速度比外围 I/O 接口电路快些。为保证系统可靠复位，在初始化程序中应安排一定的复位延迟时间。

思考题及习题

1. MCS－51 单片机的片内都集成了哪些功能部件？各个功能部件的最主要的功能是什么？

2. 说明 MCS－51 单片机的引脚$\overline{EA}$的作用，该引脚接高电平和接低电平时各有何种功能？

3. MCS－51 单片机的时钟振荡周期和机器周期之间有何关系？

4. 在 MCS－51 单片机中，如果采用 6MHz 晶振，一个机器周期为(　　)。

5. 程序存储器的空间里，有 5 个单元是特殊的，这 5 个单元对应 MCS－51 单片机 5 个中断源的中断入口地址，请写出这些单元的地址以及对应的中断源。

6. 内部 RAM 中，位地址为 30H 的位，该位所在字节的字节地址为(　　)。

7. 若 A 中的内容为 63H，那么，P 标志位的值为(　　)。

8. 判断下列说法正确的是　　(　　)

(A)8031 的 CPU 是由 RAM 和 EPROM 所组成

(B)区分片外程序存储器和片外数据存储器的最可靠的方法是看其位于地址范围的低端还是高端

(C)在 MCS－51 中，为使准双向的 I/O 口工作在输入方式，必须保证它被事先预置为 1

(D)PC 可以看成是程序存储器的地址指针

9.8031 单片机复位后，R4 所对应的存储单元的地址为(　　)，因上电时 PSW＝(　　)。这时当前的工作寄存器区是(　　)组工作寄存器区。

10.什么是机器周期？一个机器周期的时序是如何来划分的？如果采用 12MHz 晶振，一个机器周期为多长时间？

11.以下有关 PC 和 DPTR 的结论正确的是　　(　　)

(A)DPTR 是可以访问的，而 PC 不能访问

(B)它们都是 16 位的寄存器

(C)它们都具有加“1”的功能

(D)DPTR 可以分为 2 个 8 位的寄存器使用，但 PC 不能

12. 内部 RAM 中，哪些单元可作为工作寄存器区，哪些单元可以进行位寻址？写出它们的字节地址。

13.使用 8031 单片机时，需将$\overline{EA}$引脚接(　　)电平，因为其片内无(　　)存储器。

14.片内 RAM 低 128 个单元划分为哪三个主要部分？各部分的主要功能是什么？

15. MCS－51 单片机的当前工作寄存器组如何选择？

16. 下列说法正确的是　　(　　)

(A)程序计数器 PC 不能为用户编程时直接使用，因为它没有地址

(B)内部 RAM 的位寻址区，只能供位寻址使用，而不能供字节寻址使用

(C)8031 共有 21 个特殊功能寄存器，它们的位都是可用软件设置的，因此，是可以进行位寻址的

17.PC 的值是　　(　　)

(A)当前正在执行指令的前一条指令的地址

(B)当前正在执行指令的地址

(C)当前正在执行指令的下一条指令的地址

(D)控制器中指令寄存器的地址

18.通过堆栈操作实现子程序调用，首先就要把(　　)的内容入栈，以进行断点保护。

调用返回时，再进行出栈保护，把保护的断点送回到(　　)。

19. 写出 P3 口各引脚的第二功能。

20. MCS－51 单片机程序存储器的寻址范围是由程序计数器 PC 的位数所决定的，因为 MCS－51 的 PC 是 16 位的，因此其寻址的范围为(　　)Kbyte。

21. 当 MCS－51 单片机运行出错或程序陷入死循环时，如何来摆脱困境？

22. 下列说法正确的是　　(　　)

(A)PC 是一个不可寻址的特殊功能寄存器

(B)单片机的主频越高，其运算速度越快

(C)在 MCS－51 单片机中，一个机器周期等于 1μs

(D)特殊功能寄存器 SP 内装的是栈顶首地址单元的内容。

第3章 MCS-51的指令系统

MCS-51单片机所能执行的命令(指令)的集合就是它的指令系统。指令常以其英文名称或缩写形式来作为助记符,以助记符、符号地址、标号等书写程序的语言称为汇编语言。本章所介绍的是MCS-51汇编语言的指令系统。

3.1 指令系统概述

MCS-51指令系统是一种简明易掌握、效率较高的指令系统。

MCS-51的基本指令共111条,按指令在程序存储器所占的字节来分,其中

(1) 单字节指令49条;

(2) 双字节指令45条;

(3) 三字节指令17条。

按指令的执行时间来分,其中

(1) 1个机器周期(12个时钟振荡周期)的指令64条;

(2) 2个机器周期(24个时钟振荡周期)的指令45条;

(3) 只有乘、除两条指令的执行时间为4个机器周期(48个时钟振荡周期)。

在12MHz晶振的条件下,每个机器周期为1 μs,由此可见,MCS-51指令系统对存储空间和时间的利用率较高。

MCS-51单片机的一大特点是在硬件结构中有一个位处理机,对应这个位处理机,指令系统中相应地设计了一个处理位变量的指令子集,这个子集在进行位变量处理的程序设计时十分有效、方便。

3.2 指令格式

指令的表示方法称为指令格式,一条指令通常由两部分组成,即操作码和操作数。操作码用来规定指令进行什么操作,而操作数则是指令操作的对象。操作数可能是一个具体的数据,也可能是指出到哪里取得数据的地址或符号。在MCS-51指令系统中,有单字节、双字节、三字节这些不同长度的指令,指令长度不同,指令的格式也就不同。

(1)单字节指令:指令只有一个字节,操作码和操作数同在一个字节中。

(2)双字节指令:双字节指令包括两个字节,其中一个字节为操作码,另一个字节是操作数。

(3)三字节指令:在三字节指令中,操作码占一个字节,操作数占二个字节,其中操作数既可能是数据,也可能是地址。

3.3 指令系统的寻址方式

大多数指令执行时,都需要使用操作数。寻址方式就是在指令中说明操作数所在地址的方法。一般说来,寻址方式越多,单片机的功能就越强,灵活性越大,指令系统也就越复杂。MCS-51单片机的指令系统有7种寻址方式。下面分别予以介绍。

1.寄存器寻址方式

寄存器寻址方式就是操作数在寄存器中,因此指定了寄存器就能得到操作数。在寄存器寻址方式的指令中以符号名称来表示寄存器,例如指令

MOV A,Rn ;(Rn)→A,n=0~7

表示把寄存器Rn的内容传送给累加器A,由于操作数在Rn中,因此在指令中指定了从寄存器Rn中取得源操作数,所以就称为寄存器寻址方式。

寄存器寻址方式的寻址范围包括:

(1)4组通用工作寄存区共32个工作寄存器。但只能寻址当前的工作寄存器区的8个工作寄存器,因此指令中的寄存器的名称只能是R0~R7。

(2)部分特殊功能寄存器,例如累加器A、寄存器B以及数据指针寄存器DPTR等。

2.直接寻址方式

在这种寻址方式中,指令中操作数直接以单元地址的形式给出。该单元地址中的内容就是操作数。例如指令

MOV A,40H

表示把内部RAM 40H单元的内容传送给A。源操作数采用的是直接寻址方式。

直接寻址的操作数在指令中以存储单元的形式出现,因为直接寻址方式只能使用8位二进制表示的地址,因此,直接寻址方式的寻址范围只限于:

(1) 内部RAM的128个单元。

(2) 特殊功能寄存器。特殊功能寄存器除了以单元地址的形式外,还可以用寄存器符号的形式给出。例如MOV A,80H表示把P0口(地址为80H)的内容传送给A。也可写为MOV A,P0,这也表示把P0口(地址为80H)的内容传送给A,两条指令是等价的。

应当说明的是,直接寻址方式是读写特殊功能寄存器的惟一寻址方式。

3.寄存器间接寻址方式

寄存器寻址方式,就是寄存器中存放的是操作数,而寄存器间接寻址方式,是寄存器中存放的是操作数的地址,即先从寄存器中找到操作数的地址,再按该地址找到操作数。由于操作数是通过寄存器间接得到的,因此称之为寄存器间接寻址。

为了区别寄存器寻址和寄存器间接寻址,在寄存器间接寻址方式中,应在寄存器的名称前面加前缀标志“@”。

访问内部RAM或外部数据存储器的低256byte时,只能采用R0或R1作为间址寄存器。例如指令

MOV A,@Ri ;i=0或1

其中Ri的内容为40H,即从Ri中找到源操作数所在单元的地址40H,把该地址中的内容传

送给 A，即把内部 RAM 中 40H 单元的内容送到 A。这类指令为单字节指令，其指令代码中最低位是表示采用 R0 还是 R1 作为间接寻址寄存器。

寄存器间接寻址方式的寻址范围为：

(1)访问内部 RAM 低 128 个单元，其通用形式为@Ri。

(2)对片外数据存储器的 64Kbyte 的间接寻址，只能使用 DPTR 作间接寻址寄存器，其形式为@DPTR。例如 MOVX A，@DPTR，其功能是把 DPTR 指定的外部 RAM 单元的内容送累加器 A。

(3)对片外数据存储器的低 256byte 的间接寻址，除可使用 DPTR 作为间址寄存器外，也可使用 R0 或 R1 作间址寄存器。例如 MOVX A，@Ri，其功能是把@Ri 指定的外部 RAM 单元的内容送累加器 A。

(4)堆栈区：堆栈操作指令 PUSH(压栈)和 POP(出栈)，使用堆栈指针(SP)作间址寄存器来进行对堆栈区的间接寻址。

4.立即寻址方式

立即寻址方式就是操作数在指令中直接给出。出现在指令中的操作数即为立即数。为了与直接寻址指令中的直接地址相区别，需在操作数前面加前缀标志"#"，例如指令

```
MOV   A, #40H
```

表示把立即数 40H 送给 A。40H 这个常数是指令代码的一部分。采用立即寻址方式的指令是双字节的。第一个字节是操作码，第二字节是立即操作数。因此，操作数就是放在程序存储器内的常数。

5.基址寄存器加变址寄存器间接寻址方式

这种寻址方式用于读出程序存储器中的数据到累加器中。本寻址方式是以 DPTR 或 PC 作基址寄存器，以累加器 A 作为变址寄存器，并以两者内容相加形成的 16 位地址作为操作数的地址，以达到访问数据表格的目的。例如指令 MOVC A，@A + DPTR，其中 A 的原有内容为 05H，DPTR 的内容为 0400H，该指令执行的结果是把程序存储器 0405H 单元的内容传送给 A。

对本寻址方式作如下说明：

(1) 本寻址方式只能对程序存储器进行寻址，或者说它是专门针对程序存储器的寻址方式，寻址范围可达到 64Kbyte。

(2) 本寻址方式的指令只有 3 条，即

```
MOVC   A,@A + DPTR
MOVC   A,@A + PC
JMP    A,@A + DPTR
```

其中前两条指令是读程序存储器指令，最后一条指令是无条件转移指令。这 3 条指令都是单字节指令

6.位寻址方式

MCS－51 有位处理功能，可以对数据位进行操作，因此就有相应的位寻址方式。位寻址指令中可以直接使用位地址，例如

```
MOV   C,40H
```

指令的功能是把位 40H 的值送到进位位 C。

位寻址的寻址范围包括：

(1) 内部 RAM 中的位寻址区

单元地址为 20H ~ 2FH，共 16 个单元，128 个位，位地址是 00H ~ 7FH，对这 128 个位的寻址使用直接地址表示。位寻址区中的位有两种表示方法，一种是位地址，例如 40H；另一种是单元地址加上位，例如(28H).0，指的是 28H 单元中的最低位。位 40H 与位 (28H).0 是同一个位，它们是等价的。

(2) 特殊功能寄存器中的可寻址位

可供位寻址的特殊功能寄存器有 11 个，共有 88 个位，其中有 5 个位没有定义，所以有可寻址位 83 个。这些寻址位在指令中有如下 4 种的表示方法。

① 直接使用位地址，例如 PSW 寄存器位 5 的位地址为 0D5H。

② 位名称的表示方法，例如 PSW 寄存器位 5 是 F0 标志位，则可使用 F0 表示该位。

③ 单元地址加位数的表示方法，例如 0D0H 单元(即 PSW 寄存器)位 5，表示为(0D0H).5。

④ 特殊功能寄存器符号加位数的表示方法，例如 PSW 寄存器位 5 表示为 PSW.5。

7. 相对寻址方式

相对寻址方式是为解决程序转移而专门设置的，为转移指令所采用。指令系统中，有多条相对转移指令，这些转移指令多为二字节指令，但也有个别为三字节的。

在相对寻址的转移指令中，给出了地址偏移量，以“rel”表示，即把 PC 的当前值加上偏移量就构成了程序转移的目的地址。但这里的 PC 的当前值是指执行完该指令后的 PC 值，即转移指令的 PC 值加上它的字节数。因此，表示转移的目的地址的公式为

目的地址 = 转移指令所在的地址 + 转移指令的字节数 + rel

偏移量 rel 是一个带符号的 8 位二进制数补码数，所能表示的数的范围是 - 128 ~ + 127。因此，相对转移是以转移指令所在地址为基点，向地址增加方向最大可转移(127 + 转移指令字节)个单元地址，向地址减少方向最大可转移(128 - 转移指令字节)个单元地址。

以上介绍了 MCS - 51 指令系统的 7 种寻址方式，概括起来如表 3.1 所示。

表 3.1 寻址方式及寻址空间

序号	寻址方式	使用的变量	寻址空间
1	寄存器寻址	R0 ~ R7、A、B、Cy(位)、DPTR、AB	程序存储器
2	直接寻址		内部 RAM 128byte 特殊功能寄存器
3	寄存器间接寻址	@R1，@R0，SP	片内 RAM
		@R0，@R1，@DPTR	片外数据存储器
4	立即寻址		程序存储器
5	基址寄存器加变址寄存器间接寻址	@DPTR + A，@PC + A	程序存储器
6	位寻址		内部 RAM 20H ~ 2FH 单元的 128 个可寻址位、SFR 中的可寻址位
7	相对寻址	PC + 偏移量	程序存储器

3.4 MCS-51 指令系统分类介绍

MCS-51 指令系统共有 111 条指令，按功能分类，可分为下面 5 大类。

(1)数据传送类(28 条)

(2)算术操作类(24 条)

(3)逻辑运算类(25 条)

(4)控制转移类(17 条)

(5)位操作类(17 条)

在分类介绍指令之前，先把描述指令的一些符号的意义，作简单的介绍。

Rn	当前选中的寄存器区的 8 个工作寄存器 R0 ~ R7(n = 0 ~ 7)。
Ri	当前选中的寄存器区中可作间接寻址寄存器的 2 个寄存器 R0、R1(i = 0,1)。
direct	直接地址，即 8 位的内部数据存储器单元或特殊功能寄存器的地址。
# data	包含在指令中的 8 位立即数。
# data16	包含在指令中的 16 位立即数。
rel	相对转移指令中的偏移量，为 8 位的带符号补码数。
DPTR	数据指针，可用作 16 位的地址寄存器。
bit	内部 RAM 或特殊功能寄存器中的直接寻址位。
C 或 Cy	进位标志位或位处理机中的累加器。
addr11	11 位目的地址。
addr16	16 位目的地址。
@	间接寻址寄存器前缀，如@Ri，@A + DPTR。
(X)	X 中的内容。
((X))	由 X 寻址的单元中的内容。
→	箭头右边的内容被箭头左边的内容所取代。

3.4.1 数据传送类指令

数据传送类指令是编程时使用最频繁的一类指令。

一般数据传送类指令的助记符为“MOV”，通用的格式为

MOV <目的操作数>，<源操作数>

数据传送类指令是把源操作数传送到目的操作数。指令执行后，源操作数不改变，目的操作数修改为源操作数。所以数据传送类操作属“复制”性质，而不是“搬家”。若要求在进行数据传送时，不丢失目的操作数，则可以用交换型的传送类指令。

数据传送类指令不影响标志位，这里所说的标志位是指 Cy、Ac 和 OV，但不包括检验累加器奇偶标志位 P。

1. 以累加器为目的操作数的指令

```
MOV  A,Rn          ; (Rn)→A,n = 0 ~ 7
MOV  A,@Ri         ; ((Ri))→A,i = 0,1
MOV  A,direct      ;(direct)→A
```

```
MOV   A, # data        ; # data→A
```

这组指令的功能是把源操作数的内容送入累加器 A,源操作数有寄存器寻址,直接寻址,间接寻址和立即寻址等方式,例如

```
MOV   A,R6             ;(R6)→A,寄存器寻址
MOV   A,70H            ;(70H)→A,直接寻址
MOV   A,@R0            ;((R0))→A,间接寻址
MOV   A,#78H           ;78H→A,立即寻址
```

2.以 Rn 为目的操作数的指令

```
MOV   Rn,A             ; (A)→Rn,n=0~7
MOV   Rn,direct        ; (direct)→Rn,n=0~7
MOV   Rn, # data       ; # data→Rn,n=0~7
```

这组指令的功能是把源操作数的内容送入当前一组工作寄存器区的 R0~R7 中的某一个寄存器。

3.以直接地址 direct 为目的操作数的指令

```
MOV   direct,A         ; (A)→direct
MOV   direct,Rn        ; (Rn)→direct, ,n=0~7
MOV   direct1,direct2  ; (direct2)→direct1
MOV   direct,@Ri       ; ((Ri))→direct, i=0,1
MOV   direct, # data   ; # data→direct
```

这组指令的功能是把源操作数送入直接地址指出的存储单元。direct 指的是内部 RAM 或 SFR 的地址。

4.以寄存器间接地址为目的操作数的指令

```
MOV   @Ri,A            ;(A)→((Ri)),i=0,1
MOV   @Ri,direct       ; (direct)→((Ri)),i=0,1
MOV   @Ri, # data      ; # data→((Ri)),i=0,1
```

这组指令的功能是把源操作数内容送入 R0 或 R1 指出的存储单元中。

5.16 位数传送指令

```
MOV   DPTR, # data16   ; # data16→DPTR
```

这条指令的功能是把 16 位常数送入 DPTR,这是整个指令系统中惟一的一条 16 位数据的传送指令,用来设置数据存储器的地址指针 DPTR。地址指针 DPTR 由 DPH 和 DPL 组成。这条指令执行的结果是把立即数的高 8 位送入 DPH,立即数的低 8 位送入 DPL。

对于所有 MOV 类指令,累加器 A 是一个特别重要的 8 位寄存器,CPU 对它具有其他寄存器所没有的操作指令。后面将要介绍的加、减、乘、除指令都是以 A 作为目的操作数的。Rn 为 CPU 当前选择的寄存器组中的 R0~R7,直接地址指出的存储单元为内部 RAM 的 00H~7FH 和特殊功能寄存器(地址范围为 80H~FFH)。在间接地址中,用 R0 或 R1 作地址指针,访问内部 RAM 的 00H~7FH 128 个单元。

6.堆栈操作指令

在 MCS-51 内部 RAM 中可以设定一个后进先出(LIFO-Last In First Out)的区域,称做

堆栈。在特殊功能寄存器中有一个堆栈指针 SP,它指出堆栈的栈顶位置。堆栈操作有进栈和出栈两种,因此在指令系统中相应有两条堆栈操作指令。

(1)进栈指令

PUSH direct

这条指令的功能是首先将栈指针 SP 加 1,然后把 direct 中的内容送到栈指针 SP 指示的内部 RAM 单元中。

例如 当(SP) = 60H,(A) = 30H,(B) = 70H 时,执行下列指令

```
PUSH  ACC       ;(SP)+1=61H→SP,(A)→61H
PUSH  B         ;(SP)+1=62H→SP,(B)→62H
```

结果 (61H) = 30H,(62H) = 70H,(SP) = 62H

(2)出栈指令

POP direct

这条指令的功能是将栈指针 SP 指示的栈顶(内部 RAM 单元)内容送入 direct 字节单元中,栈指针 SP 减 1.

例如 当 (SP) = 62H,(62H) = 70H,(61H) = 30H,执行下列指令

```
POP   DPH       ;((SP))→DPH,(SP)-1→SP
POP   DPL       ;((SP))→DPL,(SP)-1→SP
```

结果 (DPTR) = 7030H,(SP) = 60H

7.累加器 A 与外部数据存储器传送指令

```
MOVX   A,@DPTR      ;((DPTR))→A,读外部 RAM/IO
MOVX   A,@Ri        ;((Ri))→A,读外部 RAM/IO
MOVX   @DPTR,A      ;(A)→((DPTR)),写外部 RAM/IO
MOVX   @Ri,A        ;(A)→((Ri)),写外部 RAM/IO
```

这组指令的功能是读外部 RAM 存储器或 I/O 中的一个字节的数据到累加器 A 中,或从累加器 A 中的一个字节的数据写到外部 RAM 存储器或 I/O 中。

采用 16 位的 DPTR 作间接寻址,则可寻址整个 64Kbyte 片外数据存储器空间,高 8 位地址(DPH)由 P2 口输出,低 8 位地址(DPL)由 P0 口输出。

采用 Ri(i = 0,1)作间接寻址,可寻址片外 256 个单元的数据存储器。8 位地址和数据均由 P0 口输出,可选用其他任何输出口线来输出高于 8 位的地址(一般选用 P2 口输出高 8 位的地址)。

上述 4 条指令的助记符是在 MOV 的后面加"X","X"表示 MCS - 51 单片机访问的是片外 RAM 存储器或 I/O。

8.查表指令

这类指令共两条,均为单字节指令,这是 MCS - 51 指令系统中仅有的两条用于读程序存储器中的数据表格的指令。由于对程序存储器只能读不能写,因此其数据的传送都是单向的,即从程序存储器中读出数据到累加器中。两条查表指令均采用基址寄存器加变址寄存器间接寻址方式。

(1) MOVC A,@A + PC

这条指令以 PC 作基址寄存器,A 的内容作为无符号整数和 PC 中的内容(下一条指令的起始地址)相加后得到一个 16 位的地址,把该地址指出的程序存储单元的内容送到累加器 A。

例如　(A) = 30H,执行地址 1000H 处的指令

1000H: MOVC　A,@A + PC

本指令占用一个字节,下一条指令的地址为 1001H,(PC) = 1001H 再加上 A 中的 30H,得 1031H,结果将程序存储器中 1031H 的内容送入 A。

这条指令的优点是不改变特殊功能寄存器及 PC 的状态,根据 A 的内容就可以取出表格中的常数。缺点是表格只能存放在该条查表指令后面的 256 个单元之内,表格的大小受到限制,而且表格只能被一段程序所利用。

(2) MOVC A,@A + DPTR

这条指令以 DPTR 作为基址寄存器,A 的内容作为无符号数和 DPTR 的内容相加得到一个 16 位的地址,把由该地址指出的程序存储器单元的内容送到累加器 A.

例如　(DPTR) = 8100H (A) = 40H 执行指令

MOVC　A,@A + DPTR

结果是将程序存储器中 8140H 单元内容送入累加器 A 中。

这条查表指令的执行结果只和指针 DPTR 及累加器 A 的内容有关,与该指令存放的地址及常数表格存放的地址无关,因此表格的大小和位置可以在 64K 程序存储器中任意安排,一个表格可以为各个程序块公用。

上述两条指令的助记符是在 MOV 的后面加 C,"C"是 CODE 的第一个字母,即代码的意思。

9. 字节交换指令

XCH　A,Rn　　　　; (A)↔(Rn),n = 0 ~ 7
XCH　A,direct　　; (A)↔(direct)
XCH　A,@Ri　　　; (A)↔((Ri)),i = 0,1

这组指令的功能是将累加器 A 的内容和源操作数的内容相互交换。源操作数有寄存器寻址、直接寻址和寄存器间接寻址等方式。例如:

(A) = 80H,(R7) = 08H,(40H) = F0H

(R0) = 30H,(30H) = 0FH

执行下列指令:

XCH　A,R7　　　;(A)(R7)
XCH　A,40H　　　;(A)(40H)
XCH　A,@R0　　;(A)((R0))

结果:(A) = 0FH,(R7) = 80H,(40H) = 08H,(30H) = F0H

10. 半字节交换指令

XCHD　A,@Ri

累加器的低 4 位与内部 RAM 低 4 位交换。例如:

(R0) = 60H,(60H) = 3EH,(A) = 59H

执行完 XCHD A,@RO 指令,则(A) = 5EH,(60H) = 39H。

3.4.2 算术操作类指令

在 MCS - 51 指令系统中,有单字节的加、减、乘、除法指令,算术运算功能比较强。算术运算指令都是针对 8 位二进制无符号数的,如要进行带符号或多字节二进制数运算,需编写程序,通过执行程序实现。

算术执行的结果将使 PSW 中的进位(Cy),辅助进位(Ac),溢出(OV)3 种标志位置“1”或清“0”,但是增 1 和减 1 指令不影响这些标志。

1.加法指令

共有 4 条加法运算指令:

```
ADD   A,Rn          ; (A) + (Rn)→A ,n = 0 ~ 7
ADD   A,direct      ; (A) + (direct)→A
ADD   A,@Ri         ; (A) + ((Ri))→A,i = 0,1
ADD   A,# data      ; (A) + # data→A
```

这 4 条 8 位二进制数加法指令的一个加数总是来自累加器 A,而另一个加数可由寄存器寻址、直接寻址、寄存器间接寻址和立即寻址等不同的寻址方式得到。其相加的结果总是放在累加器 A 中。

使用加法指令时,要注意累加器 A 中的运算结果对各个标志位的影响。

(1) 如果位 7 有进位,则置“1”进位标志 Cy,否则清“0”Cy

(2) 如果位 3 有进位,置“1”辅助进位标志 Ac,否则清“0”Ac(Ac 为 PSW 寄存器中的一位)

(3) 如果位 6 有进位,而位 7 没有进位,或者位 7 有进位,而位 6 没有,则溢出标志位 OV 置“1”,否则清“0”OV。

溢出标志位 OV 的状态,只有在带符号数加法运算时才有意义。当两个带符号数相加时,OV = 1,表示加法运算超出了累加器 A 所能表示的带符号数的有效范围(- 128 ~ + 127),即产生了溢出,因此运算结果是错误的,否则运算是正确的,即无溢出产生。

例 (A) = 53H,(R0) = FCH,执行指令

ADD A,R0

运算式为

```
          0101  0011
 +)       1111  1100
 -------------------
        1←0100  1111
```

结果为

(A) = 4FH,Cy = 1,Ac = 0,OV = 0,P = 1(A 中“1”的位数为奇数)

注意,上面的运算中,由于位 6 和位 7 同时有进位,所以标志位 OV = 0。

例 (A) = 85H,(R0) = 20H,(20H) = AFH,执行指令:

ADD A,@R0

运算式为

```
        1000  0101
  +)    1010  1111
  ─────────────────
      1←0011  0100
```

结果为

(A) = 34H, Cy = 1, Ac = 1, OV = 1, P = 1

注意,由于位 7 有进位,而位 6 无进位,所以标志位 OV = 1

2. 带进位加法指令

带进位的加法运算的特点是进位标志位 Cy 参加运算,因此带进位的加法运算是三个数相加。带进位的加法指令共 4 条:

```
ADDC   A,Rn          ; (A) + (Rn) + C→A ,n = 0 ~ 7
ADDC   A,direct      ; (A) + (direct) + C→A
ADDC   A,@Ri         ; (A) + (Ri) + C→A,i = 0,1
ADDC   A,#data       ; (A) + #data + C→A
```

这组带进位加法指令的功能是指令中不同寻址方式所指出的加数、进位标志与累加器 A 内容相加,结果存在累加器 A 中。如果位 7 有进位,则置"1"进位标志 Cy,否则清"0"Cy;如果位 3 有进位输出,则置"1"辅助进位标志 Ac,否则清"0"Ac;如果位 6 有进位而位 7 没有进位,或者位 7 有进位而位 6 没有,则置"1"溢出标志 OV,否则清"0" 标志 OV。

例 (A) = 85H,(20H) = FFH,Cy = 1,执行指令

```
ADDC   A,20H
```

运算式为

```
        1000  0101
        1111  1111
  +)             1
  ─────────────────
      1←1000  0101
```

结果为

(A) = 85H, Cy = 1, Ac = 1, OV = 0, P = 1 (A 中 1 的位数为奇数)

3. 增 1 指令

共有 5 条增 1 指令,即

```
INC   A
INC   Rn          ;n = 0 ~ 7
INC   direct
INC   @Ri         ;i = 0,1
INC   DPTR
```

这组增 1 指令的功能是把指令中所指出的变量增 1,且不影响程序状态字 PSW 中的任何标志。若变量原来为 FFH,加 1 后将溢出为 00H(指前 4 条指令),标志也不会受到影响。第 5 条指令 INC DPTR,是 16 位数增 1 指令。指令首先对低 8 位指针 DPL 的内容执行加 1 的操作,当产生溢出时,就对 DPH 的内容进行加 1 操作,并不影响标志 Cy 的状态。

4. 十进制调整指令

十进制调整指令用于对 BCD 码十进制数加法运算的结果的内容修正。其指令格式为

DA　A

这条指令的功能是对压缩的 BCD 码的加法结果进行十进制调整。若两个 BCD 码按二进制相加之后，必须经本指令的调整才能得到正确的压缩 BCD 码的和数。

(1) 十进制调整问题

前面介绍的 ADD 和 ADDC 加法指令，对二进制数的加法运算，都能得到正确的结果。但对于十进制数(BCD 码)的加法运算，只能借助于二进制加法指令。然而，二进制数的加法运算原则并不能适用于十进制数的加法运算，有时会产生错误结果。例如

(a)3 + 6 = 9	(b)7 + 8 = 15	(c)9 + 8 = 17
0011	0111	1001
+)　0110	+)　1000	+)　1000
1001	1111	1←0001

① 运算结果正确。

② 运算结果不正确，因为十进制数的 BCD 码中没有 1111 这个编码。

③ 运行结果也不正确，正确结果应为 17，而运算结果却是 11。

这种情况表明，二进制数加法指令不能完全适用于 BCD 码十进制数的加法运算，因此要对结果作有条件的修正。这就是所谓的十进制调整问题。

(2) 出错原因和调整方法

出错的原因在于 BCD 码是 4 位二进制编码，共有 16 个编码，但 BCD 码只用了其中的 10 个，剩下 6 个没用到。这 6 个没用到的编码(1010，1011，1100，1101，1110，1111)为无效码。

在 BCD 码的加法运算中，凡结果进入或者跳过无效码编码区时，其结果就是错误的。因此，1 位 BCD 码加法运算出错情况有以下两种：

(a)相加结果大于 9，说明已经进入无效编码区。

(b)相加结果有进位，说明已经跳过无效编码区。

无论哪一种出错情况，都是因为 6 个无效编码造成的。因此，只要出现上述两种情况之一，就必须进行调整。调整的方法是把结果加 6 调整，即所谓十进制调整修正。

十进制调整的修正方法应是：

(a) 累加器低 4 位大于 9 或辅助进位位 Ac = 1，则进行低 4 位加 6 修正。

(b) 累加器高 4 位大于 9 或进位位 Cy = 1，则进行高 4 位加 6 修正。

(c) 累加器高 4 位为 9，低 4 位大于 9，则高 4 位和低 4 位分别加 6 修正。

上述的十进制调整的修正方法，具体是通过执行指令 DA A 来自动实现的。

例　(A) = 56H，(R5) = 67H，把它们看作为两个压缩的 BCD 数，进行 BCD 数的加法。执行指令

```
ADD   A,R5
DA    A
```

由于高、低 4 位分别大于 9，所以要分别加 6 进行十进制调整，对结果进行修正。

```
          0101  0110
+)        0110  0111
```

```
          1011  1101
+)        0110  0110   ←十进制调整,高低4位分别加6
        1←0010  0011
```

结果为 (A) = 23H, Cy = 1

由上可见, 56 + 67 = 123,结果是正确的。

5.带借位的减法指令

共有4条指令,即

```
SUBB  A,Rn       ;(A)-(Rn)- Cy→A,n=0~7
SUBB  A,direct   ;(A)-(direct)- Cy→A
SUBB  A,@Ri      ;(A)-((Ri))- Cy→A, i=0,1
SUBB  A,#data    ;(A)-,#data - Cy→A,
```

这组带借位减法指令是从累加器A中的内容减去指定的变量和进位标志Cy的值,结果存在累加器A中。如果位7需借位则置"1" Cy,否则清"0"Cy;如果位3需借位则置"1" Ac,否则清"0"Ac;如果位6需借位,而位7不需要借位,或者位7需借位,而位6不需借位,则置"1"溢出标志位OV,否则清"0"OV。源操作数允许有寄存器寻址、直接寻址、寄存器间接寻址和立即寻址方式。

例 (A) = C9H,(R2) = 54H,Cy = 1,执行指令

```
SUBB  A,R2
```

运算式为

```
     1100  1001
     0101  0100
-)            1
     0111  0100
```

结果为

(A) = 74H,Cy = 0,Ac = 0,OV = 1(位6向位7借位)

6.减1指令

共有4条指令为

```
DEC  A        ;(A)-1→A
DEC  Rn       ;(Rn)-1→Rn,n=0~7
DEC  direct   ;(direct)-1→direct
DEC  @Ri      ;((Ri))-1→(Ri),i=0,1
```

这组指令的功能是指定的变量减1。若原来为00H,减1后下溢为FFH,不影响标志位(除A减1影响P标志外)。例如

(A) = 0FH,(R7) = 19H,(30H) = 00H,(R1) = 40H,(40H) = 0FFH 执行指令

```
DEC  A        ;(A)-1→A
DEC  R7       ;(R7)-1→R7
DEC  30H      ;(30H)-1→30H
DEC  @R1      ;((R1))-1→(R1)
```

结果 (A) = 0EH,(R7) = 18H,(30H) = 0FFH,(40H) = 0FEH,P = 1,不影响其他标志。

7.乘法指令

MUL　AB　　　;A×B→BA

这条指令的功能是把累加器A和寄存器B中的无符号8位整数相乘,其16位积的低位字节在累加器A中,高位字节在B中。如果积大于255,则置"1"溢出标志位OV,否则清"0"OV。进位标志位Cy总是清"0"。

8.除法指令

DIV　AB　　　;A/B→A(商),余数→B

该指令的功能是把累加器A中8位无符号整数(被除数)除以B中的8位无符号整数(除数),所得的商(为整数)存放在累加器A中,余数在寄存器B中,清"0"Cy和溢出标志位OV。如果B的内容为"0"(即除数为"0"),则存放结果的A、B中的内容不定,并置"1"溢出标志位OV。

例　(A)=FBH,(B)=12H,执行指令

DIV　AB

结果为

(A)=0DH,(B)=11H,Cy=0,OV=0

3.4.3　逻辑运算指令

1.简单逻辑操作指令

(1) CLR　A

该条指令的功能是累加器A清"0",不影响Cy、Ac、OV等标志。

(2) CPL A

该条指令的功能是将累加器A的内容按位逻辑取反,不影响标志。

2.左环移指令

RL　A

这条指令的功能是累加器A的8位向左循环移位,位7循环移入位0,不影响标志。

3.带进位左环移指令

RLC　A

这条指令的功能是将累加器A的内容和进位标志位Cy一起向左环移一位,Acc.7移入进位位Cy,Cy移入Acc.0,不影响其他标志。

4.右环移指令

RR　A

这条指令的功能是累加器A的内容向右环移一位,Acc.0移入Acc.7,不影响其他标志。

5.带进位环移指令

RRC　A

这条指令的功能是累加器A的内容和进位标志Cy一起向右环移一位,Acc.0进入Cy,Cy移入Acc.7。

6.累加器半字节交换指令

SWAP　A

这条指令的功能是将累加器 A 的高半字节(Acc.7 ~ Acc.4)和低半字节(Acc.3 ~ Acc.0)互换。

例　(A) = 0C5H,执行指令

　SWAP　A

结果　(A) = 5CH

7.逻辑与指令

```
ANL   A,Rn          ; (A)∧(Rn)→A,n = 0 ~ 7
ANL   A,direct      ; (A)∧(direct)→A
ANL   A,# data      ; (A)∧ # data→A
ANL   A,@Ri         ; (A)∧((Ri))→A,i = 0 ~ 1
ANL   direct,A      ; (direct)∧(A)→direct
ANL   direct,# data ; (direct)∧ # data→direct
```

这组指令的功能是在指出的变量之间以位为基础进行逻辑“与”操作,结果存放到目的变量所在的寄存器或存储器中去。操作数有寄存器寻址、直接寻址、寄存器间接寻址和立即寻址方式。

例　(A) = 07H,(R0) = 0FDH,执行指令

　ANL　A,R0

运算式为

```
          00000111
∧)        11111101
----------------------
          00000101
```

结果(A) = 05H

8.逻辑或指令

```
ORL   A,Rn          ;(A)∨(Rn)→A ,n = 0 ~ 7
ORL   A,direct      ;(A)∨(direct)→A
ORL   A,# data      ;(A)∨ data→A
ORL   A,@Ri         ; (A)∨((Ri))→A,i = 0,1
ORL   direct,A      ;(direct)∨(A)→direct
ORL   direct,# data ;(direct)∨ # data→direct
```

这组指令的功能是在所指出的变量之间执行以位为基础的逻辑“或”操作,结果存到目的变量寄存器或存储器中去。操作数有寄存器寻址、直接寻址、寄存器间接寻址和立即寻址方式。

例　(P1) = 05H,(A) = 33H,执行指令

　ORL　P1,A

运算式为

$$
\begin{array}{r}
00000101 \\
\vee)\quad 00110011 \\
\hline
00110111
\end{array}
$$

结果 (P1) = 37H

9.逻辑异或指令

```
XRL   A,Rn          ;(A)⊕(Rn)→A
XRL   A,direct      ;(A)⊕(direct)→A
XRL   A,@Ri         ;(A)⊕((Ri))→A ,i = 0,1
XRL   A,# data      ;(A)⊕ # data→A
XRL   direct,A      ;(direct)⊕(A)→direct
XRL   direct,# data ;(direct)⊕ # data →direct
```

这组指令的功能是在所指出的变量之间执行以位为基础的逻辑"异"或操作,结果存到目的变量寄存器或存储器中去。

操作数有寄存器寻址、直接寻址、寄存器间接寻址和立即寻址等方式。

例 (A) = 90H,(R3) = 73H 执行指令

XRL A,R3

运算式为

$$
\begin{array}{r}
10010000 \\
\oplus)\quad 01110011 \\
\hline
11100011
\end{array}
$$

结果 (A) = E3H

3.4.4 控制转移类指令

1.无条件转移指令

AJMP addrll

这是 2Kbyte 范围内的无条件跳转指令。AJMP 把 MCS－51 的 64K 程序存储器空间划分为 32 个区,每个区为 2Kbyte,转移目标地址必须与 AJMP 下一条指令的第一个字节在同一 2Kbyte 区范围内(即转移的目标地址必须与 AJMP 下一条指令的地址的高 5 位地址码 A15～A11 相同),否则,将引起混乱,如果 AJMP 指令正好落在 2Kbyte 区底的两个单元内,程序就转移到下一个区中去了,这时不会出现问题。执行该指令时,先将 PC 加 2,然后把 addrll 送入 PC.10～PC.0,PC.15～PC.11 保持不变,程序转移到目标地址指定的地方。

本指令是为了能与 MCS－48 的 JMP 指令兼容而设的。

2.相对转移指令

SJMP rel

这是无条件转移指令,其中 rel 为相对偏移量。前面已介绍过,rel 是一个单字节的带符号的 8 位二进制的补码数,因此所能实现的程序转移是双向的。rel 如为正,则向地址增大的方向转移,rel 如为负,则向地址减小的方向转移。执行本指令时,在 PC 加 2(本指令为 2byte)之后,把指令的有符号的偏移量 rel 加到 PC 上,并计算出目标地址,因此跳转的目标

地址可以在这条指令前 127byte 到后 128byte 之间。

用户在编写程序时，只需在相对转移指令中，直接写上要转向的目标地址标号就可以了。例如

```
LOOP: MOV   A,R6
            ⋮
            ⋮
      SJMP  LOOP
            ⋮
            ⋮
```

程序在汇编时，由汇编程序自动计算和填入偏移量。

但在手工汇编时，偏移量 rel 的值则需程序设计人员自己计算。这可从如下两个方面来讨论。

(1)根据偏移量 rel 计算转移的目标地址

例如，在 1230H 地址上有 SJMP 指令

1230H:SJMP 46H

假设 SJMP 指令所在地址为 1234H，rel = 46H 是正数，因此程序是向后转移。目标地址 = 1230H + 02H + 46H = 1278H，则执行完本条指令后，程序转移到 1278H 地址去执行程序。

又例如，在 1234H 地址上的 SJMP 指令是

1230H:SJMP 0E7H

rel = 0E7H 是正数，是负数 19H 的补码，因此程序向前转移，目标地址 = 1230H + 02H - 19H = 1219H，则执行完本条指令后，程序转移到 1219H 地址去执行程序。

(2)根据目标地址计算偏移量

这种情况下，rel 的计算公式是

向前转移：rel = FFH - 源地址 + 目标地址 - 1

向后转移：rel = 目标地址 - 源地址 - 2

3.长跳转指令

LJMP addr16

这条指令执行时把指令的第二和第三字节分别装入 PC 的高位和低位字节中，无条件地转向 addr16 指出的目标地址。转移的目标地址可以在 64K 程序存储器地址空间的任何位置。

4.间接跳转指令

JMP @A + DPTR

这是一条单字节的转移指令，转移的目标地址由 A 中 8 位无符号数与 DPTR 的 16 位数内容之和来确定。本指令以 DPTR 内容作为基址，A 的内容作变址。因此，只要把 DPTR 的值固定，而给 A 赋予不同的值，即可实现程序的多分支转移。

本指令不改变累加器 A 和数据指针 DPTR 内容，也不影响标志。

5.条件转移指令

条件转移指令就是程序的转移是有条件的。执行条件转移指令时，如指令中规定的条件满足，则进行转移，条件不满足，则顺序执行下一条指令。转移的目标地址在以下一条指令地址为中心的256byte范围内(+127～-128)。当条件满足时，把PC装入下一条指令的第一个字节地址，再把带符号的相对偏移量rel加到PC上，计算出要转向的目标地址。

```
JZ    rel          ;如果累加器内容为"0",则执行转移
JNZ   rel          ;如果累加器内容非"0",则执行转移
```

6.比较不相等转移指令

```
CJNE  A,direct,rel
CJNE  A,#data,rel
CJNE  Rn,#data,rel
CJNE  @Ri,#data,rel
```

这组指令的功能是比较前面两个操作数的大小，如果它们的值不相等则转移，在PC加到下一条指令的起始地址后，通过把指令最后一个字节的有符号的相对偏移量加到PC上，并计算出转向的目标地址。如果第一操作数(无符号整数)小于第二操作数(无符号整数)，则置进位标志位Cy，否则清"0"Cy。该指令的执行不影响任何一个操作数的内容。

操作数有寄存器寻址、直接寻址、寄存器间接寻址和立即寻址等方式。

7.减1不为0转移指令

这是一组把减1与条件转移两种功能结合在一起的指令。共两条指令

```
DJNZ  Rn,rel         ;n=0~7
DJNZ  direct,rel
```

这组指令将源操作数(Rn或direct)减1，结果回送到Rn寄存器或direct中去。如果结果不为0，则转移。本指令允许程序员把寄存器Rn或内部RAM的direct单元用作程序循环计数器。

这两条指令主要用于控制程序循环。如预先把寄存器Rn或内部RAM的direct单元装入循环次数，则利用本指令，以减1后是否为"0"作为转移条件，即可实现按次数控制循环。

8.调用子程序指令

(1)短调用指令

```
ACALL  addrll
```

这是2Kbyte范围内的调用子程序的指令。执行时先把PC加2(本指令为2byte)，获得下一条指令地址，把该地址压入堆栈中保护，即栈指针SP加1，PCL进栈，SP再加1，PCH进栈。最后把PC的高5位和指令代码中的addrll连接获得16位的子程序入口地址，并送入PC，转向执行子程序。所调用的子程序地址必须与ACALL指令下一条指令的第一个字节在同一个2K区内(即16位地址中的高5位地址相同)，否则将引起程序转移混乱。如果ACALL指令正好落在区底的两个单元内，程序就转移到下一个区中去了。因为在执行调用操作之前PC先加了2。

这条指令与AJMP指令相类似，是为了与MCS-48中的CALL指令兼容而设的。指令的执行不影响标志。

(2)长调用指令

LCALL　addr16

LCALL 指令可以调用 64Kbyte 范围内程序存储器中的任何一个子程序。指令执行时，先把程序计数器加 3 获得下条指令的地址(也就是断点地址)，并把它压入堆栈(先低位字节后高位字节)，同时把堆栈指针加 2。接着把指令的第二和第三字节(A15 ~ A8，A7 ~ A0)分别装入 PC 的高位和低位字节中，然后从 PC 中指出的地址开始执行程序。

本指令执行后不影响任何标志。

9. 子程序的返回指令

RET

执行本指令时

(SP)→PCH，然后(SP) - 1→SP

(SP)→PCL，然后(SP) - 1→SP

功能是从堆栈中退出 PC 的高 8 位和低 8 位字节，把栈指针减 2，从 PC 值开始继续执行程序，不影响任何标志。

10. 中断返回指令

RETI

这条指令的功能和 RET 指令相似，两条指令的不同之处，是本指令清除了中断响应时被置"1"的 MCS - 51 内部中断优先级寄存器的优先级状态。

11. 空操作指令

NOP

CPU 不进行任何实际操作，只消耗一个机器周期的时间。只执行(PC) + 1→PC 操作。NOP 指令常用于程序中的等待或时间的延迟。

3.4.5　位操作指令

MCS - 51 单片机内部有一个位处理机，对位地址空间具有丰富的位操作指令.

1. 数据位传送指令

MOV　C，bit

MOV　bit，C

这组指令的功能是把由源操作数指出的位变量送到目的操作数指定的单元中去，其中一个操作数必须为进位标志，另一个可以是任何直接寻址位。不影响其他寄存器或标志。

例　MOV　C，06H　；(20H).6→Cy

注意，这里的 06H 是位地址，20H 是内部 RAM 的字节地址。06H 是内部 RAM 20H 字节位 6 的位地址。

MOV　P1.0，C　；Cy→P1.0

2. 位变量修改指令

CLR　C　　　；清"0"Cy

CLR　bit　　　；清"0"bit 位

CPL　C　;Cy 求反

CPL　bit　;bit 位求反

SETB　C　;置“1” Cy

SETB　bit　;置“1” bit 位

这组指令将操作数指出的位,清“0”、求反、置“1”,不影响其他标志。

例 CLR　C　;0→Cy

CLR　27H　;0→(24H).7 位

CPL　08H　;$\overline{(21H).0}$→(21H).0 位

SETB　P1.7　;1→P1.7 位

3.位变量逻辑与指令

ANL　C,bit　;bit∧Cy→Cy

ANL　C,/bit;　;$\overline{bit}$∧Cy→Cy

第 1 条指令的功能是:直接寻址位与进位标志位(位累加器)进行逻辑与,结果送回到进位标志位中。如果直接寻址位的布尔值是逻辑“0”,则进位标志位 C 清“0”,否则进位标志保持不变。

第 2 条指令的功能是:先对直接寻址位求反,然后与位累加器(进位标志位)进行逻辑与,结果送回到位累加器中。本指令不影响直接寻址位求反前原来的状态,也不影响别的标志。直接寻址位的源操作数只有直接位寻址方式。

4.位变量逻辑或指令

ORL　C,bit

ORL　C,/bit

第 1 条指令的功能是:直接寻址位与进位标志位 Cy(位累加器)进行逻辑或,结果送回到进位标志位中。如果直接寻址位的位值为 1,则置“1” 进位标志位,否则进位标志位仍保持原来状态。

第 2 条指令的功能是:先对直接寻址位求反,然后与进位标志位(位累加器)进行逻辑或,结果送回到进位标志位中。本指令不影响直接寻址位求反前原来的状态。

5.条件转移类指令

JC　rel　;如果进位位 Cy=1,则转移

JNC　rel　;如果进位位 Cy=0,则转移

JB　bit,rel　;如果直接寻址位=1,则转移

JNB　bit,rel　;如果直接寻址位=0,则转移

JBC　bit,rel　;如果直接寻址位=1,则转移,并清 0 直接寻址位

表 3.2 列出了按指令功能排列的全部指令及功能的简要说明,以及指令长度、执行的时间以及指令代码(机器代码)。读者可根据指令助记符,迅速查到对应的指令代码(手工汇编)。也可根据指令代码迅速查到对应的指令助记符(手工反汇编)。读者应熟练地掌握表 3.2 的使用,因为这是使用 MCS-51 汇编语言进行程序设计的基础。

表 3.2 按功能排列的指令表

一、数据传送类

助记符	说明	字节数	执行时间（机器周期）	指令代码
MOV A,Rn	寄存器内容传送到累加器 A	1	1	E8H ~ EFH
MOV A,direct	直接寻址字节传送到累加器	2	1	E5H,direct
MOV A,@Ri	间接寻址 RAM 传送到累加器	1	1	E6H ~ E7H
MOV A,# data	立即数传送到累加器	2	1	74H,data
MOV Rn,A	累加器内容传送到寄存器	1	1	F8H ~ FFH
MOV Rn,direct	直接寻址字节传送到寄存器	2	2	A8H ~ AFH,direct
MOV Rn,# data	立即数传送到寄存器	2	1	78H ~ 7FH,data
MOV direct,A	累加器内容传送到直接寻址字节	2	1	F5H,direct
MOV direct,Rn	寄存器内容传送到直接寻址字节	2	2	88H ~ 8FH,direct
MOV direct1,direct2	直接寻址字节 2 传送到直接寻址字节 1	3	2	85H,direct2,direct1
MOV direct,@Ri	间接寻址 RAM 传送到直接寻址字节	2	2	86H ~ 87H
MOV direct,# data	立即数传送到直接寻址字节	3	2	75H,direct,data
MOV @Ri,A	累加器传送到间接寻址 RAM	1	1	F6H ~ F7H
MOV @Ri,direct	直接寻址字节传送到间接寻址 RAM	2	2	A6H ~ A7H,direct
MOV @Ri,# data	立即数传送到间接寻址 RAM	2	1	76H ~ 77H,data
MOV DPTR,# data16	16 位常数装入到数据指针	3	2	90H,dataH,dataL
MOVC A,@A+DPTR	代码字节传送到累加器	1	2	93H
MOVC A,@A+PC	代码字节传送到累加器	1	2	83H
MOVX A,@Ri	外部 RAM(8 位地址)传送到 A	1	2	E2H ~ E3H
MOVX A,@DPTR	外部 RAM(16 位地址)传送到 A	1	2	E0H
MOVX @Ri,A	累加器传送到外部 RAM(8 位地址)	1	2	F2H ~ F3H
MOVX @DPTR,A	累加器传送到外部 RAM(16 位地址)	1	2	F0H
PUSH direct	直接寻址字节压入栈顶	2	2	C0H,direct
POP direct	栈顶字节弹到直接寻址字节	2	2	D0H,direct
XCH A,Rn	寄存器和累加器交换	1	1	C8H ~ CFH
XCH A,direct	直接寻址字节和累加器交换	2	1	C5H,direct
XCH A,@Ri	间接寻址 RAM 和累加器交换	1	1	C6H ~ C7H
XCHD A,@Ri	间接寻址 RAM 和累加器交换低半字节	1	1	D6H ~ D7H
SWAP A	累加器内高低半字节交换	1	1	C4H

二、算术操作类

助记符	说明	字节数	执行时间(机器周期)	指令代码
ADD A,Rn	寄存器内容加到累加器	1	1	28H～2FH
ADD A,direct	直接寻址字节内容加到累加器	2	1	25H,direct
ADD A,@Ri	间接寻址 RAM 内容加到累加器	1	1	26H～27H
ADD A,# data	立即数加到累加器	2	1	24H,data
ADDC A,Rn	寄存器加到累加器(带进位)	1	1	38H～3FH
ADDC A,direct	直接寻址字节加到累加器(带进位)	2	1	35H,direct
ADDC A,@Ri	间接寻址 RAM 加到累加器(带进位)	1	1	36H～37H
ADDC A,# data	立即数加到累加器(带进位)	2	1	34H,data
SUBB A,Rn	累加器内容减去寄存器内容(带借位)	1	1	98H～9FH
SUBB A,direct	累加器内容减去直接寻址字节(带借位)	2	1	95H direct
SUBB A,@Ri	累加器内容减去间接寻址 RAM(带借位)	1	1	96H～97H
SUBB A,# data	累加器减去立即数(带借位)	2	1	94H,data
INC A	累加器增 1	1	1	04H
INC Rn	寄存器增 1	1	1	08H～0FH
INC direct	直接寻址字节增 1	2	1	05H direct
INC @Ri	间接寻址 RAM 增 1	1	1	06H～07H
DEC A	累加器减 1	1	1	14H
DEC Rn	寄存器减 1	1	1	18H～1FH
DEC direct	直接寻址字节减 1	2	1	15H,direct
DEC @Ri	间接寻址 RAM 减 1	1	1	16H～17H
INC DPTR	数据指针增 1	1	2	A3H
MUL AB	累加器和寄存器 B 相乘	1	4	A4H
DIV AB	累加器除以寄存器 B	1	4	84H
DA A	累加器十进制调整	1	1	D4H

三、逻辑操作类

助记符	说明	字节数	执行时间(机器周期)	指令代码
ANL A,Rn	寄存器"与"到累加器	1	1	58H～5FH
ANL A,direct	直接寻址字节"与"到累加器	2	1	55H,direct
ANL A,@Ri	间接寻址 RAM"与"到累加器	1	1	56H～57H
ANL A,# data	立即数"与"到累加器	2	1	54H,data
ANL direct,A	累加器"与"到直接寻址字节	2	1	52H,direct
ANL direct,# data	立即数"与"到直接寻址字节	3	2	53H,direct,data
ORL A,Rn	寄存器"或"到累加器	1	1	48H～4FH
ORL A,direct	直接寻址字节"或"到累加器	2	1	45H,direct
ORL A,@Ri	间接寻址 RAM"或"到累加器	1	1	46H～47H
ORL A,# data	立即数"或"到累加器	2	1	44H,data
ORL direct,A	累加器"或"到直接寻址字节	2	2	42H,direct
ORL direct,# data	立即数"或"到直接寻址字节	3	1	43H,direct,data
XRL A,Rn	寄存器"异或"到累加器	1	1	68H～6FH
XRL A,direct	直接寻址字节"异或"到累加器	2	1	65H,direct
XRL A,@Ri	间接寻址 RAM 字节"异或"到累加器	1	1	66H～67H
XRL A,# data	立即数"异或"到累加器	2	1	64H,dataH
XRL direct,A	累加器"异或"到直接寻址字节	2	1	62H,direct
XRL direct,# data	立即数"异或"到直接寻址字节	3	2	63H,direct,data
CLR A	累加器清零	1	1	E4H
CPL A	累加器求反	1	1	F4H
RL A	累加器循环左移	1	1	23H
RLC A	经过进位位的累加器循环左移	1	1	33H
RR A	累加器循环右移	1	1	03H
RRC A	经过进位位的累加器循环右移	1	1	13H

四、控制转移类

助记符	说明	字节数	执行时间(机器周期)	指令代码
ACALL addrll	绝对调用子程序	2	2	a10a9a8 10001,addr(7~0)
LCALL addr16	长调用子程序	3	2	12H,addr(15~8),addr(7~0)
RET	从子程序返回	1	2	22H
RETI	从中断返回	1	2	32H
AJMP addrll	绝对转移	2	2	a10a9a8 00001,addr(7~0)
LJMP addr16	长转移	3	2	02H,addr(15~8),addr(7~0)
SJMP rel	短转移(相对偏移)	2	2	80H,rel
JMP @A+DPTR	相对DPTR的间接转移	1	2	73H
JZ rel	累加器为零则转移	2	2	60H,rel
JNZ rel	累加器为非零则转移	2	2	70H,rel
CJNE A,direct,rel	比较直接寻址字节和A,不相等则转移	3	2	B5H,direct,rel
CJNE A,#data,rel	比较立即数和A,不相等则转移	3	2	B4H,data,rel
CJNE Rn,#data,rel	比较立即数和寄存器,不相等则转移	3	2	B8H~BFH,data,rel
CJNE @Ri,#data,rel	比较立即数和间接寻址RAM,不相等则转移	3	2	B6H~B7H,data,rel
DJNZ Rn,rel	寄存器减1,不为零则转移	3	2	D8H~DFH,rel
DJNZ direct,rel	地址字节减1,不为零则转移	3	2	D5H,direct,rel
NOP	空操作	1	2	00H

五、位变量操作类

助记符	说明	字节数	执行时间(机器周期)	指令代码
CLR C	清进位位	1	1	C3H
CLR bit	清直接寻址位	2	1	C2H,bit
SETB C	进位位置“1”	1	1	D3H
SETB bit	直接寻址位置“1”	2	1	D2H,bit
CPL C	进位位取反	1	1	B3H
CPL bit	直接寻址位取反	2	1	B2H,bit
ANL C,bit	直接寻址位“与”到进位位	2	2	82H,bit
ANL C,$\overline{bit}$	直接寻址位的反码“与”到进位位	2	2	B0H,bit
ORL C,bit	直接寻址位“或”到进位位	2	2	72H,bit
ORL C,$\overline{bit}$	直接寻址位的反码“或”到进位位	2	2	A0H,bit
MOV C,bit	直接寻址位传送到进位位	2	2	A2H,bit
MOV bit,C	进位位传送到直接寻址位	2	2	92H,bit
JC rel	如果进位位为1则转移	2	2	40H,rel
JNC rel	如果进位位为零则转移	2	2	50H,rel
JB bit,rel	如果直接寻址位为1则转移	3	2	20H,bit,rel
JNB bit,rel	如果直接寻址位为零则转移	3	2	30H,bit,rel
JBC bit,rel	如果直接寻址位为1则转移,并清除该位	3	2	10H,bit,rel

思考题及习题

1.判断以下指令的正误。

(1)MOV 28H,@R2 (2)DEC DPTR (3)INC DPTR (4)CLR R0

(5)CPL R5 (6)MOV R0,R1 (7)PHSH DPTR (8)MOV F0,C

(9)MOV F0,Acc.3 (10)MOVX A,@R1 (11)MOV C,30H (12)RLC R0

2.下列说法正确的是 ( )

(A)立即寻址方式是被操作的数据本身在指令中,而不是它的地址在指令中

(B)指令周期是执行一条指令的时间

(C)指令中直接给出的操作数称为直接寻址

3.在基址加变址寻址方式中,以( )作变址寄存器,以( )或( )作基址寄存器。

4.MCS-51 共有哪几种寻址方式?各有什么特点?

5.MCS-51 指令按功能可以分为哪几类?每类指令的作用是什么?

6.访问 SFR,可使用哪些寻址方式?

7.指令格式是由( )和( )所组成,也可能仅由( )组成。

8.假定累加器 A 中的内容为 30H,执行指令

```
1000H:MOVC A,@A+PC
```

后,把程序存储器( )单元的内容送入累加器 A 中。

9.在 MCS-51 中,PC 和 DPTR 都用于提供地址,但 PC 是为访问( )存储器提供地址,而 DPTR 是为访问( )存储器提供地址。

10.在寄存器间接寻址方式中,其"间接"体现在指令中寄存器的内容不是操作数,而是操作数的( )。

11.下列程序段的功能是什么?

```
PUSH  Acc
PUSH  B
POP   Acc
POP   B
```

12.已知程序执行前有 A=02H,SP=52H,(51H)=FFH,(52H)=FFH。执行程序

```
POP   DPH
POP   DPL
MOV   DPTR,#4000H
RL    A
MOV   B,A
MOVC  A,@A+DPTR
PUSH  Acc
MOV   A,B
INC   A
MOVC  A,@A+DPTR
PUSH  Acc
```

```
    RET
    ORG    4000H
    DB 10H,80H,30H,50H,30H,50H
```

后,请问 A=(　　),SP=(　　),(51H)=(　　),(52H)=(　　),PC=(　　)。

13.写出完成如下要求的指令,但是不能改变未涉及位的内容。

(A)把 ACC.3, ACC.4,ACC.5 和 ACC.6 清“0”。

(B)把累加器 A 的中间 4 位清“0”。

(C)使 ACC.2 和 ACC.3 置“1”。

14.假定 A=83H,(R0)=17H,(17H)=34H,执行指令

```
    ANL   A, #17H
    ORL   17H,A
    XRL   A,@R0
    CPL A
```

后,A 的内容为(　　)。

15.假设 A=55H,R3=0AAH,在执行指令 ANL A,R5 后,A=(　　),R3=(　　)。

16.如果 DPTR=507BH,SP=32H,(30H)=50H,(31H)=5FH,(32H)=3CH,执行指令

```
    POP   DPH
    POP   DPL
    POP   SP
```

后,则 DPH=(　　),DPL=(　　),SP=(　　)

17.假定 SP=60H,A=30H,B=70H,执行指令

```
    PUSH   Acc
    PUSH   B
```

后,SP 的内容为(　　),61H 单元的内容为(　　),62H 单元的内容为(　　)。

18.借助本书中的指令表(表 3.2),对如下的指令代码(16 进制)进行手工反汇编。

FF　　C0　　E0　　E5　　F0　　F0

第4章 MCS－51汇编语言程序设计

第3章介绍了MCS－51单片机的汇编语言指令系统。汇编语言是单片机提供给用户的最快、最有效的语言，也是能利用单片机所有硬件特性并能直接控制硬件的编程语言。由于汇编语言是面向机器硬件的语言，因此，要求程序设计者对MCS－51单片机具有很好的“软、硬结合”的功底。

本章首先介绍使用汇编语言进行程序设计的一些基本知识以及如何使用汇编语言来进行基本的程序设计。

4.1 汇编语言程序设计概述

程序是若干指令的有序集合，单片机的工作运行就是执行这一指令序列的过程，编写这一指令序列的过程称为程序设计。

4.1.1 机器语言、汇编语言和高级语言

目前，用于程序设计的语言基本上分为三种：机器语言、汇编语言和高级语言。下面对这三种语言作简单介绍。

1.机器语言

机器语言是用二进制代码表示的指令、数字和符号，用机器语言编写的程序，不易看懂，不便于记忆，且容易出错。

2.汇编语言

为了克服机器语言的缺点，用英文字符来代替机器语言，这些英文字符被称为助记符，用助记符表示的指令称为符号语言或汇编语言，用汇编语言编写的程序称为汇编语言程序。

单片机不能直接执行汇编语言程序，需将其转换成为二进制代码表示的机器语言程序，才能识别和执行，通常把这一转换(翻译)工作称为“汇编”。汇编可由专门的程序来完成，这种程序称为汇编程序。经汇编程序“汇编(翻译)”得到的机器语言程序称为目标程序，原来的汇编语言程序语言称为源程序。

用汇编语言编写的程序效率高，占用的存储空间小，运行速度快，因此用汇编语言能编写出最优化的程序。但是，汇编语言和机器语言一样，都脱离不开具体机器的硬件，因此，这两种语言均是面向“机器”的语言，缺乏通用性。

3.高级语言

高级语言不受具体机器的限制，都是参照一些数学语言而设计的，使用了许多数学公式和数学计算上的习惯用语，非常擅长于科学计算。常用的高级语言，诸如BASIC、FORTRAN以及C语言等。高级语言通用性强，直观、易懂、易学，可读性好。

计算机不能直接识别和执行高级语言，需要将其“翻译”成机器语言才能识别和执行，

进行“翻译”的专用程序称为编译程序。

近年来，面向自动控制、工程设计等方面的高级语言发展很快，诸如 LISP、PROLOG 等。尤其是在单片机的程序设计上，采用高级语言，有了较快的发展。例如，使用 C 语言(C51)、PL/M 语言来进行 MCS－51 的应用程序设计。尽管目前已有部分设计人员使用 C 语言(C－51)等高级语言来完成 MCS－51 单片机的的应用程序设计，但是在对程序的空间和时间要求很高的场合，汇编语言仍是必不可缺的。在这种场合下，可使用 C 语言和汇编语言混合编程。在很多需要直接控制硬件的应用场合，则更是非用汇编语言不可。从某种意义上来说，掌握汇编语言并能使用汇编语言来进行程序设计，是学习和掌握单片机程序设计的基本功之一。

目前已经有许多专门介绍使用 C51 进行 MCS－51 单片机程序设计的书籍或参考资料，由于篇幅所限，本书不介绍 C51 的编程，请读者查阅有关书籍或参考资料。

4.1.2　汇编语言语句的种类和格式

汇编语言语句有两种基本类型：指令语句和伪指令语句。

(1)指令语句

指令语句我们已在第 3 章介绍。每一条指令语句在汇编时都产生一个指令代码，也叫机器代码，该机器代码对应着机器的一种操作。

(2)伪指令语句

伪指令语句是为汇编服务的。在汇编时没有机器代码与之对应。下面首先介绍汇编语言指令语句的格式。伪指令语句将在下一小节中介绍。

汇编语言语句符合典型的汇编语言的四分段格式，即

标号字段 (LABLE)	操作码字段 (OPCODE)	操作数字段 (OPRAND)	注释字段 (COMMENT)

上述格式中，标号字段和操作字码段之间要有冒号“:”相隔；操作码字段和操作数字段间的分界符是空格；双操作数之间用逗号相隔；操作数字段和注释字段之间的分界符用分号“;”相隔。操作码字段为必选项，其余各段为任选项，也就是说任何语句都必须有操作码字段。

【例 4.1】　下面是一段汇编语言程序的四分段书写格式。

```
标号字段    操作码字段    操作数字段          注释字段
START:      MOV          A, #00H            ;0→A
            MOV          R1, #10            ;10→R1
            MOV          R2, #00000011B     ;3→R2
LOOP:       ADD          A,R2               ;(A)+(R2)→A
            DJNZ         R1,LOOP            ;R1 内容减 1 不为零,则循环
            NOP
HERE:       SJMP         HERE
```

有关上述四个字段在汇编语言程序中的作用以及应该遵守的基本语法规则说明如下。

1.标号字段

标号是语句所在地址的标志符号,有了标号,程序中的其他标号才能访问该语句。例如,例4.1中的标号"START"和"LOOP"等。有关标号的规定如下:

(1)标号后边必须跟以冒号":";

(2)标号由18个ASCII字符组成,但第一个字符必须是字母;

(3)同一标号在一个程序中只能定义一次,不能重复定义;

(4)不能使用汇编语言已经定义的符号作为标号,例如指令助记符、伪指令以及寄存器的符号名称等。

(5)一条语句可以没有标号,标号的有无,取决于本程序中的其他语句是否访问该条语句。

2.操作码字段

操作码规定了语句执行的操作,操作码是汇编语言指令中惟一不能空缺的部分。汇编程序就是根据这一字段来生成机器代码的。

3.操作数字段

操作数用于存放指令的操作数或操作数地址,可以采用字母和数字的多种表示形式。在操作数段中,操作数的个数因指令的不同而不同,通常有单操作数、双操作数和无操作数三种情况。如果是双操作数,则操作数之间,要以逗号隔开。

在操作数的表示中,有以下几种情况需要注意。

(1)十六进制、二进制和十进制形式的操作数表示

在多数情况下,操作数或操作数地址总是采用十六进制形式来表示的,只有在某些特殊场合才采用二进制或十进制的表示形式。若操作数采用十六进制形式,则需加后缀"H";若操作数采用二进制形式,则需加后缀"B";若操作数采用十进制形式,则需加后缀"D",也可以省略后缀"D"。若十六进制的操作数以字符A~F中的某个开头时,则还需在它前面加一个"0",以便在汇编时把它和字符A~F区别开来。

(2)工作寄存器和特殊功能寄存器的表示

当操作数在某个工作寄存器或特殊功能寄存器中时,操作数字段允许采用工作寄存器和特殊功能寄存器的代号来表示。例如,工作寄存器用R7~R0,累加器用A(或Acc)。另外工作寄存器和特殊功能寄存器也可用其地址来表示。例如,累加器A可用0E0H来表示,0E0H为累加器A的地址。

(3)美元符号$的使用

美元符号$用于表示该转移指令操作码所在的地址。例如

```
JNB   F0, $
```

表示若PSW寄存器中的F0位=0,则机器总是执行该指令,当F0位=1时,才往下执行下一条指令。它与如下指令是等价的。

```
HERE:JNB   F0,HERE
```

例4.1中的最后一条指令语句"HERE: SJMP HERE"可写为

```
SJMP   $
```

该指令语句表示在原地跳转。

4.注释字段

注释字段用于解释指令或程序的含义,对编写程序和提高程序的可读性非常有用。注释字段是任选项,使用时必须以分号“;”开头,注释的长度不限,一行写不下可以换行书写,但必须注意也要以分号“;”开头。在汇编时,注释字段不会产生机器代码。

4.1.3 伪指令

程序设计者使用 MCS-51 汇编语言编写的汇编语言源程序必须“汇编(翻译)”成机器代码,才能运行。在 MCS-51 汇编语言源程序中应有向汇编程序发出的指示信息,告诉它如何完成汇编工作,这一任务是通过使用伪指令来实现的。

伪指令不属于 MCS-51 指令系统中的汇编语言指令,它是程序员发给汇编程序的命令,也称为汇编程序控制命令。只有在汇编前的源程序中才有伪指令。所以“伪”体现在汇编后,伪指令没有相应的机器代码产生。

伪指令具有控制汇编程序的输入输出、定义数据和符号、条件汇编、分配存储空间等功能。,不同汇编语言的伪指令也有所不同,但一些基本的内容却是相同的。

下面介绍在 MCS-51 汇编语言程序中常用的伪指令。

1.ORG(ORiGin)汇编起始地址命令

在汇编语言源程序的开始,通常都用一条 ORG 伪指令来实现规定程序的起始地址。如果不用 ORG 规定,则汇编得到的目标程序将从 0000H 开始。例如

```
        ORG     2000H
START:  MOV     A, #00H
                ⋮
```

即规定标号 START 代表地址为 2000H 开始。

在一个源程序中,可以多次使用 ORG 指令,来规定不同的程序段的起始地址。但是,地址必须由小到大排列,地址不能交叉、重叠。例如

```
        ORG     2000H
                ⋮
        ORG     2500H
                ⋮
        ORG     3000H
                ⋮
```

这种顺序是正确的。若按下面顺序的排列则是错误的,因为地址出现了交叉。

```
        ORG     2500H
                ⋮
        ORG     2000H
                ⋮
        ORG     3000H
                ⋮
```

2.END(END of assembly)汇编终止命令

本命令是汇编语言源程序的结束标志，用于终止源程序的汇编工作，它的作用是告诉汇编程序，将某一段源程序翻译成指令代码的工作到此为止。因此，在整个源程序中只能有一条END命令，且位于程序的最后。如果END命令出现在程序中间，则其后面的源程序，将不予以进行汇编处理。

3.DB(Define Byte)定义字节命令

本命令用于从指定的地址开始，在程序存储器的连续单元中定义字节数据。例如

```
    ORG 2000H
DB 30H,40H,24,"C","B"
```

汇编后：

(2000H) = 30H

(2001H) = 40H

(2002H) = 18H(10进制数24)

(2003H) = 43H(字符"C"的ASCII码)

(2004H) = 42H(字符"B"的ASCII码)

显然，DB功能是从指定单元开始定义(存储)若干个字节，10进制数自然转换成16进制数，字母按ASCII码存储。

4.DW(Define Word)定义数据字命令

本命令用于从指定的地址开始，在程序存储器的连续单元中定义16位的数据字。例如

如
```
    ORG 2000H
    DW 1246H,7BH,10
```

汇编后

(2000H) = 12H ;第1个字

(2001H) = 46H

(2002H) = 00H ;第2个字

(2003H) = 7BH

(2004H) = 00H ;第3个字

(2005H) = 0AH

5.EQU(EQUate)赋值命令

本命令用于给标号赋值。赋值以后，其标号值在整个程序有效。例如

```
    TEST EQU 2000H
```

表示标号TEST = 2000H，在汇编时，凡是遇到标号TEST时，均以2000H来代替。

4.1.4 汇编语言程序设计步骤

汇编语言程序设计的步骤主要分为以下几步。

(1)分析问题，确定算法

首先对需要解决的问题进行具体的分析。例如，解决问题的任务是什么？工作过程是什么？已知的数据，对运算的精度和速度方面的要求是什么？找出合理的计算方法及适当

的数据结构。

(2)根据算法,画出程序框图

画程序框图可以把算法和解决问题的步骤逐步具体化。通过程序框图,把程序中具有一定功能的各部分有机地联系起来,从而使人们能够抓住程序的基本线索,对全局有完整的了解。

(3)分配内存工作区及有关端口地址

分配内存工作区,尤其是片内 RAM 的分配,把内存区、堆栈区、各种缓冲区要合理地分配,并确定每个区域的首地址,便于编程使用。

要确定外部扩展的各个 I/O 端口的地址。

(4)编写程序

根据程序框图所表示的算法和步骤,选择适当的指令排列起来,构成一个有机的整体,即程序。设计者注意所编程序的可读性和正确性,养成在程序的适当位置上加上注释的好习惯。

(5)上机调试

上机调试可以验证程序的正确性。任何程序编写完成后总难免有缺点和错误,只有上机调试和试运行才能比较容易发现和纠正它们。

编写完毕的程序在上机调试前必须“汇编”成机器代码,才能调试和运行,调试与硬件有关程序还要借助于仿真开发工具并与硬件连接,这部分内容我们将在本书的后面介绍。

4.2 汇编语言源程序的汇编

程序设计者编写的汇编语言源程序“翻译”成机器代码(指令代码)的过程称为“汇编”。汇编可分为手工汇编和机器汇编两类。本节来讨论如何实现汇编。

4.2.1 手工汇编

在汇编语言源程序设计中,对于简单的程序可用手工编程,键盘输入的编写方式。即先把程序用助记符指令写出,然后通过查指令的机器代码表,逐个把助记符指令“翻译”成机器代码,再进行调试和运行。通常把这种人工查表翻译指令的方法称为“手工汇编”。

手工编程时都是按绝对地址对指令定位,但在遇到的相对转移指令的偏移量的计算时,要根据转移的目标地址计算偏移量,不但麻烦,且容易出错,通常只有小程序或受条件限制时才使用。在实际的程序设计中,都是采用机器汇编来自动完成的。

4.2.2 机器汇编

机器汇编是借助于微计算机上的软件(汇编程序)来代替手工汇编。首先是在微计算机上用编辑软件进行源程序的编辑。编辑完成后,生成一个 ASCII 码文件,文件的扩展名为“.ASM”。然后,在微计算机上运行汇编程序,把汇编语言源程序翻译成机器代码。由于使用微型计算机完成了汇编,而汇编后得到的机器代码却是在另一台计算机(这里是单片机)上运行,我们称这种机器汇编为交叉汇编。

源程序汇编后,通过微计算机的串行口(或并行口)把汇编得到的机器代码传送到用户样机(或在线仿真器)再进行程序的调试和运行。

有时,在分析某些产品的 ROM/EPROM 中的程序时,要将二进制的机器代码语言程序翻译成汇编语言源程序,该过程称为反汇编。

【例 4.2】 下面是一段源程序的汇编结果,读者可通过查第 3 章中的表 3.2,进行手工汇编,来验证下面的汇编结果是否正确。

汇编语言源程序		汇编后的机器代码	
标　　号	助记符指令	地址(16 进制)	机器代码(16 进制)
START:	MOV A, # 08H	2000	74 08
	MOV B, # 76H	2002	75 F0 76
	ADD A,A	2005	75 E0
	ADD A,B	2005	75 F0
	LJMP START	2005	75 20 00

4.3 汇编语言实用程序设计

本节介绍在 MCS－51 单片机应用设计中常用的汇编语言程序设计。

4.3.1 汇编语言程序的基本结构形式

目前,在单片机的应用程序的设计中,广泛使用的一种方法是结构化的程序设计方法。采用结构化方法设计的程序一般采用以下几种基本结构:顺序结构、分支结构和循环结构,再加上广泛使用的子程序和中断服务子程序,共有五种基本的程序结构。

下面简要介绍前 4 种基本的程序结构。中断服务子程序将在第 5 章中介绍。

1.顺序结构

顺序结构程序是最简单的程序结构,在顺序结构的程序中既无分支,也无循环,也不调用子程序,程序执行时,程序流向不变,按顺序一条一条地执行指令。

2.分支结构

分支程序的特点是程序中含有转移指令,转移指令可分为无条件转移和有条件转移,因此分支程序也可分为无条件分支程序和有条件分支程序。有条件分支程序按结构类型来分,又分为单分支选择结构和多分支选择结构。

3.循环结构

循环程序结构的特点是程序中含有可以反复执行的程序段,该程序段通常称为循环体。例如求 100 个数的累加和,则没有必要连续安排 100 条加法指令,可以只用一条加法指令并使其循环执行 100 次。因此,循环程序不仅可以大大缩短程序长度和使程序所占的内存单元数量少,也能使程序结构紧凑和可读性变好。

4.子程序

在实际的程序设计中,将那些需多次应用的、完成相同的某种基本运算操作的程序段从整个程序中独立出来,单独编成一个程序段,需要时通过指令进行调用。这样的程序段称为子程序。子程序的最后必须以子程序返回指令 RET 指令结束。

采用子程序能使整个程序的结构简单,缩短程序的设计时间,减少占用的程序存储空间。调用的程序称为主程序或调用程序。

5.中断服务子程序

中断服务子程序是为响应请求某个中断源的中断请求服务的独立程序段,与子程序类似,不同的是中断服务子程序必须以中断子程序返回指令 RETI 指令结束。有关中断服务子程序的设计,将在中断系统一章中详细介绍。

4.3.2 子程序的设计

子程序在程序设计中非常重要。读者应熟练地掌握子程序的设计方法。

1.子程序设计原则和应注意的问题

子程序是一种能完成某一特定任务的程序段。其资源要为所有调用程序共享。因此,子程序在结构上应具有独立性和通用性,在编写子程序时应注意以下问题。

(1)子程序的第一条指令的地址称为子程序的入口地址。该指令前必须有标号。

(2)主程序调用子程序,是通过主程序或调用程序中的调用指令来实现的。在 MCS-51 的指令集中,有如下的两条子程序调用指令。

①绝对调用指令:ACALL addr11。这是一条双字节指令,addr11 指出了调用的目标地址,PC 指针中 16 位地址中的高 5 位不变,这意味着被调用的子程序的首地址与调用指令的下一条指令的高 5 位地址相同,只能在同一个 2K(1K = 1024 = 25)区内。

②长调用指令:LCALL addr16。这是一条三字节指令,addr16 为直接调用的目标地址,也就是说子程序可放置在 64Kbyte 程序存储器区的任意位置。

(3)子程序结构中必须用到堆栈,堆栈通常用来保护断点和现场保护。

(4)子程序返回主程序时,最后一条指令必须是 RET 指令,它的功能是把堆栈中的断点地址弹出送入 PC 指针中,从而实现子程序返回主程序断点处继续执行主程序。

(5)子程序可以嵌套,即主程序可以调用子程序,子程序又可以调用另外的子程序,通常的情况下可允许嵌套 8 层。

(6)在子程序调用时,还要注意参数传递的问题。调用子程序时,主程序应先把有关参数放到某些约定的位置,子程序运行时,可以从约定位置得到这些参数。同样,子程序结束前也应把运算结果送到约定位置。返回主程序后,主程序从约定位置获得这些结果。子程序参数分为入口参数和出口参数两类。入口参数是指子程序运行需要的原始参数。出口参数是子程序执行后获得的结果参数。

2.子程序的基本结构

综上所述,典型的子程序的基本结构如下。

主程序或调用程序:

```
MAIN:       ⋮              ;MAIN 为主程序或调用程序标号
            ⋮
      LCALL SUB            ;调用子程序 SUB
            ⋮
```

```
        ⋮
SUB:   PUSH PSW          ;现场保护             ⎫
       PUSH ACC          ;                     ⎪
       [子程序处理程序段]                        ⎪
       POP ACC           ;现场恢复,注意要先进后出  ⎬子程序
       POP PSW           ;                     ⎪
       RET               ;最后一条指令必须为 RET  ⎭
```

注意,上述子程序结构中,现场保护与现场恢复不是必需的,要根据实际情况来定。另外,要保护哪些寄存器,需要根据实际情况来定。

3.子程序设计举例

下面通过几个例子说明如何来进行子程序的设计。例 4.3 主要说明子程序的调用过程和参数传递方法。

【例 4.3】 单字节有符号数的加减法子程序。

该程序的功能为(R2)±(R3)→R7,R2 和 R3 中为有符号的原码,R7 中存放计算结果的原码。运算结果溢出时 OV 置位。程序如下:

```
MAIN:   ⋮                ;主程序入口
        LCALL SUB1       ;调用减法子程序 SUB1
        ⋮
        LCALL ADD1       ;调用加法子程序 ADD1
        ⋮
SUB1:   MOV A,R3
        CPL ACC.7        ;符号位取反
        MOV R3,A
ADD1:   MOV A,R3
        ACALL CMPT       ;调用单字节求补子程序 CMPT,加数或减数求补码
        MOV R3,A
        MOV A,R2
        ACALL CMPT       ;调用 CMPT
        ADD A,R3
        JB OV,OVER
        ACALL CMPT       ;调用单字节求补子程序 CMPT,将结果转换成原码
        MOV R7,A
OVER:   RET
        ⋮
CMPT:   ……               ;单字节求补子程序入口
        RET
```

程序中 SUB1 为减法子程序入口,ADD1 为加法子程序入口。CMPT 为单字节有符号求补码子程序。本例中参数传递是通过累加器 A 完成的,主程序将被转换的数送到 A 中,子

程序将 A 中的有符号数求补后存于 A 中,主程序再将结果放回原来的单元。

另外,本子程序没有现场保护的程序段。可根据需要加上。

此外,本子程序中又调用了子程序单字节求补子程序 CMPT,进行了子程序嵌套。

4.3.3 查表程序设计

在单片机应用系统中,查表程序是一种常用的程序。利用它能避免进行复杂的运算或转换过程,可完成数据补偿、修正、计算、转换等各种功能,具有程序简单、执行速度快等优点。

查表就是根据自变量 x,在表格中寻找 y,使 y = f(x)。对于 MCS - 51 单片机,数据表格一般存放于程序存储器内,MCS - 51 单片机在执行查表指令时,发出读程序存储器选通脉冲 $\overline{PSEN}$。在 MCS - 51 的指令系统中,给用户提供了两条极为有用的查表指令,即

(1)MOVC　A,@A + DPTR

(2)MOVC　A,@A + PC

两条指令的功能完全相同,但在具体使用上有一些差别。

指令"MOVC　A,@A + DPTR"完成把 A 中的内容作为一个无符号数与 DPTR 中的内容相加,所得结果为某一程序存储单元的地址,然后把该地址单元中的内容送到累加器 A 中。DPTR 作为一个基址寄存器,执行完这条指令后,DPTR 的内容不变,仍为执行加法以前的内容。

指令"MOVC　A,@A + PC"以 PC 作为基址寄存器,PC 的内容和 A 的内容作为无符号数,相加后所得的数作为某一程序存储器单元的地址,根据地址取出程序存储器相应单元中的内容送到累加器 A,这条指令执行完以后 PC 的内容不发生变化,仍指向查表指令的下一条指令。这条指令的优点在于预处理较少且不影响其他特殊功能寄存器的值,所以不必保护其他特殊功能寄存器的原先值。这条指令的缺点在于该表格只能存放在这条指令的地址 X3X2X1X0 以下 00 ~ FFH 之中,即只能存放在地址范围 X3X2X1X0 + 1 ~ X3X2X1X0 + 100H 中,这就使得表格所在的程序空间受到了限制。

下面举例说明查表指令的用法以及计算偏移量时应该注意的问题。

【例 4.4】 子程序的功能为:根据累加器 A 中的数 x(0 ~ 9 之间)查 x 的平方表 y,根据 x 的值查出相应的平方 y。本例中的 x 和 y 均为单字节数。

```
地  址            子程序
Y3Y2Y1Y0          ADD A, #01H
Y3Y2Y1Y0 + 2      MOVC A, @A + PC
Y3Y2Y1Y0 + 3      RET
Y3Y2Y1Y0 + 4      DB 00H,01H,04H,09H,10H      ;数 0 ~ 9 的平方表
                  DB 19H,24H,31H,40H,51H
```

第一条指令 ADD A, #01H 的作用是加上偏移量,累加器 A 中反映的仅是从表首开始向下查找多少个单元,基址寄存器 PC 的内容并非表首,执行查表指令时,PC 中的内容为 Y3Y2Y1Y0 + 3,即指向 RET 指令,所以必须使得 A 加上从基址寄存器 PC 到表首的距离,这就是偏移量,偏移量的计算公式为

偏移量 = 表首地址 - (查表指令所在的地址 + 1)

上面的例子表首地址 = $Y_3Y_2Y_1Y_0 + 4$

所以偏移量 = $(Y_3Y_2Y_1Y_0 + 4) - ((Y_3Y_2Y_1Y_0 + 2) + 1) = 1$

本例中查表的运算为从 X 求 Y，即 Y = f(X)，而 X 恰为自然数（$0 \leqslant X \leqslant 9$）。

上面的例子中，在进入程序前，A 的内容在 00 ~ 09H 之间，例如 A 中的内容为 02H，它的平方为 04H，依此类推，可以根据 A 的内容查出 X 对应的平方。

MOVC A，@ + DPTR 这条指令的应用范围较为广泛，一般情况下，大多使用该指令，使用该指令时不必计算偏移量。使用该指令的优点是表格可以设在 64K 程序存储器空间内的任何地方，而不必像 MOVC A，@A + PC 那样只设在 PC 下面的 256 个单元中，所以使用较方便。该指令的缺点在于如果 DPTR 已被使用，则在进入查表以前必须保护 DPTR，并且结束以后恢复 DPTR，例 4.5 的子程序可改成如下形式。

```
        PUSH    DPH                             ;保存 DPH
        PUSH    DPL                             ;保存 DPL
        MOV     DPTR, # TAB1
        MOVC    A,@A + DPTR
        POP     DPL                             ;恢复 DPL
        POP     DPH                             ;恢复 DPH
        RET
        TAB1:   DB 00H,01H,04H,09H,10H          ;0 ~ 9 的平方表
        DB 19H,24H,31H,40H,51H
```

【例 4.5】 在一个以 MCS - 51 为核心的温度控制器中，温度传感器输出的电压与温度为非线性关系，传感器输出的电压已由 A/D 转换为 10 位二进制数。根据测得的不同温度下的电压值数据构成一个表，表中放温度值 y，x 为电压值数据。设测得的电压值 x 放入 R2R3 中，根据电压值 x，查找对应的温度值 y，仍放入 R2R3 中。本例的 x 和 y 均为双字节无符号数。程序如下：

```
LTB2:   MOV     DPTR, # TAB2
        MOV     A,R3
        CLR     C
        RLC     A
        MOV     R3,A
        XCH     A,R2
        RLC     A
        XCH     R2,A
        ADD     A,DPL                   ;(R2R3) + (DPTR)→(DPTR)
        MOV     DPL,A
        MOV     A,DPH
        ADDC    A,R2
        MOV     DPH,A
        CLR     A
        MOVC    A,@A + DPTR             ;查第一字节
```

```
        MOV     R2,A                    ;第一字节存入 R2 中
        CLR     A
        INC     DPTR
        MOVC    A,@A + DPTR             ;查第二字节
        MOV     R3,A                    ;第二字节存入 R3 中
        RET
        TAB2:   DW……                    ;温度值表
```

以上程序中，由于使用指令 MOVC A,@A + DPTR，表 TAB2 可放入 64K 程序存储器空间的任何位置，此外表格的长度可大于 256byte。

【例 4.6】 设有一个巡回检测报警装置，需对 16 路输入进行检测，每路有一个最大允许值，为双字节数。装置运行时，需根据测量的路数，找出每路的最大允许值。看输入值是否大于最大允许值，如大于就报警。下面根据上述要求，编制一个查表程序。

取路数为 x(0⩽x⩽15)，y 为最大允许值，放在表格中。设进入查表程序前，路数 x 已放于 R2 中，查表后最大值 y 放于 R3R4 中。本例中的 x 为单字节数，y 为双字节数。查表程序为

```
TB3:    MOV     A,R2
        ADD     A,R2                    ;(R2) * 2→(A)
        MOV     R3,A                    ;保存指针
        ADD     A,#6                    ;加偏移量
        MOVC    A,@A + PC               ;查第一字节
        XCH     A,R3
        ADD     A,#3
        MOVC    A,@A + PC               ;查第二字节
        MOV     R4,A
        RET
TAB3:   DW      1520,3721,42645,7580    ;最大值表
        DW      3483,32657,883,9943
        DW      10000,40511,6758,8931
        DW      4468,5871,13284,27808
```

上述查表程序是有限制的，表格长度不能超过 256byte，且表格只能存放于 MOVC A,@A + PC 指令以下的 256 个单元中，如果表格的长度超过 256byte，且需要把表格放在 64K 程序存储器空间的任何地方，则应使用指令" MOVC A,@A + DPTR"且对 DPH、DPL 进行运算，求出表目的地址。

4.3.4 关键字查找程序设计

关键字查找实际就是在表中查找关键字的操作，也称为数据检索。数据检索有两种方法，即顺序检索和对分检索。

1.顺序检索

如果要检索的表是无序的，检索时只能从第 1 项开始逐项顺序查找，判断所取数据是否

与关键字相等。

【例 4.7】 从 50byte 的无序表中查找一个关键字“××”H。

```
        ORG     1000H
        MOV     30H, #××H           ;关键字××H送30H单元
        MOV     R1, #50             ;查找次数送R1
        MOV     A, #14              ;修正值送A
        MOV     DPTR, #TAB4         ;表首地址送DPTR
LOOP:   PUSH    ACC
        MOVC    A,@A+PC             ;查表结果送A
        CJNE    A,40H,LOOP1         ;(40H)不等于关键字则转LOOP1
        MOV     R2,DPH              ;已查到关键字,把该字的地址送R2,R3
        MOV     R3,DPL              ;
DONE:   RET
LOOP1:  POP     ACC                 ;修正值弹出
        INC     A                   ;A+1→A
        INC     DPTR                ;修改数据指针DPTR
        DJNZ    R1,LOOP             ;R1≠0,未查完,继续查找
        MOV     R2, #00H            ;R1=0,清“0”R2和‘R3
        MOV     R3, #00H            ;表中50个数已查完
        AJMP    DONE                ;从子程序返回
TAB4:   DB      …,…,…               ;50个无序数据表
```

2.对分检索

对分检索的前提是检索的数据表已经排好序,以便于按照对分原则取数进行关键字比较。如何进行数据的排序,将在本节稍后介绍。

对分检索的方法:取数据表中间位置的数与关键字进行比较,如相等,则查找到;如果所取的数大于关键字,则下次对分检索的范围是从数据区起点到本次取数。如果取数小于关键字,则下次对分检索的范围是从本次取数数据区起点到数据区终点。依此类推,逐渐缩小检索范围,减少次数,大大提高了查找速度。

4.3.5 数据极值查找程序设计

数据极值查找就是在指定的数据区中找出最大值(或最小值)。

极值查找操作的主要内容是进行数值大小的比较,从这批数据中找出最大值(或最小值)并存于某一单元中。

【例 4.8】 片内 RAM 中存放一批数据,查找出最大值并存放于首地址中。设 R0 中存首地址,R2 中存放字节数,程序框图如图 4.1 所示。

程序如下:

```
        MOV     R2,n                ;n为要比较的数据字节数
        MOV     A,R0                ;存首地址指针
        MOV     R1,A
```

```
        DEC     R2              ;
        MOV     A,@R1
LOOP:   MOV     R3,A
        DEC     R1
        CLR     C
        SUBB    A,@R1           ;两个数比较
        JNC     LOOP1           ;C=0,A 中的数大,跳 LOOP1
        MOV     A,@R1           ;C=1,则大数送 A
        SJMP    LOOP2
LOOP1:  MOV     A,R3
LOOP2:  DJNZ    R2, LOOP        ;是否比较结束?
        MOV     @R0, A          ;存最大数
        RET
```

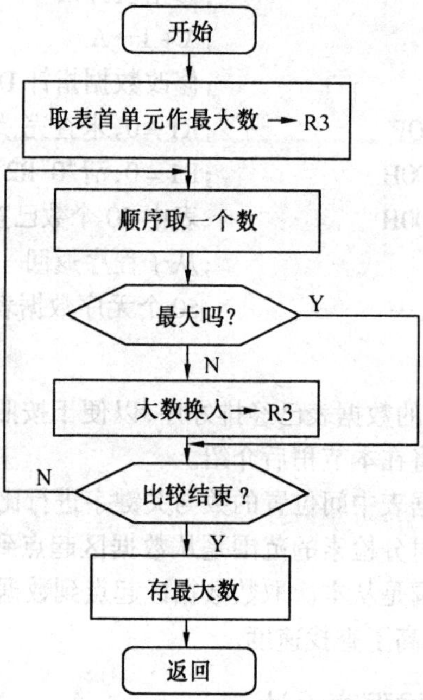

图 4.1 查找单字节无符号最大数程序框图

4.3.6 数据排序程序设计

数据排序就是将一批数由小到大(升序)排列,或由大到小(降序)排列。下面介绍无符号数据升序的排序程序设计。

最常用的数据排序算法是冒泡法。冒泡法是相邻数互换的排序方法,因其过程类似水中气泡上浮,故称冒泡法。排序时从前向后进行相邻两个数的比较,如果数据的大小次序与要求的顺序不符时,就将两个数互换,否则,顺序符合要求不互换。如果进行升序排序,应通过这种相邻数互换方法,使小数向前移,大数向后移。如此从前向后进行一次次相邻数互换

(冒泡),就会把这一批数据的最大数排到最后,次大数排在倒数第二的位置,从而实现了这一批数据由小到大的排列。

假设有 7 个原始数据的排列顺序为:6、4、1、2、5、7、3。第一次冒泡的过程是:

```
6、4、1、2、5、7、3          ;原始数据的排列
4、6、1、2、5、7、3          ;逆序,互换
4、1、6、2、5、7、3          ;逆序,互换
4、1、2、6、5、7、3          ;逆序,互换
4、1、2、5、6、7、3          ;逆序,互换
4、1、2、5、6、7、3          ;正序,不互换
4、1、2、5、6、3、7          ;逆序,互换,第一次冒泡结束
```

如此进行,各次冒泡的结果如下:

```
第 1 次冒泡结果:4、1、2、5、6、3、7
第 2 次冒泡结果:1、2、4、5、3、6、7
第 3 次冒泡结果:1、2、4、3、5、6、7
第 4 次冒泡结果:1、2、3、4、5、6、7          ;已完成排序
第 5 次冒泡结果:1、2、3、4、5、6、7
第 6 次冒泡结果:1、2、3、4、5、6、7
```

由上面的冒泡法可以看出,对于 n 个数,理论上应进行 $(n-1)$ 次冒泡才能完成排序,但实际上有时不到 $(n-1)$ 次就已完成排序。例如,上面的的 7 个数,应进行 6 次冒泡,但实际上第 4 次冒泡时就已经完成了排序。如何来判定排序是否已经完成,就是看各次冒泡中是否有互换发生,如果有数据互换,则排序还没完成;否则就表示已经排好序。在程序设计中,常使用设置互换标志的方法,该标志的状态表示在一次冒泡中是否有互换进行。下面介绍具体的采用冒泡法的排序程序设计。

【例 4.9】 一批单字节无符号数,以 R0 为首地址指针,R2 中为字节数,将这批数进行升序排列。程序框图如图 4.2 所示。

程序如下:

```
SORT:  MOV    A,R0          ;
       MOV    R1,A
       MOV    A,R2          ;字节数送入 R5
       MOV    R5,A
       CLR    F0            ;互换标志位 F0 清零
       DEC    R5            ;
       MOV    A,@R1         ;
LOOP:  MOV    R3,A          ;
       INC    R1            ;
       CLR    C             ;
       MOV    A,@R1         ;比较大小
       SUBB   A,R3          ;
       JNC    LOOP1         ;
```

```
        SETB    F0          ;互换标志位 F0 置 1
        MOV     A,R3;       ;
        XCH     A,@R1       ;两个数互换
        DEC     R1          ;
        XCH     A,@R1       ;
        INC     R1
LOOP1:  MOV     A,@R1
        DJNZ    R5,LOOP
        JB      F0,SORT
        RET
```

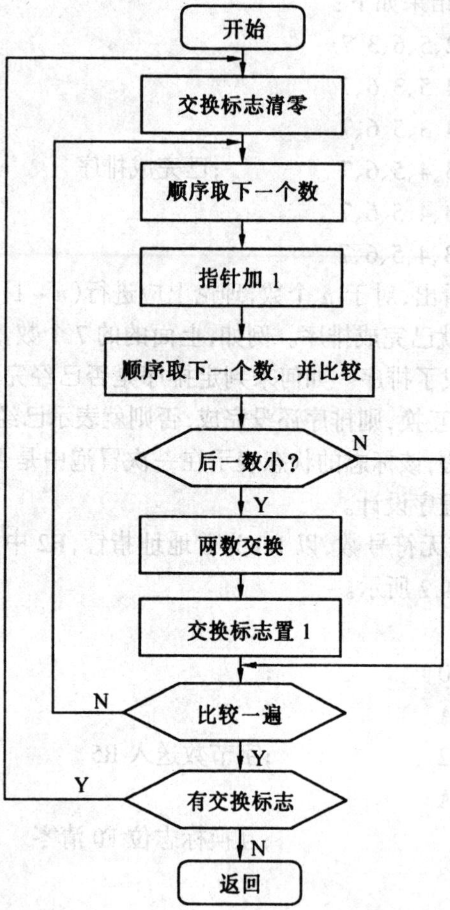

图 4.2　单字节无符号数排序程序框图

4.3.7　分支转移程序设计

分支转移程序的特点是程序中含有转移指令，转移指令可分为无条件转移和有条件转移，因此分支程序也可分为无条件分支转移程序和有条件分支转移程序。无条件分支转移

程序简单,这里不再讨论。有条件分支转移程序按结构类型来分,又分为单分支转移结构和多分支转移结构。

1.单分支转移结构

程序的判别仅有两个出口,两者选一,称为单分支选择结构,单分支转移在程序设计中应用极为普遍,单分支转移的程序设计一般根据运算结果的状态标志,用条件判断跳转指令来选择并转移。

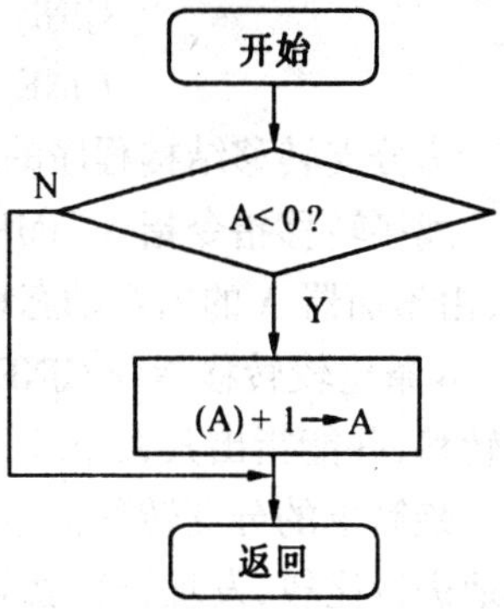

图 4.3　求单字节有符号二进制数补码的框图

【例 4.10】　求单字节有符号数的二进制补码

正数补码是其本身,负数补码是其反码加 1。因此,程序应首先判断被转换数的符号,负数进行转换,正数即为补码。

设二进制数放在累加器 A 中,其补码放回到 A 中,程序框图如图 4.3 所示。

参考程序如下:

```
CMPT:  JNB     Acc.7,RETURN      ;(A)>0,不需转换
       MOV     C,Acc.7           ;符号位保存
       CPL     A                 ;(A)求反,加 1
ADD    A,#1    ;
MOV    Acc.7,C ;符号位存在 A 的最高位
RETURN:RET
```

此外,单分支选择结构还有如图 4.4、图 4.5 等所示的几种形式。

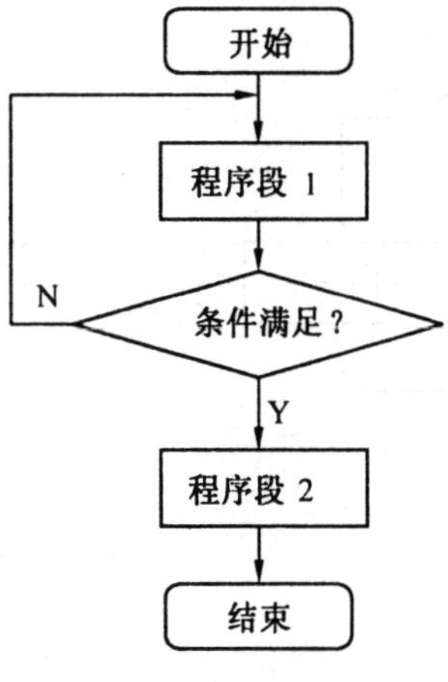

图 4.4　单分支转移结构 2

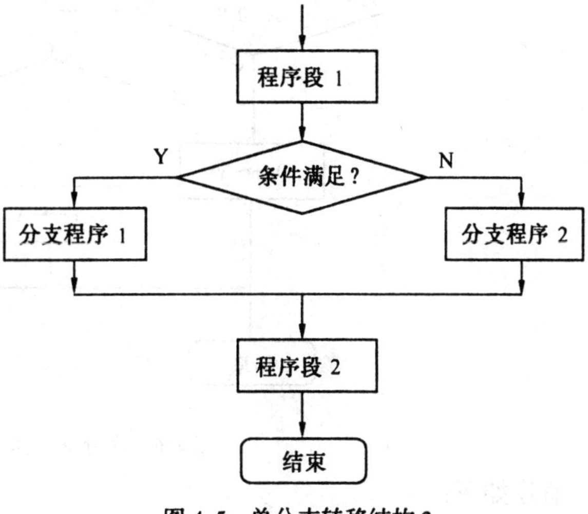

图 4.5　单分支转移结构 3

2.多分支转移结构

当程序的判别部分有两个以上的出口流向时,为多分支转移结构。多分支转移结构常见的两种形式,如图 4.6 和图 4.7 所示。

MCS-51 的指令系统提供了非常有用的两种多分支选择指令,即

间接转移指令:　JMP　　@A+DPTR;

比较转移指令： CJNE A,direct,rel;

CJNE A, # data,rel;

CJNE Rn, # data,rel;

CJNE @Ri, # data,rel;

为分支转移结构程序的编写提供了方便。

间接转移指令指令“JMP @A + DPTR”由数据指针 DPTR 决定多分支转移程序的首地址，由累加器 A 的内容动态地选择对应的分支程序。

4 条比较转移指令 CJNE 能对两个欲比较的单元内容进行比较，当不相等时，程序作相对转移，并能指出其大小，以备作第二次判断；若两者相等，则程序按顺序往下执行。

最简单的分支转移程序的设计，一般常采用逐次比较法，就是把所有不同的情况一个一个地进行比较，发现符合就转向对应的处理程序。这种方法的主要缺点是程序太长，有 n 种可能的情况，就需有 n 个判断和转移。

【例 4.11】 求符号函数的值。

符号函数定义如下：

$$Y=\begin{cases}1 & 当\ X>0\\0 & 当\ X=0\\-1 & 当\ X<0\end{cases}$$

X 存放在 40H 单元，Y 存放在 41H 单元，程序框图如图 4.6 所示。

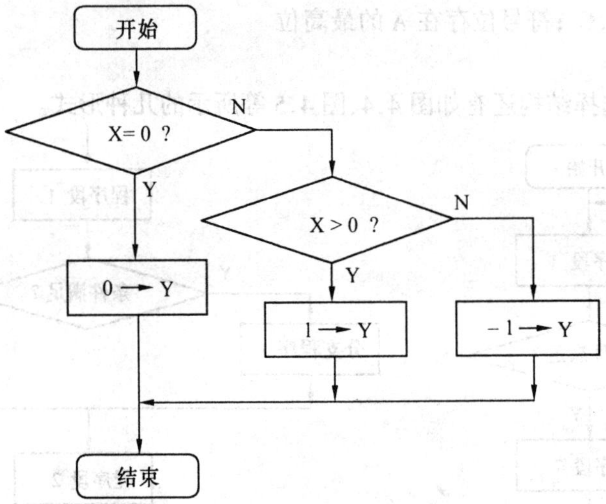

图 4.6 多分支选择结构 1

程序如下：

```
SIGNFUC:MOV    A,40H
        CJNE   A,#00H,NZEAR
AJMP    NEGT
NZEAR:  JB     Acc.7,POSI
        MOV    A,#01H
        AJMP   NEGT
```

```
POSI:   MOV     A, #81H
NEGT:   MOV     41H,A
        END
```

在实际的应用中,经常遇到的图 4.7 结构形式的分支转移程序的设计,即在不少应用场合,需根据某一单元的内容是 0,1,……,*n*,来分别转向处理程序 0,处理程序 1,……处理程序 *n*。一个典型的例子就是当单片机系统中的键盘按下时,就会得到一个键值,根据不同的键值,跳向不同的键处理程序入口。对于这种情况,可用直接转移指令(LJMP 或 AJMP 指令)组成一个转移表,然后把该单元的内容读入累加器 A,转移表首地址放入 DPTR 中,再利用间接转移指令实现分支转移。

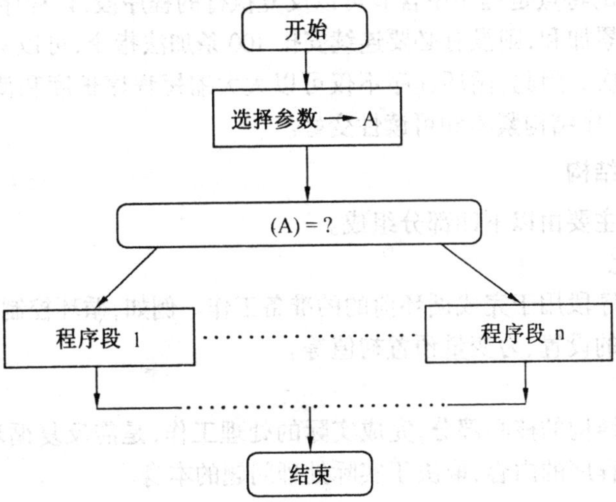

图 4.7 多分支选择结构 2

【例 4.12】 根据寄存器 R2 的内容,转向各个处理程序 PRGX(X = 0 ~ n)。

(R2) = 0,转 PRG0

(R2) = 1,转 PRG1

⋮

(R2) = n, 转 PRGn

程序如下:

```
JMP6:   MOV   DPTR, #TAB5        ;转移表首地址送 DPTR
        MOV   A,R2               ;分支转移参量送 A
        MOV   B, #03H            ;乘数 3 送 B
        MUL   AB                 ;分支转移参量乘 3
        MOV   R6,A               ;乘积的低 8 位暂存 R6 中
        MOV   A,B                ;乘积的高 8 位送 A
        ADD   A,DPH              ;乘积的高 8 位加到 DPH 中
        MOV   DPH,A
        MOV   A,R6
        JMP   @A + DPTR          ;多分支转移选择
```

```
        ⋮
TAB5: LJMP              PRG0 ;多分支转移表
      LJMP  PRG1
        ⋮
      LJMP  PRGn
```

R2中的分支转移参量乘3是由于长跳转指令LJMP要占3个单元。本例程序可位于64K程序存储器空间的任何区域。

4.3.8 循环程序设计

循环程序结构的特点是程序中含有可以反复执行的程序段，该程序段通常称为循环体。例如求100个数的累加和，则没有必要连续安排100条加法指令，可以只用一条加法指令并使其循环执行100次。因此，循环程序不仅可以大大缩短程序长度和使程序所占的内存单元数量少，也能使程序结构紧凑和可读性变好。

1.循环程序的结构

循环结构程序主要由以下四部分组成。

(1)循环初始化

循环初始化程序段用于完成循环前的的准备工作。例如，循环控制计数初值的设置、地址指针的起始地址的设置、为变量预置初值等。

(2)循环处理

这是循环程序结构的核心部分，完成实际的处理工作，是需反复循环执行的部分，故又称循环体。这部分程序的内容，取决于实际处理问题的本身。

(3)循环控制

在重复执行循环体的过程中，不断修改循环控制变量，直到符合结束条件，就结束循环程序的执行。循环结束控制方法分为循环计数控制法和条件控制法。

(4)循环结束

这部分是对循环程序执行的结果进行分析、处理和存放。

上面介绍的4部分有时能较明显地划分，有时则相互包含，不一定能明显区分。

2.循环结构的控制

根据循环控制部分不同，循环程序结构可分为循环计数控制结构和条件控制结构。图4.8是计数循环控制结构，图4.9是条件控制结构。

(1)计数循环结构

计数循环控制结构是依据计数器的值来决定循环次数，一般为减“1”计数器，计数器减到“0”时，结束循环。计数器的初值是在初始化时设定。

MCS-51的指令系统提供了功能极强的循环控制指令，即

```
DJNZ  Rn,rel        ;以工作寄存器作控制计数器
DJNZ  direct,rel    ;以直接寻址单元作控制计数器
```

例如，计算 n 个数据的和，计算公式为

$$y = \sum_{i=1}^{n} X_i$$

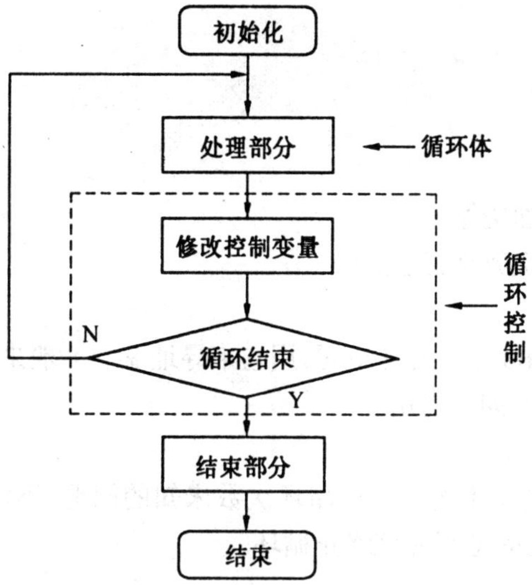

图 4.8　计数循环控制结构

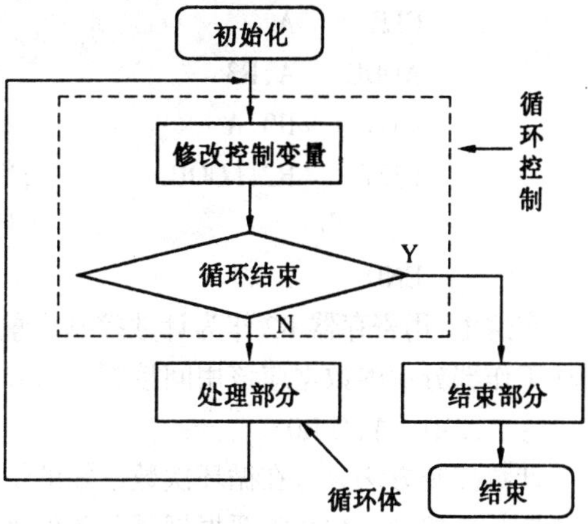

图 4.9　条件控制结构

如果直接按这个公式编制程序，则 $n = 100$ 时，需编写连续的100次加法。这样程序将太长，并且对于 n 可变时，将无法编制出顺序程序。可见，这个公式要改写为易于实现的形式：

$$\begin{cases} y_i = 0; i = 1 \\ y_i + 1 = y_i + x; i \leqslant n \end{cases}$$

当 $i = n$ 时，y_{n+1} 即为所求的 n 个数据之和 y。在用计算机程序来实现时，y_i 是一个变量，这可用下式表示：

$$\begin{cases} 0 \rightarrow y; 1 \rightarrow i \\ y + x_i \rightarrow y_i; i + 1 \rightarrow i; i \leqslant n \end{cases}$$

按这个公式，可以很容易地画出相应的程序框图，见图 4.10。

从这个框图中，也可以看出循环程序的基本结构。

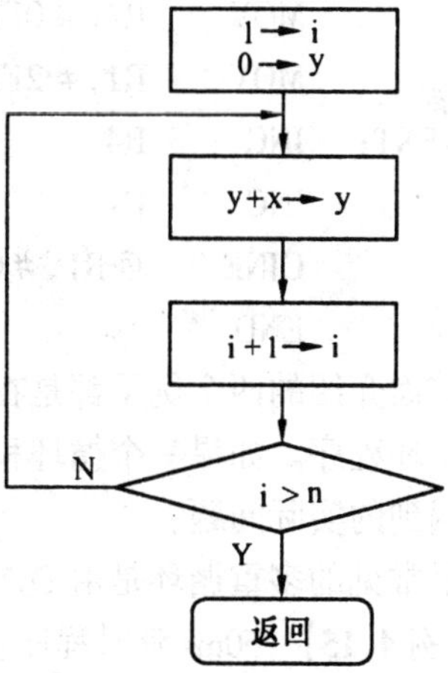

图 4.10　求数据和程序框图

【例 4.13】　如果 x_i 均为单字节数，并按 i 顺序存放在 MCS－51 的内部 RAM 从 50H 开始的单元中，n 放在 R2 中，现将要求的和（双字节）放在 R3R4 中，程序如下。

```
ADD1:   MOV     R2, # n         ;加法次数 n 送 R2
        MOV     R3, # 0
        MOV     R4, # 0
        MOV     R0, # 50H
LOOP:   MOV     A, R4
        ADD     A, @R0
```

```
        MOV     R4,A
        INC     R0
        CLR     A
        ADDC    A,R3
        MOV     R3,A
        DJNZ    R2,LOOP         ;判加法循
                                ;环次数是否已到?
        END
```

在这里,用寄存器 R2 作为计数控制变量,R0 作为变址单元,用它来寻址 x_i。一般来说,循环工作部分中的数据应该用间接方式来寻址,如这里用

```
    ADD   A,@R0
```

计数控制方法只有在循环次数已知的情况下才适用。对循环次数未知的问题,不能用循环次数来控制。往往需要根据某种条件来判断是否应该终止循环。

(2)条件控制结构

【例 4.14】 设有一串字符,依次存放在内部 RAM 从 30H 单元开始的连续单元中,该字符串以 0AH 为结束标志,编写测试字符串长度的程序。

本例采用逐个字符依次与“0AH”比较的方法。为此设置一个长度计数器和一个字符串指针。长度计数器用来累计字符串的长度,字符串指针用于指定字符。如果指定字符与“0AH”不相等,则长度计数器和字符串指针都加 1,以便继续往下比较;如果比较相等,则表示该字符为“0AH”,字符串结束,长度计数器的值就是字符串的长度。程序为

```
        MOV     R4,#0FFH            ;长度计数器初值送 R4
        MOV     R1,#2FH             ;字符串指针初值送 R1
NEXT:   INC     R4
        INC     R1
        CJNE    @R1,#0AH,NEXT       ;比较,不等则进行下一个字符比较
        END
```

前面介绍的两个例子都是在一个循环程序中不再包含其他循环程序,则称该循环程序为单循环程序。如果一个循环程序中包含了其他循环程序,则称为多重循环程序。这也是经常遇到的实际问题。

最常见的多重循环是由 DJNZ 指令构成的软件延时程序,它是常用的程序之一。

【例 4.15】 50ms 延时程序。

延时程序与 MCS-51 指令执行时间有很大的关系。在使用 12MHz 晶振时,一个机器周期为 1μs,执行一条 DJNZ 指令的时间为 2μs。这时,可用双重循环方法写出延时 50ms 的程序

```
DEL:    MOV     R7,#200
DEL1:   MOV     R6,#125
DEL2:   DJNZ    R6,DEL2         ;125*2=250μs
        DJNZ    R7,DEL1         ;0.25ms*200=50ms
        RET
```

以上延时程序不太精确，它没有考虑到除“DJNZ R6，DEL2 ”指令外的其他指令的执行时间，如把其他指令的执行时间计算在内，它的延时时间为

$$(250+1+2)*200+1=50.301\text{ms}$$

如果要求比较精确的延时，可修改为

```
DEL:    MOV     R7, #200
DEL1:   MOV     R6, #123
        NOP
DEL2:   DJNZ    R6,DEL2          ;2*123+2=248μs
        DJNZ    R7,DEL1          ;(248+2)*200+1=50.001ms
        RET
```

它的实际延迟时间为 50.001ms，但要注意，用软件实现延时程序，不允许有中断，否则将严重影响定时的准确性。

需延时更长的时间，可采用更多重的循环，如 1s 延时，可用三重循环。

4.3.9 码制转换程序设计

在单片机应用程序的设计中，经常涉及到各种码制的转换问题。在单片机系统内部进行数据计算和存储时，经常采用二进制码。二进制码具有运算方便、存储量小的特点。在输入/输出中，按照人的习惯均采用代表十进制数的 BCD 码(用 4 位二进制数表示的十进制数)表示。

1.二进制码到 BCD 码的转换

十进制数常采用 BCD 码表示，BCD 码是 4 位有效编码。而 BCD 码又有两种形式：一种是 1 个字节放 1 位 BCD 码，它适用于显示或输出，一种是压缩的 BCD 码，即 1 个字节放两位 BCD 码，可以节省存储单元。

【例 4.16】 单字节二进制数转换为 BCD 码。

二进制数转换为 BCD 数的一般方法是把二进制数除以 1 000、100、10 等 10 的各次幂，所得的商即为千、百、十位数，余数为个位数。

单字节二进制数在 0 ~ 255 之间，设单字节数在累加器 A 中，转换结果的百位数放在 R3 中，十位和个位则放入 A 中。本例的程序，因为要多次用到除法指令，所以首先复习除法指令“DIV AB”的功能。除法指令完成的操作为：A 除以 B 的商放入 A 中，余数放入 B 中。

参考程序为

```
BINBCD1:MOV     B, #100          ;100作为除数送入B中
        DIV     AB               ;十六进制数除以100
        MOV     R3,A             ;百位数送R3,余数在B中
        MOV     A, #10           ;分离十位和个位数
        XCH     A,B              ;余数送入A中,除数10在B中
        DIV     AB               ;分离出十位在A中,个位在B中
        SWAP    A                ;十位数交换到A的高4位
        ADD     A,B              ;十位数与个位数相加送入A中
        END
```

通过两次执行 DIV 除法指令,从而分离出百位数和十位数,这样的转换方法十分简单。

【例 4.17】 双字节二进制数转换为压缩的 BCD 数。

双字节 16 位二进制数存于(R2R3)中,(R4R5R6)为转换完毕的压缩 BCD 码。

```
BINBCD2:  CLR    A
          MOV    R4,A
          MOV    R5,A
          MOV    R6,A
          MOV    R7,#16
LOOP:     CLR    C
          MOV    A,R3
          RLC    A
          MOV    R3,A
          MOV    A,R2
          RLC    A
          MOV    R2,A
          MOV    A,R6
          ADDC   A,R6
          DA     A
          MOV    R6,A
          MOV    A,R5
          ADDC   A,R5
          DA     A
          MOV    R5,A
          MOV    A,R4
          ADDC   A,R4
          DA     A
          MOV    R4,A
          DJNZ   R7,LOOP
          RET
```

2.BCD 码到二进制码的转换

【例 4.18】 四位 BCD 数转换成二进制数。

设 BCD 数 a3、a2、a1、a0 分别放在 50H ~ 53H 单元中,转换完毕的二进制数放在 R3R4 中。

```
IDTB:     MOV    R0,#50H
          MOV    R2,#3
          MOV    R3,#0
          MOV    A,@R0
          MOV    R4,A
LOOP:     MOV    A,R4
```

```
MOV    B, #10
MUL    AB
MOV    R4,A
MOV    A, #10
XCH    A,B
XCH    A,R3
MUL    AB
ADD    A,R3
XCH    A,R4
INC    R0
ADD    A,@R0
XCH    A,R4
ADDC   A, #0
MOV    R3,A
DJNZ   R2,LOOP
RET
```

思考题及习题

1.用于程序设计的语言分为哪几种？它们各有什么特点？

2.说明伪指令的作用。“伪”的含义是什么？常用的伪指令的功能如何？

3.解释下列术语：“手工汇编”、“机器汇编”、“交叉汇编”以及“反汇编”。

4.下列程序段经汇编后，从1000H开始的各有关存储单元的内容将是什么？

```
  ORG  1000H
TAB1  EQU  1234H
TAB2  EQU  3000H
DB    "MAIN"
DW    TAB1,TAB2,70H
```

5.设计子程序时注意哪些问题？

6.试编写一个程序，将内部RAM中45H单元的高4位清0，低4位置1。

7.已知程序执行前有A = 02H，SP = 42H，(41H) = FFH，(42H) = FFH。下述程序执行后，请问A = (　　)；SP = (　　)；(41H) = (　　)；(42H) = (　　)；PC = (　　)。

```
POP    DPH
POP    DPL
MOV    DPTR, #3000H
RL     A
MOV    B,A
MOVC   A,@A + DPTR
PUSH   ACC
MOV    A,B
```

```
INC     A
MOVC    A,@A+DPTR
PUSH    ACC
RET
ORG     3000H
DB      10H,80H,30H,80H,50H,80H
```

8.计算下面子程序中指令的偏移量和程序执行的时间(晶振频率为 12MHz)。

```
7B0F              MOV     R3,#15        ;1 个机器周期
7CFF     DL1:     MOV     R4,#255       ;1 个机器周期
8B90     DL2:     MOV     P1,R3         ;2 个机器周期
DC       DJNZ     R4,     DL2           ;2 个机器周期
DB       DJNZ     R3,     DL1           ;2 个机器周期
22       RET      ;2 个机器周期
```

9.试编写程序,查找在内部 RAM 的 30H~50H 单元中是否有 0AAH 这一数据。若有,则将 51H 单元置为"01H";若未找到,则将 51H 单元置为"00H"。

10.试编写程序,查找在内部 RAM 的 20H~40H 单元中出现"00H"这一数据的次数。并将查找到的结果存入 41H 单元。

11. 在内部 RAM 的 21HH 单元开始存有一组单字节无符号数,数据长度为 20H,编写程序,要求找出最大数存入 MAX 单元。

12. 若 SP=60H,标号 LABEL 所在的地址为 3456H。LCALL 指令的地址为 2000H,执行指令

```
2000H  LCALL  LABEL
```

后,堆栈指针 SP 和堆栈内容发生了什么变化? PC 的值等于什么? 如果将指令 LCALL 直接换成 ACALL 是否可以? 如果换成 ACALL 指令,可调用的地址范围是什么?

第5章 MCS－51的中断系统

MCS－51单片机片内的中断系统主要用于实时测控，即要求单片机能及时地响应和处理单片机外部或内部事件所提出的中断请求。由于这些中断请求都是随机发出的，如果采用定时查询方式来处理这些中断请求，则单片机的工作效率低，且得不到实时处理。因此，MCS－51单片机要实时处理这些中断请求，必须采用具有中断处理功能的部件——中断系统来完成。

本章介绍 MCS－51单片机片内中断系统的工作原理及应用，首先介绍有关中断的一些基本概念。

5.1 中断的概念

当 MCS－51单片机的 CPU 正在处理某件事情（例如，正在执行主程序）的时候，单片机外部或内部发生的某一事件（如外部设备产生的一个电平的变化，一个脉冲沿的发生或内部计数器的计数溢出等）请求 CPU 迅速去处理，于是，CPU 暂时中止当前的工作，转到中断服务处理程序处理所发生的事件。中断服务处理程序处理完该事件后，再回到原来被中止的地方，继续原来的工作（例如，继续执行被中断的主程序），这称为中断。CPU 处理事件的过程，称为 CPU 的中断响应过程，如图5.1所示。对事件的整个处理过程，称为中断处理（或中断服务）。

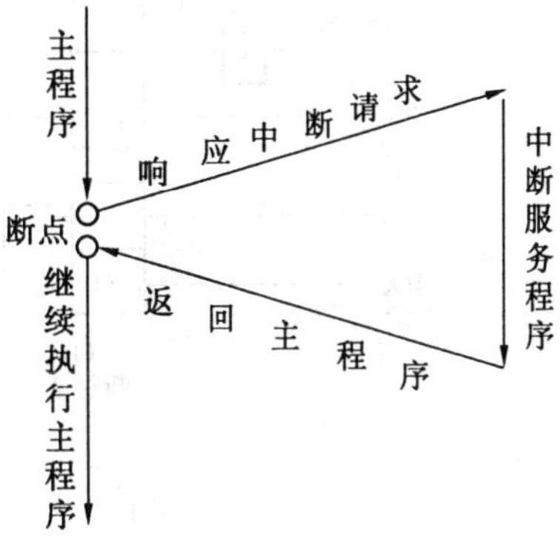

图5.1 中断响应过程

能够实现中断处理功能的部件称为中断系统；产生中断的请求源称为中断请求源（或中断源）；中断源向 CPU 提出的处理请求，称为中断请求（或中断申请）。当 CPU 暂时中止正在执行的程序，转去执行中断服务程序时，除了硬件自动把断点地址（16位程序计数器 PC 的值）压入堆栈之外，用户应注意保护有关的工作寄存器、累加器、标志位等信息，这称为保护现场。在完成中断服务程序后，恢复有关的工作寄存器、累加器、标志位内容，这称为恢复现场。最后执行中断返回指令 RETI，从堆栈中自动弹出断点地址到 PC，继续执行被中断的程序，这称为中断返回。

如果没有中断技术，CPU 的大量时间可能会浪费在原地踏步的查询操作上，或者采用定时查询，即不论有无中断请求，都要定时去查询。采用中断技术，完全消除了 CPU 在查询方式中的的等待现象，大大地提高了 CPU 的工作效率。由于中断工作方式的优点极为明显，因此在单片机的硬件结构中都带有中断系统。

5.2 MCS－51 中断系统的结构

MCS－51 单片机的中断系统有 5 个中断请求源，具有两个中断优先级，可实现两级中断服务程序嵌套。用户可以用关中断指令"CLR EA"来屏蔽所有的中断请求，也可以用开中断指令"SET EA"来允许 CPU 接收中断请求；每一个中断源可以用软件独立地控制为允许中断或关中断状态；每一个中断源的中断级别均可用软件来设置。

MCS－51 的中断系统结构示意图如图 5.2 所示。下面将从应用的角度来说明 MCS－51 的中断系统的工作原理和编程方法。

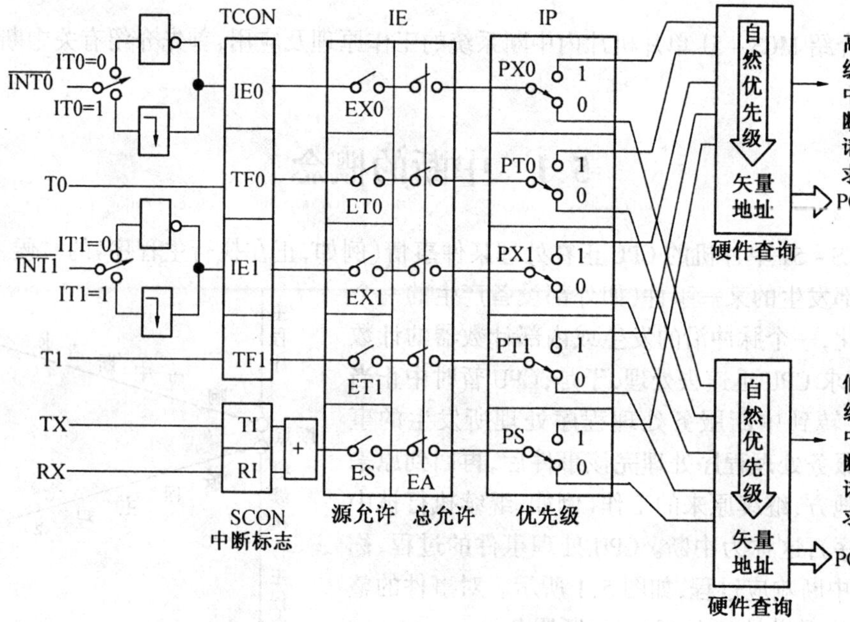

图 5.2 MCS－51 的中断系统结构

5.3 中断请求源

MCS－51 中断系统共有五个中断请求源（见图 5.2），它们是：

(1) $\overline{INT0}$——外部中断请求 0，由 $\overline{INT0}$ 引脚输入，中断请求标志为 IE0。

(2) $\overline{INT1}$——外部中断请求 1，由 $\overline{INT1}$ 引脚输入，中断请求标志为 IE1。

(3) 定时器/计数器 T0 溢出中断请求，中断请求标志为 TF0。

(4) 定时器/计数器 T1 溢出中断请求，中断请求标志为 TF1。

(5) 串行口中断请求，中断请求标志为 TI 或 RI。

这些中断请求源的中断请求标志位分别由特殊功能寄存器 TCON 和 SCON 的相应位锁存。

TCON 为定时器/计数器的控制寄存器，字节地址为 88H，可位寻址。该寄存器中既有定时器/计数器 T0 和 T1 的溢出中断请求标志位 TF1 和 TF0，也包括了有关外部中断请求标志位 IE1 与 IE0，其格式如图 5.3 所示。

	D7	D6	D5	D4	D3	D2	D1	D0	
TCON	TF1	TR1	TF0	TR0	IE1	IT1	IE0	IT0	88H
位地址	8FH		8DH		8BH	8AH	89H	88H	

图 5.3 TCON 中的中断请求标志位

TCON 寄存器中与中断系统有关的各标志位的功能如下。

(1) IT0——选择外部中断请求 0 为跳沿触发方式还是电平触发方式。

IT0 = 0，为电平触发方式，加到引脚 $\overline{INT0}$ 上的外部中断请求输入信号为低电平有效。

IT0 = 1，为跳沿触发方式，加到引脚 $\overline{INT0}$ 上的外部中断请求输入信号电平从高到低的负跳变有效。

IT0 位可由软件置"1"或清"0"。

(2) IE0——外部中断请求 0 的中断请求标志位。

当 IT0 = 0，为电平触发方式，CPU 在每个机器周期的 S5P2 采样 $\overline{INT0}$ 引脚，若 $\overline{INT0}$ 脚为低电平，则置"1"IE0，说明有中断请求，否则清"0"IE0。

当 IT0 = 1，即外部中断请求 0 设置为跳沿触发方式时，若第一个机器周期采样到 $\overline{INT0}$ 为低电平，则置"1"IE0。IE0 = 1，表示外部中断 0 正在向 CPU 请求中断。当 CPU 响应该中断，转向中断服务程序时，由硬件清"0"IE0。

(3) IT1——选择外部中断请求 1 为跳沿触发方式还是电平触发方式，其意义与 IT0 类似。

(4) IE1——外部中断请求 1 的中断请求标志位，其意义与 IE0 类似。

(5) TF0——MCS－51 片内定时器/计数器 T0 溢出中断请求标志位

当启动 T0 计数后，定时器/计数器 T0 从初值开始加 1 计数，当最高位产生溢出时，由硬件置"1"TF0，向 CPU 申请中断，CPU 响应 TF0 中断时，清"0"TF0，TF0 也可由软件清 0。

(6) TF1——MCS－51 片内的定时器/计数器 T1 的溢出中断请求标志位，功能和 TF0 类似。

TR1（D6 位）、TR0（D4 位）这 2 个位与中断无关，仅与定时器/计数器 T1 和 T0 有关，它们的功能将在定时器/计数器一章中介绍。

当 MCS－51 复位后，TCON 被清 0，则 CPU 关中断，所有中断请求被禁止。

SCON 为串行口控制寄存器，字节地址为 98H，可位寻址。SCON 的低二位锁存串行口的发送中断和接收中断的中断请求标志 TI 和 RI，其格式如图 5.4 所示。

	D7	D6	D5	D4	D3	D2	D1	D0	
SCON							TI	RI	98H
位地址							99H	98H	

图 5.4 SCON 中的中断请求标志位

SCON 中各标志位的功能如下。

(1) TI——串行口的发送中断请求标志位。CPU 将一个字节的数据写入发送缓冲器 SBUF 时，就启动一帧串行数据的发送，每发送完一帧串行数据后，硬件自动置"1"TI。CPU

响应串行口发送中断时，CPU 并不清除 TI 中断请求标志，必须在中断服务程序中用软件对 TI 标志清“0”。

(2)RI——串行口接收中断请求标志位。在串行口接收完一个串行数据帧，硬件自动置“1”RI 中断请求标志。CPU 在响应串行口接收中断时，并不清“0”RI 标志，必须在中断服务程序中用软件对 RI 清“0”。

5.4 中断控制

5.4.1 中断允许寄存器 IE

MCS - 51 的 CPU 对中断源的开放或屏蔽，是由片内的中断允许寄存器 IE 控制的。IE 的字节地址为 A8H，可进行位寻址。其格式如图 5.5 所示。

	D7	D6	D5	D4	D3	D2	D1	D0	
IE	EA			ES	ET1	EX1	ET0	EX0	A8H
位地址	AFH			ACH	ABH	AAH	A9H	A8H	

图 5.5 中断允许寄存器 IE 的格式

中断允许寄存器 IE 对中断的开放和关闭实现两级控制。所谓两级控制，就是有一个总的开关中断控制位 EA(IE.7 位)，当 EA = 0 时，所有的中断请求被屏蔽，CPU 对任何中断请求都不接受，我们称 CPU 关中断；当 EA = 1 时，CPU 开放中断，但五个中断源的中断请求是否允许，还要由 IE 中的低 5 位所对应的 5 个中断请求允许控制位的状态来决定(见图 5.2)。

IE 中各位的功能如下。

(1)EA：中断允许总控制位

EA = 0，CPU 屏蔽所有的中断请求(CPU 关中断)；

EA = 1，CPU 开放所有中断(CPU 开中断)。

(2)ES：串行口中断允许位

ES = 0，禁止串行口中断；

ES = 1，允许串行口中断。

(3)ET1：定时器/计数器 T1 的溢出中断允许位

ET1 = 0，禁止 T1 溢出中断；

ET1 = 1，允许 T1 溢出中断。

(4)EX1：外部中断 1 中断允许位

EX1 = 0，禁止外部中断 1 中断；

EX1 = 1，允许外部中断 1 中断。

(5)ET0：定时器/计数器 T0 的溢出中断允许位

ET0 = 0，禁止 T0 溢出中断；

ET0 = 1，允许 T0 溢出中断。

(6)EX0：外部中断 0 中断允许位。

EX0 = 0,禁止外部中断 0 中断;

EX0 = 1,允许外部中断 0 中断。

MCS - 51 复位以后,IE 被清 0,所有的中断请求被禁止。由用户程序置"1"或清"0"IE 相应的位,即可允许或禁止各中断源的中断申请。若使某一个中断源被允许中断,除了 IE 相应的位的被置"1"外,还必须使 EA 位 = 1,即 CPU 开放中断。改变 IE 的内容,可由位操作指令来实现(即 SETB bit;CLR bit),也可用字节操作指令实现(即 MOV IE, # DATA;ANL IE, # DATA;ORL IE, # DATA;MOV IE,A 等)。

【例 5.1】 若允许片内 **2** 个定时器/计数器中断,禁止其他中断源的中断请求。请编写出设置 IE 的相应程序段。

(1)用位操作指令来编写如下程序段

```
CLR    ES      ;禁止串行口中断
CLR    EX1     ;禁止外部中断 1 中断
CLR    EX0     ;禁止外部中断 0 中断
SETB   ET0     ;允许定时器/计数器 T0 中断
SETB   ET1     ;允许定时器/计数器 T1 中断
SETB   EA      ;CPU 开中断
```

(2)用字节操作指令来编写

```
MOV    IE, # 8AH
```

5.4.2 中断优先级寄存器 IP

MCS - 51 的中断请求源有两个中断优先级,每一个中断请求源可由软件定为高优先级中断或低优先级中断,可实现两级中断嵌套,所谓两级中断嵌套,就是 CPU 正在执行低优先级中断的服务程序时,可被高优先级中断请求所中断,待高优先级中断处理完毕后,再返回低优先级中断服务程序。两级中断嵌套的过程如图 5.6 所示。

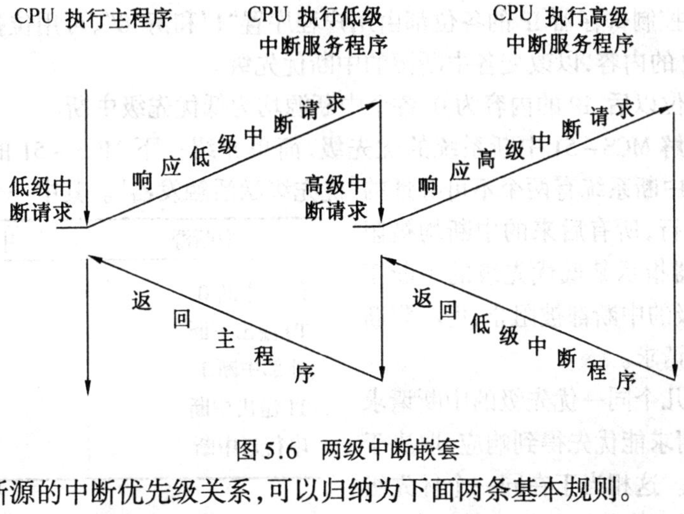

图 5.6 两级中断嵌套

关于各中断源的中断优先级关系,可以归纳为下面两条基本规则。

(1)低优先级可被高优先级中断,反之则不能。

(2)任何一种中断(不管是高级还是低级),一旦得到响应,不会再被它的同级中断源所中断。如果某一中断源被设置为高优先级中断，在执行该中断源的中断服务程序时，则不能被任何其他的中断源的中断请求所中断。

MCS-51 的片内有一个中断优先级寄存器 IP，其字节地址为 B8H，可位寻址。只要用程序改变其内容，即可进行各中断源中断级别的设置，IP 寄存器的格式如图 5.7 所示。

				D4	D3	D2	D1	D0	
IP				PS	PT1	PX1	PT0	PX0	B8H
位地址				BCH	BBH	BAH	B9H	B8H	

图 5.7　中断优先级寄存器 IP 的格式

中断优先级寄存器 IP 各个位的含义如下。

(1)PS——串行口中断优先级控制位

PS=1，串行口中断定义为高优先级中断；

PS=0，串行口中断定义为低优先级中断。

(2)PT1——定时器 T1 中断优先级控制位

PT1=1，定时器 T1 定义为高优先级中断；

PT1=0，定时器 T1 定义为低优先级中断。

(3)PX1——外部中断 1 中断优先级控制位

PX1=1，外部中断 1 定义为高优先级中断；

PX1=0，外部中断 1 定义为低优先级中断。

(4)PT0——定时器 T0 中断优先级控制位

PT0=1，定时器 T0 定义为高优先级中断；

PT0=0，定时器 T0 定义为低优先级中断。

(5)PX0——外部中断 0 中断优先级控制位

PX0=1，外部中断 0 定义为高优先级中断；

PX0=0，外部中断 0 定义为低优先级中断。

中断优先级控制寄存器 IP 的各位都由用户程序置"1"和清"0"，可用位操作指令或字节操作指令更新 IP 的内容，以改变各中断源的中断优先级。

MCS-51 复位以后，IP 的内容为 0，各个中断源均为低优先级中断。

为进一步了解 MCS-51 中断系统的优先级，简单介绍一下 MCS-51 的中断优先级结构。MCS-51 的中断系统有两个不可寻址的"优先级激活触发器"。其中一个指示某高优先级的中断正在执行，所有后来的中断均被阻止；另一个触发器指示某低优先级的中断正在执行，所有同级的中断都被阻止，但不阻断高优先级的中断请求。

在同时收到几个同一优先级的中断请求时，哪一个中断请求能优先得到响应，取决于内部的查询顺序。这相当于在同一个优先级内，还同时存在另一个辅助优先级结构，其查询顺序如右表所示。

中断源	中断级别
外部中断 0	最高
T0 溢出中断	↓
外部中断 1	↓
T1 溢出中断	↓
串行口中断	最低

由上可见，各中断源在同一个优先级的条件下，外部中断0的中断优先权最高，串行口中断的优先权最低。

【例5.2】 设置IP寄存器的初始值，使得MCS－51的2个外中断请求为高优先级，其他中断请求为低优先级。

(1)用位操作指令

```
SETB  PX0          ;2个外中断为高优先级
SETB  PX1
CLR   PS           ;串行口、2个定时器/计数器为低优先级中断
CLR   PT0
CLR   PT1
```

(2)用字节操作指令

```
MOV   IP, #05H
```

5.5 响应中断请求的条件

一个中断源的中断请求被响应，需满足以下必要条件。

(1)CPU开中断，即IE寄存器中的中断总允许位EA＝1。

(2)该中断源发出中断请求，即该中断源对应的中断请求标志为“1”。

(3)该中断源的中断允许位＝1，即该中断没有被屏蔽。

(4)无同级或更高级中断正在被服务。

中断响应就是CPU对中断源提出的中断请求的接受。当CPU查询到有效的中断请求时，在满足上述条件时，紧接着就进行中断响应。

中断响应的主要过程是首先由硬件自动生成一条长调用指令LCALL addr16。这里的addr16就是程序存储区中的相应的中断入口地址。例如，对于外部中断1的响应，硬件自动生成的长调用指令为：

```
LCALL  0013H
```

生成LCALL指令后，紧接着就由CPU执行该指令。首先是将程序计数器PC的内容压入堆栈以保护断点，再将中断入口地址装入PC，使程序转向响应中断请求的中断入口地址。各中断源服务程序的入口地址是固定的，如右表所示。

中断源	入口地址
外部中断0	0003H
定时器/计数器T0	000BH
外部中断1	0013H
定时器/计数器T1	001BH
串行口中断	0023H

两个中断入口间只相隔8个字节，一般情况下难以安排下一个完整的中断服务程序。因此，通常总是在中断入口地址处放置一条无条件转移指令，使程序执行转向在其他地址存放的中断服务程序。

中断响应是有条件的，并不是查询到的所有中断请求都能被立即响应，当遇到下列三种情况之一时，中断响应被封锁。

(1)CPU正在处理同级的或更高优先级的中断。因为当一个中断被响应时，要把对应的中断优先级状态触发器置“1”(该触发器指出CPU所处理的中断优先级别)，从而封锁了低级中断和同级中断请求。

(2)所查询的机器周期不是当前正在执行指令的最后一个机器周期。作这个限制的目的是只有在当前指令执行完毕后,才能进行中断响应,以确保当前指令完整的执行。

(3)正在执行的指令是 RETI 或是访问 IE 或 IP 的指令。因为按 MCS-51 中断系统特性的规定,在执行完这些指令后,需要再去执行完一条指令,才能响应新的中断请求。

如果存在上述三种情况之一,CPU 将丢弃中断查询结果,不能对中断进行响应。

5.6 外部中断的响应时间

在设计者使用外部中断时,有时需考虑从外部中断请求有效(外部中断请求标志置"1")到转向中断入口地址所需要的响应时间。下面来讨论这个问题。

外部中断的最短的响应时间为 3 个机器周期。其中中断请求标志位查询占 1 个机器周期,而这个机器周期恰好是处于指令的最后一个机器周期,在这个机器周期结束后,中断即被响应,CPU 接着执行一条硬件子程序调用指令 LCALL 以转到相应的中断服务程序入口,则需要 2 个机器周期。

外部中断响应的最长时间为 8 个机器周期。这种情况发生在 CPU 进行中断标志查询时,刚好是开始执行 RETI 或是访问 IE 或 IP 的指令,则需把当前指令执行完再继续执行一条指令后,才能响应中断。执行上述的 RETI 或是访问 IE 或 IP 的指令,最长需要 2 个机器周期。而接着再执行的一条指令,我们按最长的指令(乘法指令 MUL 和除法指令 DIV)来算,也只有 4 个机器周期。在加上硬件子程序调用指令 LCALL 的执行,需要 2 个机器周期,所以,外部中断响应最长时间为 8 个机器周期。

如果已经在处理同级或更高级中断,外部中断请求的响应时间取决于正在执行的中断服务程序的处理时间,这种情况下,响应时间就无法计算了。

这样,在一个单一中断的系统里,MCS-51 单片机对外部中断请求的响应的时间总是在 3~8 个机器周期之间。

5.7 外部中断的触发方式选择

外部中断的触发有两种触发方式:电平触发方式和跳沿触发方式。

5.7.1 电平触发方式

若外部中断定义为电平触发方式,外部中断申请触发器的状态随着 CPU 在每个机器周期采样到的外部中断输入线的电平变化而变化,这能提高 CPU 对外部中断请求的响应速度。当外部中断源被设定为电平触发方式时,在中断服务程序返回之前,外部中断请求输入必须无效(即变为高电平),否则 CPU 返回主程序后会再次响应中断。所以电平触发方式适合于外部中断以低电平输入而且中断服务程序能清除外部中断请求源(即外部中断输入电平又变为高电平)的情况。如何清除电平触发方式的外部中断请求源的电平信号,将在本章的后面介绍。

5.7.2 跳沿触发方式

外部中断若定义为跳沿触发方式,外部中断申请触发器能锁存外部中断输入线上的负跳变。即便是 CPU 暂时不能响应,中断请求标志也不会丢失。在这种方式里,如果相继连续两次采样,一个机器周期采样到外部中断输入为高,下一个机器周期采样为低,则置“1”中断申请触发器,直到 CPU 响应此中断时,该标志才清 0。这样不会丢失中断,但输入的负脉冲宽度至少保持 12 个时钟周期(若晶振频率为 6MHz,则为 2μs),才能被 CPU 采样到。外部中断的跳沿触发方式适合于以负脉冲形式输入的外部中断请求。

5.8 中断请求的撤消

某个中断请求被响应后,就存在着一个中断请求的撤消问题。下面按中断请求源的类型分别说明中断请求的撤消方法。

1.定时器/计数器中断请求的撤消

定时器/计数器中断的中断请求被响应后,硬件会自动把中断请求标志位(TF0 或 TF1)清“0”,因此定时器/计数器中断请求是自动撤消的。

2.外部中断请求的撤消

(1) 跳沿方式外部中断请求的撤消

跳沿方式的外部中断请求的撤消,包括两项内容:中断标志位的清“0”和外中断信号的撤消。其中,中断标志位(IE0 或 IE1)的清“0”是在中断响应后由硬件自动完成的。而外中断请求的跳沿信号随后也就消失了,所以跳沿方式的外部中断请求也是自动撤消的。

(2) 电平方式外部中断请求的撤消

对于电平方式外部中断请求的撤消,中断请求标志的撤消是自动的,但中断请求信号的低电平可能继续存在,在以后的机器周期采样时,又会把已清“0”的 IE0 或 IE1 标志位重新置“1”。为此,要彻底解决电平方式外部中断请求的撤消,除了标志位清“0”之外,必要时还需在中断响应后把中断请求信号引脚从低电平强制改变为高电平。为此,可在系统中增加如图 5.8 所示的电路。

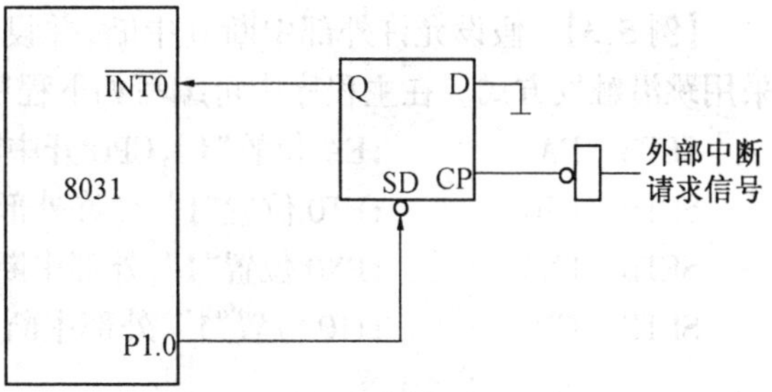

图 5.8 电平方式外部中断请求的撤消电路

由图 5.8 可见,用 D 触发器锁存外来的中断请求低电平,并通过 D 触发器的输出端 Q 接到 $\overline{INT0}$(或 $\overline{INT1}$)。所以,增加的 D 触发器不影响中断请求。中断响应后,为了撤消中断请求,可利用 D 触发器的直接置位端 SD 实现,把 SD 端接 MCS-51 的 P1.0 端。因此,只要 P1.0端输出一个负脉冲就可以使 D 触发器置“1”,从而撤消了低电平的中断请求信号。所需的负脉冲可通过在中断服务程序中增加如下两条指令得到。

```
ORL   P1, #01H            ;P1.0 为“1”
```

```
ANL   P1,#0FEH          ;P1.0为"0"
```

可见,电平方式的外部中断请求信号的撤消,是通过软硬件相结合的方法来实现的。

3.串行口中断请求的撤消

串行口中断请求的撤消只有标志位清"0"的问题。串行口中断的标志位是TI和RI,但对这两个中断标志CPU不进行自动清"0"。因为在响应串行口的中断后,CPU无法知道是接收中断还是发送中断,还需测试这两个中断标志位的状态,以判定是接收操作还是发送操作,然后才能清除。所以串行口中断请求的撤消只能使用软件的方法,在中断服务程序中进行,即用如下的指令来进行串行口中断标志位的清除。

```
CLR   TI           ;清TI标志位
CLR   RI           ;清RI标志位
```

5.9 中断服务程序的设计

中断系统虽是硬件系统,但必须由的相应软件配合才能正确使用。设计中断服务程序需要弄清楚以下几个问题。

一、中断服务程序设计的任务

中断服务程序设计的基本任务有下列几条。

(1)设置中断允许控制寄存器IE,允许相应的中断请求源中断。

(2)设置中断优先级寄存器IP,确定并分配所使用的中断源的优先级。

(3)若是外部中断源,还要设置中断请求的触发方式IT1或IT0,以决定采用电平触发方式还是跳沿触发方式。

(4)编写中断服务程序,处理中断请求。

前3条一般放在主程序的初始化程序段中。

【例5.3】 假设允许外部中断0中断,并设定它为高级中断,其他中断源为低级中断,采用跳沿触发方式。在主程序中可编写如下程序段。

```
SETB   EA        ;EA位置"1",CPU开中断
SETB   ET0       ;ET0位置"1",允许外部中断0产生中断
SETB   PX0       ;PX0位置"1",外部中断0为高级中断
SETB   IT0       ;IT0位置"1",外部中断0为跳沿触发方式
```

二、采用中断时的主程序结构

由于各中断入口地址是固定的,而程序又必须先从主程序起始地址0000H执行,所以,在0000H起始地址的几个字节中,要用无条件转移指令,跳转到主程序。另外,各中断入口地址之间依次相差8个字节。中断服务程序稍长就超过8个字节,这样中断服务程序就占用了其他的中断入口地址,影响其他中断源的中断。为此,一般在进入中断后,利用一条无条件转移指令,把中断服务程序跳转到远离其他中断入口的主程序入口地址。

常用的主程序结构如下:

```
    ORG    0000H
```

```
        LJMP    MAIN
        ORG     中断入口地址
        LJMP    INT
        ORG     XXXXH
MAIN: 主 程 序
INT: 中断服务程序
```

注意,在以上的主程序结构中,如果有多个中断源,就对应有多个“ORG 中断入口地址”,多个“ORG 中断入口地址”必须依次由小到大排列。主程序 MAIN 的起始地址 XXXXH,根据具体情况来安排。

三、中断服务程序的流程

MCS-51 响应中断后,就进入中断服务程序。中断服务程序的基本流程如图 5.9 所示。

下面对有关中断服务程序执行过程中的一些问题进行说明。

1.现场保护和现场恢复

所谓现场是指中断时刻单片机中某些寄存器和存储器单元中的数据或状态。为了使中断服务程序的执行不破坏这些数据或状态,以免在中断返回后影响主程序的运行,因此要把它们送入堆栈中保存起来,这就是现场保护。现场保护一定要位于现场中断处理程序的前面。中断处理结束后,在返回主程序前,则需要把保存的现场内容从堆栈中弹出,以恢复那些寄存器和存储器单元中的原有内容,这就是现场恢复。现场恢复一定要位于中断处理程序的后面。MCS-51 的堆栈操作指令 PUSH direct 和 POP direct,主要是供现场保护和现场恢复使用的。至于要保护哪些内容,应该由用户根据中断处理程序的具体情况来决定。

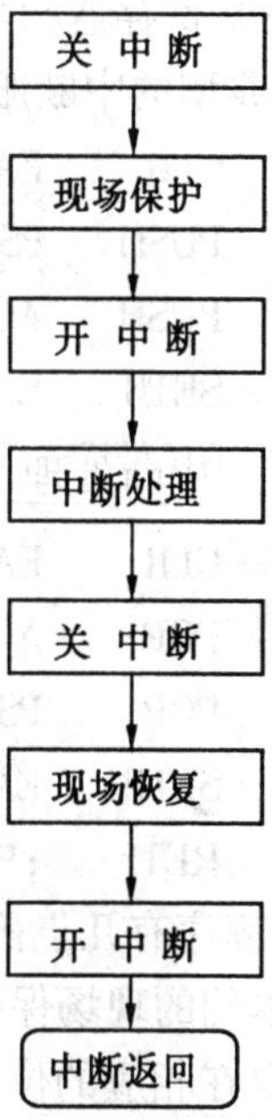

图 5.9　中断服务程序的基本流程

2.关中断和开中断

图 5.9 中现场保护和现场恢复前的关中断,是为了防止此时有高一级的中断进入,避免现场被破坏;在现场保护和现场恢复之后的开中断是为了下一次的中断作好准备,也为了允许有更高级的中断进入。这样做的结果是,中断处理可以被打断,但原来的现场保护和现场恢复不允许更改,除了现场保护和现场恢复的片刻外,仍然保持着中断嵌套的功能。

但有的时候,对于一个重要的中断,必须执行完毕,不允许被其他的中断所嵌套。对此,可在现场保护之前先关闭中断系统,彻底屏蔽其他中断请求,待中断处理完毕后再开中断。这样,就需要将图 5.9 中的“中断处理”步骤前后的“开中断”和“关中断”两个过程去掉。

至于具体中断请求源的关与开,可通过 CLR 或 SETB 指令清“0”或置“1”中断允许寄存器 IE 中的有关位来实现。

3. 中断处理

中断处理是中断源请求中断的具体目的。应用设计者应根据任务的具体要求，来编写中断处理部分的程序。

4. 中断返回

中断服务程序的最后一条指令必须是返回指令 RETI，RETI 指令是中断服务程序结束的标志。CPU 执行完这条指令后，把响应中断时所置“1”的优先级状态触发器清“0”，然后从堆栈中弹出栈顶上的两个字节的断点地址送到程序计数器 PC，弹出的第一个字节送入 PCH，弹出的第二个字节送入 PCL，CPU 从断点处重新执行被中断的主程序。

【例 5.4】 根据图 5.9 的中断服务程序流程，编写出中断服务程序。假设，现场保护只需要将 PSW 寄存器和累加器 A 的内容压入堆栈中保护起来。

一个典型的中断服务程序如下：

```
INT:  CLR    EA        ;CPU 关中断
      PUSH   PSW       ;现场保护
      PUSH   ACC       ;
      SETB   EA        ;CPU 开中断
      [中断处理程序段]
      CLR    EA        ;CPU 关中断
      POP    ACC       ;现场恢复
      POP    PSW       ;
      SETB   EA        ;CPU 开中断
      RETI   ;中断返回，恢复断点
```

上述程序有几点需要说明的是：

(1)本例的现场保护假设仅仅涉及到 PSW 和 A 的内容，如果还有其他的需要保护的内容，只需要在相应的位置再加几条 PUSH 和 POP 指令即可。注意，对堆栈的操作是先进后出，次序不可颠倒。

(2)中断服务程序中的“中断处理”程序段，应用设计者应根据中断任务的具体要求，来编写这部分中断处理程序。

(3)如果本中断服务程序不允许被其他的中断所中断，可将“中断处理”程序段前后的“SETB EA”和“CLR EA”两条指令去掉。

(4)中断服务程序的最后一条指令必须是返回指令 RETI，千万不可缺少。它是中断服务程序结束的标志。CPU 执行完这条指令后，返回断点处，从断点处重新执行被中断的主程序。

5.10 多外部中断源系统设计

MCS-51 为用户提供两个外部中断请求输入端 $\overline{INT0}$ 和 $\overline{INT1}$，实际的应用系统中，两个外部中断请求源往往不够用，需对外部中断源进行扩充。本节介绍如何来扩充外部中断源的方法。

5.10.1 定时器/计数器作为外部中断源的使用方法

MCS－51 有两个定时器/计数器(有关定时器/计数器的工作原理将在下一章介绍),当它们选择为计数器工作模式,T0 引脚上发生负跳变时,T0(或 T1)计数器加 1,利用这个特性,可以把 T0(或 T1)引脚作为外部中断请求输入引脚,而定时器/计数器的溢出中断 TF0(或 TF1)作为外部中断请求标志。例如,定时器/计数器 T0 设置为方式 2(自动恢复常数方式)外部计数工作模式,计数器 TH0、TL0 初值均为 0FFH,并允许 T0 中断,CPU 开放中断,初始化程序如下:

```
        ORG     0000H
        AJMP    IINI            ;跳到初始化程序
        ………………
IINI:   MOV     TMOD, # 06H     ;设置 T0 的工作方式寄存器
        MOV     TL0, # 0FFH     ;给计数器设置初值
        MOV     TH0, # 0FFH
        SETB    TR0             ;启动 T0,开始计数
        SETB    ET0             ;允许 T0 中断
        SETB    EA              ;CPU 开中断
```

当连接在 P3.4(T0 引脚)的外部中断请求输入线上的电平发生负跳变时,TL0 加 1,产生溢出,置"1"TF0,向 CPU 发出中断请求,同时 TH0 的内容 0FFH 送 TL0,即 TL0 恢复初值 0FFH,这样,P3.4 脚相当于跳沿触发的外部中断请求源输入端。对 P3.5 也可做类似的处理。

5.10.2 中断和查询结合的方法

若系统中有多个外部中断请求源,可以按它们的轻重缓急进行排队,把其中最高级别的中断源直接接到 MCS－51 的一个外部中断请求源 IR0 输入端$\overline{\text{INT0}}$,其余的外部中断请求源 IR1～IR4 用"线或"的办法连到 MCS－51 的另一个外中断源输入端$\overline{\text{INT1}}$,同时还连到 P1 口,外部中断源的中断请求由外设的硬件电路产生,这种方法原则上可处理任意多个外部中断。例如,5 个外部中断源的排队顺序依此为:IR0、IR1、……IR4,对于这样的中断源系统,可以采用如图 5.10 所示的中断电路。

图 5.10 中的 4 个外设 IR1～IR4 的中断请求通过集电极开路的 OC 门构成"线或"的关系,它们的中断请求输入均通过$\overline{\text{INT1}}$传给 CPU。无论哪一个外设提出的高电平有效的中断请求信号,都会使$\overline{\text{INT1}}$引脚的电平变低。究竟是哪个外设提出的中断请求,可通过程序查询 P1.0～P1.3 引脚上的逻辑电平即可知道。设 IR1～IR4 这四个中断请求源的高电平可由相应的中断服务程序所清"0"。

$\overline{\text{INT1}}$的中断服务程序如下:

```
        ORG     0013H           ;的中断入口
        LJMP    INT1            ;
          ⋮
INT1:   PUSH    PSW             ;保护现场
```

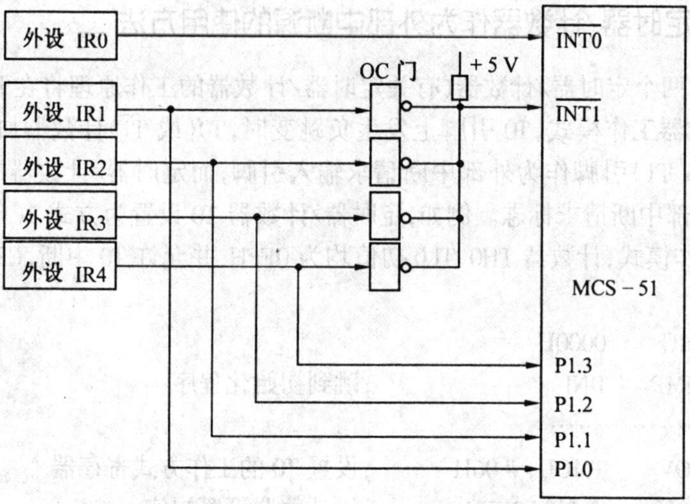

图 5.10　中断和查询相结合的多外部中断请求源系统

```
        PUSH    ACC
        JB      P1.0,IR1    ;如 P1.0 脚为高,则 IR1 有中断请求,跳标号 IR1 处理
        JB      P1.1,IR2    ;如 P1.1 脚为高,则 IR2 有中断请求,跳标号 IR2 处理
        JB      P1.2,IR3    ;如 P1.2 脚为高,则 IR2 有中断请求,跳标号 IR3 处理
        JB      P1.3,IR4    ;如 P1.3 脚为高,则 IR3 有中断请求,跳标号 IR4 处理
INTIR:  POP     ACC         ;恢复现场
        POP     PSW
        RETI    ;中断返回
IR1:    [IR1 的中断处理程序]
        AJMP    INTIR       ;IR1 中断处理完毕,跳标号 INTIR 处执行
IR2:    [IR2 的中断处理程序]
        AJMP    INTIR       ;IR2 中断处理完毕,跳标号 INTIR 处执行
IR3:    [IR3 的中断处理程序]
        AJMP    INTIR       ;IR3 中断处理完毕,跳标号 INTIR 处执行
IR4:    [IR4 的中断处理程序]
        AJMP    INTIR       ;IR4 中断处理完毕,跳标号 INTIR 处执行
```

查询法扩展外部中断源比较简单,但是扩展的外部中断源个数较多时,查询时间稍长。

思考题及习题

1.什么是中断系统？中断系统的功能是什么？

2.什么是中断嵌套？

3.MCS-51 有哪些中断源？各中断标志是如何产生的？又是如何清除的？

4.写出 MCS-51 各种中断源所对应的中断入口地址。

5.下列说法错误的是　　　　　　　　　　　　　　　　　　　　（　　）

(A)各中断源发出的中断请求信号,都会标记在 MCS-51 中的 IE 寄存器中

(B)各中断源发出的中断请求信号,都会标记在 MCS－51 中的 TMOD 寄存器中

(C)各中断源发出的中断请求信号,都会标记在 MCS－51 中的 IP 寄存器中

(D)各中断源发出的中断请求信号,都会标记在 MCS－51 中的 TCON 与 SCON 寄存器中

6.MCS－51 单片机响应外部中断的典型时间是多少？在哪些情况下,CPU 将推迟对外部中断请求的响应？

7.中断查询确认后,在下列各种 8031 单片机运行情况中,能立即进行响应的是（　）

(A)当前正在进行高优先级中断处理

(B)当前正在执行 RETI 指令

(C)当前指令是 DIV 指令,且正处于取指令的机器周期

(D)当前指令是 MOV A,R3

8.8031 单片机响应中断后,产生长调用指令 LCALL,执行该指令的过程包括:首先把（　　）的内容压入堆栈,以进行断点保护,然后把长调用指令的 16 位地址送（　　）,使程序执行转向（　　）中的中断地址区。

9.编写出外部中断 1 为跳沿触发的中断初始化程序。

10.在 MCS－51 中,需要外加电路实现中断撤除的是（　）

(A) 定时中断　　(B) 脉冲方式的外部中断

(C) 外部串行中断　　(D) 电平方式的外部中断

11.MCS－51 有哪几种扩展外部中断源的方法？各有什么特点？

12.下列说法正确的是（　）

(A) 同一级别的中断请求按时间的先后顺序顺序响应

(B) 同一时间同一级别的多中断请求,将形成阻塞,系统无法响应

(C) 低优先级中断请求不能中断高优先级中断请求,但是高优先级中断请求能中断低优先级中断请求

(D) 同级中断不能嵌套

13.中断服务子程序返回指令 RETI 和普通子程序返回指令 RET 有什么区别？

14.某系统有三个外部中断源 1、2、3,当某一中断源变为低电平时,便要求 CPU 进行处理,它们的优先处理次序由高到底为 3、2、1,中断处理程序的入口地址分别为 1000H,1100H,1200H。试编写主程序及中断服务程序(转至相应的中断处理程序的入口即可)。

第6章　MCS－51的定时器/计数器

在工业检测、控制中，许多场合都要用到计数或定时功能，例如对外部脉冲进行计数、产生精确的定时时间等。MCS－51单片机内有两个可编程的定时器/计数器T1、T0，以满足这方面的需要。两个定时器/计数器都具有定时器和计数器两种工作模式。

(1)计数器工作模式

计数功能是对外来脉冲进行计数。MCS－51芯片有T0(P3.4)和T1(P3.5)两个输入引脚，分别是这两个计数器的计数输入端。每当计数器的计数输入引脚的脉冲发生负跳变时，计数器加1。

(2)定时器工作模式

定时功能也是通过计数器的计数来实现的，不过此时的计数脉冲来自单片机的内部，即每个机器周期产生一个计数脉冲，也就是每经过1个机器周期的时间，计数器加1。如果MCS－51采用12MHz晶体，则计数频率为1MHz，即每过1μs的时间计数器加1。这样可以根据计数值计算出定时时间，也可根据定时时间的要求计算出计数器的初值。

MCS－51单片机的定时器/计数器具有4种工作方式(方式0、方式1、方式2和方式3)，其控制字均在相应的特殊功能寄存器中，通过对它的特殊功能寄存器的编程，用户可方便地选择定时器/计数器两种工作模式和4种工作方式。

在了解了MCS－51片内的定时器/计数器的上述基本功能后，下面介绍MCS－51单片机片内定时器/计数器的结构，功能，有关的特殊功能寄存器，状态字、控制字的含义、工作模式和工作方式的选择以及定时器/计数器的应用举例。

6.1　定时器/计数器的结构

MCS－51单片机的定时器/计数器结构如图6－1所示，定时器/计数器T0由特殊功能寄存器TH0、TL0构成，定时器/计数器T1由特殊功能寄存器TH1、TL1构成。

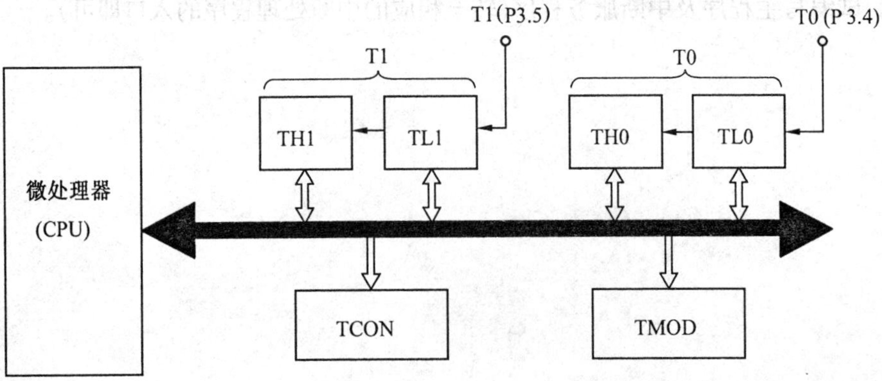

图6.1　MCS－51定时器/计数器结构框图

特殊功能寄存器 TMOD 用于选择定时器/计数器 T0、T1 的工作模式和工作方式。特殊功能寄存器 TCON 用于控制 T0、T1 的启动和停止计数，同时包含了 T0、T1 的状态。TMOD、TCON 这两个寄存器的内容由软件设置。单片机复位时，两个寄存器的所有位都被清 0。

6.1.1 工作方式控制寄存器 TMOD

工作方式寄存器 TMOD 用于选择定时器/计数器的工作模式和工作方式，它的字节地址为 89H，不能进行位寻址，其格式为

	D7	D6	D5	D4	D3	D2	D1	D0	
TMOD	GATE	$C/\overline{T}$	M1	M0	GATE	$C/\overline{T}$	M1	M0	89H
	T1 方式字段				T0 方式字段				

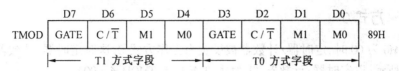

8 位分为两组，高 4 位控制 T1，低 4 位控制 T0。

下面对 TMOD 的各个位作以说明。

(1) GATE——门控位

GATE = 0 时，以运行控制位 TRX(X = 0,1)来启动定时器/计数器运行。

GATE = 1 时，用外中断引脚($\overline{\text{INT0}}$或$\overline{\text{INT1}}$)上的高电平来启动定时器/计数器运行。

(2)M1、M0——工作方式选择位

M1、M0 共有 4 种编码，对应于 4 种工作方式的选择，如表 6.1 所示。

表 6.1 工作方式选择

M1	M0	工 作 方 式
0	0	方式 0，为 13 位定时器/计数器。
0	1	方式 1，为 16 位定时器/计数器。
1	0	方式 2，8 位的常数自动重新装载的定时器/计数器。
1	1	方式 3，仅适用于 T0，T0 分成两个 8 位计数器，T1 停止计数

(3) $C/\overline{T}$——计数器模式和定时器模式选择位

$C/\overline{T}$ = 0，为定时器模式。

$C/\overline{T}$ = 1，为计数器模式，计数器对外部输入引脚 T0(P3.4 脚)或 T1(P3.5 脚)的外部脉冲(负跳变)计数。

6.1.2 定时器/计数器控制寄存器 TCON

TCON 的字节地址为 88H，可进行位寻址，位地址为 88H ~ 8FH。TCON 的格式为

	D7	D6	D5	D4	D3	D2	D1	D0	
TCON	TF1	TR1	TF0	TR0	IE1	IT1	IE0	IT0	88H

低 4 位与外部中断有关，已在第 5 章中介绍。高 4 位的功能如下。

(1) TF1、TF0——计数溢出标志位

当计数器计数溢出时，该位置“1”。使用查询方式时，此位作为状态位供 CPU 查询，但注意查询有效后，应以软件方法及时将该位清“0”。使用中断方式时，此位作为中断请求标志位，进入中断服务程序后由硬件自动清 0。

(2) TR1、TR0——计数运行控制位

TR1 位(TR0 位) = 1,启动定时器/计数器工作

TR1 位(TR0 位) = 0,停止定时器/计数器工作

该位可由软件置 1 或清 0。

6.2 定时器/计数器的 4 种工作方式

6.2.1 方式 0

当 M1、M0 为 00 时,定时器/计数器被设置为工作方式 0,这时定时器/计数器的等效框图如图 6.2 所示(以定时器/计数器 T1 为例,TMOD.5、TMOD.4 = 00)。

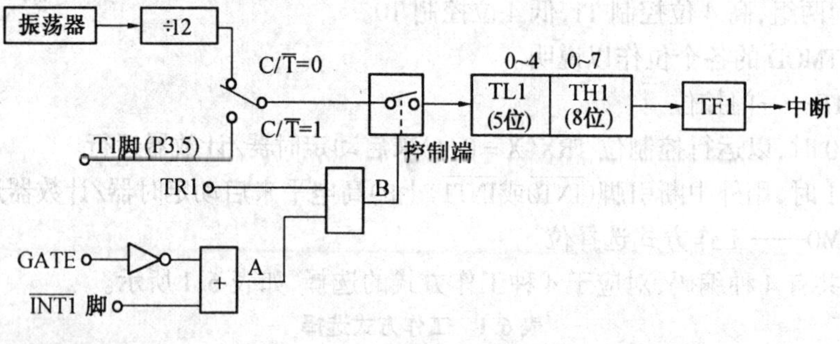

图 6.2 定时器/计数器方式 0 逻辑结构框图

定时器/计数器工作在方式 0 时,为 13 位的计数器,由 TLX(X = 0,1)的低 5 位和 THX 的高 8 位所构成。TLX 低 5 位溢出,则向 THX 进位,THX 计数溢出,则置位 TCON 中的溢出标志位 TFX。

图 6.2 中,C/$\overline{T}$ 位控制的电子开关决定了定时器/计数器的工作模式。

(1)C/$\overline{T}$ = 0,电子开关打在上面位置,T1 为定时器工作模式,以系统时钟振荡器的 12 分频后的信号作为计数信号。

(2)C/$\overline{T}$ = 1,电子开关打在下面位置,T1 为计数器工作模式,计数脉冲为 P3.4、P3.5 引脚上的外部输入脉冲,当引脚上发生负跳变时,计数器加 1。

GATE 位的状态决定定时器/计数器运行控制取决于 TRX 一个条件,还是 TRX 和引脚这两个条件。

(1)GATE = 0 时,A 点(见图 6.2)电位恒为 1,B 点的电位仅取决于 TRX 状态。TRX = 1,B 点为高电平,控制端控制电子开关闭合。计数脉冲加到 T1(或 T0)引脚,允许 T1(或 T0)计数。TRX = 0,B 点为低电平,电子开关断开,禁止 T1(或 T0)计数。

(2)GATE = 1 时,B 点电位由 $\overline{INTX}$ 的输入电平和 TRX 的状态这两个条件来确定。当 TRX = 1,且 $\overline{INTX}$ = 1 时(X = 0 或 1),B 点才为 1,控制端控制电子开关闭合,允许定时器/计数器计数,故这种情况下计数器是否计数是由 TRX 和 $\overline{INTX}$ 二个条件来控制的。

6.2.2 方式 1

当 M1、M0 为 01 时,定时器/计数器工作于方式 1,这时定时器/计数器的等效电路如图

6.3 所示(以定时器/计数器 T1 为例)。

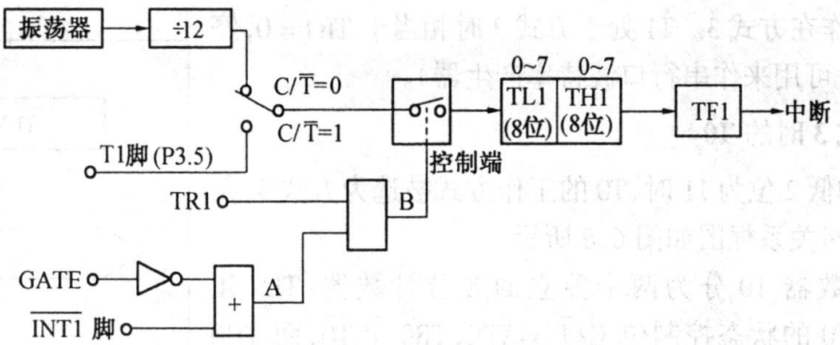

图 6.3　定时器/计数器方式 1 逻辑结构框图

方式 1 和方式 0 的差别仅仅在于计数器的位数不同,方式 1 为 16 位的计数器,由 THX 作为高 8 位和 TLX 作为低 8 位构成(X = 0,1),方式 0 则为 13 位计数器,有关控制状态位的含义(GATE、C/$\overline{INTX}$、TFX、TRX)与方式 0 相同。

6.2.3　方式 2

方式 0 和方式 1 的最大特点是计数溢出后,计数器为全 0。因此,在循环定时或循环计数应用时就存在反复装入计数初值的问题。这不仅影响定时精度,而且也给程序设计带来麻烦。方式 2 就是针对此问题而设置的。

当 M1、M0 为 10 时,定时器/计数器处于工作方式 2,这时定时器/计数器的等效框图如图 6.4 所示(以定时器 T1 为例,X = 1)。

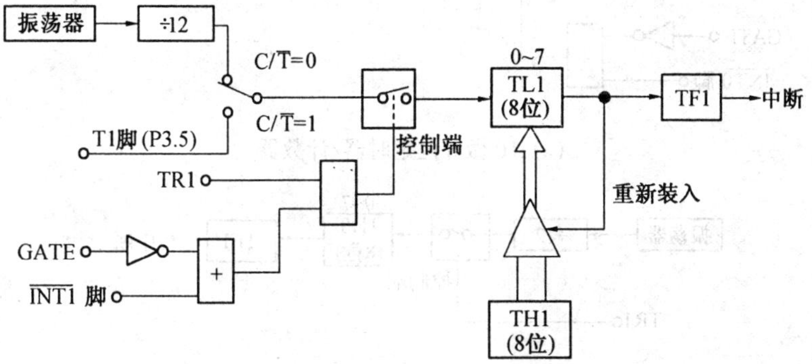

图 6.4　定时器/计数器方式 2 逻辑结构框图

定时器/计数器的方式 2 为自动恢复初值的(初值自动装入)8 位定时器/计数器,TLX 作为常数缓冲器,当 TLX 计数溢出时,在置"1"溢出标志 TFX 的同时,还自动地将 THX 中的初值送至 TLX,使 TLX 从初值开始重新计数。定时器/计数器的方式 2 工作过程如图 6.5 所示(X = 0,1)。

这种工作方式可以省去用户软件中重装初值的程序,简化定时初值的计算方法,可以相当精确地确定定时时间。

6.2.4　方式 3

方式 3 是为了增加一个附加的 8 位定时器/计数器而提供的,从而使 MCS - 51 具有三个定时器/计数器。方式 3 只适用于定时器/计数器 T0,定时器/计数器 T1 不能工作在方式 3。T1 处于方式 3 时相当于 TR1 = 0,停止计数(此时 T1 可用来作串行口波特率产生器)。

1.工作方式 3 时的 T0

当 TMOD 的低 2 位为 11 时,T0 的工作方式被选为方式 3,各引脚与 T0 的逻辑关系框图如图 6.6 所示。

定时器/计数器 T0 分为两个独立的 8 位计数器:TL0 和 TH0,TL0 使用 T0 的状态控制位 C/$\overline{\text{T}}$、GATE、TR0、$\overline{\text{INT0}}$,而 TH0 被固定为一个 8 位定时器(不能作外部计数模式),并使用定时器 T1 的状态控制位 TR1 和 TF1,同时占用定时器 T1 的中断请求源 TF1。

2.T0 工作在方式 3 时 T1 的各种工作方式

一般情况下,当 T1 用作串行口的波特率发生器时,T0 才工作在方式 3。T0 处于工作方式 3 时,T1 可定为方式 0、方式 1 和

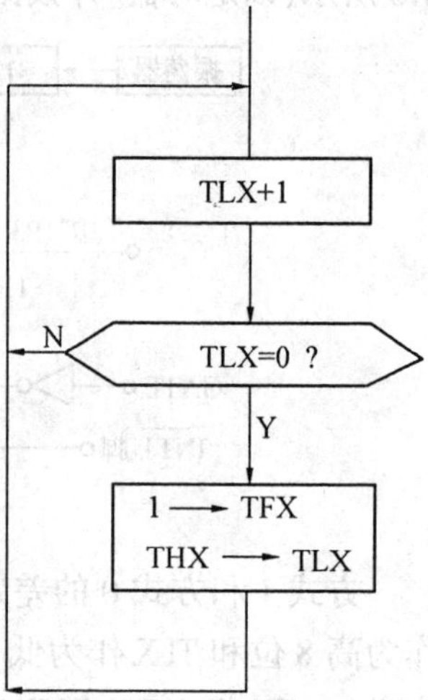

图 6.5　方式 2 工作过程

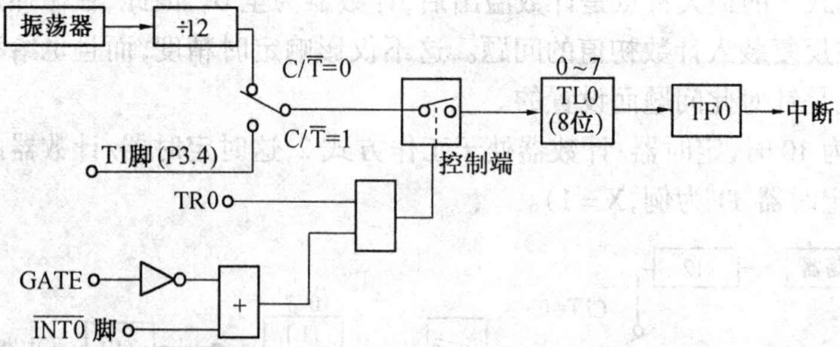

(a)TL0 做 8 位定时器/计数器

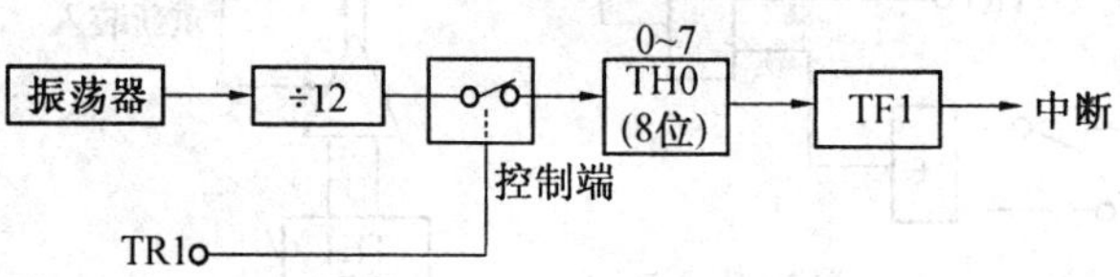

(b) TH0 做 8 位定时器

图 6.6　定时器/计数器方式 3 逻辑结构框图

方式 2,用来作为串行口的波特率发生器,或不需要中断的场合。

(1) T1 工作在方式 0

T1 的控制字中 M1、M0 = 00 时,T1 工作在方式 0,工作示意图如图 6.7 所示。

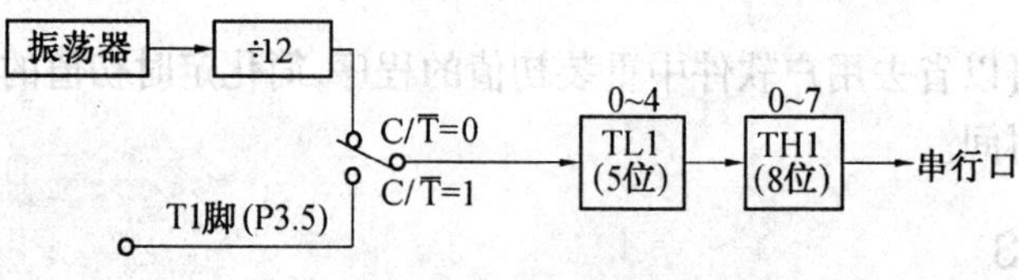

图 6.7　T0 工作在方式 3 时 T1 为方式 0 的工作示意图

(2) T1 工作在方式 1

当 T1 的控制字中 M1、M0 = 01 时，T1 的工作在方式 1,工作示意图如图 6.8 所示。

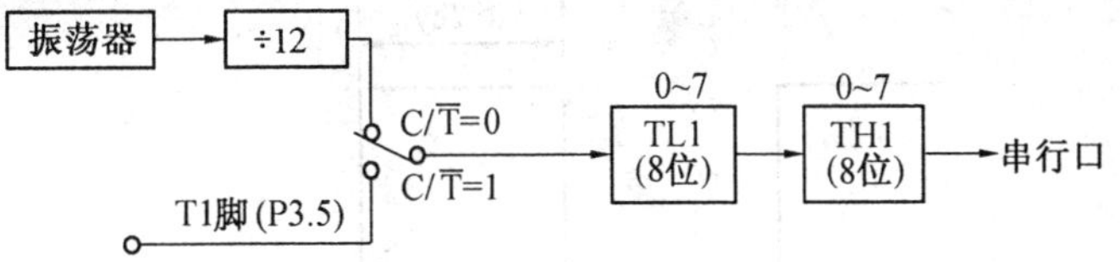

图 6.8　T0 工作在方式 3 时 T1 为方式 1 的工作示意图

(3) T1 工作在方式 2

当 T1 的控制字中 M1、M0 = 10 时，T1 的工作方式为方式 2,工作示意图如图 6.9 所示。

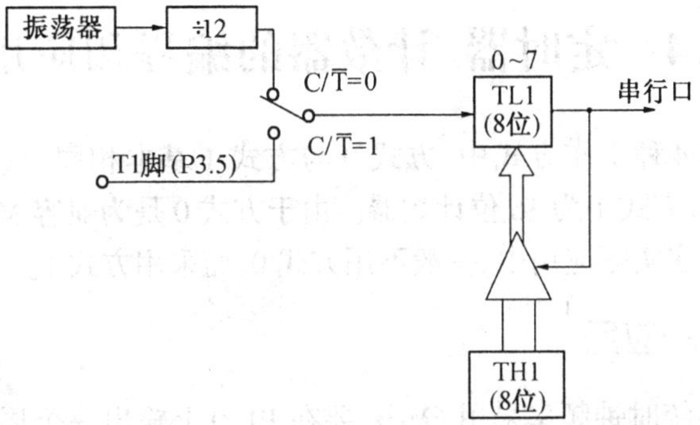

图 6.9　T0 工作在方式 3 时 T1 为方式 2 的工作示意图

(4) T1 工作在方式 3

T1 的控制字中 M1、M0 = 11 时,T1 停止计数。

在 T0 为方式 3 时,T1 运行的控制条件只有两个,即 C/$\overline{T}$ 和 M1、M0。C/$\overline{T}$ 选择的是定时器模式还是计数器模式,M1、M0 选择 T1 运行的工作方式。

6.3　定时器/计数器对输入信号的要求

当 MCS－51 内部的定时器/计数器被选定为定时器工作模式时,计数输入信号是内部时钟脉冲,每个机器周期产生一个脉冲使计数器增 1,因此,定时器/计数器的输入脉冲的周期与机器周期一样,为时钟振荡频率的 1/12。当采用 12MHz 频率的晶体时,计数速率为 1MHz,输入脉冲的周期间隔为 1μs。由于定时的精度决定于输入脉冲的周期,因此,当需要高分辨率的定时时,应尽量选用频率较高的晶体。

当定时器/计数器用作计数器时,计数脉冲来自相应的外部输入引脚 T0 或 T1。当输入信号产生由 1 至 0 的跳变(即负跳变)时,计数器的值增 1。每个机器周期的 S5P2 期间,对外部输入引脚进行采样。如在第一个机器周期中采得的值为 1,而在下一个周期中采得的值为 0,则在紧跟着的再下一个机器周期 S3P1 的期间,计数器加 1。由于确认一次负跳变要花两个机器周期,即 24 个振荡周期,因此外部输入的计数脉冲的最高频率为系统振荡器频率的 1/24,例如选用 6MHz 频率的晶体,允许输入的脉冲频率为 250kHz,如果选用 12MHz 频率的晶体,则可输入 500kHz 的外部脉冲。对于外部输入信号的占空比并没有什么限制,但为了确保某一给定的电平在变化之前能被采样一次，则这一电平至少要保持一个机器周期，故对外部输入信号的基本要求如图 6.10 所示，图中 Tcy 为机器周期。

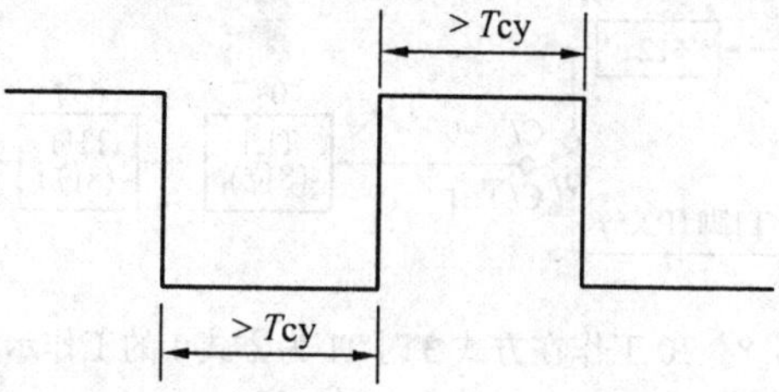

图 6.10　对外部输入信号的基本要求

6.4　定时器/计数器的编程和应用

定时器/计数器的 4 种工作方式中，方式 0 与方式 1 基本相同，只是计数器位数不同。方式 0 为 13 位计数器，方式 1 为 16 位计数器。由于方式 0 是为兼容 MCS－48 而设，且其计数初值计算复杂，所以在实际应用中，一般不用方式 0，而采用方式 1。

6.4.1　方式 1 的应用

【例 6.1】　假设系统时钟频率采用 6MHz，要在 P1.0 上输出一个周期为 2ms 的方波，如图 6.11 所示。

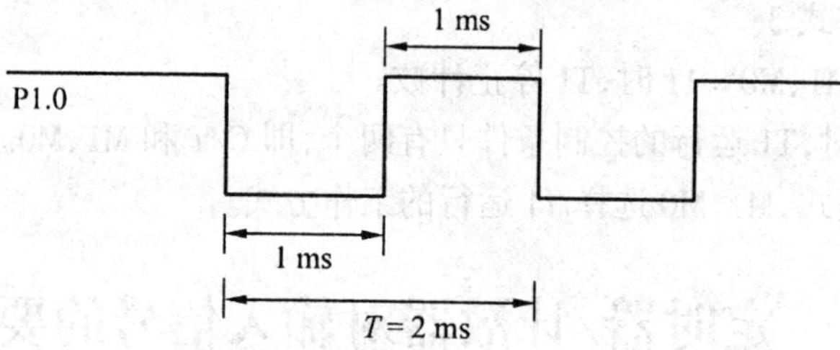

图 6.11　在 P1.0 引脚上输出波形

方波的周期用定时器 T0 来确定，即在 T0 中设置一个初值，在初值的基础上进行计数，每隔 1ms 计数溢出 1 次，即 T0 每隔 1ms 产生一次中断，CPU 相应中断后，在中断服务程序中对 P1.0 取反。T0 中断入口地址为 000BH。为此，要做如下几步工作。

(1)计算初值

机器周期 $= 2\mu s = 2 \times 10^{-6}s$

设　需要装入 T0 的初值为 X，则有 $(2^{16} - X) \times 2 \times 10^{-6} = 1 \times 10^{-3}$

$2^{16} - X = 500$　　　$X = 65\,036$

X 化为 16 进制，即 X = FE0CH = 1111111000001100B。

所以，T0 的初值为

TH0 = 0FEH　　　TL0 = 0CH

(2)初始化程序设计

本例采用定时器中断方式工作。初始化程序包括定时器初始化和中断系统初始化，主要是对寄存器 IP、IE、TCON、TMOD 的相应位进行正确的设置，并将计数初值送入定时器中。

(3)程序设计

中断服务程序除了完成要求的产生方波这一工作之外，还要注意将计数初值重新装入定时器中，为下一次产生中断作准备。主程序可以完成任何其他工作，一般情况下常常是键盘程序和显示程序。在本例中，由于没有这方面的要求，用一条转至自身的短跳转指令来代替主程序。

按上述要求设计的参考程序如下：

```
        ORG    0000H
RESET:  AJMP   MAIN         ;转主程序
        ORG    000BH        ;T0 的中断入口
        AJMP   ITOP         ;转 T0 中断处理程序 ITOP
        ORG    0100H
MAIN:   MOV    SP, #60H     ;设堆栈指针
        MOV    TMOD, #01H   ;设置 T0 为方式 1
        ACALL  PT0M0        ;调用子程序 PT0M0
HERE:   AJMP   HERE         ;自身跳转
PT0M0:  MOV    TL0, #0CH    ;T0 中断服务程序,T0 重新置初值
        MOV    TH0, #0FEH
        SETB   TR0          ;启动 T0
        SETB   ET0          ;允许 T0 中断
        SETB   EA           ;CPU 开中断
        RET
ITOP:   MOV    TL0, #0CH    ;T0 中断服务子程序,T0 置初值
        MOV    TH0, #0FEH
        CPL    P1.0         ;P1.0 的状态取反
        RETI
```

如果 CPU 不作其他工作，也可以采用查询的方式进行控制，程序要简单得多。

查询方式的参考程序如下：

```
        MOV    TMOD, #01H   ;设置 T0 为方式 1
        SETB   TR0          ;接通 T0
LOOP:   MOV    TH0, #0FEH   ;T0 置初值
        MOV    TL0, #       0CH
LOOP1:  JNB    TF0,LOOP1    ;查询 TF0 标志是否为 1,如为 1,说明 T0 溢出,则往下执行
        CLR    TR0          ;T0 溢出,关闭 T0
        CPL    P1.0         ;P1.0 的状态求反
        SJMP   LOOP
```

由上可见，程序虽然简单，但 CPU 必须得不断查询 TF0 标志，不能再做其他工作。

【例 6.2】 假设系统时钟为 6MHz，编写定时器 T0 产生 1s 定时的程序。

(1)定时器 T0 工作方式的确定

因定时时间较长，采用哪一种工作方式合适呢？由前面介绍的定时器的各种工作方式的特性，可以计算出

方式 0 最长可定时 16.384ms(时钟为 6MHz)；
方式 1 最长可定时 131.072ms(时钟为 6MHz)；
方式 2 最长可定时 512(s(时钟为 6MHz)。

由上可见，可选方式 1，每隔 100ms 中断一次，中断 10 次为 1s。

(2)计算计数初值

因为 $(2^{16}-X)\times 2\times 10^{-6}=10^{-1}$

所以 X = 15536 = 3CB0H

因此 TH0 = 3CH，TL0 = B0H

(3)10 次计数的实现

对于中断 10 次计数，可使 T0 工作在计数方式，也可用循环程序的方法实现。本例采用循环程序法。

(4)程序设计

参考程序为

```
        ORG     0000H
RESET:  LJMP    MAIN          ;上电，转主程序入口 MAIN
        ORG     000BH         ;T0 的中断入口
        LJMP    ITOP          ;转 T0 中断处理程序 ITOP
        ORG     1000H
MAIN:   MOV     SP, #60H      ;设堆栈指针
        MOV     B, #0AH       ;设循环次数 10 次
        MOV     TMOD, #01H    ;设 T0 工作在方式 1
        MOV     TL0, #0B0H    ;给 T0 设初值
        MOV     TH0, #3CH
        SETB    TR0           ;启动 T0
        SETB    ET0           ;允许 T0 中断
        SETB    EA            ;CPU 开放中断
HERE:   SJMP    HERE          ;等待中断
ITOP:   MOV     TL0, #0B0H    ;T0 中断服务子程序，重新给 T0 装入初值
        MOV     TH0, #3CH     ;
        DJNZ    B,LOOP
        CLR     TR0           ;1s 定时时间到，停止 T0 工作
LOOP:   RETI
```

6.4.2 方式 2 的应用

方式 2 是一个可以自动重新装载初值的 8 位计数器/定时器。这种工作方式可以省去用户程序中重新装入初值的指令，并可产生相当精确的定时时间。

【例 6.3】 当 T0(P3.4)引脚上发生负跳变时,从 P1.0 引脚上输出一个周期为 1ms 的方波,如图 6.12 所示。(假设系统时钟为 6MHz)

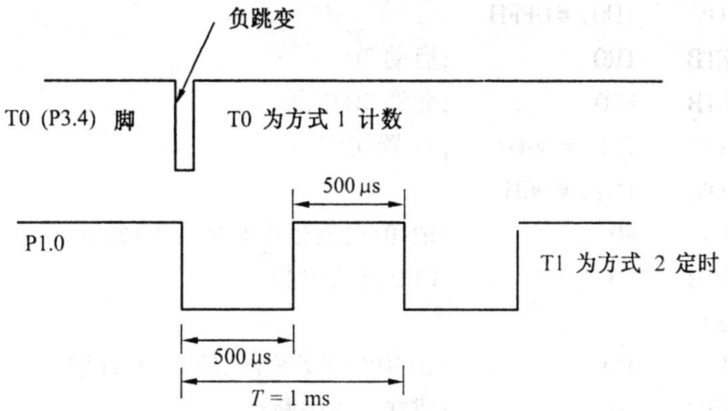

图 6.12　P1.0 引脚上的输出波形

(1)工作方式选择

T0 定义为方式 1 计数器模式,T0 初值为 0FFFFH,即外部计数输入端 T0(P3.4)发生一次负跳变时,计数器 T0 加 1 且溢出,溢出标志 TF0 置"1",向 CPU 发出中断请求。在进入 T0 中断程序后,把 F0 标志置"1",说明 T0 引脚上已接收了负跳变信号。T1 定义为方式 2 定时器模式。在 T0 引脚产生一次负跳变后,启动 T1 每 500μs 产生一次中断,在中断服务程序中对 P1.0 求反,使 P1.0 产生周期 1ms 的方波。

(2)计算 T1 的初值

设 T1 的初值为 X

则　$(2^8 - X) \times 2 \times 10^{-6} = 5 \times 10^{-4}$

$$X = 2^8 - 250 = 6 = 06H$$

(3)程序设计

```
        ORG     0000H
RESET:  LJMP    MAIN          ;复位入口转主程序
        ORG     000BH
        LJMP    IT0P          ;转 T0 中断服务程序
        ORG     001BH
        LJMP    IT1P          ;转 T1 中断服务程序
        ORG     0100H
MAIN:   MOV     SP, # 60H
        ACALL   PT0M2         ;调用对 T0,T1 初始化子程序
LOOP:   MOV     C,F0          ;T0 产生过中断了吗,产生过中断,则 F0 = 1
        JNC     LOOP          ;T0 没有产生过中断,则跳到 LOOP,等待 T0 中断
        SETB    TR1           ;启动 T1
        SETB    ET1           ;允许 T1 中断
HERE:   AJMP    HERE
PT0M2:  MOV     TMOD, # 26H   ;对 T1,T0 初始化,T1 为方式 2 定时器,T0 为方式 1
```

```
                              计数器
          MOV     TL0, # 0FFH     ;T0 置初值
          MOV     TH0, # 0FFH
          SETB    TR0             ;启动 T0
          SETB    ET0             ;允许 T0 中断
          MOV     TL1, # 06H      ;T1 置初值
          MOV     TH1, # 06H
          CLR     F0              ;把 T0 已发生中断标志 F0 清 0
          SETB    EA              ;CPU 开放中断
          RET
IT0P:     CLR     TR0             ;T0 中断服务程序,停止 T0 计数
          SETB    F0              ;建立产生中断标志
          RETI
IT1P:     CPL     P1.0            ;T1 中断服务程序,P1.0 位取反
          RETI
```

在 T1 定时中断服务程序 IT1P 中,由于方式 2 是初值可以自动重新装载,省去了 T1 中断服务程序中重新装入初值 06H 的指令。

【例 6.4】 利用定时器 T1 的方式 2 对外部信号计数,要求每计满 100 个数,将 P1.0 取反。

本例是方式 2 计数模式的应用举例。

(1)选择工作方式

外部信号由 T1(P3.5)引脚输入,每发生一次负跳变计数器加 1,每输入 100 个脉冲,计数器产生溢出中断,在中断服务程序中将 P1.0 取反一次。

T1 工作在方式 2 的方式控制字为 TMOD = 60H。不使用 T0 时,TMOD 的低 4 位可任取,但不能使 T0 进入方式 3,这里取全 0。

(2)计算 T1 的初值

$$X = 2^8 - 100 = 156 = 9CH$$

因此,TL1 的初值为 9CH,重装初值寄存器 TH1 = 9CH

(3)程序设计

```
          ORG     0000H
          LJMP    MAIN
          ORG     001BH           ;T1 中断服务程序入口
          CPL     P1.0            ;P1.0 位取反
          RETI
          ORG     0100H
MAIN:     MOV     TMOD, # 60H     ;设置 T1 为方式 2 计数
          MOV     TL0, # 9CH      ;T0 置初值
          MOV     TH0, # 9CH
          SETB    TR1             ;启动 T1
```

```
HERE:   AJMP    HERE
```

6.4.3 方式3的应用

方式3对T0和T1大不相同。T0工作在方式3时,T1只能工作在方式0、1、2。T0工作在方式3时,TL0和TH0被分成两个独立的8位定时器/计数器。其中,TL0可作为8位的定时器/计数器;而TH0只能作为8位的定时器。

一般情况下,当定时器T1用作串行口波特率发生器时,T0才设置为方式3。此时,常把定时器T1设置为方式2,用作波特率发生器。

【例6.5】 假设某MCS-51应用系统的两个外部中断源已被占用,设置定时器T1工作在方式2,作波特率发生器用。现要求增加一个外部中断源,并控制P1.0引脚输出一个5kHz的方波。假设系统时钟为6MHz。

(1)选择工作方式

由第5章介绍的利用定时器作为外部中断源的思想,设置TL0工作在方式3计数模式,把T0引脚(P3.4)作附加的外部中断输入端,TL0的初值设为0FFH,当检测到T0引脚电平出现负跳变时,TL0溢出,申请中断,这相当于跳沿触发的外部中断源。TH0为8位方式3定时模式,定时控制P1.0输出5kHz的方波信号,如图6.13所示。

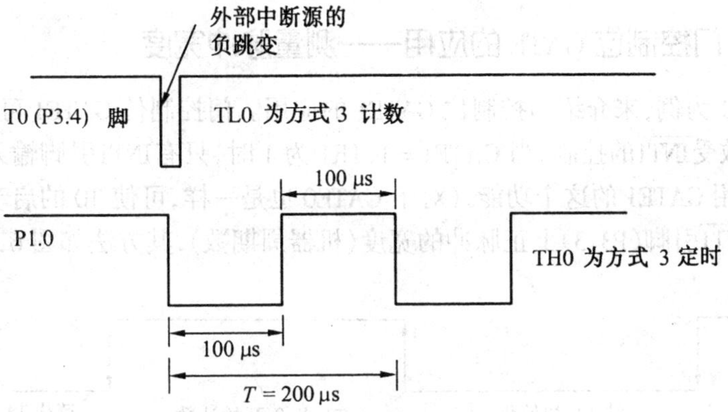

图6.13 P1.0引脚上的输出波形

(2)初值计算

TL0的初值设为0FFH。

5kHz的方波的周期为200μs,因此TH0的定时时间为100μs。TH0初值X计算如下。

$$(2^8 - X) \times 2 \times 10^{-6} = 1 \times 10^{-4}$$

$$X = 2^8 - 100 = 156 = 9CH$$

(3)程序设计

源程序如下:

```
        ORG     0000H
        LJMP    MAIN
        ORG     000BH           ;T0中断入口
        LJMP    TL0INT          ;跳T0中断服务程序
        ORG     001BH           ;注意,在T1为方式3时,TH0占用了T1的中断
```

```
        LJMP   TH0INT        ;跳 TH0 中断服务程序
        ORG    0100H
MAIN:   MOV    TMOD, #27H    ;T0 为方式 3 计数,T1 为方式 2 定时
        MOV    TL0, #0FFH    ;置 TL0 初值
        MOV    TH0, #9CH     ;置 TH0 初值
        MOV    TL1, #datal   ;data 是根据波特率常数要求来定,见第 7 章
        MOV    TH1, #datah   ;
        MOV    TCON, #55H    ;允许 T0 中断
        MOV    IE, #9FH      ;启动 T1
          ⋮
TL0INT: MOV    TL0, #0FFH    ;TL0 中断服务程序,TL0 重新装入初值
        RETI
TH0INT: MOV    TH0, #9CH     ;TH0 中断服务程序,TH0 重新装入初值
        中断处理
        CPL    P1.0          ;P1.0 位取反输出
        RETI
```

6.4.4 门控制位 GATE 的应用——测量脉冲宽度

下面以 T1 为例,来介绍门控制位 GATE1 的应用。门控制位 GATE1 可使定时器/计数器 T1 的启动计数受$\overline{INT1}$的控制,当 GATE1 = 1,TR1 为 1 时,只有$\overline{INT1}$引脚输入高电平,T1 才被允许计数,利用 GATE1 的这个功能,(对于 GATE0 也是一样,可使 T0 的启动计数受$\overline{INT0}$的控制),可测量$\overline{INT1}$引脚(P3.3)上正脉冲的宽度(机器周期数),其方法如图 6.14 所示。

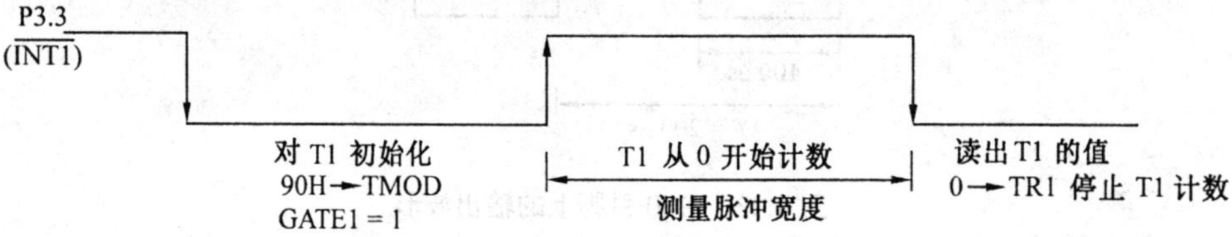

图 6.14 利用 GATE 位测量正脉冲宽度

参考程序如下:

```
        ORG    0000H
RESET:  AJMP   MAIN          ;复位入口转主程序
        ORG    0100H
MAIN:   MOV    SP, #60H
        MOV    TMOD, #90H    ;设控制字,T1 为方式 1 定时
        MOV    TL1, #00H
        MOV    TH1, #00H
LOOP:   JB     P3.3, LOOP0   ;等待INT1低
```

```
        SETB    TR1             ;如果INT1为低,启动 T1
LOOP1:JNB  P3.3,LOOP1  ;等待INT1升高
LOOP2:JB   P3.3,LOOP2  ;等待INT1降低
        CLR     TR1             ;停止 T1 计数
        MOV     A,TL1           ;T1 计数值送 A
        将 A 中的 T1 计数值送显示缓冲区并转换成可显示的代码
LOOP3:  LCALL   DIR             ;调用显示子程序 DIR(略)显示 T1 计数值
        AJMP    LOOP3           ;
```

执行以上的程序,使$\overline{INT1}$引脚上出现的正脉冲宽度以机器周期数的形式显示在显示器上。

6.4.5 实时时钟的设计

本节介绍如何使用定时器/计数器来实现实时时钟,实时时钟就是以秒、分、时为单位进行计时。

1.实时时钟实现的基本思想

时钟的最小计时单位是秒,如何获得 1s 的定时时间,从前面的例 6.2 的介绍可知,使用定时器的方式 1,最大的定时时间也只能达到 131ms。我们可把定时器的定时时间定为 100ms,采用中断方式进行溢出次数的累计,计满 10 次,即得到秒计时。而计数 10 次可用循环程序的方法实现。初值的计算请见例 6.2。

时钟运行时,在片内 RAM 中规定 3 个单元作为秒、分、时单元,具体安排为

42H:“秒”单元 ;41H:“分”单元;40H:“时”单元

从秒到分,从分到时是通过软件累加并进行比较的方法来实现的。要求每满 1 秒,则“秒”单元 42H 中的内容加 1;“秒”单元满 60,则“分”单元 41H 中的内容加 1;“分”单元满 60,则“时” 单元 40H 中的内容加 1; “时” 单元满 24,则将 42H、41H、40H 的内容全部清“0”。

2.程序设计

(1) 主程序的设计

主程序的主要功能是进行定时器 T0 的初始化,并启动 T0,然后通过反复调用显示子程序,等待 100ms 定时中断的到来。主程序的流程如图 6.15 所示。

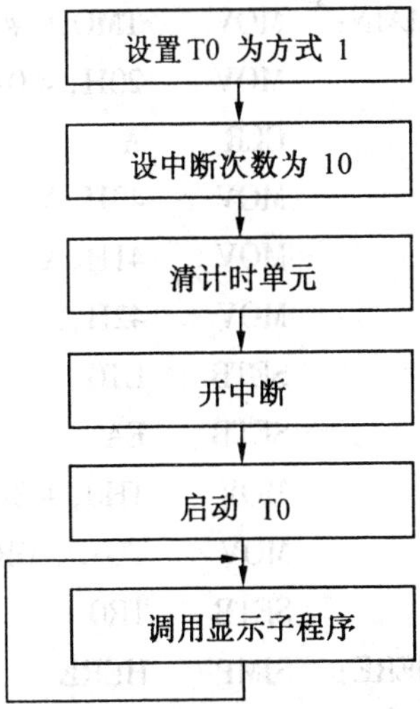

图 6.15 时钟主程序流程

(2) 中断服务程序的设计

中断服务程序(ITOP)的主要功能是实现秒、分、时的计时处理。实现计时操作的基本思想,已在上面介绍过。中断服务程序的流程如图 6.16所示。

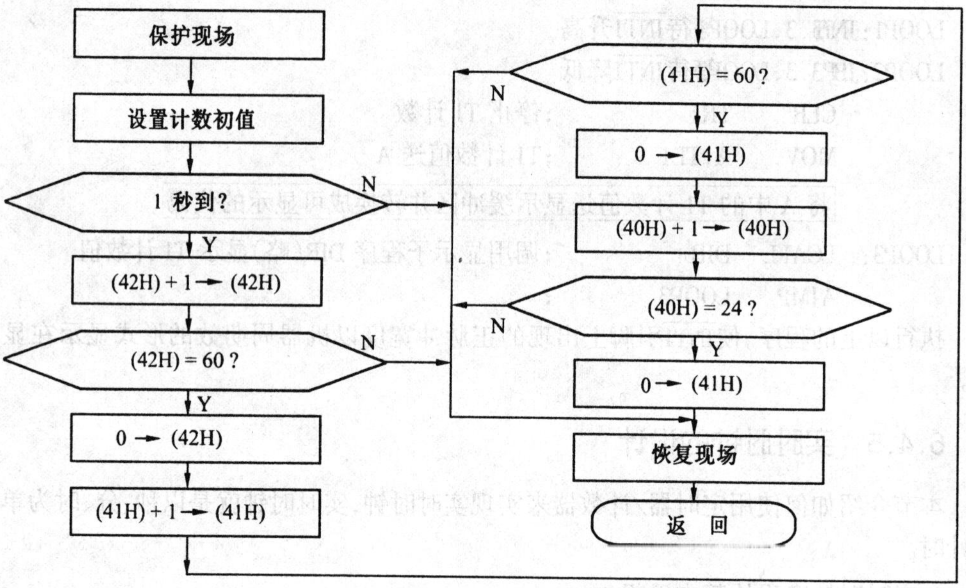

图 6.16　中断服务程序流程

参考程序如下：

```
        ORG     1000H
        AJMP    MAIN            ;上电,跳向主程序
        ORG     000BH           ;T0 的中断入口
        AJMP    IT0P            ;
MAIN:   MOV     TMOD,#01H       ;设 T0 为方式 1
        MOV     20H,#0AH        ;装入中断次数
        CLR     A               ;
        MOV     40H,A           ;"时"单元清 0
        MOV     41H,A           ;"分"单元清 0
        MOV     42H,A           ;"秒"单元清 0
        SETB    ET0             ;允许 T0 申请中断
        SETB    EA              ;CPU 开中断
        MOV     TH0,#3CH        ;给 T0 装入计数初值
        MOV     TL0,#0B0H       ;
        SETB    TR0             ;启动 T0
HERE:   SJMP    HERE            ;等待中断(也可调用显示子程序)
IT0P:   PUSH    PSW             ;保护现场
        PUSH    ACC             ;
        MOV     TH0,#3CH        ;重新装入初值
        MOV     TL0,#0B0H       ;
        DJNZ    20H,RETURN      ;1 秒未到,返回
```

```
        MOV     20H, # 0AH          ;重置中断次数
        MOV     A, # 01H            ;"秒"单元增 1
        ADD     A,42H               ;
        DA      A                   ;"秒"单元十进制调整
        MOV     42H,A               ;"秒"的 BCD 码存回"秒"单元
        CJNE    A, # 60,RETURN      ;是否到 60 秒,未到则返回
        MOV     42H, # 00H          ;计满 60 秒,"秒"单元清 0
        MOV     A, # 01H            ;"分"单元增 1
        ADD     A,41H               ;
        DA      A                   ;"分"单元十进制调整
        MOV     41H,A               ;"分"的 BCD 码存回"分"单元
        CJNE    A, # 60,RETURN      ;是否到 60 分,未到则返回
        MOV     41H, # 00H          ;计满 60 分,"分"单元清 0
        MOV     A, # 01H            ;"时"单元增 1
        ADD     A,40H               ;
        DA      A                   ;"时"单元十进制调整
        MOV     40H,A               ;
        CJNE    A, # 24,RETURN      ;是否到 24 小时,未到则返回
        MOV     40H, # 00H          ;"时"单元增 1
RETURN: POP     ACC                 ;恢复现场
        POP     PSW
        RETI    ;中断返回
        END
```

6.4.6 读运行中的定时器/计数器的计数值

在读取运行中的定时器/计数器时,需要特别加以注意,否则读取的计数值有可能出错。原因是 CPU 不可能在同一时刻同时读取 THX 和 TLX 的内容。比如,先读(TLX),后读(THX),由于定时器在不断运行,读(THX)前,若恰好出现 TLX 溢出向 THX 进位的情况,则读得的(TLX)值就完全不对了。同样,先读(THX)再读(TLX)也可能出错。

解决读错问题的方法是:先读(THX),后读(TLX),再读(THX)。若两次读得(THX)相同,则可确定读得的内容是正确的。若前后两次读得的(THX)有变化,则再重复上述过程,这次重复读得的内容就应该是正确的。下面是有关的程序,读得的(TH0)和(TL0)放置在 R1 和 R0 内。

```
RDTIME: MOV     A,TH0               ;读(TH0)
        MOV     R0,TL0              ;读(TL0)
        CJNE    A,TH0,RDTIME        ;比较 2 次读得的(TH0),不相等则重复读
        MOV     R1,A                ;(TH0)送入 R1 中
        RET
```

思考题及习题

1.如果采用的晶振的频率为 12MHz,定时器/计数器工作在方式 0、1、2 下,其最大的定时时间各为多少?

2.定时器/计数器用作定时器时,其计数脉冲由谁提供?定时时间与哪些因素有关?

3.定时器/计数器作计数器模式使用时,对外界计数频率有何限制?

4.采用定时器/计数器 T0 对外部脉冲进行计数,每计数 100 个脉冲后,T0 转为定时工作方式。定时 1ms 后,又转为计数方式,如此循环不止。假定 MCS-51 单片机的晶体振荡器的频率为 6MHz,请使用方式 1 实现,要求编写出程序。

5.定时器/计数器的工作方式 2 有什么特点?适用于什么应用场合?

6.编写程序,要求使用 T0,采用方式 2 定时,在 P1.0 输出周期为 400μs、占空比为 10:1 的矩形脉冲。

7.一个定时器的定时时间有限,如何用两个定时器的串行定时,来实现较长时间的定时?

8.当定时器 T0 用于方式 3 时,应该如何控制定时器 T1 的启动和关闭?

9.定时器/计数器测量某正单脉冲的宽度,采用何种方式可得到最大量程?若时钟频率为 6MHz,求允许测量的最大脉冲宽度是多少?

10.编写一段程序,功能要求为:当 P1.0 引脚的电平上跳变时,对 P1.1 的输入脉冲进行计数;当 P1.2 引脚的电平负跳变时,停止计数,并将计数值写入 R0、R1(高位存 R1,低位存 R0)。

11.THX 与 TLX(X=0,1)是普通寄存器还是计数器?其内容可以随时用指令更改吗?更改后的新值是立即刷新,还是等当前计数器计满之后才能刷新?

12.下列说法正确的是　　　　　　　　　　　　　　　　　　　　　　(　　)

(1)特殊功能寄存器 SCON,与定时器/计数器的控制无关

(2)特殊功能寄存器 TCON,与定时器/计数器的控制无关

(3)特殊功能寄存器 IE,与定时器/计数器的控制无关

(4)特殊功能寄存器 TMOD,与定时器/计数器的控制无关

第7章 MCS－51的串行口

MCS－51单片机内部有一个功能强的全双工的异步通信串行口。所谓全双工就是双机之间串行接收、发送数据可同时进行。所谓异步通信，就是收、发双方没有同步时钟来控制收、发双方的同步传送，而是靠双方各自的时钟来控制数据的异步传送。要传送的串行数据在发方是以数据帧形式一帧一帧地发送，通过传输线由收方一帧一帧地接收。

MCS－51的串行口有4种工作方式，波特率可由软件设置片内的定时器/计数器来控制。每当串行口接收或发送一个字节完毕，均可发出中断请求。MCS－51的串行口除了可以用于串行数据通信之外，还可以非常方便地用来扩展并行I/O口。

7.1 串行口的结构

MCS－51串行口的内部结构如图7.1所示。它有两个物理上独立的接收、发送缓冲器SBUF，可同时发送、接收数据，发送缓冲器只能写入不能读出，接收缓冲器只能读出不能写入，两个缓冲器共用一个特殊功能寄存器字节地址(99H)。

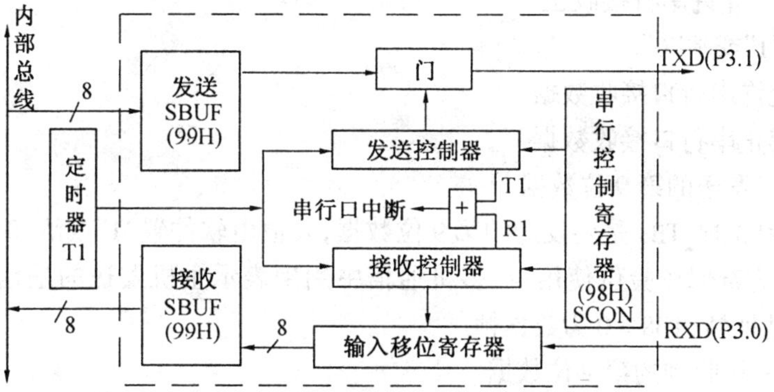

图7.1 串行口的内部结构

控制MCS－51单片机串行口的控制寄存器共有两个：特殊功能寄存器SCON和PCON。下面对这两个特殊功能寄存器各个位的功能予以详细介绍。

7.1.1 串行口控制寄存器SCON

串行口控制寄存器SCON，字节地址98H，可位寻址，位地址为98H～9FH。SCON的格式如图7.2所示。

		D7	D6	D5	D4	D3	D2	D1	D0	
SCON		SM0	SM1	SM2	REN	TB8	RB8	TI	RI	98H
	位地址	9FH	9EH	9DH	9CH	9BH	9AH	99H	98H	

图7.2 串行口控制寄存器SCON的格式

下面介绍 SCON 中各个位的功能。

(1)SM0、SM1——串行口 4 种工作方式的选择位

SM0、SM1 两位的编码所对应的工作方式如表 7.1 所示。

表 7.1 串行口的 4 种工作方式

SM0	SM1	方式	功能说明
0	0	0	同步移位寄存器方式(用于扩展 I/O 口)
0	1	1	8 位异步收发,波特率可变(由定时器控制)
1	0	2	9 位异步收发,波特率为 $f_{osc}/64$ 或 $f_{osc}/32$
1	1	3	9 位异步收发,波特率可变(由定时器控制)

(2)SM2——多机通信控制位

因为多机通信是在方式 2 和方式 3 下进行的,因此,SM2 位主要用于方式 2 或方式 3 中。当串行口以方式 2 或方式 3 接收时,如果 SM2 = 1,则只有当接收到的第 9 位数据(RB8)为“1”时,才将接收到的前 8 位数据送入 SBUF,并置“1” RI,产生中断请求;当接收到的第 9 位数据(RB8)为“0”时,则将接收到的前 8 位数据丢弃。而当 SM2 = 0 时,则不论第 9 位数据是“1”还是“0”,都将前 8 位数据送入 SBUF 中,并置“1” RI,产生中断请求。

在方式 1 时,如果 SM2 = 1,则只有收到有效的停止位,才会激活 RI。

在方式 0 时,SM2 必须为 0。

(3)REN——允许串行接收位

由软件置“1”或清“0”。

REN = 1 允许串行口接收数据。

REN = 0 禁止串行口接收数据。

(4)TB8——发送的第 9 位数据

在方式 2 和 3 时,TB8 是要发送的第 9 位数据,其值由软件置“1”或清“0”。在双机通信时,TB8 一般作为奇偶校验位使用;在多机通信中用来表示主机发送的是地址帧还是数据帧,TB8 = 1 为地址帧,TB8 = 0 为数据帧。

(5)RB8——接收到的第 9 位数据

工作在方式 2 和 3 时,RB8 存放接收到的第 9 位数据。在方式 1,如果 SM2 = 0,RB8 是接收到的停止位。在方式 0,不使用 RB8。

(6)TI——发送中断标志位

串行口工作在方式 0 时,串行发送第 8 位数据结束时由硬件置“1”,在其他工作方式,串行口发送停止位的开始时置“1”。TI = 1,表示一帧数据发送结束,可供软件查询,也可申请中断。CPU 响应中断后,在中断服务程序中向 SBUF 写入要发送的下一帧数据。TI 必须由软件清 0。

(7)RI——接收中断标志位

串行口工作在方式 0 时,接收完第 8 位数据时,RI 由硬件置 1。在其他工作方式中,串行接收到停止位时,该位置“1”。RI = 1,表示一帧数据接收完毕,并申请中断,要求 CPU 从接收 SBUF 取走数据。该位的状态也可供软件查询。RI 必须由软件清“0”。

SCON 的所有位都可进行位操作清“0”或置“1”。

7.1.2 特殊功能寄存器 PCON

特殊功能寄存器 PCON 字节地址为 87H，没有位寻址功能。PCON 的格式如图 7.3 所示。

	D7							D0	
PCON	SMOD								87H

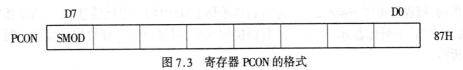

图 7.3 寄存器 PCON 的格式

SMOD：波特率选择位。

例如：方式 1 的波特率的计算公式为

$$方式1波特率 = \frac{2^{SMOD}}{32} \times 定时器T1的溢出率$$

当 SMOD = 1 时，要比 SMOD = 0 时的波特率加倍，所以也称 SMOD 位为波特率倍增位。

7.2 串行口的 4 种工作方式

串行口的 4 种工作方式由特殊功能寄存器 SCON 中 SM0、SM1 位定义，编码见表 7.1。

7.2.1 方式 0

串行口的工作方式 0 为同步移位寄存器输入输出方式，常用于外接移位寄存器，以扩展并行 I/O 口。这种方式不适用于两个 MCS - 51 之间的串行通信。

方式 0 以 8 位数据为一帧，不设起始位和停止位，先发送或接收最低位。波特率是固定的，为 $f_{osc}/12$。方式 0 的帧格式如图 7.4 所示。

……	D0	D1	D2	D3	D4	D5	D6	D7	……

图 7.4 方式 0 的帧格式

1. 方式 0 发送

发送过程中，当 CPU 执行一条将数据写入发送缓冲器 SBUF 的指令时，产生一个正脉冲，串行口开始即把 SBUF 中的 8 位数据以 $f_{osc}/12$ 的固定波特率从 RXD 引脚串行输出，低位在先，TXD 引脚输出同步移位脉冲，发送完 8 位数据置“1”中断标志位 TI。时序如图 7.5 所示。

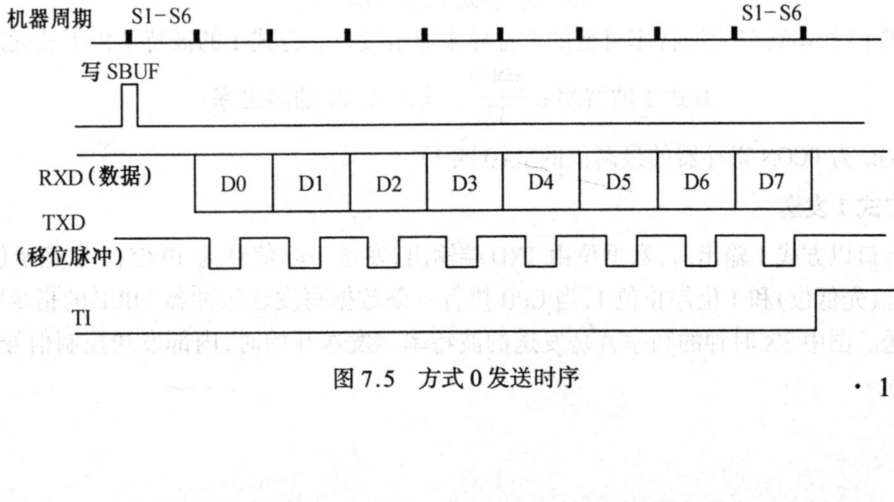

图 7.5 方式 0 发送时序

2.方式 0 接收

方式 0 接收时，REN 为串行口接收允许接收控制位，REN = 0，禁止接收；REN = 1，允许接收。当 CPU 向串行口的 SCON 寄存器写入控制字(置为方式 0，并置“1”REN 位，同时 RI = 0)时，产生一个正脉冲，串行口即开始接收数据。引脚 RXD 为数据输入端，TXD 为移位脉冲信号输出端，接收器也以 $f$osc/12 的固定波特率采样 RXD 引脚的数据信息，当接收器接收到 8 位数据时置“1”中断标志 RI，表示一帧数据接收完毕，可进行下一帧数据的接收。时序如图 7.6 所示。

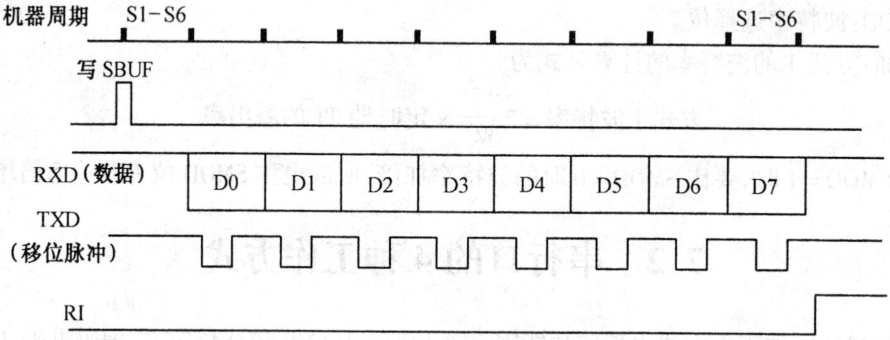

图 7.6　方式 0 接收时序

上面介绍了方式 0 的发送和接收。在方式 0 下，SCON 中的 TB8、RB8 位没有用到，发送或接收完 8 位数据由硬件置“1”TI 或 RI 中断标志位，CPU 响应 TI 或 RI 中断。TI 或 RI 标志位必须由用户软件清“0”，可采用指令

```
CLR TI            ;TI 位清“0”
CLR RI            ;RI 位清“0”
```

清“0”TI 或 RI。方式 0 时，SM2 位(多机通信控制位)必须为 0。

7.2.2　方式 1

SM0、SM1 两位为 01 时，串行口以方式 1 工作。方式 1 真正用于数据的串行发送和接收。TXD 脚和 RXD 脚分别用于发送和接收数据。方式 1 收发一帧的数据为 10 位，1 个起始位(0)，8 个数据位，1 个停止位(1)，先发送或接收最低位。方式 1 的帧格式如图 7.7 所示。

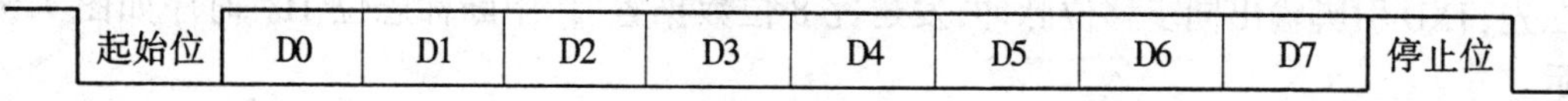

图 7.7　方式 1 的帧格式

方式 1 时，串行口为波特率可变的 8 位异步通信接口。方式 1 的波特率由下式确定：

$$方式 1 波特率 = \frac{2^{SMOD}}{32} \times 定时器 T1 的溢出率$$

式中 SMOD 为 PCON 寄存器的最高位的值(0 或 1)。

1.方式 1 发送

串行口以方式 1 输出时，数据位由 TXD 端输出，发送一帧信息为 10 位，1 位起始位 0，8 位数据位(先低位)和 1 位停止位 1，当 CPU 执行一条数据写发送缓冲器 SBUF 的指令时，就启动发送。图中 TX 时钟的频率就是发送的波特率。发送开始时，内部发送控制信号 $\overline{SEND}$

变为有效。将起始位向 TXD 输出,此后,每经过一个 TX 时钟周期,便产生一个移位脉冲,并由 TXD 输出一个数据位。8 位数据位全部发送完毕后,置"1"中断标志位 TI,然后$\overline{SEND}$失效。方式 1 发送数据的时序,如图 7.8 所示。

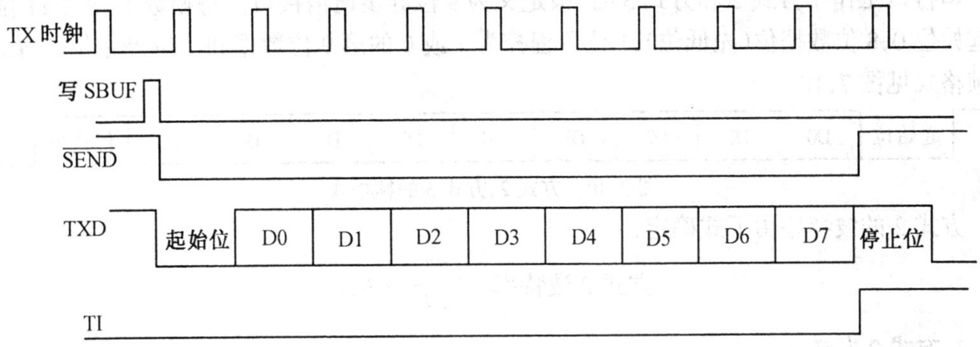

图 7.8　方式 1 发送数据时序

2.方式 1 接收

串行口以方式 1 接收时(REN = 1,SM0、SM1 = 01),数据从 RXD(P3.0)引脚输入。当检测到起始位的负跳变时,则开始接收。接收时,定时控制信号有两种(如图 7.9 所示),一种是接收移位时钟(RX 时钟),它的频率和传送的波特率相同。另一种是位检测器采样脉冲,它的频率是 RX 时钟的 16 倍。也就是在 1 位数据期间,有 16 个采样脉冲,以波特率的 16 倍的速率采样 RXD 引脚状态,当采样到 RXD 端从 1 到 0 的跳变时就启动检测器,接收的值是 3 次连续采样(第 7、8、9 个脉冲时采样)取其中两次相同的值,以确认是否是真正的起始位(负跳变)的开始,这样能较好地消除干扰引起的影响,以保证可靠无误地开始接收数据。当确认起始位有效时,开始接收一帧信息。接收每一位数据时,也都进行 3 次连续采样(第 7、8、9 个脉冲时采样),接收的值是 3 次采样中至少两次相同的值,以保证接收到的数据位的准确性。

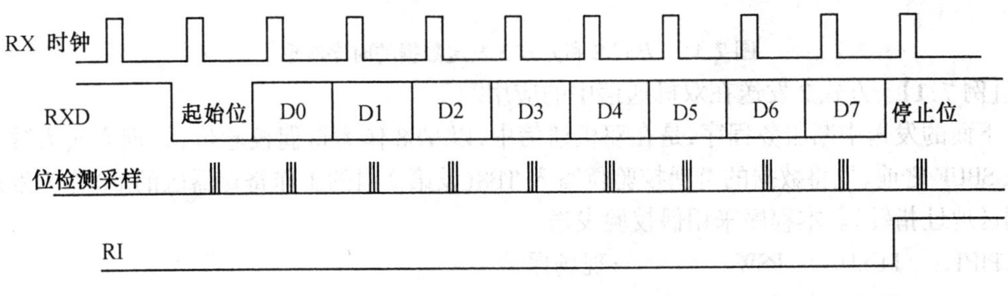

图 7.9　方式 1 接收数据时的时序

当一帧数据接收完毕以后,必须同时满足以下两个条件,这次接收才真正有效。

(1)RI = 0,即上一帧数据接收完成时,RI = 1 发出的中断请求已被响应,SBUF 中的数据已被取走,说明"接收 SBUF"已空。

(2)SM2 = 0 或收到的停止位 = 1(方式 1 时,停止位已进入 RB8),则将接收到的数据装入 SBUF 和 RB8(RB8 装入停止位),且置"1"中断标志 RI。

若这两个条件不同时满足,收到的数据不能装入 SBUF,这意味着该帧数据将丢失。

7.2.3 方式 2

串行口工作于方式 2 和方式 3 时,被定义为 9 位异步通信接口。每帧数据均为 11 位,1 位起始位 0,8 位数据位(先低位),1 位可程控为 1 或 0 的第 9 位数据和 1 位停止位。方式 2 的帧格式见图 7.10。

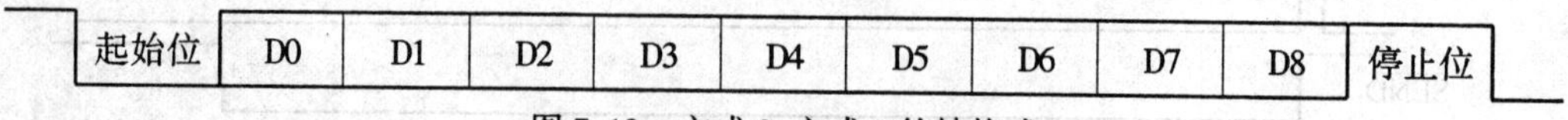

图 7.10　方式 2、方式 3 的帧格式

方式 2 的波特率由下式确定:

$$方式2波特率 = \frac{2^{SMOD}}{64} \times fosc$$

1. 方式 2 发送

发送前,先根据通信协议由软件设置 TB8(例如,双机通信时的奇偶校验位或多机通信时的地址/数据的标志位)。然后,将要发送的数据写入 SBUF,即可启动发送过程。串行口能自动把 TB8 取出,并装入到第 9 位数据位的位置,再逐一发送出去。发送完毕,则把 TI 位置"1"。

串行口方式 2 发送数据的时序波形如图 7.11 所示。

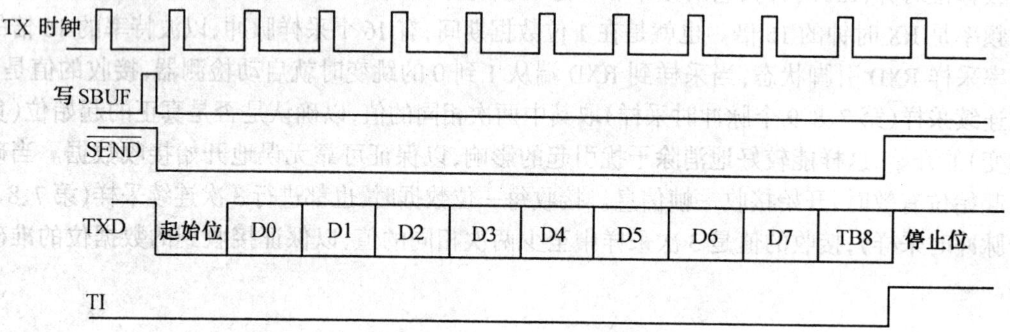

图 7.11　方式 2 和方式 3 发送数据的时序波形

【例 7.1】 方式 2 发送在双机通信中的应用。

下面的发送中断服务程序,是在双机通信中,以 TB8 作为奇偶校验位,处理方法为数据写入 SBUF 之前,先将数据的奇偶校验位写入 TB8(设第 2 组的工作寄存器区的 R0 作为发送数据区地址指针)。本程序采用偶校验发送。

```
PIPTI:  PUSH    PSW         ;现场保护
        PUSH    Acc
        SETB    RS1         ;选择第 2 组工作寄存器区
        CLR     RS0
        CLR     TI          ;发送中断标志清"0"
        MOV     A,@R0       ;取数据
        MOV     C,P         ;校验位送 TB8,采用偶校验
        MOV     TB8         ,C
```

```
        MOV     SBUF,A          ;数据写入发送缓冲器,启动发送
        INC     R0              ;数据指针加 1
        POP     Acc             ;恢复现场
        POP     PSW
        RETI                    ;中断返回
```

2.方式 2 接收

当串行口的 SCON 寄存器的 SM0、SM1 两位为 10,且 REN = 1 时,允许串行口以方式 2 接收数据。接收时,数据由 RXD 端输入,接收 11 位信息。当位检测逻辑采样到 RXD 引脚从 1 到 0 的负跳变,并判断起始位有效后,便开始接收一帧信息。在接收器完第 9 位数据后,需满足以下两个条件,才能将接收到的数据送入 SBUF(接收缓冲器)。

(1)RI = 0,意味着接收缓冲器为空。

(2)SM2 = 0 或接收到的第 9 位数据位 RB8 = 1 时。

当上述两个条件满足时,接收到的数据送入 SBUF(接收缓冲器),第 9 位数据送入 RB8,并置“1”RI。若不满足这两个条件,接收的信息将被丢弃。

串行口方式 2 接收数据的时序波形如图 7.12 所示。

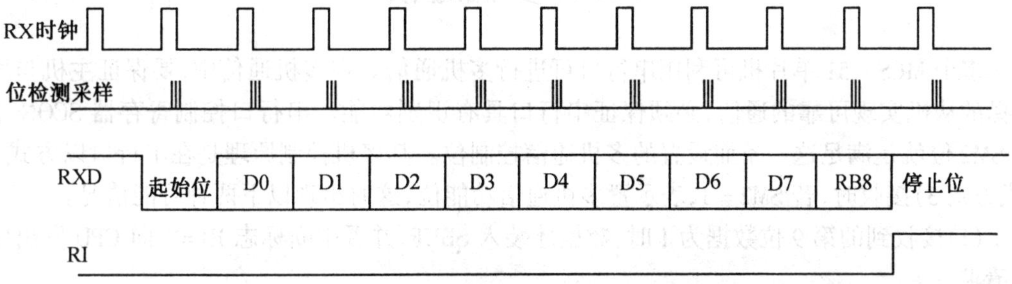

图 7.12　方式 2 和方式 3 接收数据的时序波形

【例 7.2】 方式 2 接收在双机通信中的应用。

本例与例 7.1 是相对应的。若附加的第 9 位数据为校验位,在接收程序中应作偶校验处理,可采用如下程序(设 1 组寄存器区的 R0 为数据缓冲器指针)。

```
PIRI:   PUSH    PSW
        PUSH    Acc
        SETB    RS0             ;选择 1 组寄存器区
        CLR     RS1
        CLR     RI
        MOV     A,SBUF          ;将接收到数据送到累加器 A
        MOV     C,P
        JNC     L1
        JNB     RB8,ERP         ;ERP 为出错处理程序标号
        AJMP    L2
L1:     JB      RB8,ERP
L2:     MOV     @R0,A
```

```
        INC     R0
        POP     Acc
        POP     PSW
ERP:    ………    ;出错处理程序段入口
        ………
        RETI
```

7.2.4 方式3

当SM0、SM1两位为11时,串行口被定义工作在方式3。方式3为波特率可变的9位异步通信方式,除了波特率外,方式3和方式2相同。方式3发送和接收数据的时序波形见图7.11和图7.12。

方式3的波特率由下式确定。

$$方式3波特率 = \frac{2^{SMOD}}{32} \times 定时器T1的溢出率$$

7.3 多机通信

多个MCS-51单片机可利用串行口可进行多机通信。在多机通信中,要保证主机与所选择的从机实现可靠的通信,必须保证串行口具有识别功能。串行口控制寄存器SCON中的SM2位就是满足这一条而设置的多机通信控制位。其多机控制原理是在串行口以方式2(或方式3)接收时,若SM2=1,表示置多机通信功能位,这时出现以下两种可能情况。

(1)接收到的第9位数据为1时,数据才装入SBUF,并置中断标志RI=1向CPU发出中断请求。

(2)接收到的第9位数据为0时,则不产生中断标志,信息将抛弃。

若SM2=0,则接收的第9位数据不论是0还是1,都产生RI=1中断标志,接收到的数据装入SBUF中。

应用MCS-51串行口的这个功能,便可实现MCS-51的多机通信。

设在一个多机系统中有一个主机(MCS-51或其他具有串行接口的微计算机)和三个由8031组成的从机系统,如图7.13所示。主机的RXD与所有从机的TXD端相连,TXD与所有从机的RXD端相连。从机的地址分别为00H、01H和02H。

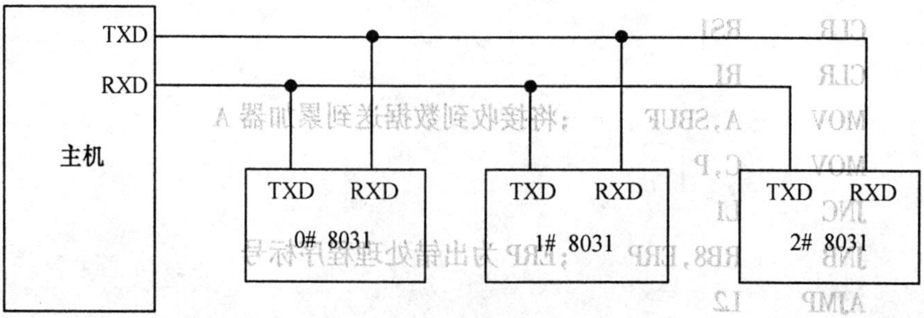

图7.13 多机通信系统示意图

多机通信的工作过程如下。

(1)从机初始化程序允许串行口中断,将串行口编程为方式 2 或方式 3 接收,即 9 位异步通信方式,且置“1”SM2 和 REN 位,使从机只处于多机通信且接收地址帧的状态。

(2)在主机和某一个从机通信之前,先将从机地址(即准备接收数据的从机)发送给各个从机系统。接着才传送数据或命令,主机发出的地址信息的第 9 位为 1,数据(包括命令)信息的第 9 位为 0。当主机向各从机发送地址时,各从机的串行口接收到的第 9 位信息 RB8 为 1,且由于 SM2 = 1,则置“1”中断标志位 RI,各从机 8031 响应中断,执行中断服务程序。在中断服务子程序中,判断主机送来的地址是否和本机地址相符合,若为本机的地址,则该从机清“0”SM2 位,准备接收主机的数据或命令;若地址不相符,则保持 SM2 = 1 状态。

(3)接着主机发送数据帧,此时各从机串行口接收到的 RB8 = 0,只有与前面地址相符合的从机系统(即已清“0”SM2 位的从机)才能激活中断标志位 RI,从而进入中断服务程序,在中断服务程序中接收主机的数据(或命令);其他从机因 SM2 保持为 1,又 RB8 = 0 不激活中断标志 RI,所以不能进入中断,把所接收的数据丢失不作处理,从而保证了主机和从机间通信的正确性。

图 7.13 所示的多机系统是主从式,由主机控制多机之间的通信,从机和从机之间的通信只能经主机才能实现。

7.4 波特率的制定方法

在串行通信中,收发双方对发送或接收的波特率必须一致。通过软件对 MCS - 51 串行口可设定 4 种工作方式。其中方式 0 和方式 2 的波特率是固定的;方式 1 和方式 3 的波特率是可变的,由定时器 T1 的溢出率来确定(定时器 T1 的溢出率就是 T1 每秒溢出的次数)。

7.4.1 波特率的定义

波特率的定义:串行口每秒钟发送(或接收)的位数称为波特率。设发送一位所需要的时间为 T,则波特率为 $1/T$。

MCS - 51 的串行口以方式 1 或方式 3 工作时,波特率和定时器 T1 的溢出率有关。

对于定时器的不同工作方式,得到的波特率的范围是不一样的,这是因为定时器/计数器 T1 在不同工作方式下,计数位数的不同所决定的。

7.4.2 定时器 T1 产生波特率的计算

波特率和串行口的工作方式有关。

(1)串行口工作在方式 0 时,波特率固定为时钟频率 $f$osc 的 1/12,且不受 SMOD 位的值的影响。若 $f$osc = 12MHz,波特率为 $f$osc/12,即 1Mbit/s。

(2)串行口工作在方式 2 时,波特率与 SMOD 位的值有关。

方式 2 波特率 = × $f$osc

若 $f$osc = 12MHz:SMOD = 0,波特率 = 187.5kbit/s;SMOD = 1,波特率 = 375kbit/s

(3)串行口工作在方式 1 或方式 3 时,常用定时器 T1 作为波特率发生器,其关系式为

$$波特率=\frac{2^{SMOD}}{32}\times 定时器\ T1\ 的溢出率 \tag{7.1}$$

由式(7.1)可见,T1 的溢出率和 SMOD 的值共同决定波特率。

在实际设定波特率时,T1 常设置为方式 2 定时(自动装初值),即 TL1 作 8 位计数器,TH1 存放备用初值。这种方式不仅可使操作方便,也可避免因软件重装初值而带来的定时误差。

设定时器 T1 方式 2 的初值为 X,则有

$$定时器\ T1\ 的溢出率=\frac{计数速率}{256-X}=\frac{fosc/12}{256-X} \tag{7.2}$$

将式(7.2)代入式(7.1),则有

$$波特率=\frac{2^{SMOD}}{32}\times\frac{fosc}{12(256-X)} \tag{7.3}$$

由式(7.3)可见,这种方式波特率随 $fosc$、SMOD 以及初值 X 而变化。

在实际使用时,经常根据已知波特率和时钟频率来计算定时器 T1 的初值 X。为避免烦杂的初值计算,常用的波特率和初值 X 间的关系常可列成表 7.2,以供查用。

表 7.2 用定时器 T1 产生的常用波特率

波 特 率	*f*osc	SMOD 位	定时器 T1		
			C/$\overline{T}$	工作方式	初值 *X*
串行口方式 0:1M	12MHz	×	×	×	×
串行口方式 0:0.5M	6MHz	×	×	×	×
串行口方式 2:375k	12MHz	1	×	×	×
串行口方式 2:187.5k	6MHz	1	×	×	×
串行口方式 1 或 3:62.5k	12MHz	1	0	2	FFH
19.2k	11.059 2 MHz	1	0	2	FDH
9.6k	11.059 2 MHz	0	0	2	FDH
4.8k	11.059 2 MHz	0	0	2	FAH
2.4k	11.059 2 MHz	0	0	2	F4H
1.2k	11.059 2 MHz	0	0	2	E8H
137.5	11.059 2 MHz	0	0	2	1DH
110	12 MHz	0	0	1	FEEBH
19.2k	6 MHz	1	0	2	FEH
9.6k	6 MHz	1	0	2	FDH
4.8k	6 MHz	0	0	2	FDH
2.4k	6 MHz	0	0	2	FAH
1.2k	6 MHz	0	0	2	F4H
0.6k	6 MHz	0	0	2	E8H
110	6 MHz	0	0	2	72H
55	6 MHz	0	0	1	FEEBH

表 7.2 有两点需要注意:

(1)在使用的时钟振荡频率为 12MHz 或 6MHz 时,表中初值 X 和相应的波特率之间有一

定误差。例如,FDH 的对应的理论值是 10 416 bd(波特)(时钟振荡频率为 6 MHz 时),与 9 600 bd 相差 816 bd,消除误差可以调整时钟振荡频率 $f$osc 实现。例如采用的时钟振荡频率为 11.059 2 MHz。

(2)如果串行通信选用很低的波特率,例如,波特率选为 55,可将定时器 T1 设置为方式 1 定时。但在这种情况下,T1 溢出时,需用在中断服务程序中重新装入初值。中断响应时间和执行指令时间会使波特率产生一定的误差,可用改变初值的方法加以调整。

【例 7.3】若 8031 单片机的时钟振荡频率为 11.059 2 MHz,选用 T1 为方式 2 定时作为波特率发生器,波特率为 2 400 bit/s,求初值。

设 T1 为方式 2 定时,选 SMOD = 0。

将已知条件条件带入式(7.3)中,有

$$波特率 = \frac{2^{SMOD}}{32} \times \frac{fosc}{12 \times (256 - X)} = 2\,400$$

从中解得 $X = 244 = F4H$

只要把 F4H 装入 TH1 和 TL1,则 T1 发出的波特率为 2 400。

上述结果也可直接从表 7.2 中查到。

这里时钟振荡频率选为 11.059 2 MHz,就可使初值为整数,从而产生精确的波特率。

7.5 串行口的编程和应用

利用 MCS - 51 的串行口可以实现 MCS - 51 之间的点对点的串行通信、多机通信以及 MCS - 51 与 PC 机间的单机或多机通信。限于篇幅,本节仅介绍 MCS - 51 之间的双机串行通信的硬件连线和和软件设计。

7.5.1 双机通信硬件接口

MCS - 51 串行口的输入、输出均为 TTL 电平。这种以 TTL 电平串行传输数据的方式,抗干扰性差,传输距离短。为了提高串行通信的可靠性,增大串行通信的距离,一般都采用标准串行接口,如 RS - 232、RS - 422A、RS - 485 等来实现串行通信。

根据 MCS - 51 的双机通信距离,抗干扰性的要求,可选择 TTL 电平传输,或选择 RS - 232C、RS - 422A、RS485 串行接口进行串行数据传输。

1. TTL 电平通信接口

如果两个 MCS - 51 单片机相距在几米之内,它们的串行口可直接相连,从而直接用 TTL 电平传输方法来实现双机通信,如图 7.14 所示。

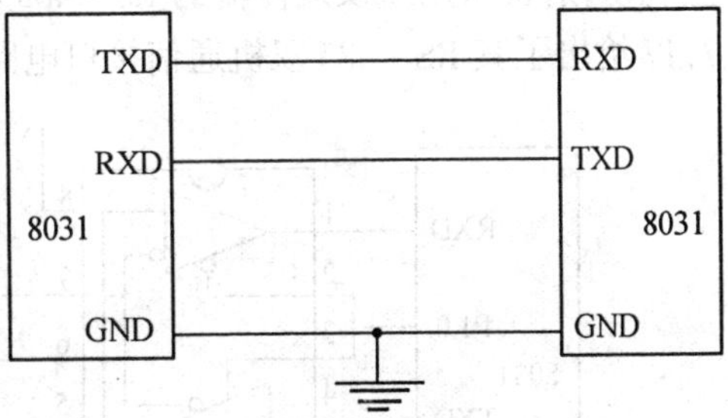

图 7.14 用 TTL 电平传输方法实现双机通信的电路

2. RS - 232C 双机通信接口

如果双机通信距离在 30 m 之内,可利用 RS - 232C 标准接口实现点对点的双机通信,接口电路如图 7.15 所示。

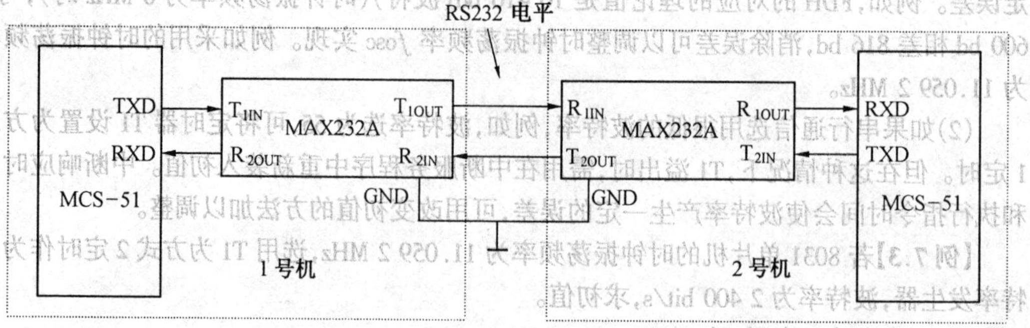

图 7.15　RS-232C 双机通信接口电路

3. RS-422A 双机通信接口

为了增加通信距离，可以在通信线路上采用光电隔离的方法，利用 RS-422A 标准进行双机通信，最大传输距离可达 1 000 m 左右。接口电路如图 7.16 所示。

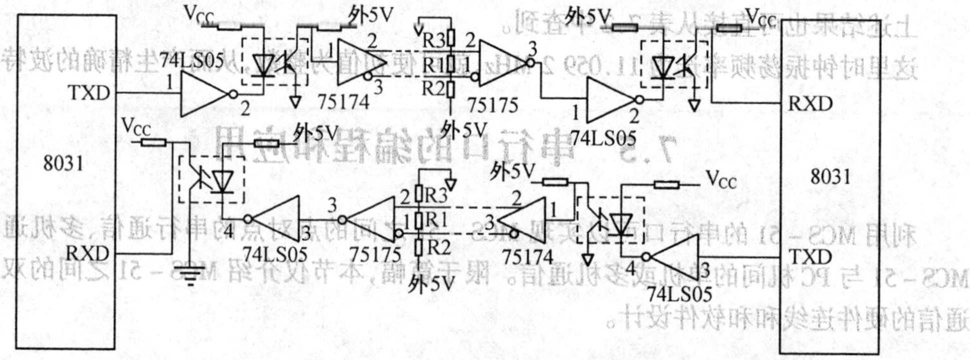

图 7.16　RS-422A 双机通信接口电路

在图 7.16 中，每个通道的接收端都接有三个电阻 R1、R2、R3，其中 R1 为传输线的匹配电阻，取值范围在 50Ω～1KΩ 之间，其他两个电阻是为了解决第一个数据的误码而设置的匹配电阻。为了起到隔离、抗干扰的作用，图 7.16 中必须使用两组独立的电源。

4. RS-485 双机通信接口

RS-422A 双机通信需四芯传输线，这对工业现场的长距离通信是很不经济的，故在工业现场，通常采用双绞线传输的 RS-485 串行通信接口，这种接口很容易实现多机通信。图 7.17 给出了其 RS-485 双机通信接口电路，最大传输距离可 1 000 m 左右。

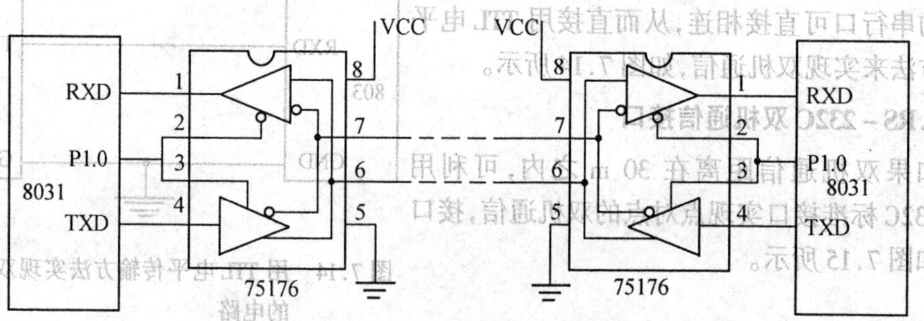

图 7.17　RS-485 双机通信接口电路

由图 7.17,RS-485 是以双向、半双工的方式来实现双机通信。在 8031 系统发送或接收数据前,应先将 75176 的发送门或接收门打开,当 P1.0=1 时,发送门打开,接收门关闭;当 P1.0=0 时接收门打开,发送门关闭。

7.5.2 串行口方式 1 应用编程(双机通信)

【例 7.4】 本例采用方式 1 进行双机串行通讯,收发双方均采用 6MHz 晶振,波特率为 2400,每一帧信息为 10 位,第 0 位为起始位,1~8 位为数据位,最后 1 位为停止位。发送方把 78H、77H 单元的内容为首地址,以 76H、75H 单元内容减 1 为末地址的数据块内容通过串行口发送给接收方。

发送方要发送的数据块的地址为 2000H~201FH。发送时先发送地址帧,再发送数据帧;接收方在接收时使用一个标志位来区分接收的数据是地址还是数据,然后将其分别存放到指定的单元中。发送方可采用查询方式或中断方式发送数据,接收方可采用中断或查询方式接收。下面仅介绍采用中断方式的发送、接收的程序。

1.甲机发送程序

中断方式的发送程序如下:

```
        ORG     0000H
        LJMP    MAIN
        ORG     0023H
        LJMP    COM_INT
        ORG     1000H
MAIN:   MOV     SP, #53H        ;设置堆栈指针
        MOV     78H, #20H       ;设置要发送的数据块的首、末地址
        MOV     77H, #00H
        MOV     76H, #20H
        MOV     75H, #40H
        ACALL   TRANS           ;调用发送子程序
        SJMP    $
TRANS:  MOV     TMOD, #20H      ;设置定时器/计数器工作方式
        MOV     TH1, #0F3H      ;设置计数器初值
        MOV     TL1, #0F3H
        MOV     PCON, #80H      ;波特率加倍
        SETB    TR1             ;打开计数器
        MOV     SCON, #40H      ;设置串行口工作方式
        MOV     IE, #00H        ;先关闭中断,利用查询方式发送地址帧
        CLR     F0
        MOV     SBUF,78H        ;发送首地址高 8 位
```

```
WAIT1:    JNB      TI,WAIT1
          CLR      TI
          MOV      SBUF,77H          ;发送首地址低 8 位
WAIT2:    JNB      TI,WAIT2
          CLR      TI
          MOV      SBUF,76H          ;发送末地址高 8 位
WAIT3:    JNB      TI,WAIT3
          CLR      TI
          MOV      SBUF,75H          ;发送末地址低 8 位
WAIT4:    JNB      TI,WAIT4
          CLR      TI
          MOV      IE,#90H           ;打开中断允许寄存器,采用中断方式发送数据
          MOV      DPH,78H
          MOV      DPL,77H
          MOVX     A,@DPTR
          MOV      SBUF,A            ;发送首个数据
WAIT:     JNB      F0,WAIT           ;发送等待
          RET
COM_INT:  CLR      TI                ;关发送中断标志位 TI
          INC      DPTR              ;数据指针加 1,准备发送下个数据
          MOV      A,DPH             ;判断当前被发送的数据的地址是不是末地址
          CJNE     A,76H,END1        ;不是末地址则跳转
          MOV      A,DPL             ;同上
          CJNE     A,75H,END1
          SETB     F0                ;数据发送完毕,置 1 标志位
          CLR      ES                ;关串行口中断
          CLR      EA                ;关中断
          RET                        ;中断返回
END1:     MOVX     A,@DPTR           ;将要发送的数据送累加器,准备发送
          MOV      SBUF,A            ;发送数据
          RETI                       ;中断返回
          END
```

2.乙机接收程序

中断方式的接收程序如下:

```
          ORG      0000H
          LJMP     MAIN
```

```
        ORG     0023H
        LJMP    COM_INT
        ORG     1000H
MAIN:   MOV     SP, #53H        ;设置堆栈指针
        ACALL   RECEI           ;调用接收子程序
        SJMP    $
RECEI:  MOV     R0, #78H        ;设置地址接收区
        MOV     TMOD, #20H      ;设置定时器/计数器工作方式
        MOV     TH1, #0F3H      ;设置波特率
        MOV     TL1, #0F3H
        MOV     PCON, #80H      ;波特率加倍
        SETB    TR1             ;开计数器
        MOV     SCON, #50H      ;设置串行口工作方式
        MOV     IE, #90H        ;开中断
        CLR     F0              ;清标志位
        CLR     7FH
WAIT:   JNB     7F,WAIT         ;查询标志位等待接收
        RET
COM_INT: PUSH   DPL             ;压栈,保护现场
        PUSH    DPH
        PUSH    ACC
        CLR     RI              ;清接收中断标志位
        JB      F0,R_DATA       ;判断接收的是数据还是地址 F0=0 为地址
        MOV     A,SBUF          ;接收数据
        MOV     @R0,A           ;将地址帧送指定的寄存器
        DEC     R0
        CJNE    R0, #74H,RETN
        SETB    F0              ;置位标志位,地址接收完毕
        RETN:   POP ACC         ;出栈,恢复现场
        POP     DPH
        POP     DPL
        RETI                    ;中断返回
R_DATA: MOV     DPH,78H         ;数据接收程序区
        MOV     DPL, 77H
        MOV     A,SBUF          ;接收数据
        MOVX    @DPTR,A         ;送指定的数据存储单元中
```

```
INC     77H             ;地址加 1
MOV     A,77H           ;判断当前接收的数据的地址是否应向高 8 为进位
JNZ     END2            ;
INC     78H
END2:   MOV             A,76H
CJNE    A,78H,RETN      ;判断是否为最后一帧数据,不是则继续
MOV     A,75H
CJNE    A,77H,RETN      ;是最后一帧数据则清各种标志位
CLR     ES
CLR     EA
SETB    7FH
SJMP    RETN            ;跳入返回子程序区
END
```

7.5.3 串行口方式 2 应用编程

方式 2 和方式 1 有两点不同之处,方式 2 接收/发送 11 位信息,第 0 位为起始位,第 1 ~ 8 位为数据位,第 9 位是程控位,该位可由用户置 TB8 决定,第 10 位是停止位 1,这是方式 1 和方式 2 的一个不同点,另一个不同点是方式 2 的波特率变化范围比方式 1 小,方式 2 的波特率 = 振荡器频率/n:

当 SMOD = 0 时　　n = 64

当 SMOD = 1 时　　n = 32

鉴于方式 2 的使用和方式 3 基本一样(只是波特率不同,方式 3 的波特率要由用户决定),所以方式 2 的具体的编程使用,可参照下面介绍的方式 3 应用编程。

7.5.4 串行口方式 3 应用编程(双机通信)

【例 7.5】 本例为 MCS－51 单片机串行通讯方式 3 进行发送和接收的应用实例。发送方采用查询方式发送地址帧,采用中断或查询方式发送数据,接收方采用中断或查询方式接收数据。发送和接收双方均采用 6MHz 的晶振,波特率为 4800。

发送方首先将存放在 78H 和 77H 单元中的地址发送给收方,然后发送数据 00H ~ FFH,共 256 个数据。

1. 甲机发送程序

中断方式的发送程序如下:

```
ORG     0000H
LJMP    MAIN
ORG     0023H
LJMP    COM_INT
```

```
        ORG     1000H
MAIN:   MOV     SP, # 53H          ;设置堆栈指针
        MOV     78H, # 20H         ;设置要存放数据的单元的首地址
        MOV     77H, # 00H
        ACALL   TRAN               ;调用发送子程序
        SJMP    $
TRANS:  MOV     TMOD, # 20H        ;设置定时器/计数器工作方式
        MOV     TH1, # 0FDH        ;设置波特率为 4800
        MOV     TL1, # 0FDH
        SETB    TR1                ;开定时器
        MOV     SCON, # 0E0H       ;设置串行口工作方式为方式 3
        SETB    TB8                ;设置第 9 位数据位
        MOV     IE, # 00H          ;关中断
        MOV     SBUF,78H           ;查询方式发送首地址高 8 位
WAIT:   JNB     TI,WAIT
        CLR     TI
        MOV     SBUF,77H           ;发送首地址低 8 位
WAIT2:  JNB     TI,WAIT2
        CLR     TI
        MOV     IE,# 90H           ;开中断
        CLR     TB8
        MOV     A, # 00H
        MOV     SBUF,A             ;开始发送数据
WAIT1:  CJNE    A, # 0FFH,WAIT1    ;判断数据是否发送完毕
        CLR     ES                 ;发送完毕则关中断
        RET
COM _ INT: CLR  TI                 ;中断服务子程序段
        INC     A                  ;要发送数据值加 1
        MOV     SBUF,A             ;发送数据
        RETI                       ;中断返回
        END
```

2.乙机接收程序

接收方把先接收到的数据送给数据指针,将其作为数据存放的首地址,然后将接下来接收到的数据存放到以先前接收的数据为首地址的单元中去。

采用中断方式的接收程序如下:

```
        ORG     0000H
```

```
        LJMP    MAIN
        ORG     0023H
        LJMP    COM_INT
        ORG     1000H
MAIN:   MOV     SP,#53H          ;设置堆栈指针
        MOV     R0,#0FEH         ;设置地址帧接收计数寄存器初值
        ACALL   RECEI            ;调用接收子程序
        SJMP    $
RECEI:  MOV     TMOD,#20H        ;设置定时器/计数器工作方式
        MOV     TH1,#0FDH        ;设置波特率为 4800
        MOV     TL1,#0FDH
        SETB    TR1              ;开定时器
        MOV     IE,#90H          ;开中断
        MOV     SCON,#0F0H       ;设置串行口工作方式,允许接收
        SETB    F0               ;设置标志位
WAIT:   JB      F0,WAIT          ;等待接收
        RET
COM_INT: CLR    RI               ;清接收中断标志位
        MOV     C,RB8            ;对第 9 位数据进行判断,是数据还是地址
        JNC     PD2              ;是地址则送给数据指针指示器 DPTR
        INC     R0
        MOV     A,R0
        JZ      PD
        MOV     DPH,SBUF
        SJMP    PD1
PD:     MOV     DPL,SBUF
        CLR     SM2              ;清地址标志位
PD1:    RETI
PD2:    MOV     A,SBUF           ;接收数据
        MOVX    @DPTR,A
        INC     DPTR
        CJNE    A,#0FFH,PD1      ;判断是否位最后一帧数据
        SETB    SM2              ;是则清相关的标志位
        CLR     F0
        CLR     ES
        RETI                     ;中断返回
```

END

一般来说,定时器方式2用来确定波特率是比较理想的,它不需要中断服务程序设置初值,且算出的波特率比较准确。在用户使用的波特率不是很低的情况下,建议使用定时器T1的方式2来确定波特率。

思考题及习题

1.串行数据传送的主要优点和用途是什么?

2.简述串行口接收和发送数据的过程。

3.帧格式为1个起始位,8个数据位和1个停止位的异步串行通信方式是方式(　　)。

4.串行口有几种工作方式?有几种帧格式?各种工作方式的波特率如何确定?

5.假定串行口串行发送的字符格式为1个起始位,8个数据位,1个奇校验位,1个停止位,请画出传送字符"A"的帧格式。

6.下列说法正确的是　　(　　)

(A)串行口通信的第9数据位的功能可由用户定义

(B)发送数据的第9数据位的内容是在SCON寄存器的TB8位中预先准备好的

(C)串行通信帧发送时,指令把TB8位的状态送入发送SBUF中

(D)串行通信接收到的第9位数据送SCON寄存器的RB8中保存

(E)串行口方式1的波特率是可变的,通过定时器/计数器T1的溢出率设定

7.通过串行口发送或接收数据时,在程序中应使用　　(　　)

(A)MOVC指令　　(B)MOVX指令　　(C)MOV指令　　(D)XCHD指令

8.为什么定时器/计数器T1用做串行口波特率发生器时,常采用方式2?若已知时钟频率、通信波特率,如何计算其初值?

9.串行口工作方式1的波特率是　　(　　)

(A)固定的,为 $fosc/32$

(B)固定的,为 $fosc/16$。

(C)可变的,通过定时器/计数器T1的溢出率设定。

(D)固定的,为 $fosc/64$。

10.在串行通信中,收发双方对波特率的设定应该是(　　)的。

11.若晶体振荡器为11.059 2 MHz,串行口工作于方式1,波特率为4 800 bit/s,写出用T1作为波特率发生器的方式控制字和计数初值。

12.简述利用串行口进行多机通信的原理。

13.使用8031的串行口按工作方式1进行串行数据通信,假定波特率为2 400 bit/s,以中断方式传送数据,请编写全双工通信程序。

14.使用8031的串行口按工作方式3进行串行数据通信,假定波特率为1 200 bit/s,第9数据位作奇偶校验位,以中断方式传送数据,请编写通信程序。

15.某8031串行口,传送数据的帧格式为1个起始位(0),7个数据位,1个偶校验和1个

停止位(1)组成。当该串行口每分钟传送 1 800 bite 时,试计算出波特率。

16. 为什么 MCS－51 串行口的方式 0 帧格式没有起始位(0)和停止位(1)?

17. 直接以 TTL 电平串行传输数据的方式有什么缺点?

18. 图 7.16 的接口电路中,为什么使用两组独立的电源 V_{CC} 和外 5V?

第 8 章　MCS－51 扩展存储器的设计

8.1　概　述

MCS－51 单片机片内集成了各种存储器和 I/O 功能部件，但有时根据应用系统的功能需求，片内的资源还不能满足需要，还需要外扩存储器和 I/O 功能部件（也称 I/O 接口部件），这就是通常所说的 MCS－51 单片机的系统扩展问题。

MCS－51 系统扩展的内容主要有外部存储器的扩展（外部存储器又分为外部程序存储器和外部数据存储器）和 I/O 接口部件的扩展。本章介绍 MCS－51 单片机如何扩展外部存储器，有关 I/O 接口部件的扩展将在第 9 章介绍。

MCS－51 系统扩展结构如图 8.1 所示。

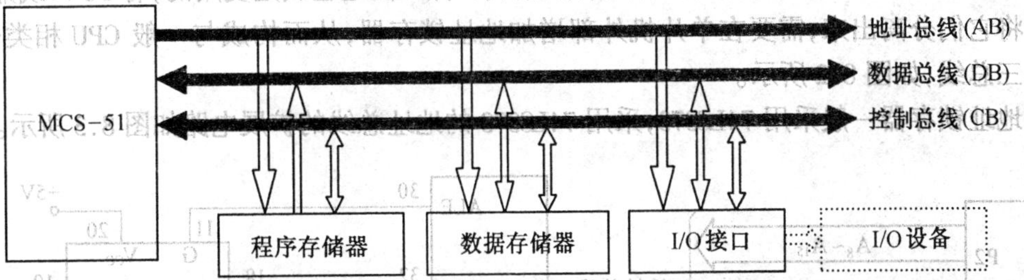

图 8.1　MCS－51 的系统扩展结构

由图 8.1 可以看出，系统扩展是以 MCS－51 单片机为核心进行的。扩展内容包括扩展程序存储器（ROM）、数据存储器（RAM）、I/O 接口部件及 I/O 设备等。

MCS－51 单片机外部存储器结构，采用的是哈佛结构，即程序存储器的空间和数据存储器的空间是截然分开的。MCS－51 单片机数据存储器和程序存储器的最大扩展空间各为 64Kbyte，扩展后，系统形成了两个并行的 64Kbyte 外部存储器空间。

由图 8.1 可以看出，扩展是通过系统总线进行的，通过总线把 MCS－51 单片机与各扩展部分连接起来。因此，要进行系统扩展首先要构造系统总线。

8.2　系统总线及总线构造

8.2.1　系统总线

所谓总线，就是连接计算机各部件的一组公共信号线。MCS－51 使用的是并行总线结构，按其功能通常把系统总线分为三组（如图 8.1），即：

1.地址总线(Adress Bus,简写 AB)

地址总线用于传送单片机发出的地址信号,以便进行存储单元和 I/O 端口的选择。地址总线是单向传输的。

2.数据总线(Data Bus,简写 DB)

数据总线用于在单片机与存储器之间或单片机与 I/O 之间传送数据。数据总线是双向的,可以进行两个方向的传送。

3.控制总线(Control Bus,简写 CB)

控制总线实际上就是一组控制信号线,包括单片机发出的,以及从其他部件传送给单片机的。

8.2.2 构造系统总线

既然单片机的扩展系统是并行总线结构,依次单片机系统扩展的首要问题是构造系统总线,然后再往系统总线上"挂"存储器芯片或 I/O 接口芯片,"挂"存储器芯片就是存储器扩展,"挂"I/O 接口芯片就是 I/O 扩展。

MCS－51 单片机受引脚数目的限制,数据线和低 8 位地址线是复用的,有 P0 口线兼用。为了将它们分离出来,需要在单片机外部增加地址锁存器,从而构成与一般 CPU 相类似的片外三总线,如图 8.2 所示。

地址锁存器一般采用 74LS373,采用 74LS373 的地址总线的扩展电路如图 8.3 所示。

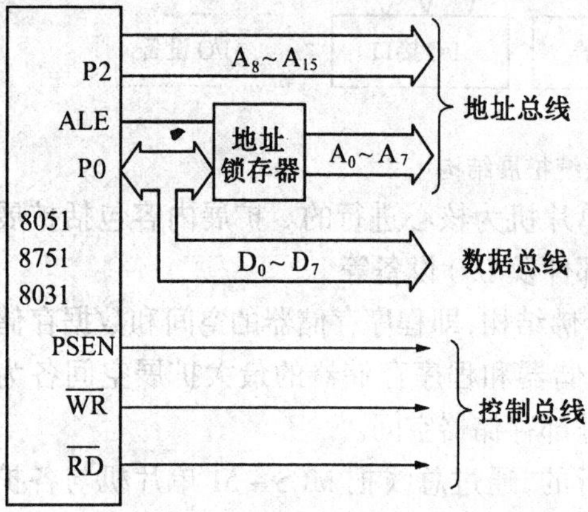

图 8.2 MCS－51 扩展的三总线

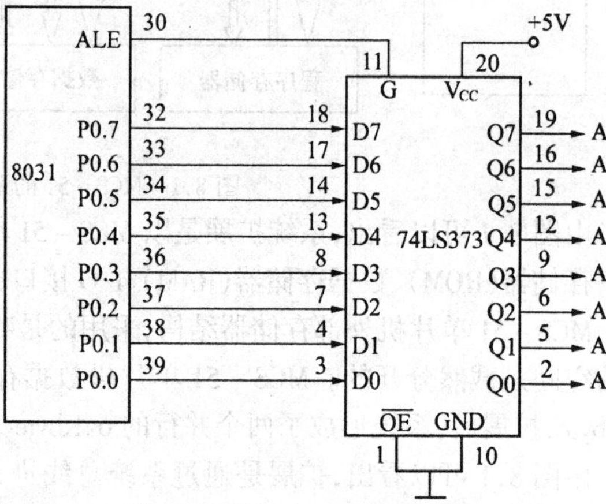

图 8.3 MCS－51 地址总线扩展电路

由 MCS－51 的 P0 口送出的低 8 位有效地址信号是在 ALE(地址锁存允许)信号变高的同时出现的,并在 ALE 由高变低时,将出现在 P0 口的地址信号锁存到外部地址锁存器 74LS373 中,随后,P0 口又作为数据总线口。下面说明总线的具体构造方法。

1.以 P0 口作为低 8 位地址/数据总线

因为 P0 口既作低 8 位地址线,又作数据总线(分时复用),因此,需要增加一个 8 位锁存器。在实际应用时,先把低 8 位地址送锁存器暂存,地址锁存器的输出给系统提供低 8 位地址,而把 P0 口线作为数据线使用。实际上,MCS－51 单片机的 P0 口的电路设计已经考虑了这种应用要求，P0 口线内部电路中的多路转接电路 MUX 以及地址/数据控制（见第 2 章的图 2.7）就是为此目的而设计的。

2. 以 P2 口的口线作高位地址线

P2 口的全部 8 位口线用作高位地址线，再加上 P0 口提供的低 8 位地址，便形成了完整的 16 位地址总线，使单片机系统的寻址范围达到 64Kbyte。

但在实际应用系统中，高位地址线并不固定为 8 位，需要用几位就从 P2 口中引出几条口线。

3. 控制信号线

除了地址线和数据线之外，在扩展系统中还需要一些控制信号线，以构成扩展系统的控制总线。这些信号有的就是单片机引脚的第一功能信号，有的则是 P3 口第二功能信号。其中包括：

(1) 使用 ALE 信号作为低 8 位地址的锁存控制信号。

(2) 以 $\overline{\text{PSEN}}$ 信号作为扩展程序存储器的读选通信号。

(3) 以 $\overline{\text{EA}}$ 信号作为内外程序存储器的选择控制信号。

(4) 由 $\overline{\text{RD}}$ 和 $\overline{\text{WR}}$ 信号作为扩展数据存储器和 I/O 口的读选通、写选通信号。

可以看出，尽管 MCS－51 单片机有 4 个并行的 I/O 口，共 32 条口线，但由于系统扩展的需要，真正作为数据 I/O 使用的，就剩下 P1 口和 P3 口的部分口线了。

8.3 地址空间分配和外部地址锁存器

8.3.1 存储器地址空间分配

在实际的单片机应用系统设计中，既需要扩展程序存储器，往往又需要扩展数据存储器，如何把外部各自的 64Kbyte 空间分配给各个程序存储器、数据存储器芯片，并且使程序存储器的各个芯片之间，数据存储器（I/O 接口芯片也作为数据存储器一部分）各芯片之间，一个存储器单元对应一个地址，地址不发生重叠，从而避免发生数据冲突。这就是存储器的地址空间的分配问题。

MCS－51 发出的地址是用来选择某个存储器单元，在外扩的多片存储器芯片中，MCS－51 要完成这种功能，必须进行两种选择：一是必须选中该存储器芯片（或 I/O 接口芯片），这称为“片选”，只有被“选中”的存储器芯片才能被 MCS－51 读出或写入数据。二是必须选择该芯片的某一单元，称为单元选择。为了芯片选择（片选）的需要，每个存储器芯片都有片选信号引脚，因此芯片的选择的实质就是如何通过 MCS－51 的地址线来产生芯片的片选信号。

通常把单片机系统的地址线笼统地分为低位和高位地址线，芯片的选择都是使用高位地址线。实际上，在 16 根地址线中，高、低位地址线的数目并不是固定的，我们只是把用于存储单元选择所使用的地址线，都称为低位地址线，其余的就为高位地址线。

存储器地址空间分配除了考虑地址线的连接外，还要注意各存储器芯片在整个存储空间中所占据的地址范围，以便在程序设计时正确地应用它们。

常用的存储器地址分配的方法有两种:线性选择法(简称线选法)和地址译码法(简称译码法),下面分别予以介绍。

1.线选法

线选法就是直接利用系统的高位地址线作为存储器芯片(或 I/O 接口芯片)的片选信号。为此,只需要把用到的地址线与存储器芯片的片选端直接连接即可。线选法的优点是电路简单,不需要地址译码器硬件,体积小,成本低。缺点是可寻址的芯片数目受到限制;另外,地址空间不连续,每个存储单元的地址不惟一,这会给程序设计带来一些不方便。

下面通过一个具体例子,来说明线选法的具体应用。

假如某一单片机系统,需要外扩 8Kbyte 的 EPROM(2 片 2732),4Kbyte 的 RAM(2 片 6116),这些芯片与 MCS-51 单片机地址分配有关的地址线连线,如图 8.4 所示。

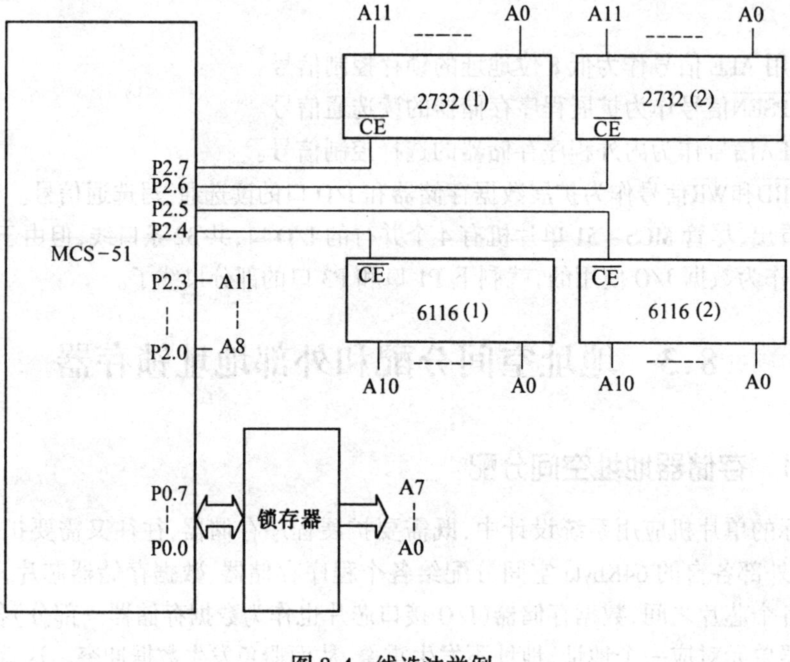

图 8.4　线选法举例

先看程序存储器 2732 与 MCS-51 的连接。2732 是 4Kbyte 的程序存储器,有 12 根地址线 A0~A11,它们分别与单片机的 P0 口及 P2.0~P2.3 口相连,从而实现 4Kbyte 范围内的单元选择。由于系统中有 2 片程序存储器,存在 2 片程序存储器芯片之间相区别的问题,2732(1)片选端 $\overline{CE}$ 接 A15(P2.7),2732(2)片选端 $\overline{CE}$ 接 A14(P2.6),当要选中某个芯片时,单片机 P2 口对应的片选信号引脚应为低电平,其他引脚一定要为高电平。这样才能保证一次只选中一片,而在同时不再选中其他同类存储器芯片,这就是所谓的线性选择地址法,简称线选法。

再来看数据存储器与单片机的接口。数据存储器也有 2 片芯片需要区别。这里用P2.5 和 P2.4 分别作为这 2 片芯片的片选信号。当要选中某个芯片时,单片机 P2 口对应的片选信号引脚应为低电平,其他引脚一定要为高电平。由于 6116 是 2Kbyte 的,需要 11 根地址线作为存储单元的选择,而剩下的 P2 口线(P2.4~P2.7)正好作为片选线。

从图 8.4 中可以看出,程序存储器 2732 的低 2Kbyte 和数据存储器 6116 的地址是重叠的。那么会不会 MCS－51 发出读 2732 某个单元的地址时，同时也会选中 6116 的某个单元，从而发生数据冲突，产生错误呢？对这种情况，完全不用担心，虽然两个单元的地址是一样的，但是 MCS－51 发给两类存储器的控制信号是不一样的。读程序存储器，则是 $\overline{PSEN}$ 信号有效；读数据存储器，则是 RD 信号有效。以上控制信号是由 MCS－51 执行读外部程序存储器或读外部数据存储器的指令产生，任何时刻只能执行一种指令，只产生一种控制信号，所以不会产生数据冲突的问题。通过上面的讨论，可以得出一个重要的结论：MCS－51 单片机外扩程序存储器和数据存储器的地址空间可以重叠，只是注意程序存储器和程序存储器之间，数据存储器和数据存储器之间，千万不要发生地址重叠。

现在再来看两个程序存储器的地址范围。

2732(1)的地址范围

选中 2732(1)时，P2 口(高 8 位的地址)各引脚的状态为

P2.7	P2.6	P2.5	P2.4	P2.3	P2.2	P2.1	P2.0
0	1	1	1	0 或 1	0 或 1	0 或 1	0 或 1

由上可见高 8 位的地址变化范围为 70H～7FH。

P0.7	P0.6	P0.5	P0.4	P0.3	P0.2	P0.1	P0.0
0 或 1	0 或 1	0 或 1	0 或 1	0 或 1	0 或 1	0 或 1	0 或 1

由上可见低 8 位的地址变化范围为 00H～FFH。

所以 2732(1)的地址的变化范围为 7 000H～7FFFH。

2732(2)的地址范围

选中 2732(2)时，P2 口(高 8 位的地址)各引脚的状态为

P2.7	P2.6	P2.5	P2.4	P2.3	P2.2	P2.1	P2.0
1	0	1	1	0 或 1	0 或 1	0 或 1	0 或 1

由上可见高 8 位的地址变化范围为 B0H～BFH。

P0.7	P0.6	P0.5	P0.4	P0.3	P0.2	P0.1	P0.0
0 或 1	0 或 1	0 或 1	0 或 1	0 或 1	0 或 1	0 或 1	0 或 1

由上可见低 8 位的地址变化范围为 00H～FFH。

所以 2732(2)的地址的变化范围为 B000H～BFFFH。

现在再来看两个数据存储器的地址范围。

6116(1)的地址范围

选中 6116(1)时，P2 口(高 8 位的地址)各引脚的状态为

P2.7	P2.6	P2.5	P2.4	P2.3	P2.2	P2.1	P2.0
1	1	1	0	1	0 或 1	0 或 1	0 或 1

由上可见高 8 位的地址变化范围为 E8H～EFH。

P0.7	P0.6	P0.5	P0.4	P0.3	P0.2	P0.1	P0.0
0 或 1	0 或 1	0 或 1	0 或 1	0 或 1	0 或 1	0 或 1	0 或 1

由上可见低 8 位的地址变化范围为 00H ~ FFH。

所以 6116(1)的地址范围变化范围为 E800H ~ EFFFH。

6116(2)的地址范围

选中 6116(2)时,P2 口(高 8 位的地址)各引脚的状态为

P2.7	P2.6	P2.5	P2.4	P2.3	P2.2	P2.1	P2.0
1	1	0	1	1	0 或 1	0 或 1	0 或 1

由上可见高 8 位的地址变化范围为 D8H ~ DFH。

P0.7	P0.6	P0.5	P0.4	P0.3	P0.2	P0.1	P0.0
0 或 1	班 0 或 1	0 或 1	0 或 1	0 或 1	0 或 1	0 或 1	0 或 1

由上可见低 8 位的地址变化范围为 00H ~ FFH。

所以 6116(2)的地址范围变化范围为为 D800H ~ DFFFH。

由上可见,线选法的特点是不需要另外增加硬件电路。但是,这种方法对存储器空间的利用是断续的,不能充分有效地利用存储空间,只适用于外扩的芯片数目不多,规模不大的单片机系统的存储器扩展。

2. 译码法

译码法就是使用译码器对 MCS - 51 的高位地址进行译码,译码器的译码输出作为存储器芯片的片选信号。这是一种最常用的存储器地址分配的方法,它能有效地利用存储器空间,适用于大容量多芯片的存储器扩展。译码电路可以使用现有的译码器芯片。最常用的译码器芯片有 74LS138(3 - 8 译码器)、74LS139(双 2 - 4 译码器)、74LS154(4 - 16 译码器)。若全部高位地址线都参加译码,称为全译码;若仅仅部分高位地址线参加译码,称为部分译码,部分译码存在着部分存储器地址空间相重叠的情况。

下面介绍几种常用的译码器芯片。

(1)74LS138

74LS138 是一种 3 - 8 译码器,有 3 个数据输入端,经译码产生 8 种状态。其引脚如图 8.5所示,译码功能如表 8.1 所示。由表 8.1 可见,当译码器的输入为某一个编码时其输出就有一个固定的引脚输出为低电平,其余的为高电平。

表 8.1 74LS138 真值表

输入						输出							
G1	$\overline{G2A}$	$\overline{G2B}$	C	B	A	$\overline{Y7}$	$\overline{Y6}$	$\overline{Y5}$	$\overline{Y4}$	$\overline{Y3}$	$\overline{Y2}$	$\overline{Y1}$	$\overline{Y0}$
1	0	0	0	0	0	1	1	1	1	1	1	1	0
1	0	0	0	0	1	1	1	1	1	1	1	0	1
1	0	0	0	1	0	1	1	1	1	1	0	1	1
1	0	0	0	1	1	1	1	1	1	0	1	1	1
1	0	0	1	0	0	1	1	1	0	1	1	1	1
1	0	0	1	0	1	1	1	0	1	1	1	1	1
1	0	0	1	1	0	1	0	1	1	1	1	1	1
1	0	0	1	1	1	0	1	1	1	1	1	1	1
其他状态			×	×	×	1	1	1	1	1	1	1	1

注:1 表示高电平,0 表示低电平,× 表示任意

(2)74LS139

74LS139 是一种双 2－4 译码器。这两个译码器完全独立，分别有各自的数据输入端、译码状态输出端以及数据输入允许端。其引脚如图 8.6 所示，真值表如表 8.2 所示（只给出其中的一组）。

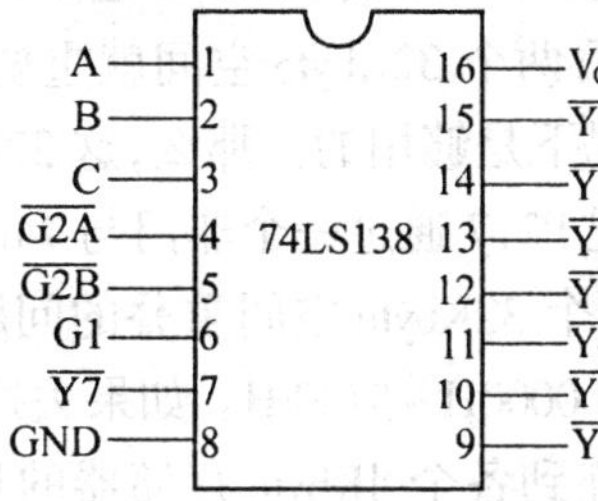

图 8.5　74LS138 引脚图

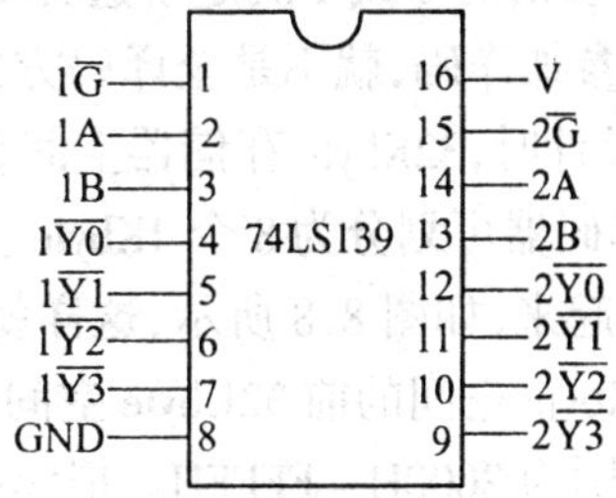

图 8.6　74LS139 引脚图

表 8.2　74LS139 真值表

输入端			输出端			
允许	选择					
$\overline{G}$	B	A	$\overline{Y0}$	$\overline{Y1}$	$\overline{Y2}$	$\overline{Y3}$
1	×	×	1	1	1	1
0	0	0	0	1	1	1
0	0	1	1	0	1	1
0	1	0	1	1	0	1
0	1	1	1	1	1	0

下面我们以 74LS138 为例，来介绍如何进行地址分配。例如要扩 8 片 8Kbyte 的 RAM 6264，如何通过 74LS138 把 64Kbyte 空间分配给各个芯片？由 74LS138 真值表可知，把 G1 接到 +5V，G_{2A}、G_{2B}接地，P2.7、P2.6、P2.5 分别接到 74LS138 的 C、B、A 端，P2.4～P2.0，P0.7～P0.0 这 13 根地址线接到 8 片 6264 的 A12～A0 脚。

由于对高 3 位地址译码，这样译码器有 8 个输出$\overline{Y0}$～$\overline{Y7}$，分别接到 8 片 6264 的片选端，而低 13 位地址（P2.4～P2.0，P0.7～P0.0）完成对 6264 存储单元的选择。这样就把 64Kbyte 存储器空间分成 8 个 8Kbyte 空间。64Kbyte 地址空间的分配如图 8.7 所示。

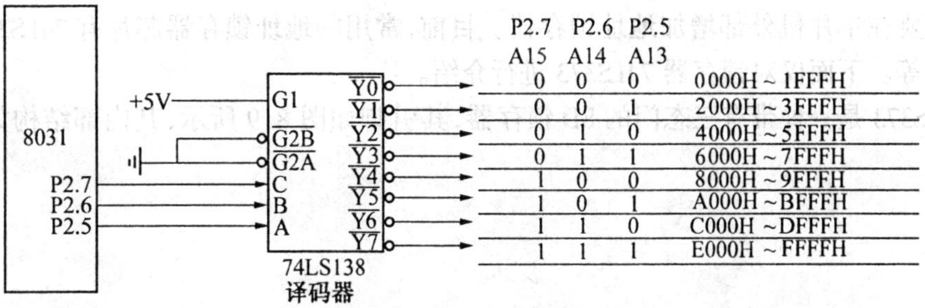

图 8.7　64 Kbyte 地址空间划分成 8 个 8 Kbyte 空间

这里采用的是全地址译码方式。因此，MCS－51 单片机发地址码时，每次只能选中一个存储单元。这样，同类存储器之间根本不会产生地址重叠的问题。

如果用 74LS138 把 64Kbyte 空间全部划分为每块 4Kbyte，如何划分呢？由于 4Kbyte 空间需要 12 根地址线进行单元选择，而译码器的输入有 3 根地址线（P2.6～P2.4），P2.7 没有参加译码，P2.7 发出的 0 或 1 决定了选择 64Kbyte 存储器空间的前 32Kbyte 还是后 32Kbyte，由于 P2.7 没有参加译码，就不是全译码方式，这样，前后两个 32Kbyte 空间就重叠了。但是在实际的应用设计时，32Kbyte 存储器空间在大部分情况下是够用的。那么，这 32Kbyte 空间利用 74LS138 译码器可划分为 8 个 4Kbyte 空间。如果把 P2.7 通过一个非门与 74LS138 译码器的 G1 端连接起来，如图 8.8 所示，这样就不会发生两个 32Kbyte 空间重叠的问题了。这时，选中的是 64Kbyte 空间的前 32Kbyte 空间，地址范围为 0000H～7FFFH。如果去掉图 8.8 中的非门，地址范围为 8000H～FFFFH。把译码器的输出连到各个 4Kbyte 存储器的片选端，这样就把 32Kbyte 的空间划分为 8 个 4Kbyte 空间。P2.3～P2.0，P0.7～P0.0 实现对单元的选择，P2.6～P2.4 通过 74LS138 译码器的译码实现对存储器的片选。

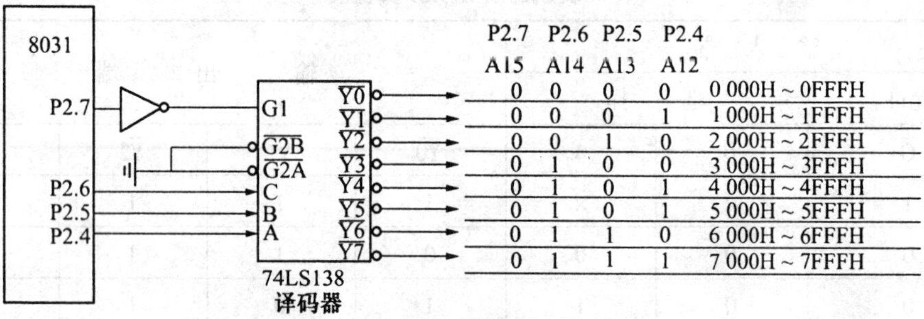

图 8.8　存储器空间被划分成每块为 4Kbyte

如果利用 74LS138 译码器实现每块为 2Kbyte 的划分，这样会产生 4 个 16Kbyte 存储器空间的划分。如果把 P2.7 同 74LS138 译码器的 G1 端相连，P2.6 同$\overline{G_{2A}}$端相连，这样一来就把 64Kbyte 空间固定为 4 个 16Kbyte 空间中的某一个。改变 P2.7、P2.6 同译码器 G1 端、$\overline{G_{2A}}$端连接的逻辑，即可改变选中 4 个 16Kbyte 空间中的某一个。译码器的 8 个输出，即把 16Kbyte 空间划分为 2Kbyte 一个的存储空间了。读者可自己画出这部分电路以及译码器输出的对应地址范围。

8.3.2　外部地址锁存器

MCS－51 单片机受引脚数的限制，P0 口兼用数据线和低 8 位地址线，为了将它们分离出来，需要在单片机外部增加地址锁存器。目前，常用的地址锁存器芯片有 74LS373、8282、74LS573 等。下面仅对锁存器 74LS373 进行介绍。

74LS373 是一种带有三态门的 8D 锁存器，其引脚如图 8.9 所示，其内部结构如图 8.10 所示。

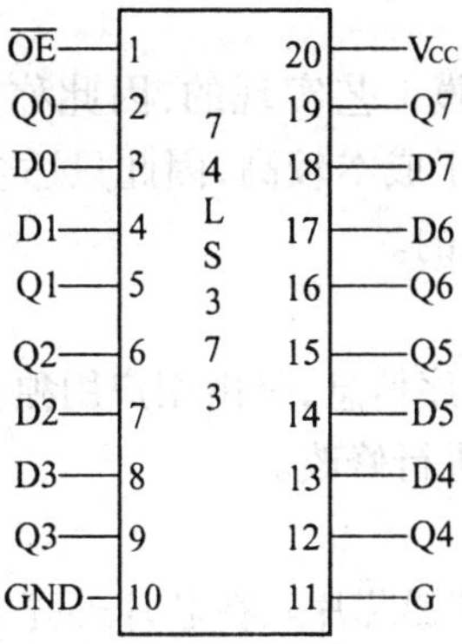

图 8.9　锁存器 74LS373 的引脚

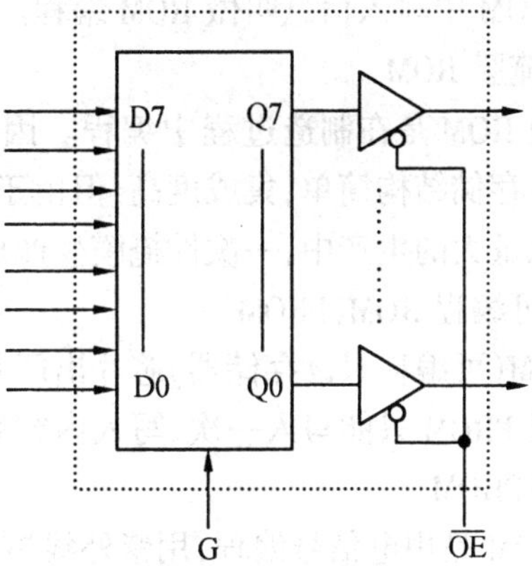

图 8.10　74LS373 的内部结构

对其引脚说明如下。

D7～D0:8 位数据输入线。

Q7～Q0:8 位数据输出线。

G:数据输入锁存选通信号,高电平有效。当该信号为高电平时,外部数据选通到内部锁存器,负跳变时,数据锁存到锁存器中。

$\overline{OE}$:数据输出允许信号,低电平有效。当该信号为低电平时,三态门打开,锁存器中数据输出到数据输出线。当该信号为高电平时,输出线为高阻态。

图 8.11 分别给出 74LS373、8282 芯片作为地址锁存器与 MCS－51 单片机 P0 口的连接方法。74LS373 功能表如表 8.3 所示。

表 8.3　74LS373 功能表

$\overline{OE}$	G	D	Q
0	1	1	1
0	1	0	0
0	0	×	不变
1	×	×	高阻态

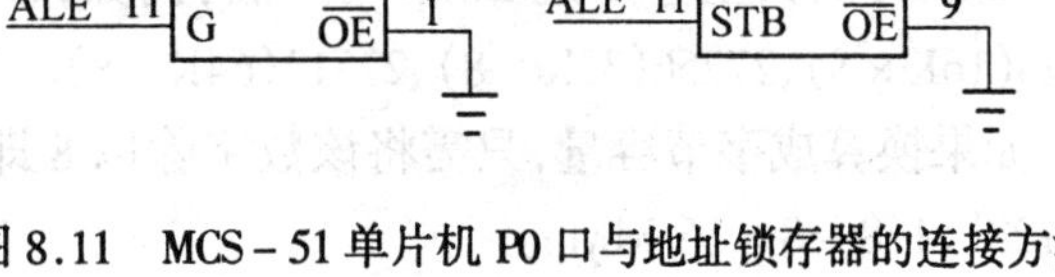

图 8.11　MCS－51 单片机 P0 口与地址锁存器的连接方法

8.4　程序存储器 EPROM 的扩展

程序存储器一般采用只读存储器,因为这种存储器在电源关断后,仍能保存程序(我们称此特性为非易失性),在系统上电后,CPU 可取出这些指令予以重新执行。

只读存储器简称为 ROM(Read Only Memory)。ROM 中的信息一旦写入之后,就不能随意更改,特别是不能在程序运行的过程中写入新的内容,故称之为只读存储器。

向 ROM 中写入信息叫做 ROM 编程。根据编程的方式不同，ROM 分为以下几种。

(1)掩膜 ROM

掩膜 ROM 是在制造过程中编程。因编程是以掩膜工艺实现的，因此称为掩膜 ROM。这种芯片存储结构简单，集成度高，但由于掩膜工艺由于成本较高，因此只适合于大批量生产。在批量大的生产中，一次性掩膜生产成本才是很低的。

(2)可编程 ROM(PROM)

PROM(可编程只读存储器)芯片出厂并没有任何程序信息，是由用户用独立的编程器写入的。但 PROM 只能写入一次，写入内容后，就不能再进行修改。

(3)EPROM

EPROM 是用电信号编程，用紫外线擦除的只读存储器芯片。在芯片外壳上的中间位置有一个圆形窗口，通过这个窗口照射紫外线就可擦除原有的信息。

(4)E^2PROM(EEPROM)

这是一种用电信号编程，也用电信号擦除的 ROM 芯片，对 E^2PROM 的读写操作与 RAM 存储器几乎没有什么差别，只是写入的速度慢一些。但断电后能够保存信息。

(5)Flash ROM

Flash ROM 又称闪烁存储器，简称闪存。Flash ROM 是在 EPROM、E^2PROM 的基础上发展起来的一种只读存储器，是一种非易失性、电擦除型存储器。其特点是可快速在线修改其存储单元中的数据，标准改写次数可达 1 万次，Flash ROM 的读写速度都很快，存取时间可达 70ns，而成本却比普通 E^2PROM 低得多，所以目前大有取代 E^2PROM 的趋势。

目前许多公司生产的以 MCS - 51 为内核的单片机，在芯片内部集成了数量不等的 Flash ROM。例如，美国 ATMEL 公司生产的兼容 MCS - 51 的单片机 89C2051/89C51/89C52/89C55，片内分别有 2K/4K/8K/20K 的 Flash ROM。对于这类单片机，扩展外部程序存储器的工作即可省去。

8.4.1 常用 EPROM 芯片介绍

程序存储器的扩展可根据需要来使用上述的各种只读存储器的芯片，但使用比较多的是 EPROM、E^2PROM，下面首先对常用的 EPROM 芯片进行介绍。

EPROM 的典型芯片是 27 系列产品，例如，2716(2K × 8)、2732(4K × 8)、2764(8K × 8)、27128(16K × 8)、27256(32K × 8)、27512(64K × 8)。型号名称“27”后面的数字表示其位存储容量。如果换算成字节容量，只需将该数字除以 8 即可。例如，“27128”中的 “27”后面的数字为“128”，$128 \div 8 = 16$ Kbyte。

随着大规模集成电路技术的发展，大容量存储器芯片的产量剧增，售价不断下降。大容量存储器芯片的性价比明显增高，而且由于有些厂家已停止生产小容量的芯片，使市场上某些小容量芯片的价格反而比大容量芯片还贵(例如，目前 2716、2732 在市场上已经很难买到)。所以，在扩展程序存储器设计时，应尽量采用大容量的芯片。

1.常用的 EPROM 芯片

27 系列 EPROM 的芯片的引脚如图 8.12 所示，参数见表 8.4。

表 8.4 常用 EPROM 芯片参数表

型号 \ 参数	V_{cc}/V	V_{pp}/V	I_m/mA	I_s/mA	T_{RM}/ns	容量
TMS2732A	5	21	132	32	200 ~ 450	4K × 8 位
TMS2764	5	21	100	35	200 ~ 450	8K × 8 位
INTEL2764A	5	12.5	60	20	200	8K × 8 位
INTEL27C64	5	12.5	10	0.1	200	8K × 8 位
INTEL27128A	5	12.5	100	40	150 ~ 200	16K × 8 位
SCM27C128	5	12.5	30	0.1	200	16K × 8 位
INTEL27256	5	12.5	100	40	220	32K × 8 位
MBM27C256	5	12.5	8	0.1	250 ~ 300	32K × 8 位
INTEL27512	5	12.5	125	40	250	64K × 8 位

表中，V_{cc}为芯片供电电压，V_{pp}为编程电压，I_m 为最大静态电流，I_s 为维持电流，T_{RM}为最大读出时间。

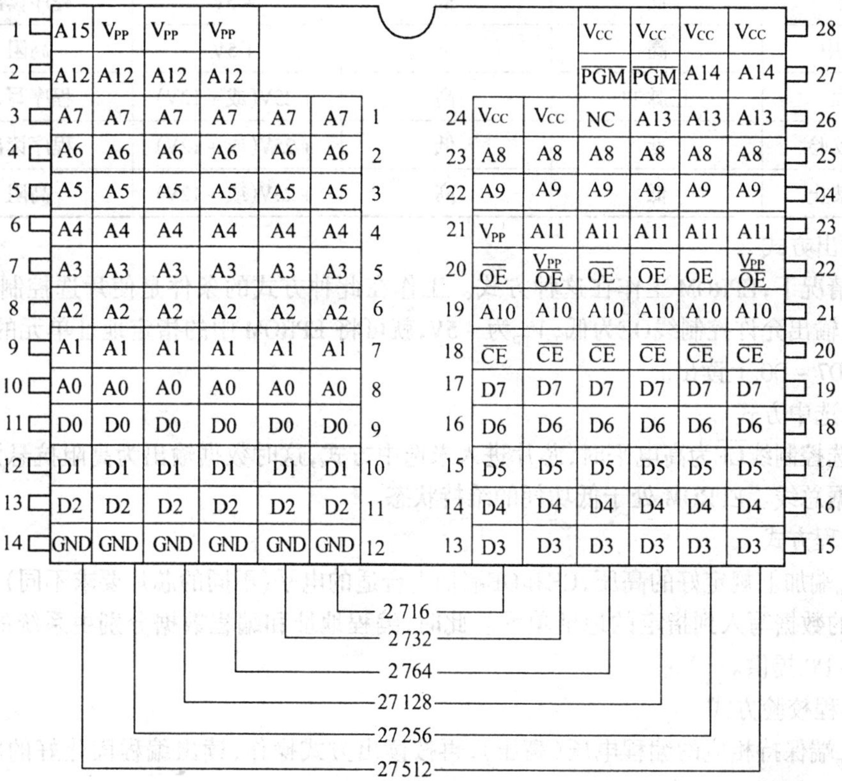

图 8.12 常用 EPROM 芯片引脚图

在图 8.12 中的芯片的引脚功能如下。

A0 ~ A15：地址线引脚。地址线引脚的数目由芯片的存储容量来定，用来进行单元选择。

D7 ~ D0:数据线引脚。

$\overline{CE}$:片选输入端。

$\overline{OE}$:输出允许控制端。

$\overline{PGM}$:编程时,加编程脉冲的输入端。

V_{pp}:编程时,编程电压(+ 12V 或 + 25V)输入端。

V_{cc}: + 5V,芯片的工作电压。

GND:数字地。

NC:无用端。

2.EPROM 芯片的工作方式

EPROM 一般都有 5 种工作方式,由$\overline{CE}$、$\overline{OE}$、$\overline{PGM}$各信号的状态组合来确定。5 种工作方式如表 8.5 所示。

表 8.5 EPROM 的 5 种工作方式

方式 \ 引脚	$\overline{CE}$/PGM	$\overline{OE}$	V_{pp}	D7 ~ D0
读出	低	低	+ 5V	程序读出
未选中	高	×	+ 5V	高阻
编程	正脉冲	高	+ 25V(或 + 12V)	程序写入
程序校验	低	低	+ 25V(或 + 12V)	程序读出
编程禁止	低	高	+ 25V(或 + 12V)	高阻

(1)读出方式

一般情况下,EPROM 工作在这种方式。工作在此种方式的条件是使片选控制线$\overline{CE}$为低,同时让输出允许控制线$\overline{OE}$为低,V_{pp}为 + 5V,就可将 EPROM 中的指定地址单元的内容从数据引脚 D7 ~ D0 上读出。

(2)未选中方式

当片选控制线$\overline{CE}$为高电平时,芯片进入未选中方式,这时数据输出为高阻抗悬浮状态,不占用数据总线。EPROM 处于低功耗的维持状态。

(3)编程方式

在 V_{pp}端加上规定好的高压,$\overline{CE}$和$\overline{OE}$端加上合适的电平(不同的芯片要求不同),就能将数据线上的数据写入到指定的地址单元。此时,编程地址和编程数据分别由系统的 A15 ~ A0 和 D7 ~ D0 提供。

(4)编程校验方式

在 V_{pp}端保持相应的编程电压(高压),再按读出方式操作,读出编程固化好的内容,以校验写入的内容是否正确。

(5)编程禁止方式

本工作方式输出呈高阻状态,不写入程序。

8.4.2 程序存储器的操作时序

1.访问程序存储器的控制信号

MCS-51 单片机访问片外程序存储器时，所用的控制信号有：

①ALE——用于低 8 位地址锁存控制。

②$\overline{PSEN}$——片外程序存储器“读选通”控制信号。$\overline{PSEN}$接外扩 EPROM 的$\overline{OE}$引脚。

③$\overline{EA}$——片内、片外程序存储器访问的控制信号。$\overline{EA}=1$ 时，访问片内程序存储器；当$\overline{EA}=0$ 时，访问片外程序存储器。

如果指令是从片外 EPROM 中读取的，除了 ALE 用于低 8 位地址锁存信号之外，控制信号还有$\overline{PSEN}$，$\overline{PSEN}$接外扩 EPROM 的$\overline{OE}$脚。此外，还要用到 P0 口和 P2 口，P0 口分时用作低 8 位地址总线和数据总线，P2 口用作高 8 位地址线。相应的时序如图 8.13 所示。

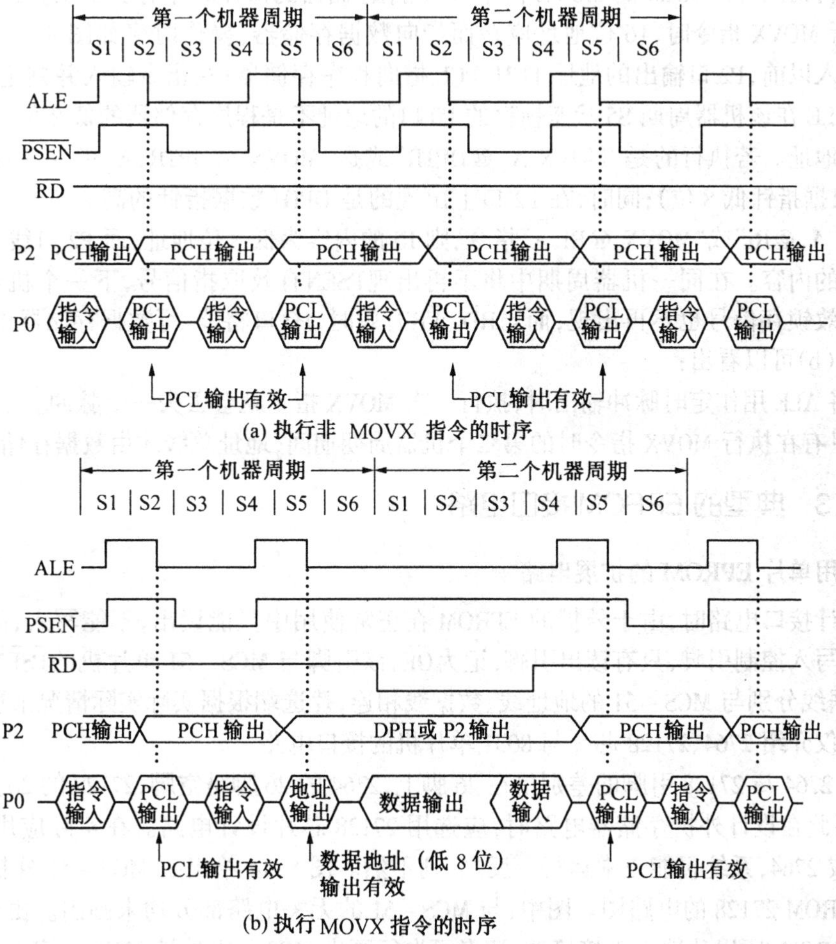

图 8.13 外部程序存储器的操作时序

2.操作时序

由于 MCS-51 单片机中 ROM 和 RAM 是严格分开的，因此，对片外 ROM 的操作时序分为两种情况：执行非 MOVX 指令的时序，如图 8.13(a)所示；执行 MOVX 指令的时序，如图

8.13(b)所示。

(1)应用系统中无片外 RAM

无片外 RAM,则不用执行 MOVX 指令。在执行非 MOVX 指令时,操作时序如图 8.13(a)所示,P0 口作为地址/数据复用的双向总线,用于输入指令或输出程序存储器的低 8 位地址 PCL。P2 口专门用于输出程序存储器的高 8 位地址 PCH。P2 口具有输出锁存功能;而 P0 口输出地址外,还要输入指令,故要用 ALE 来锁存 P0 口输出的地址 PCL。在每个机器周期中,允许地址锁存器两次有效,ALE 在下降沿时,锁存出现在 P0 口上的低 8 位 PCL。同时,$\overline{PSEN}$也是每个机器周期中两次有效,用于选通片外程序存储器,将指令读入片内。

系统无片外 RAM 时,此 ALE 有效信号以振荡器频率的 1/6 出现在引脚上,它可以用作外部时钟或是定时脉冲信号。

(2)应用系统中接有片外 RAM

在执行访问片外 RAM 的 MOVX 指令时,程序存储器的操作时序有所变化。其主要原因在于,执行 MOVX 指令时,16 位地址应转而指向数据存储器,操作时序如图 8.13(b)所示。在指令输入以前,P2 口输出的地址 PCH、PCL 指向程序存储器;在指令输入并判定是 MOVX 指令后,ALE 在该机器周期 S5 状态锁存的 P0 口的地址不是程序存储器的低 8 位,而是数据存储器的地址。若执行的是“MOVX A,@DPTR”或是“MOVX @DPTR,A”指令,则此地址就是 DPL(数据指针低 8 位);同时,在 P2 口上出现的是 DPH(数据指针的高 8 位)。若执行的是“MOVX A,@Ri”或“MOVX @Ri,A”指令,则 Ri 的内容为低 8 位地址,而 P2 口线上将是 P2 口锁存器的内容。在同一机器周期中将不再出现$\overline{PSEN}$有效取指信号,下一个机器周期中 ALE 的有效锁存信号也不再出现;而当$\overline{RD}/\overline{WR}$有效时,P0 口将读/写数据存储器中的数据。由图 8.13(b)可以看出:

(1)将 ALE 用作定时脉冲输出时,执行一次 MOVX 指令就会丢失一个脉冲。

(2)只有在执行 MOVX 指令时的第二个机器周期期间,地址总线才由数据存储器使用。

8.4.3 典型的 EPROM 接口电路

1.使用单片 EPROM 的扩展电路

在设计接口电路时,由于外扩的 EPROM 在正常使用中只能读出,不能写入,故 EPROM 芯片没有写入控制引脚,只有读出引脚,记为$\overline{OE}$,该引脚与 MCS-51 单片机的$\overline{PSEN}$相连,地址线、数据线分别与 MCS-51 的地址线、数据线相连,片选端根据实际实际情况来连接。

下面仅介绍 2764、27128 芯片与 8031 单片机的接口电路。

由于 2764 与 27128 引脚的差别仅在 26 脚上,2764 的 26 脚是空脚,27128 的 26 脚是地址线 A13,因此在设计外扩存储器电路时,应选用 27128 芯片设计电路。在实际应用时,可将 27128 换成 2764,系统仍能正常运行。反之,则不然。图 8.14 给出了 MCS-51 外扩 16Kbyte 字节的EPROM 27128 的电路图。图中,与 MCS-51 的无关电路部分均未画出。由于只扩展了一片 EPROM,所以片选端直接接地,读者可自行画出 MCS-51 外扩 32Kbyte 字节的EPROM 27256 的电路图。

对于图 8.14 中程序存储器所占的地址空间,读者可以自己分析。

2.使用多片 EPROM 的扩展电路

与单片 EPROM 扩展电路相比,多片 EPROM 的扩展除片选线外,其他均与单片扩展电路

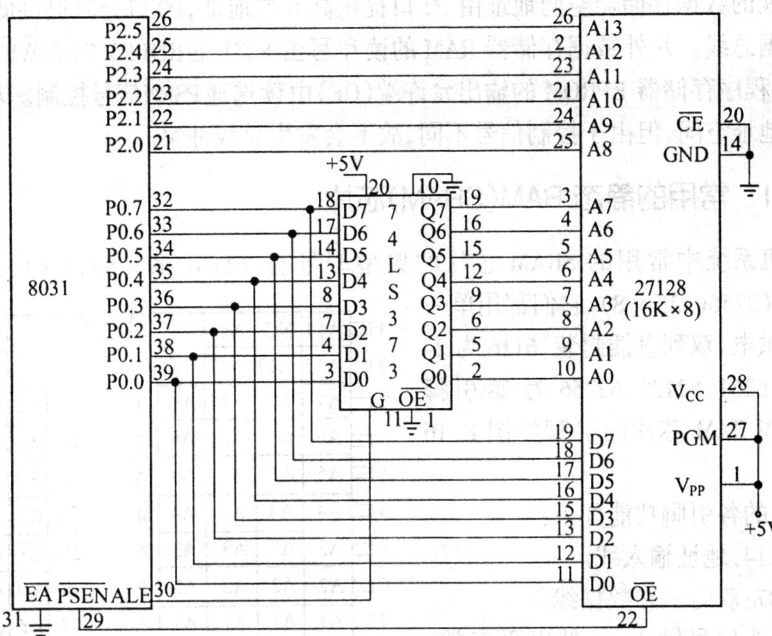

图 8.14　MCS－51 与 27128 的接口电路

相同。图 8.15 给出了利用 4 片 27128 EPROM 扩展成 64Kbyte 字节程序存储器的方法。片选信号由译码选通法产生。4 片 27128 各自所占的地址空间，请读者自己分析。

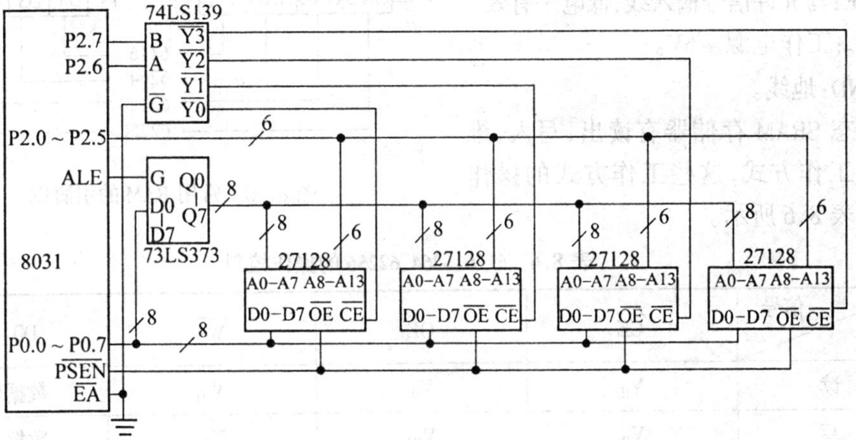

图 8.15　4 片 27128 与 MCS－51 的接口电路

8.5　静态数据存储器的扩展

MCS－51 单片机内部有 128 byte RAM，在实际应用中往往不够用，必须扩展外部数据存储器。常用的数据存储器 RAM 器件有两类，即静态 RAM(SRAM)和动态 RAM(DRAM)。在单片机应用系统中，外扩的数据存储器都采用静态数据存储器，所以这里只讨论静态数据存储器 SRAM 与 MCS－51 的接口。

所扩展的数据存储器空间地址由 P2 口提供高 8 位地址，P0 口分时提供低 8 位地址和 8 位双向数据总线。片外数据存储器 RAM 的读和写由 8031 的$\overline{RD}$(P3.7)和$\overline{WR}$(P3.6)信号控制，而片外程序存储器 EPROM 的输出允许端($\overline{OE}$)由读选通$\overline{PSEN}$信号控制。尽管与 EPROM 共处同一地址空间，但由于控制信号不同，故不会发生总线冲突。

8.5.1 常用的静态 RAM(SRAM)芯片

单片机系统中常用的 SRAM 芯片的典型型号有：6116(2K×8)，6264(8K×8)，62128(16K×8)，62256(32K×8)。它们都用单一 +5V电源供电，双列直插封装，6116 为 24 引脚封装，6264、62128、62256 为 28 引脚封装。这些 RAM 芯片的引脚如图 8.16 所示。

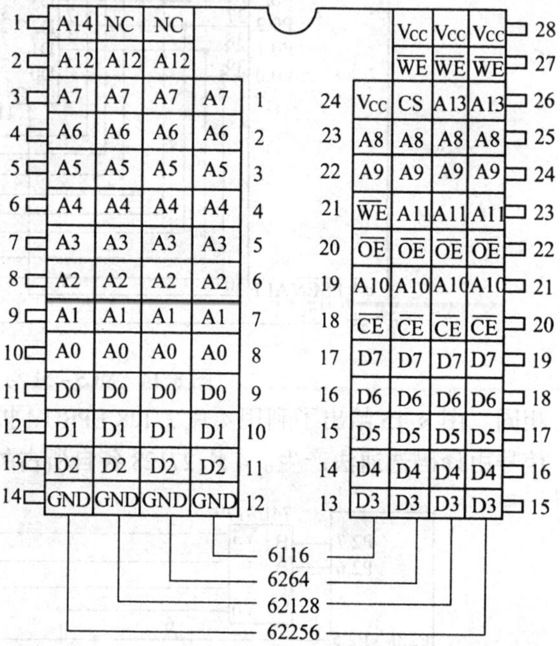

图 8.16 常用 RAM 的引脚图

SRAM 的各引脚功能如下：

A0～A14：地址输入线。

D0～D7：双向三态数据线。

$\overline{CE}$：片选信号输入线，低电平有效。对于 6264 芯片，当 26 脚(CS)为高电平时，且$\overline{CE}$为低电平时才选中该片。

$\overline{OE}$：读选通信号输入线，低电平有效。

$\overline{WE}$：写允许信号输入线，低电平有效。

V_{cc}：工作电源 +5V。

GND：地线。

静态 SRAM 存储器有读出、写入、维持三种工作方式，这些工作方式的操作控制如表 8.6 所示。

表 8.6 6116、6264、62256 的操作控制

信号 / 方式	$\overline{CE}$	$\overline{OE}$	$\overline{WE}$	D0～D7
读	V_{IL}	V_{IL}	V_{IH}	数据输出
写	V_{IL}	V_{IH}	V_{IL}	数据输入
维持 *	V_{IH}	任意	任意	高阻态

* 对于静态 CMOS 的静态 RAM 电路，$\overline{CE}$为高电平，电路处于降耗状态。此时，V_{cc}电压可降至 3V 左右，内部所存储的数据也不会丢失。

8.5.2 外扩数据存储器的读写操作时序

MCS－51 对外扩 RAM 读和写两种操作时序的基本过程是相同的。

1. 读片外 RAM 操作时序

8031 单片机若外扩一片 RAM，应将其引脚与 RAM 芯片的引脚连接，引脚与芯片引脚连接。ALE 信号的作用与 8031 外扩 EPROM 作用相同,即锁存低 8 位地址。

读片外 RAM 周期时序如图 8.17(a)所示。

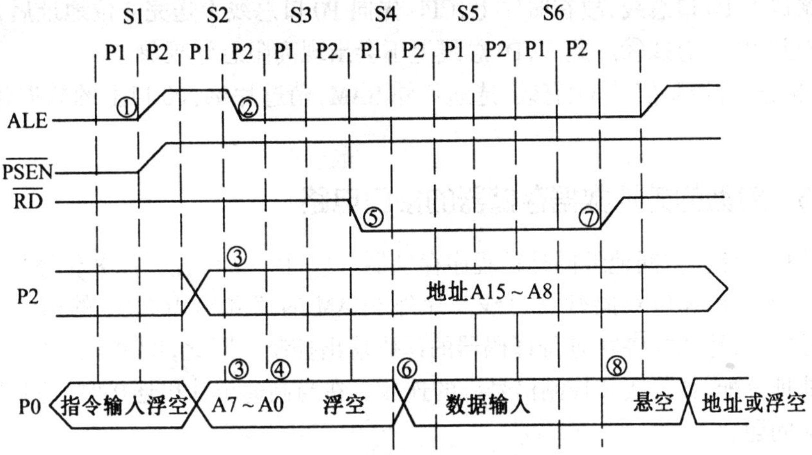

(a) 片外数据存储器读时序

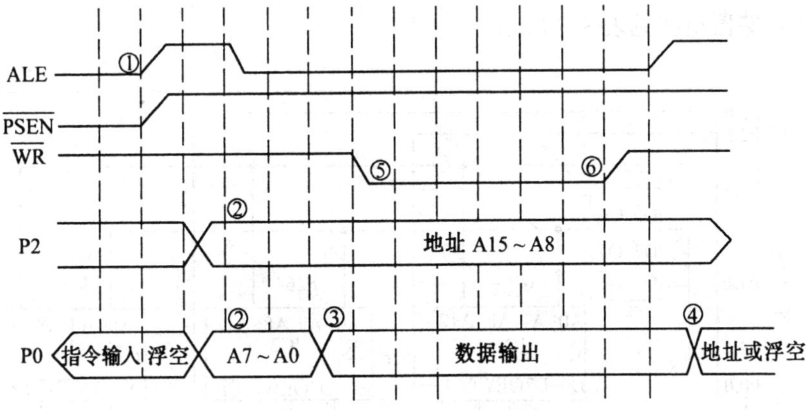

(b) 片外数据存储器写时序

图 8.17　8031 访问片外 RAM 操作时序图

在第一个机器周期的 S1 状态,ALE 信号由低变高①,读 RAM 周期开始。在 S2 状态,CPU 把低 8 位地址送到 P0 口总线上,把高 8 位地址送上 P2 口(在执行"MOVX A,@DPTR"指令阶段时才送高 8 位;若是"MOVX A,@Ri"则不送高 8 位)。

ALE 的下降沿②用来把低 8 位地址信息锁存到外部锁存器 74LS373 内③。而高 8 位地址信息一直锁存在 P2 口锁存器中。

在 S3 状态,P0 口总线变成高阻悬浮状态④。在 S4 状态,$\overline{RD}$信号变为有效⑤(是在执行"MOVX A @DPTR"后使$\overline{RD}$信号有效),$\overline{RD}$信号使得被寻址的片外 PAM 略过片刻后把数据送上 P0 口总线⑥,当$\overline{RD}$回到高电平后⑦,P0 总线变为悬浮状态。至此,读片外 RAM 周期结束。

2.写片外 RAM 操作时序

向片外 RAM 写(存)数据,是 8031 执行"MOVX @DPTR,A"指令后产生的动作。这条指令执行后，在 8031 的$\overline{WR}$引脚上产生$\overline{WR}$信号有效电平，此信号使 RAM 的$\overline{WE}$端被选通。

写片外 RAM 的时序如图 8.17(b)所示。开始的过程与读过程类似，但写的过程是 CPU 主动把数据送上 P0 口总线，故在时序上，CPU 先向 P0 口总线上送完 8 位地址后，在 S3 状态就将数据送到 P0 口总线③。此间，P0 总线上不会出现高阻悬浮现象。

在 S4 状态，写控制信号$\overline{WR}$有效，选通片外 RAM，稍过片刻，P0 口上的数据就写到 RAM 内了。

8.5.3 典型的外扩数据存储器的接口电路

扩展数据存储器空间地址同外扩程序存储器一样，由 P2 口提供高 8 位地址，P0 口分时提供低 8 位地址和 8 位双向数据总线。片外 SRAM 的读和写由 8031 的$\overline{RD}$(P3.7)和$\overline{WR}$(P3.6)信号控制，片选端$\overline{CE}$由地址译码器的译码输出控制。因此，RAM 在与单片机连接时，主要解决地址分配、数据线和控制信号线的连接。在与高速单片机连接时，还要根据时序解决速度匹配问题。

图 8.18 给出了用线选法扩展 8031 外部数据存储器的电路。图中数据存储器选用 6264，该片地址线为 A0 ~ A12，故 8031 剩余地址线为三根。用线选法可扩展 3 片 6264。3 片 6264 对应的存储器空间见表 8.7 所示。

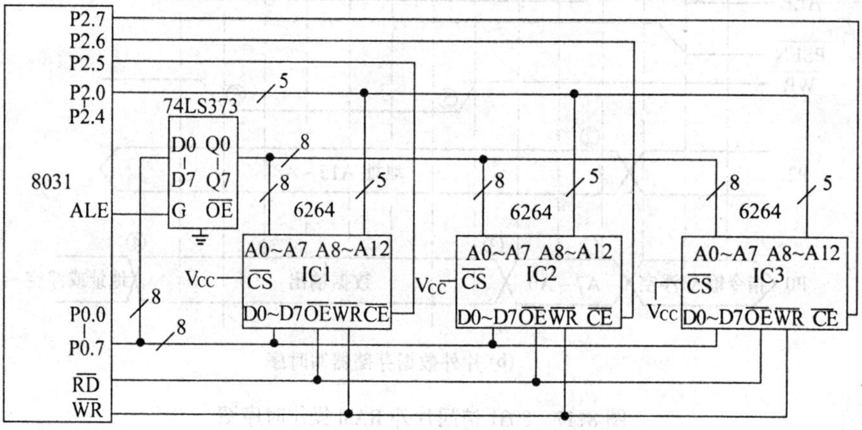

图 8.18 线选法扩展 3 片 6264 电路图

表 8.7 图 8.18 中 3 片 6264 对应的存储空间表

P2.7	P2.6	P2.5	选中芯片	地址范围	存储容量
1	1	0	IC1	C000H ~ DFFFH	8K
1	0	1	IC2	A000H ~ BFFFH	8K
0	1	1	IC3	6000H ~ 7FFFH	8K

用译码选通法扩展 8031 的外部数据存储器电路如图 8.19 所示。图中数据存储器选用 62128，该芯片地址线为 A0 ~ A13，这样，8031 剩余地址线为两根，若采用 2 ~ 4 译码器可扩展 4 片 62128。各片 62128 地址分配见表 8.8。

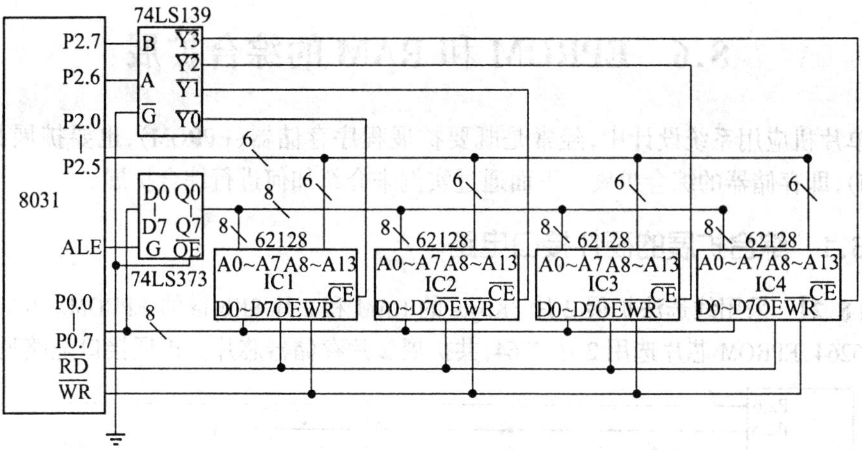

图 8.19　译码选通法扩展 8031 外部数据存储器电路图

表 8.8　各 62128 的地址空间分配

2~4 译码器输入 P2.7	P2.6	2~4 译码器有效输出	选中芯片	地址范围	存储容量
0	0	$\overline{Y0}$	IC1	0000H~3FFFH	16K
0	1	$\overline{Y1}$	IC2	4000H~7FFFH	16K
1	0	$\overline{Y2}$	IC3	8000H~BFFFH	16K
1	1	$\overline{Y3}$	IC4	C000H~FFFFH	16K

【例 8.1】　编写程序将片外数据存储器中 5000H~50FFH 单元全部清零。

方法 1:

用 DPTR 作为数据区地址指针,同时使用字节计数器。

```
        MOV     DPTR, # 5000H       ;设置数据块指针的初值
        MOV     R7, # 00H           ;设置块长度计数器初值(00H 是循环 256)
        CLR     A
LOOP:   MOVX    @DPTR,A             ;给一单元送“00H”
        INC     DPTR                ;地址指针加 1
        DJNZ    R7,LOOP             ;数据块长度减 1,若不为 0 则继续清零
HERE:   SJMP    HERE                ;执行完毕,原地踏步
```

方法 2:

用 DPTR 作为数据区地址指针,但不使用字节计数器,而是比较特征地址。

```
        MOV     DPTR, # 5000H
        CLR     A
LOOP:   MOVX    @DPTR,A
        INC     DPTR
        MOV     R7,DPL
        CJNE    R7, # 0,LOOP        ;与末地址 + 1 比较
HERE:   SJMP    HERE
```

8.6 EPROM 和 RAM 的综合扩展

在单片机应用系统设计中，经常是既要扩展程序存储器(EPROM)，也要扩展数据存储器(RAM)，即存储器的综合扩展。下面通过实例来介绍如何进行综合扩展。

8.6.1 综合扩展的硬件接口电路

【例 8.2】 采用线选法扩展 2 片 8Kbyte 的 RAM 和 2 片 8Kbyte 的 EPROM。RAM 芯片选用 2 片 6264，EPROM 芯片选用 2 片 2764，共扩展 2 片存储器芯片。扩展接口电路见图 8.20。

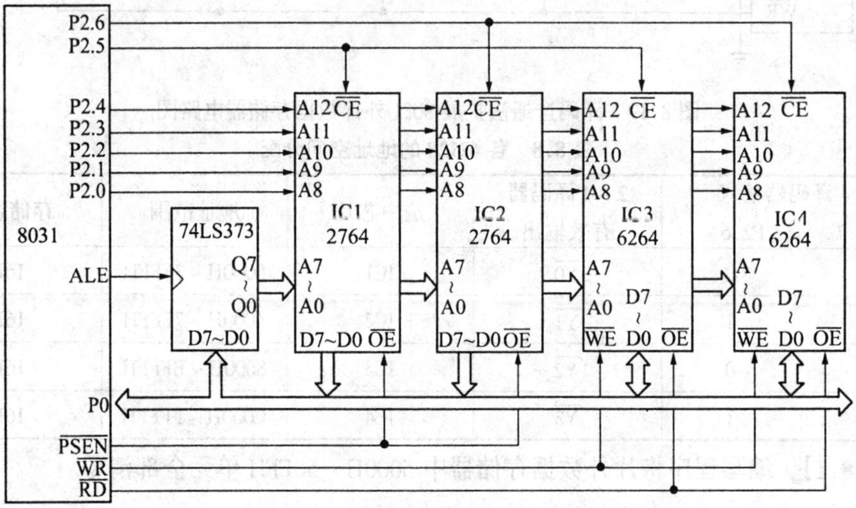

图 8.20 EPROM 和 RAM 的综合扩展(线选法)

1.控制信号及片选信号

地址线 P2.5 直接接到 IC1(2764)和 IC3(6264)的片选$\overline{CE}$端，P2.6 直接接到 IC2(2764)和 IC4(6264)的片选$\overline{CE}$端。当 P2.6 = 0，P2.5 = 1 时，IC2 和 IC4 的片选端为低电平，IC1 和 IC3 的$\overline{CE}$端全为高电平。当 P2.6 = 1，P2.5 = 0 时，IC1 和 IC3 的$\overline{CE}$端都是低电平，每次同时选中两个芯片，具体哪个芯片工作还要通过$\overline{PSEN}$、$\overline{WR}$、$\overline{RD}$控制线控制。当片外程序存储区读选通信号$\overline{PSEN}$为低电平，肯定到 EPROM 中读程序；当读、写通信号$\overline{RD}$或$\overline{WR}$为低电平则到 RAM 中读数据或向 RAM 写入数据。$\overline{PSEN}$、$\overline{WR}$、$\overline{RD}$三个信号是在执行指令时产生的，任一时刻，只能执行一条指令，所以只能一个信号有效，不可能同时有效。

2.各芯片地址空间分配

硬件电路一旦确定，各芯片的地址范围实际就已经确定，编程时只要给出要选择芯片的地址，就能准确地选中该芯片。结合图 8.20，介绍 IC1、IC2、IC3、IC4 地址范围的确定方法。

程序和数据存储器地址均用 16 位，P0 口确定低 8 位，P2 口确定高 8 位。

如 P2.6 = 0、P2.5 = 1，选中 IC2、IC4。地址线 A15 ~ A0 与 P0、P2 对应关系如下：

P2.7	P2.6	P2.5	P2.4	P2.3	P2.2	P2.1	P2.0	P0.7	P0.6	P0.5	P0.4	P0.3	P0.2	P0.1	P0.0
空	0	×	×	×	×	×	×	×	×	×	×	×	×	×	×

显然,除 P2.6、P2.5 固定外,其他“×”位均可变。设无用位 P2.7 = 0,“×”各位全为“0”则为最小地址 2000H;若“×”位均变为“1”则为最大地址 3FFFH,所以 IC2 和 IC4 占用地址空间为 2000H ~ 3FFFH,共 8Kbyte。同理 IC1、IC3 地址范围为 4000H ~ 5FFFH(P2.6 = 1、P2.5 = 0、P2.7 = 0),IC2 与 IC4 占用相同的地址空间,由于二者一个为程序存储器,一个为数据存储器,3 条控制线$\overline{PSEN}$、$\overline{WR}$、$\overline{RD}$只能有一个有效。因此,地址空间重叠也无关系,IC1 与 IC3 也同样。

从此例看出,线选法地址不连续,地址空间利用不充分。

【例 8.3】 采用译码器法扩展 **2** 片 **8**Kbyte EPROM,2 片 8Kbyte RAM。RPROM 选用 2764,RAM 选用 6264,共扩展 4 片芯片。扩展接口电路见图 8.21。图中 74LS139 的 4 个输出端,$\overline{Y0}$ ~ $\overline{Y3}$分别连接 4 个芯片 IC1、IC2、IC3、IC4 的片选端。$\overline{Y0}$ ~ $\overline{Y3}$每次只能有一位是“0”,其他三位全为“1”,输出为“0”的一端所连接的芯片被选中。

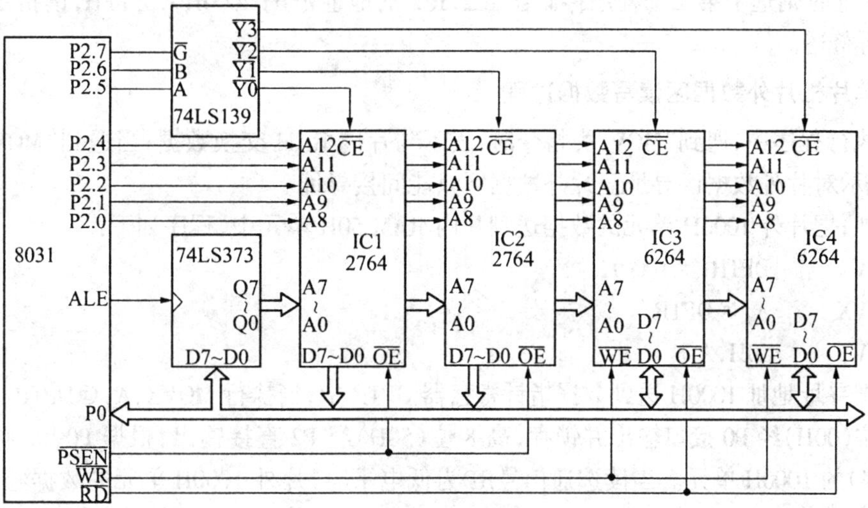

图 8.21 采用译码法的综合扩展电路

译码法地址分配,首先要根据译码芯片真值表确定译码芯片的输入状态,由此再判断其输出端选中芯片的地址。

芯 片	地址范围
IC4	6000H ~ 7FFFH
IC3	4000H ~ 5FFFH
IC2	2000H ~ 3FFFH
IC1	0000H ~ 1FFFH

如图 8.21 所示,74LS139 的输入端 A、B、$\overline{G}$分别接 P2 口的 P2.5、P2.6、P2.7 三端,为使能端,低电平有效。根据表 8.2 中 74LS139 的真值表,可见当$\overline{G}$ = 0、A = 0、B = 0 时,输出端只有$\overline{Y0}$为“0”,$\overline{Y1}$ ~ $\overline{Y3}$全为“1”,选中 IC1。这样,P2.7、P2.6、P2.5 全为 0,其他地址线任意状态都能选中 IC1。当其他全为“0”时,最小地址为 0000H,其他位全为“1”,最大地址为 1FFFH。所以 IC1 地址范围为 0000H ~ 1FFFH。同理可确定电路中各个存储器的地址范围如上表所示。

由上可见,译码法进行地址分配,各芯片的地址空间是连续的。

8.6.2 外扩存储器电路的工作原理及软件设计

为了使读者弄清楚单片机与扩展的存储器软、硬件之间的关系，结合图 8.21 所示译码电路，说明片外读指令和从片外读、写数据的过程。

1.单片机片外程序区读指令过程

当一接通电源时，单片机上电复位。复位后程序计数器 PC = 0000H，PC 是程序指针，它总是指向将要执行的程序地址。CPU 就从 0000H 地址开始取指令，执行程序。在取指令期间，PC 地址低 8 位送往 P0 口，经锁存器锁存到 A0 ~ A7 地址线上。PC 高 8 位地址送往 P2 口，直接由 P2.0 ~ P2.4 锁存到 A8 ~ A12 地址线上，P2.5 ~ P2.7 输入给 74LS139 进行片选。这样，根据 P2、P0 口状态则选中了第一个程序存储器芯片 IC1(2764)的第一个地址 0000H。然后，当$\overline{PSEN}$变为低电平时，把 0000H 中的指令代码经 P0 接口读入内部 RAM 中，进行译码，从而决定进行何种操作。取出一个指令字节后，PC 自动加 1，然后取第二个字节，依次类推。当 PC = 1FFFH 时，从 IC1 最后一个单元取指令，然后 PC = 2000H，CPU 向 P0、P2 送出 2000H 地址时则选中第二个程序存储器 IC2，IC2 的地址范围 2000H ~ 3FFFH，读指令过程同 IC1，不再赘述。

2.单片机片外数据区读写数据过程

在执行程序中，遇到“MOV”类指令时，表示与片内 RAM 交换数据；当遇到“MOVX”类指令时，表示对片外数据区寻址。片外数据区只能间接寻址。

例如，把片外 1000H 单元的数据送到片内 RAM 50H 单元中，程序如下：

```
MOV     DPTR, # 1000H
MOVX    A, @ DPTR
MOV     50H, A
```

先把寻址地址 1000H 送到数据指针寄存器 DPTR 中，当执行 MOVX，A，@ DPTR 时，DPTR 的低 8 位(00H)经 P0 接口输出并锁存，高 8 位(50H)经 P2 直接输出，根据 P0、P2 状态选中 IC3(6264)的 1000H 单元。当读选通信号$\overline{RD}$为低电平时，片外 1000H 单元的数据经 P0 接口送往 A 累加器。当执行指令 MOV 50H，A 时，则把该数据存入片内 50H 单元。

向片外数据区写数据的过程与读数据的过程类似。

例如，把片内 50H 单元的数据送到片外 1000H 单元中，程序如下：

```
MOV     A,50H
MOV     DPTR, # 1000H
MOVX    @DPTR, A
```

先把片内 RAM 50H 单元的数据送到 A 中，再把寻址地址 1000H 送到数据指针寄存器 DPTR 中，当执行 MOVX @DPTR，A 时，DPTR 的低 8 位(00H)由 P0 口输出并锁存，高 8 位(50H)由 P2 口直接输出，根据 P0、P2 状态选中 IC3(6264)的 1000H 单元。当写选通信号$\overline{WR}$为低电平时，A 中的内容送往片外 1000H 单元中。

MCS - 51 单片机读写片外数据存储器中的内容，除了使用 MOVX A，@ DPTR 和 MOVX @DPTR，A 外，还可以使用 MOVX A，@ Ri 和 MOVX @ Ri，A。这时通过 P0 口接收 Ri 中的内容(低 8 位地址)，而把 P2 口原有的内容作为高 8 位地址输出。下面介绍的例 8.4 即是采用

MOVX @Ri,A 指令的例子。

【例 8.4】 编写程序,将程序存储器中以 TAB 为首址的 32 个单元的内容依次传送到外部 RAM 以 7000H 为首地址的区域去。

数据指针 DPTR 指向标号 TAB 的首地址。R0 既指示外部 RAM 的地址,又表示数据标号 TAB 的位移量。此程序为一循环程序,循环次数为 32,R0 的值为 0~31,R0 的值达到 32 就结束循环。程序如下:

```
       MOV    P2,#10
       MOV    DPTR,#TAB
       MOV    R0,#0
AGIN:  MOV    A,R0
       MOVC   A,@A+DPTR
       MOVX   @R0,A
       INC    R0
       CJNE   R0,#32,AGIN
HERE:  SJMP   HERE
TAB:   DB     ……
```

8.7 ATMEL89C51/89C55 单片机的片内闪烁存储器

AT89C51/89C52/89C55 是一种低功耗、高性能的片内含有 4K/8K/20K 闪烁可编程/擦除只读存储器(FPRTOM - Flash Programmable and Erasable Read Only Memory)的 8 位 CMOS 单片机,并且与 MCS - 51 引脚和指令系统完全兼容。芯片上的 FEPROM 允许在线编程或采用通用的编程器对其重复编程。

由于片内带 EPROM 的 87C51 价格偏高,而片内带 FEPROM 的 89C51 价格低且与 Intel87C51 兼容,所以,89C51 的性能价格比远高于 87C51。

8.7.1 89C51 的性能及片内闪烁存储器

1.89C51 的主要性能

(1)与 MCS - 51 微控制器系列产品兼容。

(2)片内有 4Kbyte 可在线重复编程的闪烁存储器(Flash Memory)。

(3)存储器可循环写入/擦除 10 000 次。

(4)存储器数据保存时间为 10 年。

(5)宽工作电压范围,V_{cc}可为 + 2.7 ~ 6V。

(6)全静态工作,可从 0Hz ~ 16MHz。

(7)程序存储器具有 3 级加密保护。

(8)空闲状态维持低功耗和掉电状态保存存储器内容。

2.片内闪烁存储器(Flash Memory)

目前,美国 ATMEL 公司生产的带有片内闪烁存储器 AT89C51/89C52/89C55 单片机,由于价格便宜，且与 MCS－51 系列兼容，受到了我国广大工程技术人员的欢迎，使用该系列单片机，省去了外扩程序存储器的工作，设计者只需了解片内闪烁存储器的特性以及如何对其编程。

下面介绍 89C51 片内闪烁存储器的主要性能及其编程使用。

8.7.2 片内闪烁存储器的编程

89C51 的片内程序存储器由 FPEROM 取代了 87C51 的 EPROM 外，其余部分完全相同。89C51 的引脚与 87C51 的引脚也是完全兼容的。

89C51 的 I/O 口 P0、P1、P2 和 P3 除具有与 MCS－51 相同的一些性能和用途外，在 FEROM 编程时，P0 口还可接收代码字节，但在程序校验时需要外加上拉负载电阻。在 FPEROM 编程和程序校验期间，P1 口接收低地址字节，P2 口接收高位地址位和一些控制信号，P3 口也接收 FPERO 编程和校验用的控制信号。此时，ALE/$\overline{PROG}$引脚是编程脉冲输入($\overline{PROG}$)端。

该芯片内有三个加密位，其状态可以为编程(P)或不编程(U)，各状态提供的功能见表 8.9。如果加密位 LB1 被编程，则$\overline{EA}$脚的电平在复位时被采样并锁存。若器件在加电时不进行复位，那么该锁存器初始化为一随机值，并在副位有效前始终保持该值。为使器件工作正常，$\overline{EA}$的锁存值必须与引脚的当前逻辑电平一致。

89C51 的三个加密位可以不被编程(U)或被编程(P)，以获得表 8.9 所示的特性。

表 8.9 加密位保护模式

类型	程序加密位			保护功能
	LB1	LB2	LB3	
1	U	U	U	无程序加密特性
2	P	U	U	可对外部程序存储器执行 MOVC 指令，不允许从内部存储器取代码字节。在复位为脉冲期间，$\overline{EA}$被采样并锁存。禁止 FPEROM 的进一步编程
3	P	P	U	与类型 2 相同，同时禁止校验
4	P	P	P	与类型 3 相同，同时外部执行被禁止

对 89C51 片内的闪烁存储器编程，设计者只需在市场上购买相应的编程器，按照编程器的说明进行操作。如想对写入的内容加密，只需按照编程器的菜单，选择加密功能选项即可。

思考题及习题

1.单片机存储器的主要功能是存储(　　　　　)和(　　　　　)。

2.试编写一个程序(例如将 05H 和 06H 拼为 56H)，设原始数据放在片外数据区 2001H 单元和 2002H 单元中，按顺序拼装后的单字节数放入 2002H。

3.假设外部数据存储器 2000H 单元的内容为 80H，执行指令

MOV　　P2，#20H

```
MOV     R0, #00H
MOVX    A,@R0
```

后,累加器 A 中的内容为(   )。

4. 编写程序,将外部数据存储器中的 4000H ~ 40FFH 单元全部清零。

5. 在 MCS - 51 单片机系统中,外接程序存储器和数存储器共 16 位地址线和 8 位数据线,为何不会发生冲突?

6. 区分 MCS - 51 单片机片外程序存储器和片外数据存储器的最可靠的方法是 (   )

(1)看其位于地址范围的低端还是高端

(2)看其离 MCS - 51 芯片的远近

(3)看其芯片的型号是 ROM 还是 RAM

(4)看其是与$\overline{RD}$信号连接还是与$\overline{PSEN}$信号连接

7. 在存储器扩展中,无论是线选法还是译码法,最终都是为扩展芯片的(   )端提供信号。

8. 请写出图 8.15 中 4 片程序存储器 27128 各自所占的地址空间。

9. 起止范围为 0000H ~ 3FFFH 的存储器的容量是(   )Kbyte。

10. 在 MCS - 51 中,PC 和 DPTR 都用于提供地址,但 PC 是为访问(   )存储器提供地址,而 DPTR 是为访问(   )存储器提供地址。

11. 11 根地址线可选(   )个存储单元,16Kbyte 存储单元需要(   )根地址线。

12. 32Kbyte RAM 存储器的首地址若为 2000H,则末地址为(   )H。

13. 现有 8031 单片机、74LS373 锁存器、1 片 2764 EPROM 和两片 6116 RAM,请使用它们组成一个单片机应用系统,要求:

(1)画出硬件电路连线图,并标注主要引脚;

(2)指出该应用系统程序存储器空间和数据存储器空间各自的地址范围。

第9章 MCS-51扩展I/O接口的设计

9.1 I/O接口扩展概述

MCS-51的I/O(输入/输出)接口是MCS-51单片机与外部设备(简称外设)交换信息的桥梁。由第8章的介绍可知,扩展I/O也属于系统扩展的一部分。虽然MCS-51本身已有4个I/O口,但是真正用作I/O口线的只有P1口的8位I/O线和P3口的某些位线。因此,在多数应用系统中,MCS-51单片机都需要外扩I/O接口电路。

9.1.1 I/O接口的功能

MCS-51扩展的I/O接口电路主要应满足以下功能要求。

1.实现和不同外设的速度匹配

大多数的外设的速度很慢,无法和微秒量级的单片机速度相比。MCS-51单片机和外设间的数据传送,只有在确认外设已为数据传送做好准备的前提下才能进行I/O操作。而要知道外设是否准备好,就需要I/O接口电路与外设之间传送状态信息,以实现单片机与外设之间的速度匹配。

2.输出数据锁存

由于单片机的工作速度快,数据在数据总线上保留的时间十分短暂,无法满足慢速外设的数据接收。所以,在扩展的I/O接口电路中应具有数据锁存器,以保证输出数据能为接收设备所接收。

3.输入数据三态缓冲

输入设备向单片机输入数据时,要经过数据总线,但数据总线上面可能“挂”有多个数据源。为了在传送数据时,不发生冲突,只允许当前时刻正在进行数据传送的数据源使用数据总线,其余的数据源应处于隔离状态,为此要求接口电路能为数据输入提供三态缓冲功能。

9.1.2 I/O端口的编址

在介绍I/O端口编址之前,首先要弄清楚I/O接口(Interface)和I/O端口(Port)的概念。I/O端口简称I/O口,常指I/O接口电路中具有端口地址的寄存器或缓冲器。I/O接口是指单片机与外设间的I/O接口芯片。一个I/O接口芯片可以有多个I/O端口,传送数据的称为数据口,传送命令的称为命令口,传送状态的称为状态口。当然,并不是所有的外设都需要三种端口齐全的I/O接口。

因此,I/O端口的编址实际上是给所有I/O接口中的端口编址,以便CPU通过端口地址和外设交换信息。常用的I/O端口编址有两种方式,一种是独立编址方式,另一种是统一编址方式。

1.独立编址方式

独立编址方式就是 I/O 地址空间和存储器地址空间分开编址。优点是 I/O 地址空间和存储器地址空间相互独立,界限分明。但却需要设置一套专门的读写 I/O 的指令和控制信号。

2.统一编址方式

这种编址方式是把 I/O 端口的寄存器与数据存储器单元同等对待,统一进行编址。统一编址方式的优点是不需要专门的 I/O 指令,直接使用访问数据存储器的指令进行 I/O 操作,简单、方便。

MCS-51 单片机使用的是 I/O 和外部数据存储器 RAM 统一编址的方式,用户可以把外部 64Kbyte 的数据存储器 RAM 空间的一部分作为 I/O 接口的地址空间,每一接口芯片中的一个功能寄存器(端口)的地址就相当于一个 RAM 存储单元,CPU 可以像访问外部存储器 RAM 那样访问 I/O 接口芯片,对其功能寄存器进行读、写操作。

9.1.3 I/O 数据的几种传送方式

为了实现和不同的外设的速度匹配,I/O 接口必须根据不同外设选择恰当的 I/O 数据传送方式。I/O 数据传送的几种方式是:同步传送、异步传送和中断传送。

1.同步传送方式

同步传送又称为无条件传送。当外设速度和单片机的速度相比拟时,常常采用同步传送方式,最典型的同步传送就是单片机和外部数据存储器之间的数据传送。

2.查询传送方式

查询传送又称为有条件传送,也称异步式传送。单片机通过查询外设"准备好"后,再进行数据传送。异步传送的优点是通用性好,硬件连线和查询程序十分简单,但是效率不高。为了提高单片机对外设的工作效率,通常采用中断传送方式。

3.中断传送方式

中断传送方式是利用 MCS-51 本身的中断功能和 I/O 接口的中断功能来实现 I/O 数据的传送。单片机只有在外设准备好后,发出数据传送请求,才中断主程序,而进入与外设数据传送的中断服务程序,进行数据的传送。中断服务完成后又返回主程序继续执行。因此,采用中断方式可以大大提高单片机的工作效率。

9.1.4 I/O 接口电路

下面来讨论如何实现 I/O 接口的扩展。MCS-51 单片机是 Intel 公司的产品,而 Intel 公司的配套可编程 I/O 接口芯片的种类齐全,这就为 MCS-51 单片机扩展 I/O 接口提供了很大的方便。

Intel 公司常用的外围 I/O 接口芯片有:

(1)8255A 可编程的通用并行接口电路(3 个 8 位 I/O 口)。

(2)8155H 可编程的 IO/RAM 扩展接口电路(2 个 8 位 I/O 口,1 个 6 位 I/O 口,256 个 RAM 字节单元,1 个 14 位的减法定时器/计数器)。

它们都可以和 MCS－51 单片机直接连接,且接口逻辑十分简单。此外,74LS 系列的 TTL 电路也可以作为 MCS－51 的扩展 I/O 口,如 74LS244、74LS273 等。本章除了介绍上述各种 I/O 接口电路与 MCS－51 单片机的接口设计,最后还介绍如何利用 MCS－51 的串行口来扩展并行 I/O 口。

9.2 MCS－51 与可编程并行 I/O 芯片 8255A 的接口设计

9.2.1 8255A 芯片介绍

8255A 是 Intel 公司生产的可编程并行 I/O 接口芯片,它具有 3 个 8 位的并行 I/O 口,三种工作方式,可通过编程改变其功能,因而使用灵活方便,可作为单片机与多种外围设备连接时的中间接口电路。8255A 的引脚及内部结构如图 9.1 和图 9.2 所示。

1.引脚说明

由图 9.1 可知,8255A 共有 40 只引脚,采用双列直插式封装,各引脚功能如下。

D7 ~ D0:三态双向数据线,与单片机数据总线连接,用来传送数据信息。

$\overline{CS}$:片选信号线,低电平有效,表示本芯片被选中。

$\overline{RD}$:读出信号线,低电平有效,控制 8255A 数据的读出。

$\overline{WR}$:写入信号线,低电平有效,控制 8255A 数据的写入。

V_{cc}:＋5V 电源。

PA7 ~ PA0:A 口输入/输出线。

PB7 ~ PB0:B 口输入/输出线。

PC7 ~ PC0:C 口输入/输出线。

A1 ~ A0:地址线,用来选择 8255A 内部的 4 个端口。

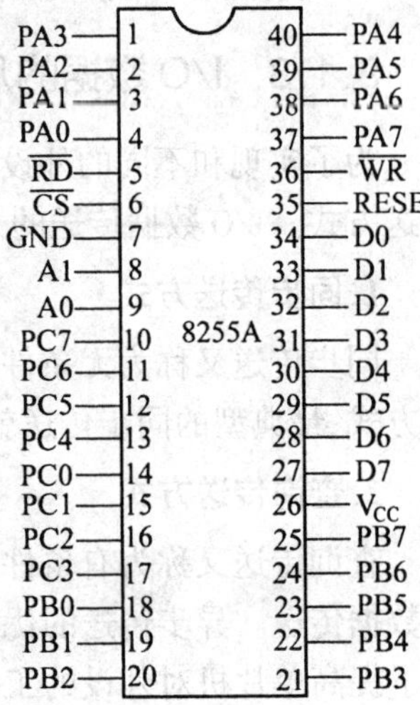

图 9.1 8255A 的引脚

2.内部结构

8255A 内部结构见图 9.2,其中包括三个并行数据输入/输出端口,两个工作方式的控制电路,一个读/写控制逻辑电路和 8 位数据总线缓冲器。各部件的功能如下。

(1)端口 A、B、C

8255A 有三个 8 位并行口 PA、PB 和 PC,都可以选择作为输入输出工作模式,但在功能和结构上有些差异。

PA 口:一个 8 位数据输出锁存器和缓冲器;一个 8 位数据输入锁存器。

PB 口:一个 8 位数据输出锁存器和缓冲器;一个 8 位数据输入缓冲器。

PC 口:一个 8 位的输出锁存器;一个 8 位数据输入缓冲器。

通常 PA 口、PB 口作为输入输出口,PC 口可作为输入输出口,也可在软件的控制下,分为两个 4 位的端口,作为端口 A、B 选通方式操作时的状态控制信号。

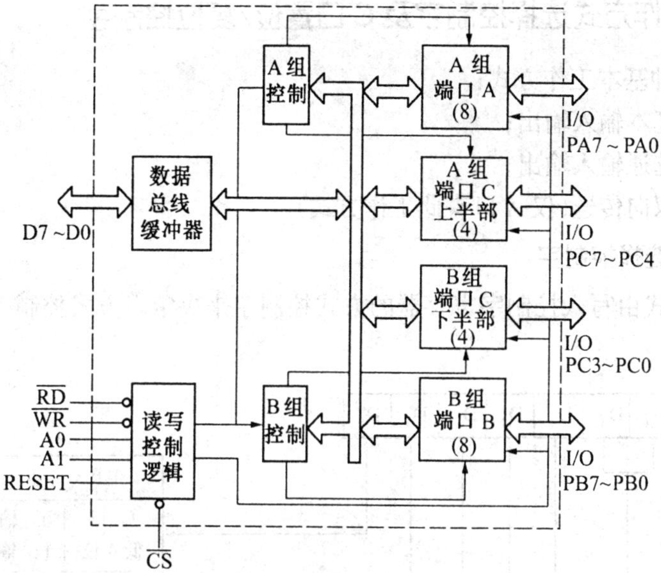

图9.2　8255A的内部结构

(2)A组和B组控制电路

这是两组根据CPU写入的“命令字”控制8255A工作方式的控制电路。A组控制PA口和PC口的上半部(PC7～PC4);B组控制PB口和PC口的下半部(PC3～PC0),并可根据“命令字”对端口的每一位实现按位“置位”或“复位”。

(3)数据总线缓冲器

数据总线缓冲器是一个三态双向8位缓冲器,作为8255A与系统总线之间的接口,用来传送数据、指令、控制命令以及外部状态信息。

(4)读/写控制逻辑电路

读/写控制逻辑电路接收CPU发来的控制信号$\overline{RD}$、$\overline{WR}$、RESET、地址信号A1～A0等,然后根据控制信号的要求,将端口数据读出,送往CPU或者将CPU送来的数据写入端口。

各端口的工作状态与控制信号的关系如表9.1所示。

表9.1　8255A端口工作状态选择表

A1	A2	$\overline{RD}$	$\overline{WR}$	$\overline{CS}$	工作状态
0	0	0	1	0	A口数据→数据总线(读端口A)
0	1	0	1	0	B口数据→数据总线(读端口B)
1	0	0	1	0	C口数据→数据总线(读端口C)
0	0	1	0	0	总线数据→A口(写端口A)
0	1	1	0	0	总线数据→B口(写端口B)
1	0	1	0	0	总线数据→C口(写端口C)
1	1	1	0	0	总线数据→控制字寄存器(写控制字)
×	×	×	×	1	数据总线为三态
1	1	0	1	0	非法状态
×	×	1	1	0	数据总线为三态

9.2.2 工作方式选择控制字及C口置位/复位控制字

8255A有三种基本工作方式：

(1)方式0:基本输入输出；

(2)方式1:选通输入输出；

(3)方式2:双向传送(仅A口有此工作方式)。

1.工作方式选择控制字

三种工作方式由写入控制字寄存器的方式控制字来决定。方式控制字的格式如图9.3所示。

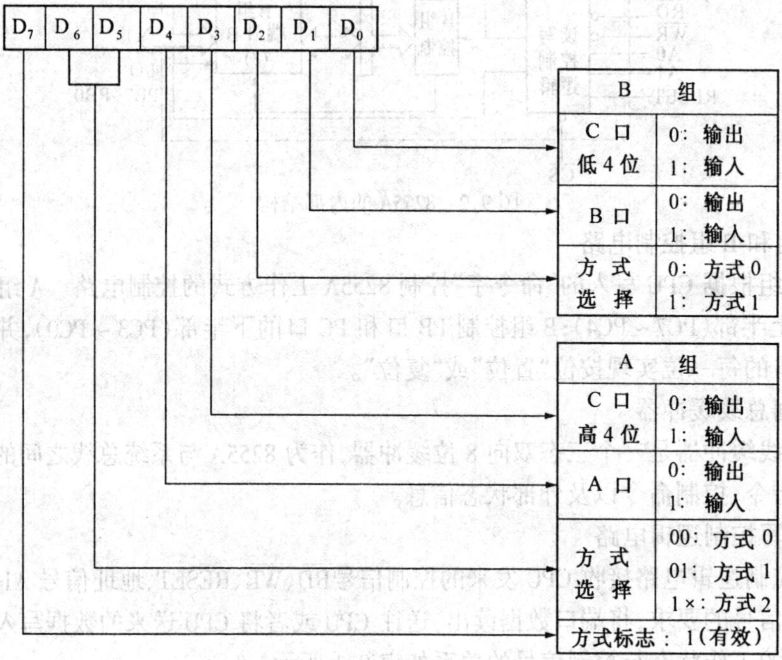

图9.3 8255A的方式控制字

三个端口中C口被分为两个部分,上半部分随A口称为A组,下半部分随B口称为B组。其中A口可工作于方式0、1、和2,而B口只能工作于方式0和1。例如,写入工作方式控制字95H,可将8255A编程为:A口方式0输入,B口方式1输出,C口的上半部分(PC7～PC4)输出,C口的下半部分(PC3～PC0)输入。

2.C口按位置位/复位控制字

C口8位中的任一位,可用一个写入控制口的置位/复位控制字来对C口按位来置“1”或是清“0”。这个功能主要用于位控。C口按位置位/复位控制字的格式如图9.4所示。

例如,07H写入控制口,置“1”PC3;08H写入控制口,PC4清零。

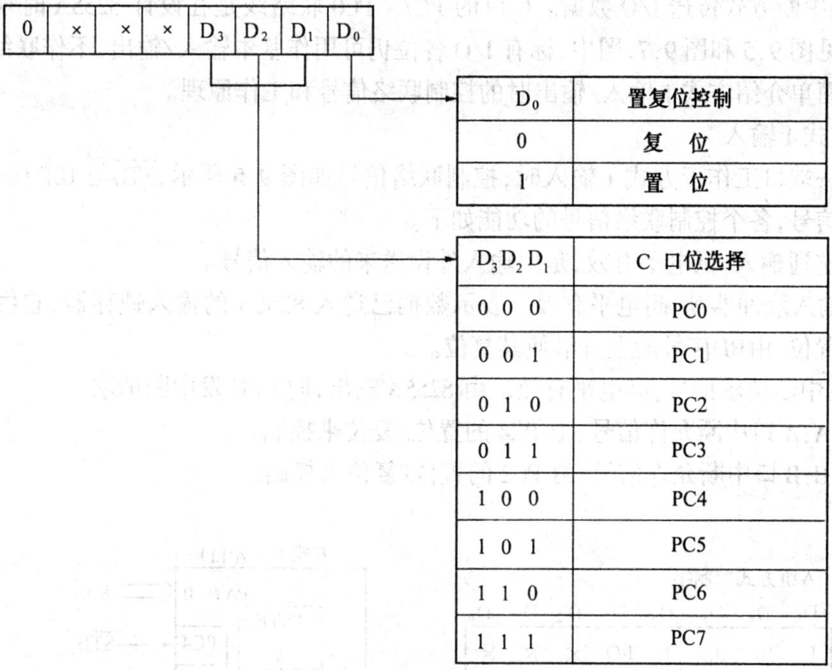
0 × × × D3 D2 D1 D0
D0 置复位控制
0 复 位
1 置 位
D3 D2 D1 C 口位选择
0 0 0 PC0
0 0 1 PC1
0 1 0 PC2
0 1 1 PC3
1 0 0 PC4
1 0 1 PC5
1 1 0 PC6
1 1 1 PC7

图 9.4　C 口按位置位/复位控制字格式

9.2.3　8255A 的三种工作方式

1.方式 0

方式 0 是一种基本的输入/输出方式。在方式 0 下,MCS－51 可对 8255A 进行 I/O 数据的无条件传送,例如,读入一组开关状态,控制一组指示灯的亮、灭。实现这些操作,并不需要联络信号,外设的 I/O 数据可在 8255A 的各端口得到锁存和缓冲。因此,8255A 的方式 0 称为基本输入/输出方式。

方式 0 下,三个端口都可以由程序设置为输入或输出,不需要应答联络信号。方式 0 的基本功能为:

(1)具有两个 8 位端口(A、B)和两个 4 位端口(C 的上半部分和下半部分)。

(2)任一个端口都可以设定为输入或输出,各端口的输入、输出可构成 16 种组合。

(3)数据输出时锁存,输入时不锁存。

8255A 的 A 口、B 口和 C 口均可设定为方式 0,并可根据需要规定各端口为输入方式或输出方式。例如,假设 8255A 的控制字寄存器地址为 FF7FH,则令 A 口和 C 口的高 4 位工作于方式 0 输出,B 口和 C 口的低 4 位工作于方式 0 输入,这时,初始化程序为

```
MOV     DPTR,#0FF7FH        ;控制字寄存器地址送 DPTR
MOV     A,#83H              ;方式控制字 83H 送 A
MOVX    @DPTR,A             ;83H 送控制字寄存器
```

2.方式 1

方式 1 是一种选通输入/输出工作方式。A 口和 B 口皆可独立地设置成这种工作方式。在方式 1 下,8255A 的 A 口和 B 口通常用于 I/O 数据的的传送,C 口用作 A 口和 B 口的联络

线,以实现中断方式传送 I/O 数据。C 口的 PC7 ~ PC0 联络线是在设计 8255A 时规定的,其各位分配见图 9.5 和图 9.7,图中,标有 I/O 各位仍可用作基本输入/输出,不作联络线用。

下面简单介绍方式 1 输入/输出时的控制联络信号和工作原理。

(1)方式 1 输入

当任一端口工作于方式 1 输入时,控制联络信号如图 9.5 所示,$\overline{STB}$与 IBF 构成了一对应答联络信号,各个控制联络信号的功能如下。

$\overline{STB}$:选通输入,低电平有效,是由输入外设送来的输入信号。

IBF:输入缓冲器满,高电平有效。表示数据已送入 8255A 的输入锁存器,它由$\overline{STB}$信号的下降沿置位,由$\overline{RD}$信号的上升沿使其复位。

INTR:中断请求信号,高电平有效。由 8255A 输出,向 CPU 发中断请求。

INTE A:A 口中断允许信号,由 PC4 的置位/复位来控制,

INTE B:B 口中断允许信号,由 PC2 的置位/复位来控制。

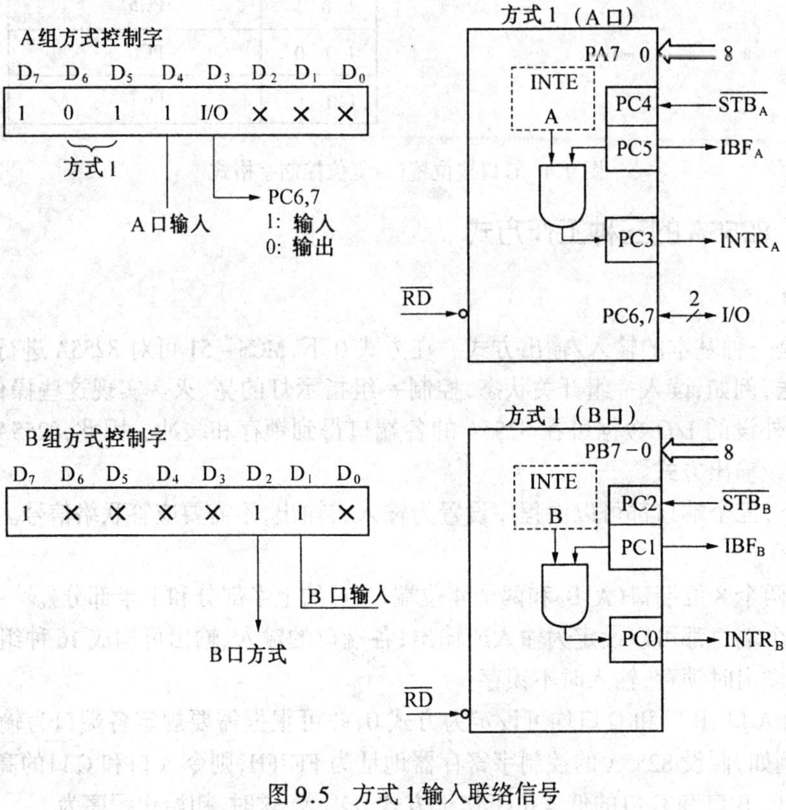

图 9.5 方式 1 输入联络信号

下面以 A 口的方式 1 输入为例(工作示意图见图 9.6),介绍方式 1 输入的工作过程以及各控制联络信号的功能。

①当外设输入一个数据并送到 PA7 ~ PA0 上时,输入设备自动在选通输入线 A 上向 8255A 发送一个低电平选通信号。

②8255A 收到选通信号后,首先把 PA7 ~ PA0 上输入的数据存入 A 口的输入数据缓冲/锁存器;然后使输入缓冲器输出线 IBFA 变为高电平,以通知输入设备,8255A 的 A 口已收到

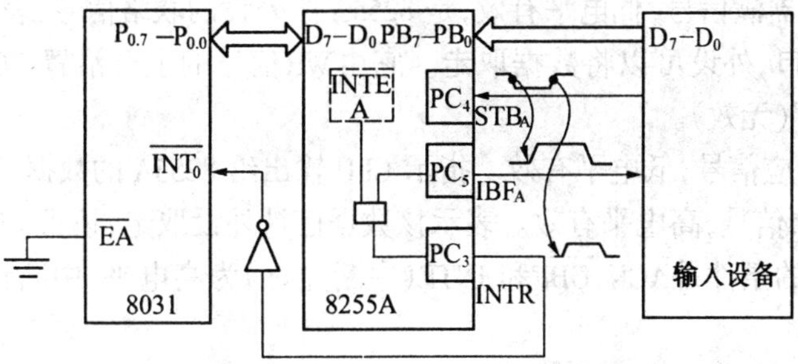

图 9.6　A 口方式 1 输入的工作示意图

它送来的输入数据。

③8255A 检测到$\overline{STBA}$由低电平变为高电平、IBFA 为"1"状态和中断允许触发器 INTEA 为 1 时,使 INTRA(PC3)变为高电平,向 8031 发出中断请求。INTEA 的状态可由用户通过对 PC4 的单一置复位控制字控制。

④8031 响应中断后,可以通过中断服务程序从 A 口的"输入数据缓冲/锁存器"读取外设发来的输入数据。当输入数据被 CPU 读走后,8255A 撤消 INTRA 上的中断请求,并使 IBFA 变为低电平,以通知输入外设可以送下一个输入数据。

(2)方式 1 输出

当任何一个端口按照工作方式 1 输出时,控制联络信号如图 9.7 所示。$\overline{OBF}$与$\overline{ACK}$构成了一对应答联络信号,各控制联络信号的功能如下。

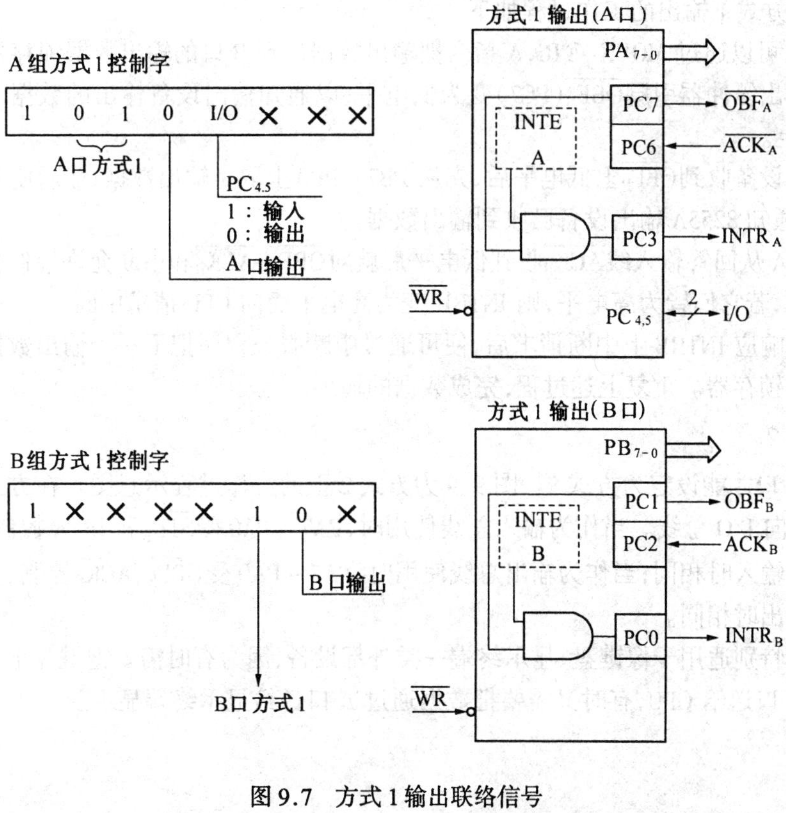

图 9.7　方式 1 输出联络信号

$\overline{OBF}$:输出缓冲器满信号,低电平有效,是 8255A 给外设的联络信号,表示 CPU 已经把数据输出给指定的端口,外设可以将数据取走。它由$\overline{WR}$信号的上升沿置 “0”(有效),由$\overline{ACK}$信号的下降沿置“1”(无效)。

$\overline{ACK}$:外设的响应信号,低电平有效。指示 CPU 输出给 8255A 的数据已经由外设取走。

INTR:中断请求信号,高电平有效。表示该数据已被外设取走,请求 CPU 继续输出下一个数据。中断请求的条件是$\overline{ACK}$、$\overline{OBF}$和 INTE(中断允许)为高电平,中断请求信号由$\overline{WR}$的下降沿复位。

INTE A:由 PC6 的置位/复位来控制。

INTE B:由 PC2 的置位/复位来控制。

图 9.8 为 B 口工作于方式 1 输出的工作示意图。

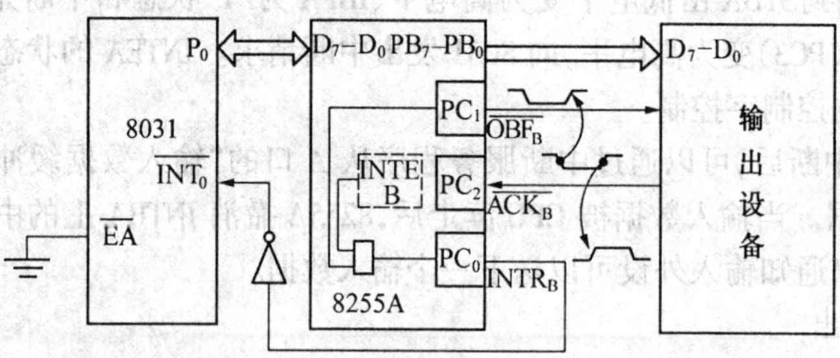

图 9.8　B 口方式 1 选通输出的工作示意图

B 口在方式 1 输出的工作过程如下。

①8031 可以通过 MOVX @Ri,A 指令把输出数据送到 B 口的输出数据锁存器,8255A 收到后便令输出缓冲器引脚$\overline{OBF_B}$(PC7)变为低电平,以通知输出设备输出的数据已在 B 口的 PB7 ~ PB0 上。

②输出设备收到$\overline{OBF_B}$上低电平后,先从 PB7 ~ PB0 上取走输出数据;然后使$\overline{ACK_B}$线变为低电平,以通知 8255A 输出设备已收到输出数据。

③8255A 从回答输入线$\overline{ACK_B}$收到低电平后就对$\overline{OBF_B}$、$\overline{ACK_B}$和中断允许控制位 INTEB 状态进行检测,若它们皆为高电平,则 INTRB 变为高电平而向 CPU 请求中断。

④CPU 响应 INTRB 上中断请求后,便可通过中断服务程序把下一个输出数据送到 B 口的输出数据锁存器。重复上述过程,完成数据的输出。

3.方式 2

只有 A 口才能设定为方式 2。图 9.9 为方式 2 下的工作过程示意图。在方式 2 下,PA7 – PA0 为双向 I/O 总线。当作为输入总线使用时,PA7 ~ PA0 受$\overline{STB_B}$和 IBFA 控制,其工作过程和方式 1 输入时相同;当作为输出总线使用时,PA7 ~ PA0 受$\overline{OBF_B}$、$\overline{ACK_B}$控制,其工作过程和方式 1 输出时相同。

方式 2 特别适用于像键盘、显示终端一类外部设备,因为有时需要把键盘上输入的编码信号通过 A 口送给 CPU,有时又需要把数据通过 A 口送给显示终端显示。

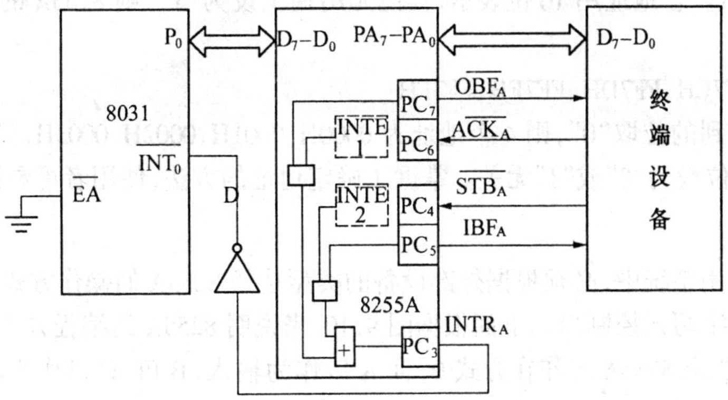

图 9.9　A 口在方式 2 下的工作示意图

9.2.4　MCS-51 单片机和 8255A 的接口

1.硬件接口电路

如图 9.10 所示是 8031 单片机扩展一片 8255A 的电路图。图中，74LS373 是地址锁存器，P0.1、P0.0 经 74LS373 与 8255A 的地址线 A1、A0 连接；P0.7 经 74LS373 与片选端 $\overline{CS}$ 相连，其他地址线悬空；8255A 的控制线 $\overline{RD}$、$\overline{WR}$ 直接接于 8031 的 $\overline{RD}$ 和 $\overline{WR}$ 端；数据总线 P0.0 ~ P0.7 与 8255A 的数据线 D0 ~ D7 连接。

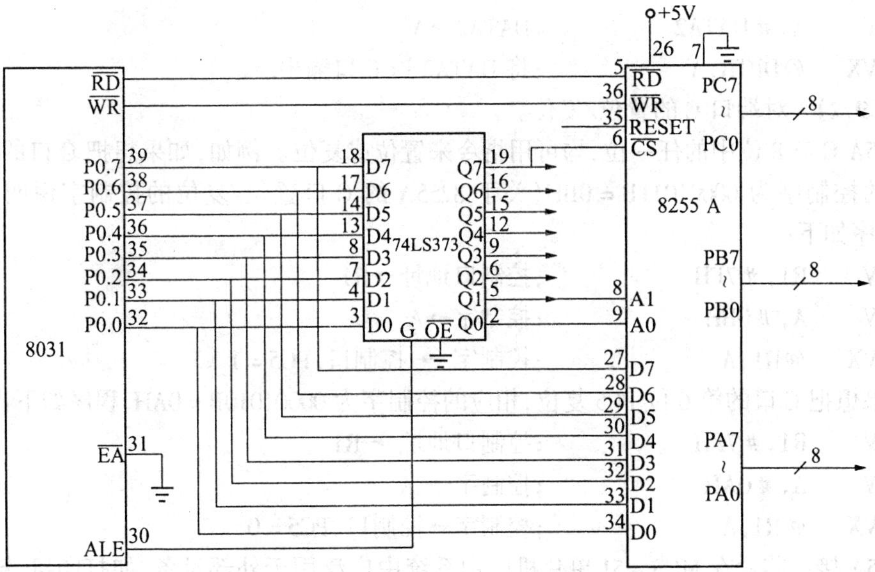

图 9.10　8031 扩展一片 8255A 的电路

2.8255A 端口地址的确定

图 9.10 中 8255A 只有 3 根线与地址线相接。片选端 $\overline{CS}$、地址选择端 A1、A0，分别接于 P0.7、P0.1、P0.0，其他地址线全悬空。显然，只要保证 P0.7 为低电平时，选中该 8255A，若 P0.1、P0.0 再为“00”则选中 8255A 的 A 口，同理 P0.1、P0.0 为“01”、“10”、“11”则分别选中 B

口、C 口及控制口。若地址用 16 位表示，其他无用端全设为“1”，则 8255A 的 A、B、C 及控制口地址分别为

FF7CH、FF7DH、FF7EH、FF7FH

如果没有用到的位取“0”，则 4 个地址为 0000H、0001H、0002H、0003H，只要保证$\overline{CS}$、A1、A0 的状态，无用位设为“0”或“1”无关。掌握了确定地址的方法，使用者可灵活选择地址。

3.软件编程

在实际的应用系统中，必须根据外部设备的类型选择 8255A 的操作方式，并在初始化程序中把相应控制字写入控制口。下面根据图 9.10，来说明 8255A 的编程方法。

【例 9.1】 要求 8255A 工作在方式 0，且 A 口作为输入，B 口、C 口作为输出，则程序如下：

```
MOV    A, # 90H          ;A 口方式 0 输入,B 口、C 口输出的方式控制送 A
MOV    DPTR, # 0FF7FH    ;控制寄存器地址→DPTR
MOVX   @DPTR, A          ;方式控制字→控制寄存器
MOV    DPTR, # 0FF7CH    ;A 口地址→DPTR
MOVX   A, @DPTR          ;从 A 口读数据
MOV    DPTR, # 0FF7DH    ;B 口地址→DPTR
MOV    A, # DATA1        ;要输出的数据 DATA1→A
MOVX   @DPTR, A          ;将 DATA1 送 B 口输出
MOV    DPTR, # 0FF7EH    ;C 口地址→DPTR
MOV    A, # DATA2        ;DATA2→A
MOVX   @DPTR, A          ;将 DATA2 送 C 口输出
```

【例 9.2】 对端口 C 的置位/复位。

8255A C 口 8 位中的任一位，均可用指令来置位或复位。例如，如果想把 C 口的 PC5 置 1，相应的控制字为 00001011B = 0BH（关于 8255A 的 C 口置位/复位的控制字说明参见图 9.4），程序如下：

```
MOV    R1, # 7FH         ;控制口地址→R1
MOV    A, # 0BH          ;控制字→A
MOVX   @R1, A            ;控制字 → 控制口,PC5 = 1
```

如果想把 C 口的第 6 位 PC5 复位，相应的控制字为 00001010B = 0AH，程序如下：

```
MOV    R1, # 7FH         ;控制口地址→ R1
MOV    A, # 0AH          ;控制字→ A
MOVX   @R1, A            ;控制字→控制口,PC5 = 0
```

8255A 接口芯片在 MCS - 51 单片机应用系统中广泛用于外部设备，如打印机、键盘、显示器以及作为控制信息的输入、输出口。

9.3 MCS - 51 与可编程 RAM/IO 芯片 8155H 的接口

Intel8155H 芯片内包含有 256byte 的 RAM 存储器（静态），RAM 的存取时间为 400ns。两个可编程的 8 位并行口 PA 和 PB，一个可编程的 6 位并行口 PC，以及一个 14 位减法定时器/计数器。PA 口和 PB 口可工作于基本输入/输出方式（同 8255A 的方式 0）或选通输入输出

方式(同 8255A 的方式 1)。8155H 可直接与 MCS－51 单片机相连,不需要增加任何硬件逻辑。由于 8155H 既有 I/O 口又具有 RAM 和定时器/计数器,因而是 MCS－51 单片机系统中常选用的外围接口芯片之一。

9.3.1 8155H 芯片介绍

1.8155H 的结构

8155H 的逻辑结构如图 9.11 所示。

2.8155H 的引脚功能

如图 9.12 所示,8155H 共有 40 条引脚线,采用双列直插式封装。

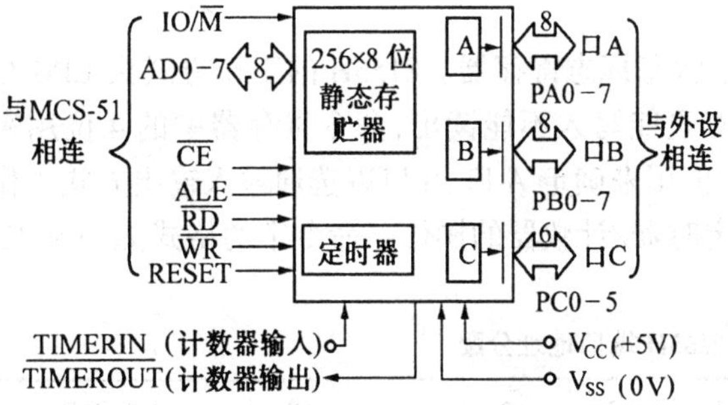

图 9.11 8155H 的逻辑结构

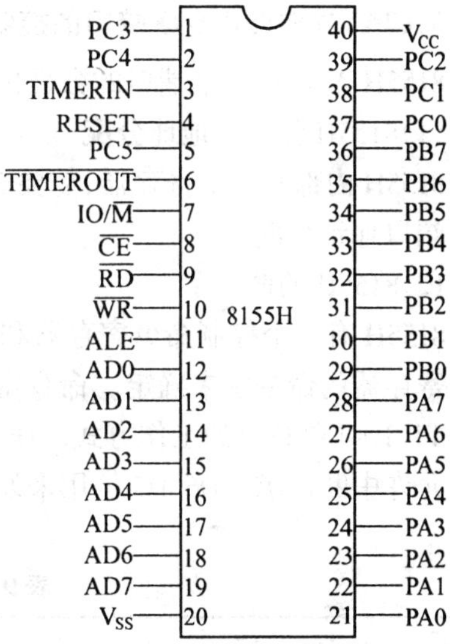

图 9.12 8155H 的引脚

8155H 的各引脚功能如下。

(1)AD7～AD0(8 条)

AD7～AD0 为地址/数据线,与 MCS－51 的 P0 口相连,用于分时传送地址/数据信息。

(2)I/O 总线(22 条)

PA7～PA0 为通用 I/O 线,用于传送 A 口上的外设数据,数据传送方向由写入 8155H 的命令决定(见图 9.13);PB7～PB0 为通用 I/O 线,用于传送 B 口上的外设数据,数据传送方向也由 8155H 命令决定。PC5～PC0 为数据/控制线,共有 6 条,在通用 I/O 方式下,用作传送 I/O 数据;在选通 I/O 方式下,用作传送命令/状态信息。

(3)控制总线(8 条)

RESET:复位输入线,在 RESET 线上输入一个大于 600ns 宽的正脉冲时,8155H 立即处于复位状态,A、B、C 三口也定义为输入方式。

$\overline{CE}$和 IO/$\overline{M}$:为 8155H 片选输入线,若$\overline{CE}$＝0,则 CPU 选中本 8155H 工作;否则,本 8155H 不工作。IO/$\overline{M}$为 I/O 端口或 RAM 存储器的选通输入线;若 IO/$\overline{M}$＝0,则 CPU 选中 8155H 的 RAM 存储器工作;若 IO/$\overline{M}$＝1,则 CPU 选中 8155H 片内某一存储器。

$\overline{RD}$和$\overline{WR}$:$\overline{RD}$是 8155H 的读/写命令输入线,$\overline{WR}$为写命令线,当$\overline{RD}$=0 和$\overline{WR}$=1 时,8155H 处于读出数据状态;当$\overline{RD}$=1 和$\overline{WR}$=0 时,8155H 处于写入数据状态。

ALE:为允许地址输入线,高电平有效。若 ALE=1,则 8155H 允许 AD7~AD0 上地址锁存到"地址锁存器";否则,8155H 的地址锁存器处于封锁状态。8155H 的 ALE 常和MCS-51 的 ALE 端相连。

TIMERIN 和$\overline{TIMEROUT}$:TIMERIN 是计数器输入线,输入的脉冲上跳沿用于对 8155H 片内的 14 位计数器减 1。$\overline{TIMEROUT}$为计数器输出线,当 14 位计数器减为零时就可以在该引线上输出脉冲或方波,输出信号的形状与所选的计数器工作方式有关。

(4)电源线(2 条)

Vcc 为+5V 电源输入线,Vss 接地。

3.CPU 对 8155H I/O 端口的控制

8155H A、B、C 三个端口的数据传送是由命令字和状态字控制的。

(1)8155H 各端口地址分配

8155H 内部有 7 个寄存器,需要 3 位地址 A2~A0 上的不同组合来加以区分。表 9.2 列出了端口地址分配。

(2)8155H 的命令字

8155H 有一个控制命令寄存器和一个状态标志寄存器。8155H 的工作方式由 CPU 写入命令寄存器的命令字来确定。命令寄存器只能写入不能读出,命令寄存器中的 4 位用来设置 A 口、B 口和 C 口的工作方式。D4、D5 位用来确定 A 口、B 口以选通输入输出方式工作时是否允许中断请求。D6、D7 位用来设置定时器/计数器的操作。命令字的格式如图 9.13 所示。

表 9.2 8155H 端口地址分配

$\overline{CE}$	IO/$\overline{M}$	A7	A6	A5	A4	A3	A2	A1	A0	所选端口
0	1	×	×	×	×	×	0	0	0	命令/状态寄存器
0	1	×	×	×	×	×	0	0	1	A 口
0	1	×	×	×	×	×	0	1	0	B 口
0	1	×	×	×	×	×	0	1	1	C 口
0	1	×	×	×	×	×	1	0	0	计数器低 8 位
0	1	×	×	×	×	×	1	0	1	计数器高 6 位
0	0	×	×	×	×	×	×	×	×	RAM 单元

注:×表示 0 或 1

(3)8155H 的状态字

在 8155H 中还设置有一个状态标志寄存器,用来存入 A 口和 B 口的状态标志。状态标志寄存器的地址与命令寄存器的地址相同,CPU 只能对其读出,不能写入。状态寄存器的格式如图 9.14 所示,CPU 可以直接查询。

下面仅对状态字中的 D6 位作以说明。

D6 为定时器中断状态标志位 TIMER。若定时器正在计数或开始计数前,则 D6=0;若

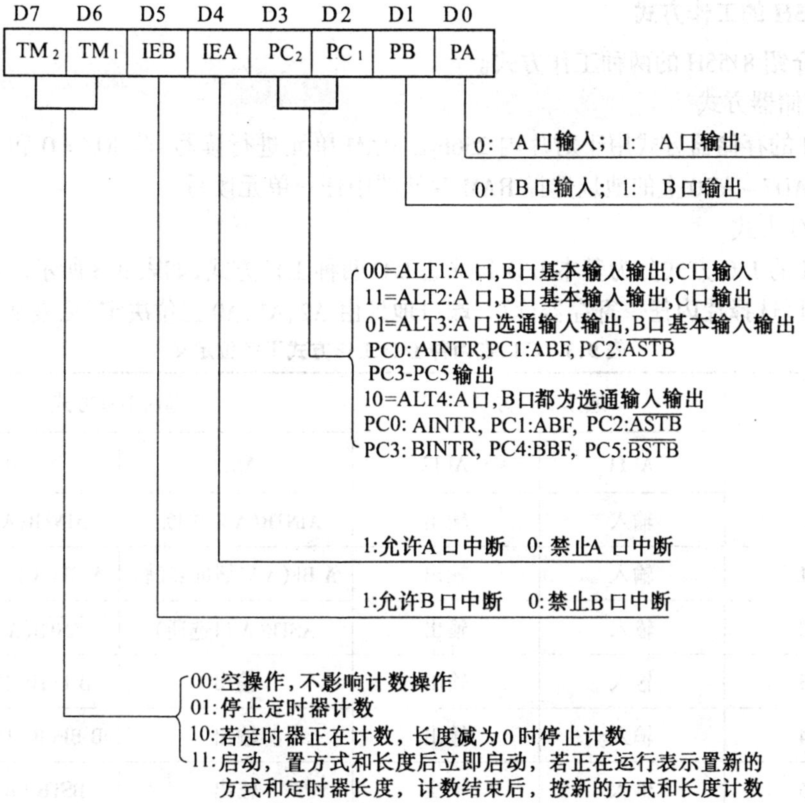

图9.13 8155H的命令字

定时器的计数长度已计满,则 D6 = 1,可作为定时器中断标志。在硬件复位或对它读出后又恢复为0。

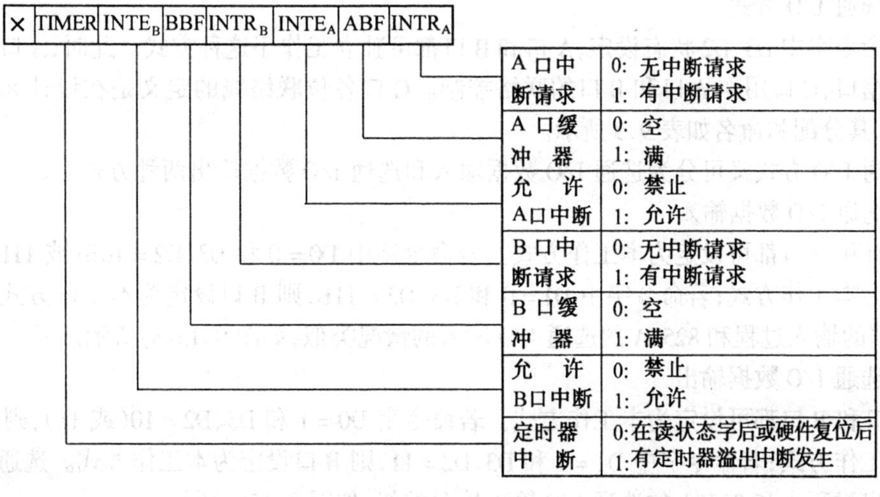

图9.14 8155H状态字格式

4.8155H 的工作方式

下面介绍 8155H 的两种工作方式。

(1)存储器方式

8155H 的存储器方式用于对片内 256byte RAM 单元进行读写,若 IO/ = 0 和 = 0,则 CPU 可以通过 AD7 ~ AD0 上的地址选择 RAM 存储器中任一单元读写。

(2)I/O 方式

8155H 的 I/O 方式分为基本 I/O 和选通 I/O 两种工作方式,如表 9.3 所示。在 I/O 方式下,8155H 可选择片内任一寄存器读写,端口地址由 A2、A1、A0 三位决定(见表 9.2)。

表 9.3　C 口在两种 I/O 工作方式下各位定义

C 口	通用 I/O 方式		选通 I/O 方式	
	ALT1	ALT2	ALT3	ALT4
PC0	输入	输出	AINTR(A 口中断)	AINTR(A 口中断)
PC1	输入	输出	A BF(A 口缓冲器满)	A BF(A 口缓冲器满)
PC2	输入	输出	$\overline{\text{ASTB}}$(A 口选通)	$\overline{\text{ASTB}}$(A 口选通)
PC3	输入	输出	输出	B INTR(B 口中断)
PC4	输入	输出	输出	B BF(B 口缓冲器满)
PC5	输入	输出	输出	BSTB (B 口选通)

①基本 I/O 方式

在基本 I/O 方式下,A、B、C 三口用作输入/输出,由图 9.13 所示的命令字决定。其中,A、B 两口的输入/输出由 D1、D0 决定,C 口各位由 D3、D2 状态决定。例如,若把 02H 的命令字送到 8155H 命令寄存器,则 8155HA 口和 C 口各位设定为输入方式,B 口设定为输出方式。

②选通 I/O 方式

由命令字中 D3、D2 状态设定,A 口和 B 口都可独立工作于这种方式。此时,A 口和 B 口用作数据口,C 口用作 A 口和 B 口的联络控制。C 口各位联络线的定义是在设计 8155H 时规定的,其分配和命名如表 9.3 所示。

选通 I/O 方式又可分为选通 I/O 数据输入和选通 I/O 数据输出两种方式。

a.选通 I/O 数据输入

A 口和 B 口都可设定为本工作方式。若命令字中 D0 = 0 和 D3、D2 = 10B(或 11B),则 A 口设定为本工作方式;若命令字中 D1 = 0 和 D3、D2 = 11B,则 B 口设定为本工作方式。选通 I/O 数据的输入过程和 8255A 的选通 I/O 输入的情况类似,如图 9.15(a)所示。

b.选通 I/O 数据输出

A 口和 B 口都可设定为本工作方式。若命令字 D0 = 1 和 D3、D2 = 10(或 11),则 A 口设定为本工作方式;若命令字中 D1 = 1 和 D3、D2 = 11,则 B 口设定为本工作方式。选通 I/O 数据的输出过程也和 8255A 的选通 I/O 输出情况类似,如图 9.15(b)所示。

5.8155H 内部定时器/计数器及使用

8155H 中有一个 14 位的定时器/计数器,可用来定时或对外部事件计数,CPU 可通过程

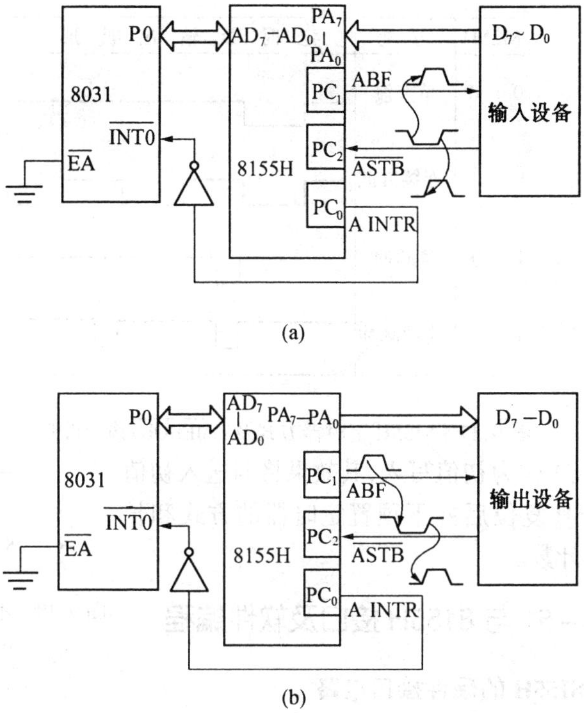

图 9.15　选通数据 I/O 工作方式示意图

序选择计数长度和计数方式。计数长度和计数方式由写入计数寄存器的控制字来确定，计数寄存器的格式如图 9.16 所示。

	D_7							D_0
T_L(04H)	T_7	T_6	T_5	T_4	T_3	T_2	T_1	T_0
	D_7							D_0
T_H(05H)	M2	M1	T_{13}	T_{12}	T_{11}	T_{10}	T_9	T_8

图 9.16　8155H 计数寄存器的格式

图中 $T_{13} \sim T_0$ 为计数器长度。M2、M1 用来设置定时器的输出方式。8155H 定时器 4 种工作方式及相应的 $\overline{\text{TIMEROUT}}$ 脚输出波形如图 9.17 所示。

任何时候都可以设置定时器的长度和工作方式，但是必须将启动命令字写入命令寄存器。如果定时器正在计数，那么，只有在写入启动命令之后，定时器才接收新的计数器长度并按新的工作方式计数。

若写入定时器的初值为奇数，$\overline{\text{TIMEROUT}}$ 的方波输出是不对称的，例如初值为 9 时，定时器输出的 5 个脉冲周期内为高电平，4 个脉冲周期内为低电平，如图 9.18 所示。

值得注意的是，8155H 的定时器初值不是从 0 开始，而要从 2 开始。这是因为如果选择定时器的输出为方波形式（无论是单方波还是连续方波），则规定是从启动计数开始，前一半计数输出为高电平，后一半计数输出为低电平。显然，如果计数初值是 0 或 1，就无法产生这种方波。因此，8155H 计数器的初值范围是 3FFFH ~ 2H。

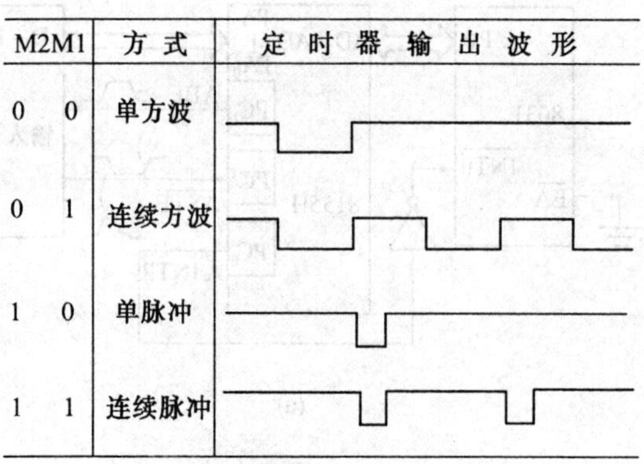

M2M1
方 式
定 时 器 输 出 波 形
0 0
单方波
0 1
连续方波
1 0
单脉冲
1 1
连续脉冲

图 9.17 8155H 定时器方式及TIMEROUT输出波形

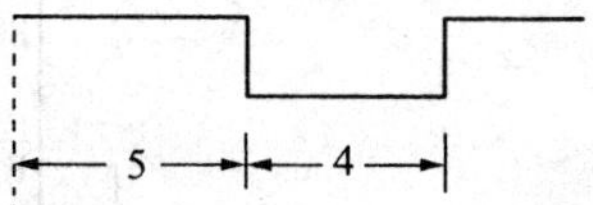

图 9.18 不对称方波输出(长度为 9)

如果硬要将 0 或 1 作为初值写入,其效果将与送入初值 2 的情况一样。8155H 复位后并不预置定时器的方式和长度,但是停止计数器计数。

9.3.2 MCS－51 与 8155H 接口及软件编程

1.MCS－51 与 8155H 的硬件接口电路

MCS－51 单片机可以和 8155H 直接连接而不需要任何外加逻辑器件。8031 和 8155H 的接口电路如图 9.19 所示。

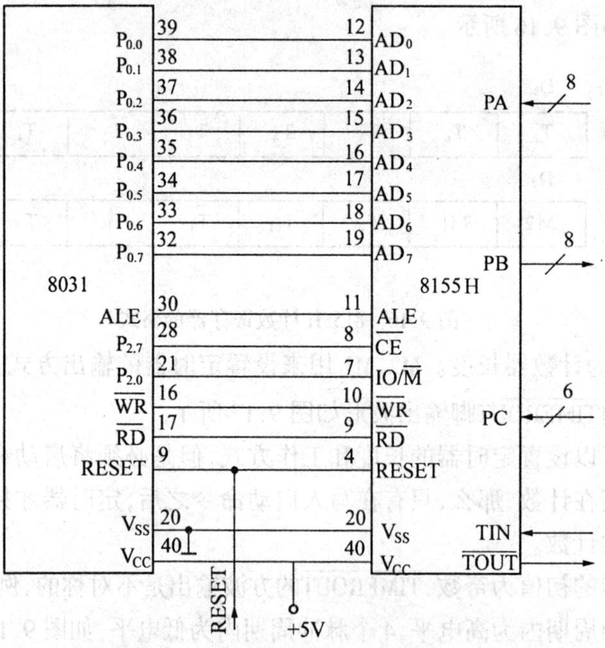

图 9.19 8155H 和 8031 的接口电路

在图 9.19 中,8031 单片机 P0 口输出的低 8 位地址不需要另外加锁存器而直接与 8155H 的 AD0AD7 相连,既作低 8 位地址总线又作数据总线,地址锁存直接用 ALE 在 8155H

锁存。8155H 的端接 P2.7,IO/$\overline{M}$ 端与 P2.0 相连。当 P2.7 为低电平时,若 P2.0 = 1,则访问 8155H 的 I/O 口;若 P2.0 = 0,则访问 8155H 的 RAM 单元。由此我们得到图 9.19 中 8155H 的地址编码为

RAM 单元地址:　　　　7E00H ~ 7EFFH

I/O 口地址:
- 命令/状态口:　　7F00H
- PA 口:　　7F01H
- PB 口:　　7F02H
- PC 口:　　7F03H
- 定时器低 8 位:　　7F04H
- 定时器高 6 位:　　7F05H

2.8155H 的编程举例

根据图 9.19 所示的接口电路,介绍对 8155H 的具体操作方法。

【例 9.3】 若 A 口定义为基本输出方式,B 口定义为基本输出方式,对输入脉冲进行 24 分频(8155H 的计数器的最高计数频率为 4MHz),则 8155H 的 I/O 初始化程序如下:

```
START:  MOV     DPTR, # 7F04H       ;指针指向定时器低 8 位
        MOV     A, # 18H            ;计数初值 24 送 A,
        MOVX    @DPTR,A             ;计数初值低 8 位装入定时器
        INC     DPTR                ;指向定时器高 8 位
        MOV     A, # 40H            ;设定时器连续方波输出
        MOVX    @ DPTR,A            ;计数初值高 6 位装入定时器
        MOV     DPTR, # 7F00H       ;指向命令/状态口
        MOV     A, # 0C2H           ;设定命令控制字
        MOVX    @ DPTR,A            ;A 口基本输入方式,B 口基本输出方式,开
                                    ;启定时器
```

【例 9.4】 读 8155H 的 F1H 单元。

程序如下:

```
        MOV     DPTR, # 7EF1H       ;指向 8155H 的 F1H 单元
        MOVX    A,@DPTR             ;F1H 单元内容→A
```

【例 9.5】 将立即数 41H 写入 8155H RAM 的 20H 单元。

程序如下:

```
        MOV     A, # 41H            ;立即数→A
        MOV     DPTR, # 7E20H       ;指向 8155H 的 20H 单元
        MOVX    @DPTR,A             ;立即数 41H 送到 8155H RAM 的 20H 单元
```

在同时需要扩展 RAM 和 I/O 的 MCS - 51 应用系统中,选用 8155H 特别经济。8155H 既有 RAM,又有 I/O 口,此外,还有定时器。因此,8155H 芯片是单片机应用系统中常用的外围接口芯片之一。

9.4 用 74LSTTL 电路扩展并行 I/O 口

在 MCS－51 单片机应用系统中，在有些场合为了降低成本、缩小体积，采用 TTL 电路、CMOS 电路锁存器或三态门电路，也可构成各种类型的简单输入/输出口。通常这种 I/O 都是通过 P0 口扩展。由于 P0 口只能分时复用使用，故构成输出口时，接口芯片应具有锁存功能；构成输入口时，要求接口芯片应能三态缓冲或锁存选通，数据的输入、输出由单片机的读/写信号控制。

图 9.20 所示是一个利用 74LS273 和 74LS244，将 P0 口扩展成简单的输入、输出口的电路。74LS273 是 8D 锁存器扩展输出口，输出端接 8 个 LED 发光二极管，以显示 8 个按钮开关状态，某位低电平时二极管发光。74LS244 是缓冲驱动器，扩展输入口，它的 8 个输入端分别接 8 个按钮开关。74LS273 和 74LS244 的工作受 8031 的 P2.0、$\overline{RD}$、$\overline{WR}$三条控制线控制。

电路的工作原理如下：

当 P2.0＝0，$\overline{WR}$＝0($\overline{RD}$＝1)时选中 74LS273 芯片，CPU 通过 P0 接口输出数据锁存到 74LS273，74LS273 的输出端低电平位对应的 LED 发光二极管点亮；当 P2.0＝0，$\overline{RD}$＝0($\overline{WR}$＝1)时选中 74LS244，此时若无按钮开关按下，输入全为高电平，但某开关按下时则对应位输入为“0”，74LS244 的输入端不全为“1”，其输入状态通过 P0 接口数据线被读入 8031 片内。

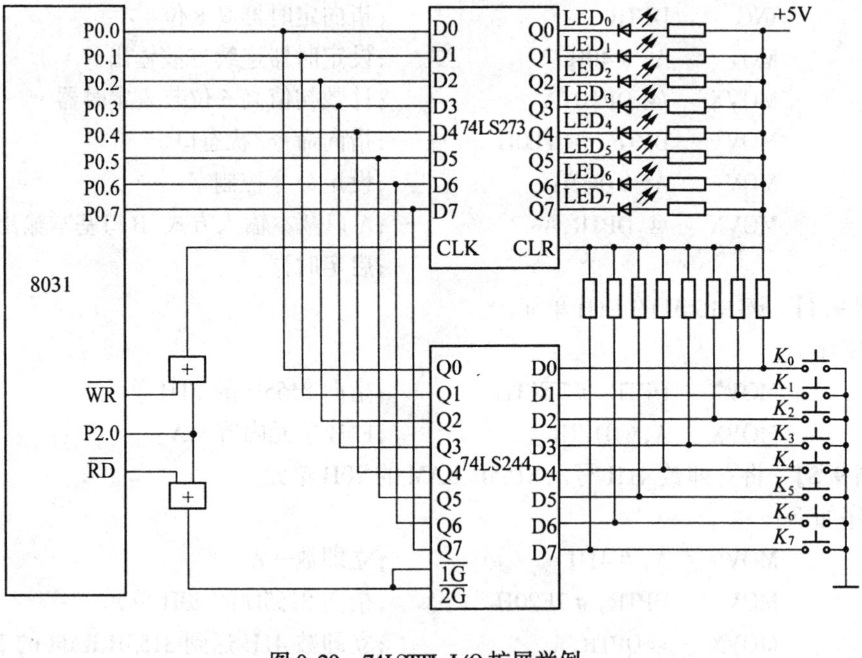

图 9.20　74LSTTL I/O 扩展举例

总之，在图 9.20 中只要保证 P2.0 为“0”，其他地址位或“0”或“1”即可。如地址用 FEFFH(无效位全为“1”)，或用 0000H(无效位全为“0”)都可。

输出程序段：

```
MOV     A, # data           ;数据→A
MOV     DPTR, # 0FEFFH      ;I/O 地址→DPTR
```

```
            MOVX    @DPTR,A             ;为低电平,数据经74LS273口输出
输入程序段:
            MOV     DPTR,#0FEFFH        ;I/O地址→DPTR
MOVX    A,@DPTR,WR为低电平,74LS244接口数据读入内部RAM
```

【例9.6】 编写程序把按钮开关状态通过图9.20中的发光二极管显示出来。

程序:

```
DDIS:   MOV     DPTR,#0FEFFH        ;输入口地址→DPTR
LP:     MOVX    A,@DPTR             ;按钮开关状态读入A中
        MOVX    @DPTR,A             ;A数据送显示输出口
        SJMP    LP                  ;(输入、输出共用一地址)反复连续执行
```

由程序可以看出,对于所扩展接口的输入/输出就像从外部RAM读/写数据一样方便。图9.20仅仅扩展了两片,如果仍不够用,还可扩展多片244、273之类的芯片。但作为输入口时,一定要求有三态功能,否则将影响总线的正常工作。

9.5 用MCS-51的串行口扩展并行口

MCS-51串行口的方式0可以用于I/O扩展。如果在应用系统中,串行口未被占用,那么将它用来扩展并行I/O口,既不占用片外的RAM地址,又节省硬件开销,是一种经济、实用的方法。

在方式0时,串行口为同步移位寄存器工作方式,其波特率是固定的,为$f_{osc}/12$(f_{osc}为系统的振荡器频率)。数据由RXD端(P3.0)出入,同步移位时钟由TXD端(P3.1)输出。发送、接收数据的是8位,低位在先。

9.5.1 用74LS165扩展并行输入口

图9.21是利用两片74LS165扩展两个8位并行输入口的接口电路。

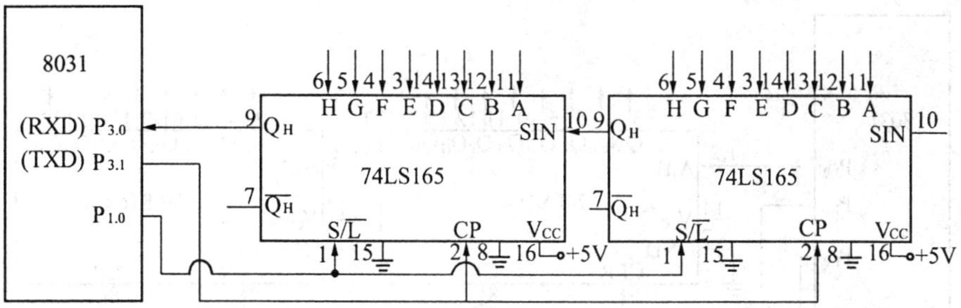

图9.21 利用74LS165扩展并行输入口

74LS165是8位并行输入串行输出的寄存器。当74LS165的S/$\overline{L}$端由高到低跳变时,并行输入端的数据被置入寄存器;当S/$\overline{L}$=1,且时钟禁止端(第15脚)为低电平时,允许TXD(P3.1)移位时钟输入,这时在时钟脉冲的作用下,数据将由SIN到Q_H方向移动。

图9.21中,TXD(P3.1)作为移位脉冲输出与所有75LS165的移位脉冲输入端CP相连;RXD(P3.0)作为串行数据输入端与74LS165的串行输出端Q_H相连;P1.0用来控制74LS165

的移位与置入，而同 $S/\overline{L}$ 相连；74LS165 的时钟禁止端（15 脚）接地，表示允许时钟输入。当扩展多个 8 位数入口时，相邻两芯片的首尾（Q_H 与 Q_{IN}）相连。

【例 9.7】 下面的程序是从 16 位扩展口读入 5 组数据（每组二个字节），并把它们转存到内部 RAM 20H 开始的单元。

```
        MOV   R7, # 05H          ;设置读入组数
        MOV   R0, # 20H          ;设置内部 RAM 数据区首址
START:  CLR   P1.0               ;并行置入数据,S/L̄=0
        SETB  P1.0               ;允许串行移位,S/L̄=1
        MOV   R1, # 02H          ;设置每组字节数,即外扩 74LS165 的个数
RXDAT:  MOV   SCON, # 00010000H  ;设串口方式 0,允许接收,启动接收过程
WAIT:   JNB   R1,WAIT            ;未接收完一帧,循环等待
        CLR   R1                 ;清 R1 标志,准备下次接收
        MOV   A,SBUF             ;读入数据
        MOV   @R0,A              ;送至 RAM 缓冲区
        INC   R0                 ;指向下一个地址
        DJNZ  R1,RXDATA          ;未读完一组数据,继续
        DJNZ  R7,START           ;5 组数据未读完重新并行置入
        ……    ;对数据进行处理
```

上面的程序对串行接收过程采用的是查询等待的控制方式，如有必要，也可改用中断方式。从理论上讲，按图 9.21 方法扩展的输入口几乎是无限的，但扩展的越多，口的操作速度也就越慢。

9.5.2 用 74LS164 扩展并行输出口

74LS164 是 8 位串入并出移位寄存器。图 9.22 是利用 74LS164 扩展二个 8 位并行输出口的接口电路。

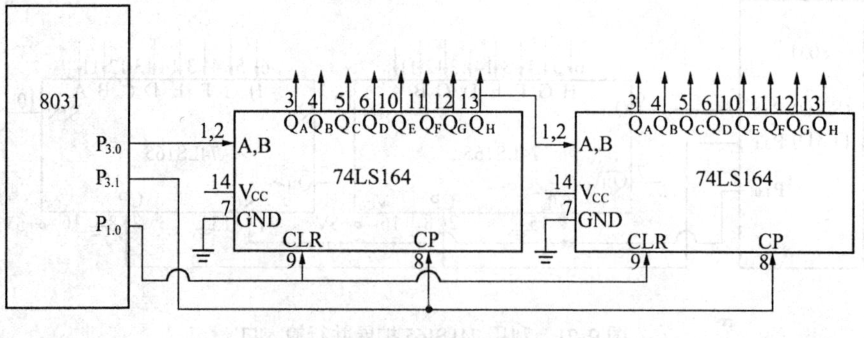

图 9.22 利用 74LS164 扩展并行输出口

当 MCS－51 单片机串行口工作在方式 0 的发送状态时，串行数据由 P3.0（RXD）送出，移位时钟由 P3.1（TXD）送出。在移位时钟的作用下，串行口发送缓冲器的数据一位一位地从 P3.0 移入 74LS164 中。需要指出的是，由于 74LS164 无并行输出控制端，因而在串行输入过程中，其输出端的状态会不断变化，故在某些应用场合，在 74LS164 的输出端应加接输出

三态门控制，以便保证串行输入结束后再输出数据。

【例 9.8】 下面是将内部 RAM 单元 30H、31H 的内容经串行口由 74LS164 并行输出子程序。

```
START:  MOV    R7, #02H       ;设置要发送的字节个数
        MOV    R0, #30H       ;设置地址指针
        MOV    SCON, #00H     ;设置串行口为方式 0
SEND:   MOV    A,@R0
        MOV    SBUF,A         ;启动串行口发送过程
WAIT:   JNB    TI,WAIT        ;一帧数据未发送完，循环等待
        CLR    TI
        INC    R0             ;取下一个数
        DJNZ   R7,SEND        ;未发送完，继续，发送完从子程序返回
        RET
```

思考题及习题

1. I/O 接口和 I/O 端口有什么区别？I/O 接口的功能是什么？

2. 常用的 I/O 端口编址有哪两种方式？它们各有什么特点？MCS－51 的 I/O 端口编址采用的是哪种方式？

3. I/O 数据传送有哪几种传送方式？分别在哪些场合使用？

4. 编写程序，采用 8255A 的 C 口按位置复位控制字，将 PC7 置"0"，PC4 置"1"。（已知 8255A 各端口的地址为 7FFCH～7FFFH）

5. 8255A 的"方式控制字"和"C 口按位置复位控制字"都可以写入 8255A 的同一控制寄存器，8255A 是如何来区分这两个控制字的？

6. 由图 9.6 来说明 8255A 的 A 口在方式 1 的选通输入方式下的工作过程。

7. 8155H 的端口都有哪些？哪些引脚决定端口的地址？引脚 TIMERIN 和 $\overline{\text{TIMEROUT}}$ 的作用是什么？

8. 判断下列说法是否正确，为什么？

(1)由于 8155H 不具有地址锁存功能，因此在与 8031 的接口电路中必须加地址锁存器。

(2)在 8155H 芯片中，决定端口和 RAM 单元编址的信号是 AD7～AD0 和 $\overline{\text{WR}}$。

(3)8255A 具有三态缓冲器，因此可以直接挂在系统的数据总线上。

(4)8255A 的 B 口可以设置成方式 2。

9. 现有一片 8031，扩展了一片 8255A，若把 8255A 的 B 口用作输入，B 口的每一位接一个开关，A 口用作输出，每一位接一个发光二极管，请画出电路原理图，并编写出 B 口某一位开关接高电平时，A 口相应位发光二极管被点亮的程序。

10. 假设 8155H 的 TIMERIN 引脚输入脉冲的频率为 4MHz，问 8155H 的最大定时时间是多少？

11. 假设 8155H 的 TIMERIN 引脚输入的脉冲频率为 1MHz，请编写出在 8155H 的 $\overline{\text{TIMEROUT}}$ 引脚上输出周期为 10ms 的方波的程序。

第10章 MCS-51与键盘、显示器、拨盘、打印机的接口设计

大多数的MCS-51应用系统,都要配置输入外设和输出外设。常用的输入外设有:键盘、BCD码拨盘等;常用的输出外设有:LED显示器、LCD显示器、打印机等。本章介绍MCS-51与输入外设、输出外设的接口电路设计以及软件编程。

10.1 LED显示器接口原理

LED(Light Emitting Diode)是发光二极管的缩写。LED显示器是由发光二极管构成的,所以在显示器前面冠以“LED”。LED显示器在单片机系统中的应用非常普遍。

10.1.1 LED显示器的结构

常用的LED显示器为8段(或7段,8段比7段多了一个小数点“dp”段)。每一个段对应一个发光二极管。这种显示器有共阳极和共阴极两种,如图10.1所示。共阴极LED显示器的发光二极管的阴极连接在一起,通常此公共阴极接地。当某个发光二极管的阳极为高电平时,发光二极管点亮,相应的段被显示。同样,共阳极LED显示器的发光二极管的阳极连接在一起,通常此公共阳极接正电压,当某个发光二极管的阴极接低电平时,发光二极管被点亮,相应的段被显示。

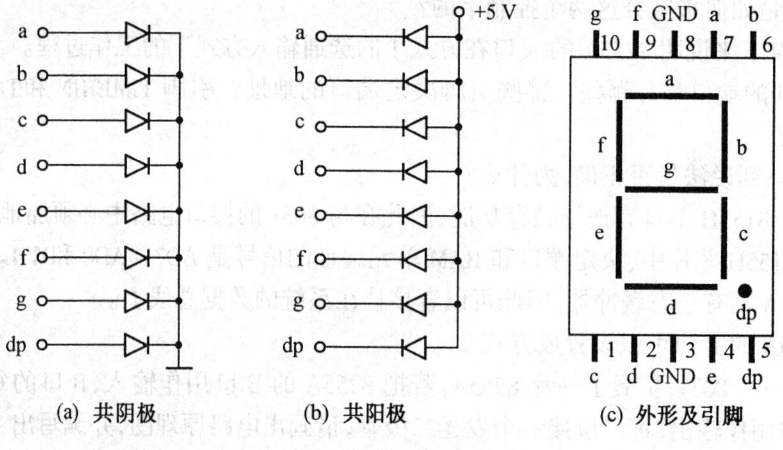

图10.1 8段LED结构及外形

为了使LED显示器显示不同的符号或数字,就要把不同段的发光二极管点亮,这样就要为LED显示器提供代码,因为这些代码可使LED相应的段发光,从而显示不同字型,因此该代码称之为段码(或称为字型码)

7段发光二极管,再加上一个小数点位,共计8段。因此提供给LED显示器的段码(或字型码)正好是一个字节。各段与字节中各位对应关系如下。

代码位	D7	D6	D5	D4	D3	D2	D1	D0
显示段	dp	g	f	e	d	c	b	a

按照上述格式,8段LED的段码如表10.1所示。

表10.1　8段LED段码

显示字符	共阴极段码	共阳极段码	显示字符	共阴极段码	共阳极段码
0	3FH	C0H	c	39H	C6H
1	06H	F9H	d	5EH	A1H
2	5BH	A4H	E	79H	86H
3	4FH	B0H	F	71H	8EH
4	66H	99H	P	73H	8CH
5	6DH	92H	U	3EH	C1H
6	7DH	82H	T	31H	CEH
7	07H	F8H	y	6EH	91H
8	7FH	80H	H	76H	89H
9	6FH	90H	L	38H	C7H
A	77FH	88H	"灭"	00H	FFH
b	7CH	83H	…	…	…

表10.1只列出了部分段码,读者可以根据实际情况选用。另外,段码是相对的,它由各字段在字节中所处的位决定。例如表10.1中8段LED段码是按格式

dp	g	f	e	d	c	b	a

而形成的,对于"0"的段码为3FH(共阴)。反之,如果将格式改为格式

dp	a	b	c	d	e	f	g

则字符"0"的段码变为7EH(共阴)。总之,字型及段码可由设计者自行设定,不必拘于表10.1的形式。但一般习惯上还是以"a"段对应段码的最低位。

10.1.2　LED显示器工作原理

由N个LED显示块可拼接成N位的LED显示器。图10.2是4位的LED显示器的结构原理图。

N个LED显示块有N根位选线和8×N根段码线。段码线控制显示字符的字型,而位选线为各个LED显示块中各段的公共端,它控制该LED显示位的亮或暗。

LED显示器有静态显示和动态显示两种显示方式。

1.LED静态显示方式

LED显示器工作于静态显示方式时,各位的共阴极(或共阳极)连接在一起并接地(或+5V);每位的段码线(a~dp)分别与一个8位的锁存器输出相连。之所以称为静态显示,是因为各个LED的显示字符一经确定,相应锁存器的锁存的段码输出将维持不变,直到送入

另一个字符的段码为止。正因为如此,静态显示器的亮度都较高。

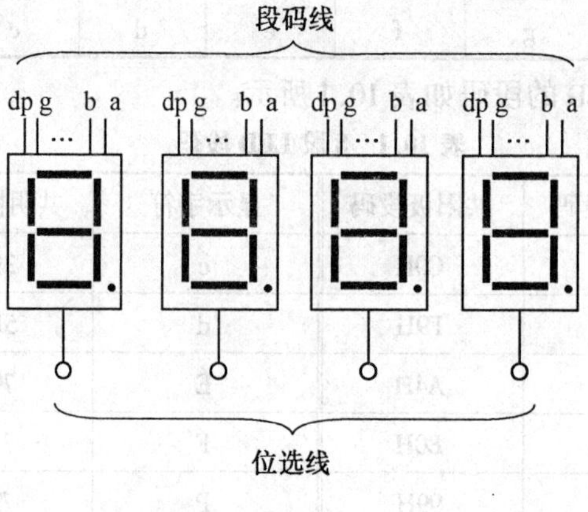

图 10.2　4 位 LED 显示器的构成

图 10.3 所示为一个 4 位静态 LED 显示器电路。该电路各位可独立显示,只要在该位的段码线上保持段码电平,该位就能保持相应的显示字符。由于各位分别由一个 8 位的数据输出口(例如 8255A 的 A、B、C 口)控制段码线,故在同一个时间里,每一位显示的字符可以各不相同。这种显示方式接口编程容易,但是占用口线较多。如图 10.3 电路所示,若用 I/O 口线接口,则要占用 4 个 8 位 I/O 口,若用锁存器(如 74LS373)接口,则要用 4 片 74LS373 芯片。如果显示器的位数增多,则需要增加锁存器。因此,在显示位数较多的情况下,一般都采用动态显示方式。

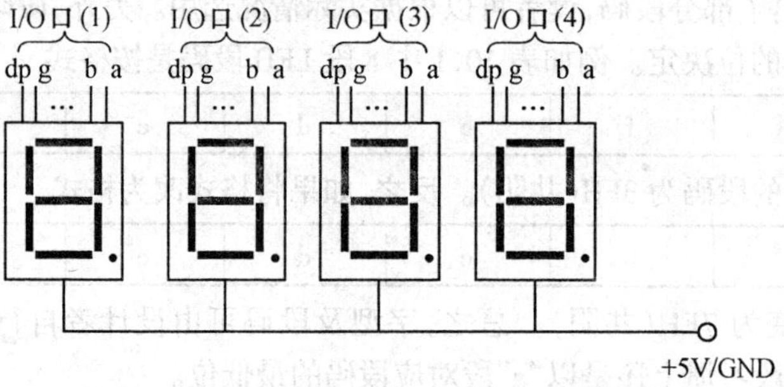

图 10.3　4 位静态 LED 显示器电路

2. LED 动态显示方式

在多位 LED 显示时,为简化硬件电路,通常将所有位的段码线相应地并联在一起,由一个 8 位 I/O 口控制,而各位的共阳极或共阴极分别由相应的 I/O 线控制,形成各位的分时选通。图 10.4 所示为一个 4 位 8 段 LED 动态显示器电路。其中段码线占用一个 8 位 I/O 口,而位选线占用一个 4 位 I/O 口。由于各位的段码线并联,8 位 I/O 口输出的段码对各个显示位来说都是相同的。因此,在同一时刻,如果各位的位选线都处于选通状态的话,4 位 LED 将显示相同的字符。若要各位 LED 能够同时显示出与本位相应的显示字符,就必须采用动态显示方式,即在某一时刻,只让某一位的位选线处于选通状态,而其他各位的位选线处于关闭状态,同时,段码线上输出相应位要显示的字符的段码。这样,在同一时刻,4 位 LED 中只有选通的那一位显示出字符,而其他三位则是熄灭的。同样,在下一时刻,只让下一位的位选线处于选通状态,而其他各位的位选线处于关闭状态,在段码线上输出将要显示字符的段码,则同一时刻,只有选通位显示出相应的字符,而其他各位则是熄灭的。如此循环下去,就可以使各位显示出将要显示的字符。虽然这些字符是在不同时刻出现的,而在同一时刻,只有一位显示,其他各位熄灭,但由于LED显示器的余辉和人眼的"视觉暂留"作用,只要每位显示间隔足够短,则可以造成"多位同时亮"的假象,达到同时显示的效果。

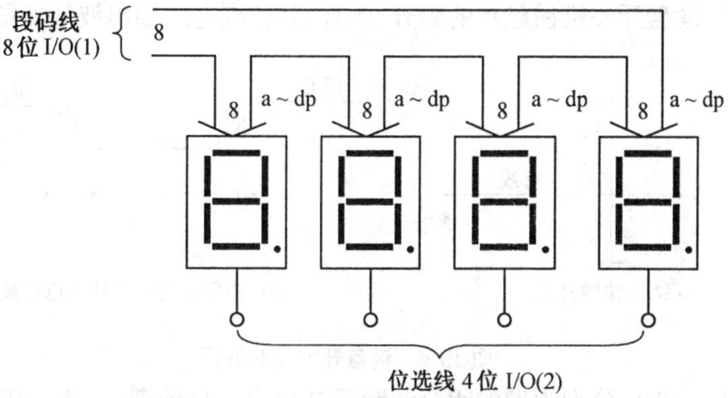

图 10.4　4位8段LED动态显示电路

LED不同位显示的时间间隔应根据实际情况而定。发光二极管从导通到发光有一定的延时,导通时间太短,则发光太弱,人眼无法看清;但也不能太长,因为要受限于临界闪烁频率,而且此时间越长,占用CPU时间也越多。另外,显示位数增多,也将占用大量的CPU时间,因此动态显示的实质是以牺牲CPU时间来换取器件的减少。

图10.5给出了8位LED动态显示2003.10.10过程。图10.5(a)是显示过程,某一时刻,只有一位LED被选通显示,其余位则是熄灭的;图10.5(b)是实际的显示结果,人眼看到的是8位稳定的同时显示的字符。

显示字符	段　码	位显码	显示器显示状态(微观)	位选通时序
0	3FH	FEH	0	T_1
1	06H	FDH	1	T_2
0	BFH	FBH	0.	T_3
1	06H	F7H	1	T_4
3	CFH	EFH	3.	T_5
0	3FH	DFH	0	T_6
0	3FH	BFH	0	T_7
2	5BH	7FH	2	T_8

(a)　8位LED动态显示过程

2	0	0	3.	1	0.	1	0

(b) 人眼看到的显示结果

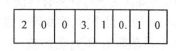

图 10.5　8位LED动态显示过程和结果

10.2　键盘接口原理

键盘在单片机应用系统中能实现向单片机输入数据、传送命令等功能,是人工干预单片机的主要手段。下面介绍键盘的工作原理,键盘按键的识别过程及识别方法,键盘与单片机的接口技术和编程。

10.2.1 键盘输入应解决的问题

1.键盘输入的特点

键盘实质上是一组按键开关的集合。通常,键盘开关利用了机械触点的合、断作用。一个电压信号通过键盘开关机械触点的断开、闭合,其行线电压输出波形如图 10.6 所示。

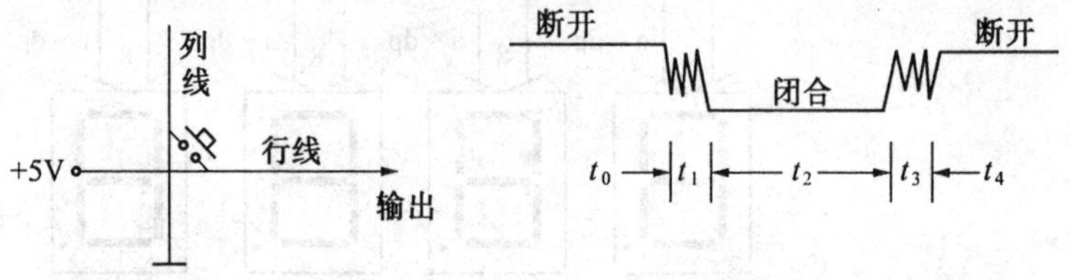

(a) 按键开关 (b) 键闭合时行线输出电压波形

图 10.6 键盘开关及其波形

图 10.6 中 t_1 和 t_3 分别为键的闭合和断开过程中的抖动期(呈现一串负脉冲),抖动时间长短和开关的机械特性有关,一般为 5 ~ 10 ms,t_2 为稳定的闭合期,其时间由按键动作所确定,一般为十分之几秒到几秒,t_0、t_4 为断开期。

2.按键的确认

键的闭合与否,反映在行线输出电压上就是呈现高电平或低电平,如果高电平表示键断开,低电平则表示键闭合,则可以通过对行线电平的高低状态的检测,便可确认按键按下与否。为了确保 CPU 对一次按键动作只确认一次按键有效,必须消除抖动期 t_1 和 t_3 的影响。

3.如何消除按键的抖动

常采用软件来消除按键抖动。

采用软件来消除按键抖动的基本思想是:在第一次检测到有键按下时,该键所对应的行线为低电平,执行一段延时 10 ms 的子程序后,确认该行线电平是否仍为低电平,如果仍为低电平,则确认为该行确实有键按下。当按键松开时,行线的低电平变为高电平,执行一段延时 10 ms 的子程序后,检测该行线为高电平,说明按键确实已经松开。采取以上措施,躲开了两个抖动期 t_1 和 t_3 的影响,从而消除了按键抖动的影响。

10.2.2 键盘接口的工作原理

常用键盘接口分为独立式键盘接口和行列式键盘接口。

1.独立式键盘接口

独立式键盘就是各键相互独立,每个按键各接一根输入线,通过检测输入线的电平状态可以很容易地判断哪个按键被按下。

在按键数目较多时,独立式键盘电路需要较多的输入口线且电路结构繁杂,故此种键盘适用于按键较少或操作速度较高的场合。下面介绍几种独立式键盘的接口。

图 10.7(a)为中断方式的独立式键盘工作电路,只要有一个键按下,与门的输出即为低

电平,向 8031 发出中断请求,在中断服务程序中,对按下的键进行识别。图 10.7(b)为查询方式的独立式键盘工作电路,按键直接与 8031 的 I/O 口线相接,通过读 I/O 口,判断各 I/O 口线的电平状态,即可以识别出按下的键。

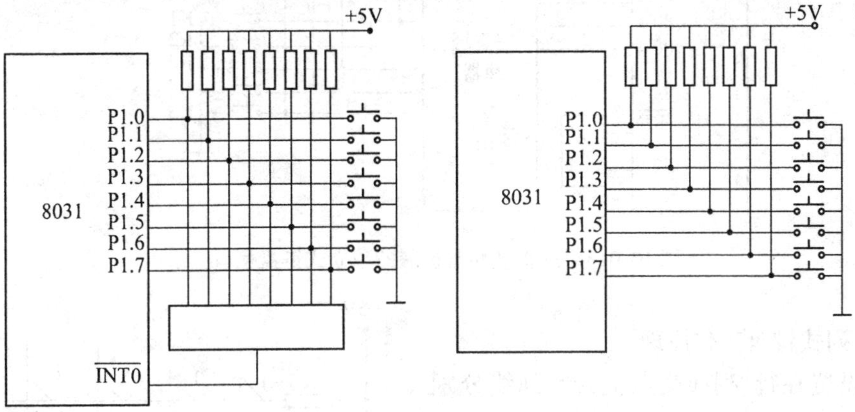

(a) 中断方式　　　　(b) 查询方式

图 10.7 独立式键盘接口电路

此外,也可以用扩展的 I/O 口作为独立式按键接口电路,图 10.8 为采用 8255A 扩展的 I/O 口,图 10.9 为用三态缓冲器扩展的 I/O 口。这两种接口电路,都是把按键当作外部 RAM 某一工作单元的位来对待,通过读片外 RAM 的方法,识别按键的状态。

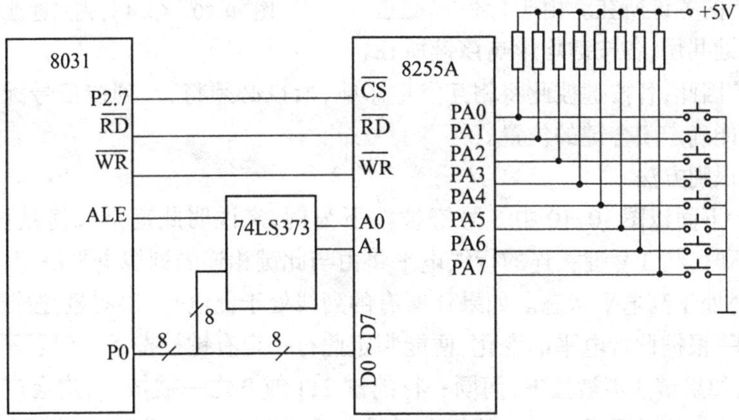

图 10.8 通过 8255A 扩展的独立式键盘接口

上述各种独立式键盘电路中,各按键均采用了上拉电阻,这是为了保证在按键断开时,各 I/O 口有确定的高电平,当然如果输入口线内部已有上拉电阻,则外电路的上拉电阻可省去。

独立式按键的识别和编程比较简单,常用在按键数目较少的场合。

2.行列式键盘接口

行列式(也称矩阵式)键盘用于按键数目较多的场合,它由行线和列线组成,按键位于行、列的交叉点上。如图 10.10 所示,一个 4×4 的行、列结构可以构成一个 16 个按键的键盘。很明显,在按键数目较多的场合,行列式键盘与独立式键盘相比,要节省很多的 I/O 口

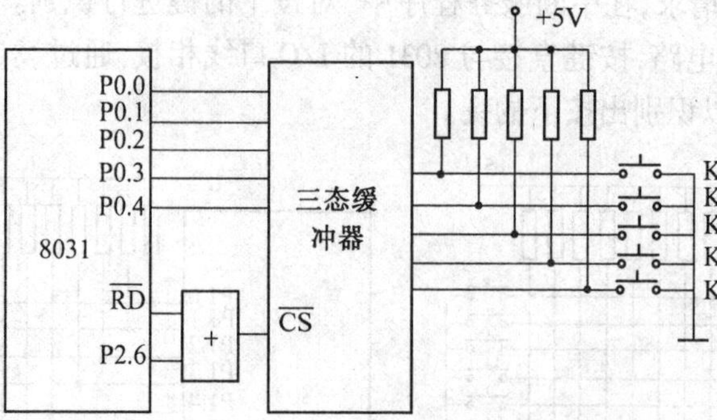

图 10.9　用三态缓冲器扩展的独立式键盘接口

线。

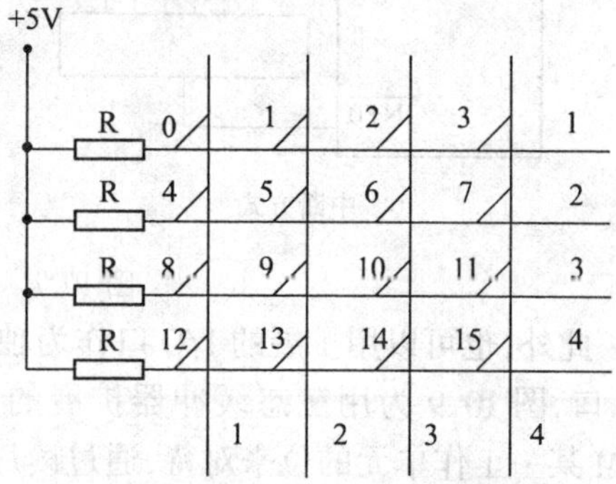

图 10.10　4×4 行列式键盘结构

(1)行列式键盘工作原理

按键设置在行、列线交点上，行、列线分别连结到按键开关的两端。行线通过上拉电阻接到+5V 上。无按键按下时，行线处于高电平状态，而当有按键按下时，行线电平状态将由与此行线相连的列线的电平决定。列线的电平如果为低，则行线电平为低；列线的电平如果为高，则行线的电平亦为高。这一点是识别行列式键盘按键是否按下的关键所在。由于行列式键盘中行、列线为多键共用，各按键均影响该键所在行和列的电平。因此，各按键彼此将相互发生影响，所以必须将行、列线信号配合起来并作适当的处理，才能确定闭合键的位置。

(2)按键的识别方法

①扫描法　下面以图 10.10 中 3 号键被按下为例，来说明此键是如何被识别出来的。当 3 号键被按下时，与 3 号键相连的行线电平将由与此键相连的列线电平决定，而行线电平在无按键按下时处于高电平状态。如果让所有的列线处于低电平，很明显，按键所在行电平将被接成低电平，根据此行电平的变化，便能判定此行一定有键被按下。但还不能确定是键 3 被按下，因为，如果键 3 不被按下，而同一行的键 2、1 或 0 之一被按下，均会产生同样的效果。所以，行线处于低电平只能得出某行有键被按下的结论。为进一步判定到底是哪一列的键被按下，可采用扫描法来识别。即在某一时刻只让一条列线处于低电平，其余所有列线处于高电平。当第 1 列为低电平，其余各列为高电平时，因为是键 3 被按下，所以第 1 行仍处于高电平状态；而当第 2 列为低电平，而其余各列为高电平时，同样我们会发现第 1 行仍处于高电平状态；直到让第 4 列为低电平，其余各列为高电平时，因为此时 3 号键被按下，所以第 1 行的电平将由高电平转换到第 4 列所处的低电平，据此，可判断第 1 行第 4 列交叉点处的按键，即 3 号键被按下。

根据上面的分析，很容易得到识别键盘有无键被按下的方法，此方法分两步进行：第一步，识别键盘有无键按下；第二步，如有键被按下，识别出具体的按键。

首先把所有的列线均置为 0 电平，检查各行线电平是否有变化，如果有变化，则说明有键被按下,如果没有变化,则说明无键被按下。

上述识别具体按键的方法也称为扫描法,即先把某一列置低电平,其余各列置为高电平,检查各行线电平的变化,如果某行线电平为低电平,则可确定此行此列交叉点处的按键被按下。

②线反转法　扫描法要逐列扫描查询,当被按下的键处于最后一列时,则要经过多次扫描才能最后获得此按键所处的行列值。而线反转法则显得很简练,无论被按键是处于第 1 列或最后一列,均只需经过两步便能获得此按键所在的行列值,线反转法的原理如图 10.11 所示。

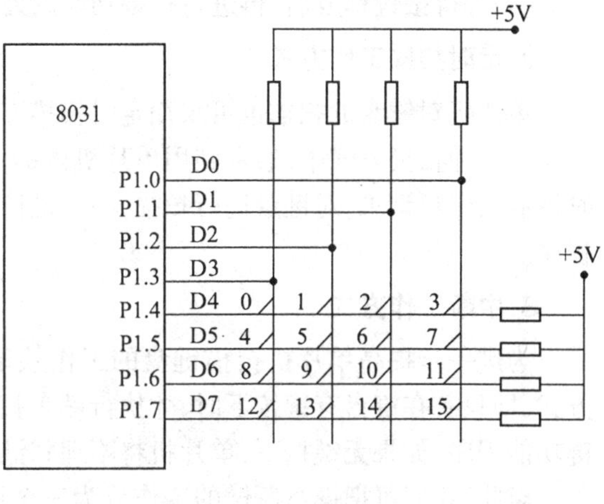

图 10.11　线反转法原理图

图中用一个 8 位 I/O 口构成一个 4×4 的矩阵键盘,采用查询方式进行工作,下面介绍线反转法的两个具体操作步骤。

第一步,让行线编程为输入线,列线编程为输出线,并使输出线输出为全低电平,则行线中电平由高变低的所在行为按键所在行。

第二步,再把行线编程为输出线,列线编程为输入线,并使输出线输出为全低电平,则列线中电平由高变低所在列为按键所在列。

结合上述两步的结果,可确定按键所在行和列,从而识别出所按的键。

假设 3 号键被按下,那么第一步即在 D0 ~ D3 输出全为 0,然后,读入 D4 ~ D7 位,结果 D4 = 0,而 D5、D6 和 D7 均为 1,因此,第一行出现电平的变化,说明第一行有键按下;第二步让 D4 ~ D7 输出全为 0,然后,读入 D0 ~ D3 位,结果 D0 = 0,而 D1、D2 和 D3 均为 1,因此第 4 列出现电平的变化,说明第 4 列有键按下。综合上述分析,即第 1 行第 4 列按键被按下,此按键即是 3 号键。因此,线反转法非常简单适用。当然,实际编程中要考虑采用软件延时进行消抖处理。

3.键盘的编码

对于独立式按键键盘,由于按键的数目比较少,可根据实际需要灵活编码。对于行列式键盘,按键的位置由行号和列号惟一确定,所以常常采用依次排列键号的方式对键盘进行编码。以 4×4 键盘为例,键号可以编码为 01H,02H,03H,:……,0EH,0FH,10H 共 16 个。

10.2.3　键盘的工作方式

单片机应用系统中,键盘扫描只是单片机的工作内容之一。单片机在忙于各项工作任务时,如何兼顾键盘的输入,取决于键盘的工作方式。键盘的工作方式的选取应根据实际应用系统中 CPU 工作的忙、闲情况而定。其原则是既要保证能及时响应按键操作,又不要过多占用 CPU 的工作时间。通常,键盘工作方式有 3 种,即编程扫描、定时扫描和中断扫描。

1.编程扫描方式

这种方式就是只有当单片机空闲时,才调用键盘扫描子程序,反复地扫描键盘,等待用户从键盘上输入命令或数据,来响应键盘的输入请求。

编程扫描工作方式的工作过程如下。

(1)在键盘扫描子程序中,首先判断整个键盘上有无键按下。

(2)用软件延时10ms来消除按键抖动的影响。如确实有键按下,进行下一步。

(3)求按下键的键号。

(4)等待按键释放后,再进行按键功能的处理操作。

2.定时扫描工作方式

单片机对键盘的扫描也可采用定时扫描方式,即每隔一定的时间对键盘扫描一次。

在这种扫描方式中,通常利用单片机内的定时器,产生10 ms的定时中断,CPU响应定时器溢出中断请求,对键盘进行扫描,在有键按下时识别出该键,并执行相应键的处理功能程序。

3.中断工作方式

为进一步提高单片机扫描键盘的工作效率,可采用中断扫描方式,即只有在键盘有键按下时,才执行键盘扫描程序并执行该按键功能程序,如果无键按下,单片机将不理睬键盘。

至此,我们可把键盘所做的工作分为三个层次,如图10.12所示。

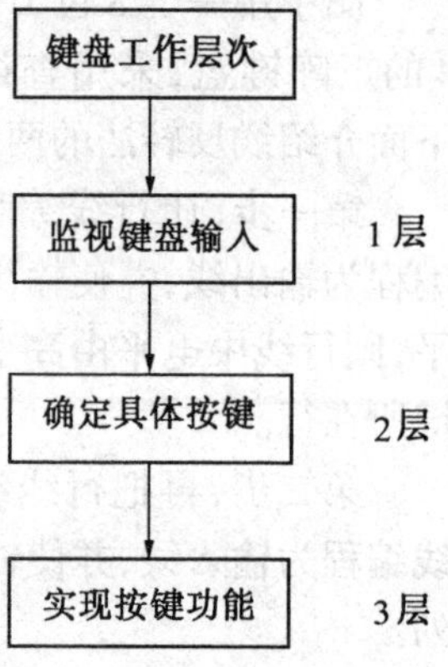

图10.12 键盘的工作层次

第1层:监视键盘的输入。体现在键盘的工作方式上就是:①编程扫描工作方式;②定时扫描工作方式;③中断扫描工作方式。

第2层:确定具体按键的键号。体现在按键的识别方法上就是:①扫描法;②线反转法。

第3层:实现按键的功能,执行键处理程序。

10.3 键盘/显示器接口设计实例

在单片机应用系统设计中,一般都是把键盘和显示器放在一起考虑。下面介绍几种实用的键盘/显示器接口的设计方案。

10.3.1 利用并行I/O芯片8155H实现键盘/显示器接口

图10.13是8031单片机用扩展I/O接口芯片8155H实现的6位LED显示和32键的键盘/显示器接口电路。图中的8155H也可用8255A来替代。

8031外扩一片8155H,8155H的RAM地址为7E00H~7EFFH,I/O口地址为7F00H~7F05H。8155H的PA口为输出口,控制键盘列线的扫描,PA口同时又是6位共阴极显示器的位扫描口。PB口作为显示器的段码(字型码)口,8155H的PC口作为键盘的行线状态的输入口,故称为键输入口。图中75452为反相驱动器,7407为同相驱动器。

1.动态显示程序设计

图10.13中的6位显示器采用动态显示的方式。在8031内部RAM中设置6个显示缓冲单元79H~7EH,分别存放显示器要显示的6位数据。8155H的PA口扫描输出总是只有

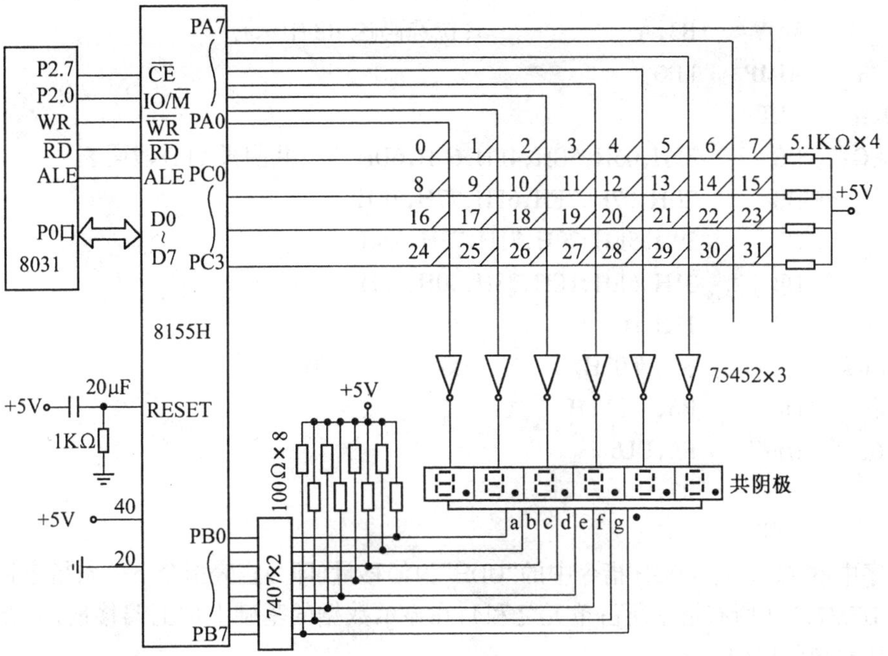

图 10.13 键盘/显示器接口电路

一位高电平，经 75452 反相后，显示器的 6 位中仅有一位公共阴极为低电平，其他位为高电平。8155H 的 PB 口输出相应位的显示数据的段码，使某一位显示某一字符，其他位为暗。依次地改变 PA 口输出为高的位，PB 口输出对应的段码，显示器的 6 位就动态地显示出由缓冲区中显示数据所确定的字符。

参考程序如下：

```
DIR:   MOV    R0, #79H        ;置缓冲器指针初值
       MOV    R3, #01H        ;位选码的初值送 R3
       MOV    A,R3
LD0:   MOV    DPTR, #7F01H    ;位选码→8155H PA 口(PA0 位)最左边 LED 亮
       MOV    @DPTR,A
       INC    DPTR            ;数据指针指向 PB 口
       MOV    A,@R0           ;显示数据→A
       ADD    A, #0DH         ;加偏移量(下条指令到表首间所有指令占的
                              ;单元数)
       MOVC   A,@A+PC         ;根据显示数据来查表取段码
DIR1:  MOVX   @DPTR,A         ;段码→8155H 的 PB 口
       ACALL  DL1ms           ;延时 1ms,即该位显示 1ms
       INC    R0              ;显示数据缓冲区指针指向下一个数据单元
       MOV    A,R3            ;位选码送入 A 中
       JB     Acc.5,LD1       ;判断是否扫描到最右边的 LED,如到最右边,则
                              ;返回
```

```
        RL      A                   ;位选码向左移一位,准备让右边的下一位 LED 亮
        MOV     R3,A                ;位选码送 R3 中保存
        AJMP    LD0
LD1:    RET
DSEG:   DB      3FH,06H,5BH,4FH,66H,6DH     ;共阴极 LED 段码表
        DB      7DH,07H,7FH,6FH,77H,7CH
        DB      39H,5EH,79H,71H,73H,3EH
        DB      31H,6EH,1CH,23H,40H,03H
        DB      18H,00
DL1ms:  MOV     R7, # 02H           ;延时 1ms 子程序
DL:     MOV     R6, # 0FFH
DL6:    DJNZ    R6,DL6
        DJNZ    R7,DL
        RET
```

程序中的 ADD A, # 0DH 指令中的"0DH"为偏移量(即为查表指令下一条指令到表首地址标号 DESG 之间所有指令所占单元之和),在显示数据的基础上加上偏移量,可查到该显示数据所对应的段码。

2.键盘程序设计

键盘采用编程扫描工作方式。键盘程序的功能有以下 4 个方面。

(1)判别键盘上有无键闭合,其方法为,若扫描口 PA0 ~ 7 输出为全"0",读 PC 口的状态;若 PC0 ~ 3 为全"1"(键盘上行线全为高电平),则键盘上没有闭合键;若 PC0 ~ 3 不全为"1",则有键处于闭合状态。

(2)去除键的机械抖动,其方法为,判别出键盘上有键闭合后,延迟一段时间再判别键盘的状态,若仍有键闭合,则认为键盘上有一个键处于稳定的闭合期,否则认为是键的抖动。

(3)判别闭合键的键号,其方法为,对键盘的列线进行逐列扫描,扫描口 PA0 ~ PA7 依次输出下列编码,即只有一列为低电平,其余各列为高电平。

PA7	PA6	PA5	PA4	PA3	PA2	PA1	PA0
1	1	1	1	1	1	1	0
1	1	1	1	1	1	0	1
1	1	1	1	1	0	1	1
			…………………				
			…………………				
1	0	1	1	1	1	1	1
0	1	1	1	1	1	1	1

相应地依次读 PC 口的状态,若 PC0 ~ 3 为全"1",则列线为"0"的这一列上没有键闭合。闭合键的键号等于低电平的列号加上行线为低电平的行的首键号。例如,PA 口输出为 11111101 时,读出 PC0 ~ 3 为 1101,则 1 行 1 列相交的键处于闭合状态,第一列的首键号为 8,列号为 1。因此,闭合键的键号 N 为

$$N = 行首键号 + 列号 = 8 + 1 = 9$$

(4)使 CPU 对键的一次闭合仅作一次处理,采用的方法为等待闭合键释放以后再作处理。

键盘程序的流程如图 10.14 所示。采用前述的显示子程序作为延迟子程序,其优点是在进入键盘子程序后,显示器始终是亮的。

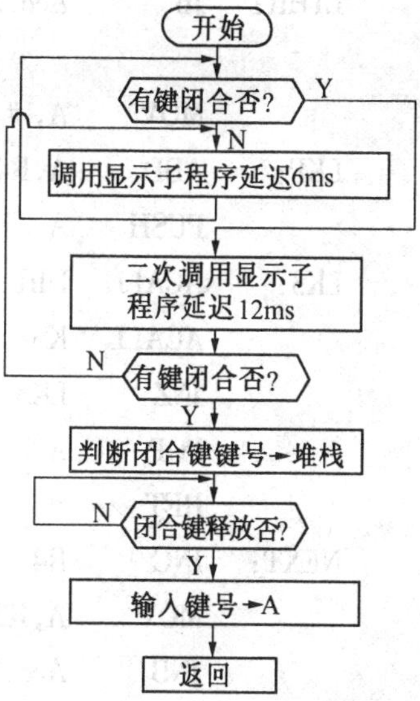

图 10.14　键盘子程序流程图

键盘子程序如下:

```
KEYI:   ACALL   KS1             ;调用判有无键闭合子程序
        JNZ     LK1             ;有键闭合,跳 LK1
NI:     ACALL   DIR             ;无键闭合,调用
                                ;显示子程序,延迟
                                ;6ms 后,跳 KEYI
        AJMP    KEYI
LK1:    ACALL   DIR             ;可能有键闭合,
                                ;延迟 12ms,软件
                                ;去抖动
        ACALL   DIR
        ACALL   KS1             ;调用判有无键闭合子程序
        JNZ     LK2             ;经去抖动,判键确实闭合,跳 LK2 去处理
        ACALL   DIR             ;调用显示子程序延迟 6ms
        AJMP    KEYI            ;抖动引起,跳 KEYI
LK2:    MOV     R2, #0FEH       ;列选码→R2
        MOV     R4, #00H        ;R4 为列号计数器
LK4:    MOV     DPTR, #7F01H    ;列选码→8155H 的 PA 口
        MOV     A,R2
        MOVX    @DPTR,A
        INC     DPTR            ;数据指针增 2,指向 PC 口
        INC     DPTR
        MOVX    A,@DPTR         ;读 8155H PC 口
        JB      Acc.0,LONE      ;0 行线为高,无键闭合,跳 LONE,转判 1 行
        MOV     A, #00H         ;0 行有键闭合,首键号 0→A
        AJMP    LKP             ;跳 LKP,计算键号
LONE:   JB      Acc.1,LTW0      ;1 行线为高,无键闭合,跳 LTW0,转判 2 行
        MOV     A, #08H         ;1 行有键闭合,首键号 8→A
        AJMP    LKP             ;跳 LKP,计算键号
LTW0:   JB      A.2,LTHR        ;2 行线为高,无键闭合,跳 LTHR,转判 3 行
        MOV     A, #10H         ;2 行有键闭合,首键号 10H→A
        AJMP    LKP             ;跳 LKP,计算键号
```

```
LTHR:   JB      Acc.3,NEXT      ;3 行线为高,无键闭合,跳 NEXT,准备下一列
                                ;扫描
        MOV     A,#18H          ;3 行有键闭合,首键号 18H→A
LKP:    ADD     A,R4            ;计算键号,即:行首键号+列号=键号
        PUSH    A               ;键号进栈保护
LK3:    ACALL   DIR             ;调用显示子程序,延时 6ms
        ACALL   KS1             ;调用判有无键闭合子程序,延时 6ms
        JNZ     LK3             ;判键释放否,未释放,则循环
        POP     A               ;键已释放,键号出栈→A
        RET
NEXT:   INC     R4              ;列计数器加 1,为下一列扫描作准备
        MOV     A,R2            ;判是否已扫到最后一列(最右一列)
        JNB     Acc.7,KND       ;键扫描已扫到最后一列,跳 KND,重新进行整个
                                ;键盘扫描
        RL      A               ;键扫描未扫到最后一列,,位选码左移一位
        MOV     R2,A            ;位选码→R2
        AJMP    LK4
KND:    AJMP    KEYI
KS1:    MOV     DPTR,#7F01H     ;判有无键闭合子程序,全"0"→扫描口(PA 口)
        MOV     A,#00H          ;即列线全为低电平
        MOVX    @DPTR,A
        INC     DPTR            ;DPTR 增 2,指向 PC 口
        INC     DPTR            ;
        MOVX    A,@DPTR         ;从 PC 口读行线的状态
        CPL     A               ;行线状态取反,如无键按下,则 A 中内容为零
        ANL     A,#0FH          ;屏蔽无用的高 4 位
        RET
```

10.3.2 利用 8031 的串行口实现键盘/显示器接口

当 8031 的串行口未作它用时,可使用 8031 的串行口来外扩键盘/显示器。应用 8031 的串行口方式 0 的输出方式,在串行口外接移位寄存器 74LS164,构成键盘/显示器接口,其硬件接口电路如图 10.15 所示。

图 10.15 中的 8 个 74LS164:74LS164(0)~74LS164(7)作为 8 位 LED 的段码输出口,8031 的 P3.4、P3.5 作为两行键的行状态输入线,P3.3 作为 TXD 引脚同步移位脉冲输出控制线,P3.3=0 时,与门输入为 0,禁止同步移位脉冲输出。这种静态显示方式的优点是亮度大,很容易做到显示不闪烁,且 CPU 不必频繁地为显示服务,因而主程序可不必扫描显示器,软件设计比较简单,从而使单片机有更多的时间处理其他事务。下面分别列出显示子程序和键盘扫描子程序的清单。

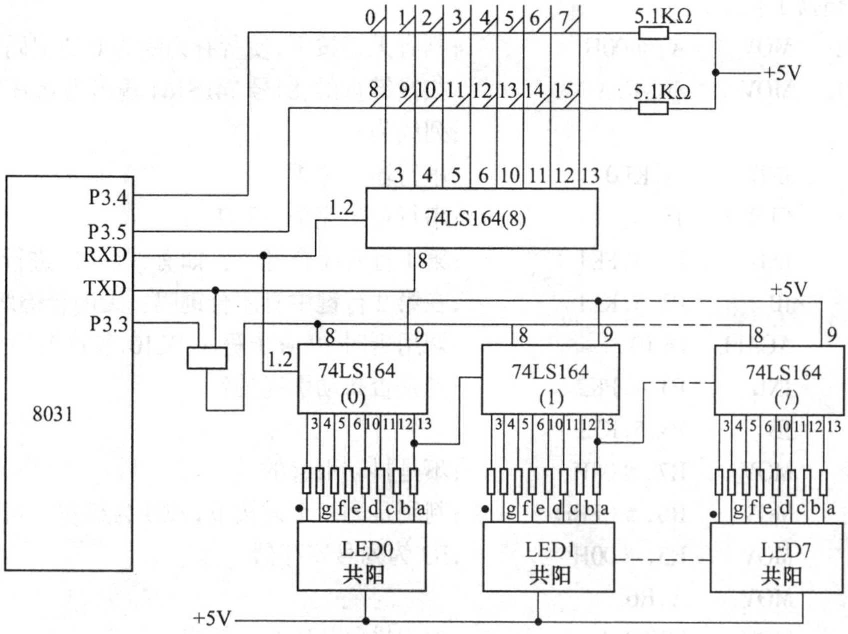

图 10.15　用 8031 串行口扩展键盘/显示器

显示子程序：

```
DIR:    SETB    P3.3                          ;P3.3 = 1,允许 TXD 引脚同步移位脉冲输出
        MOV     R7, #08H                      ;送出的段码个数,R7 为段码个数计数器
        MOV     R0, #7FH                      ;7FH ~ 78H 为显示数据缓冲区
DL0:    MOV     A,@R0                         ;取出要显示的数送 A
        ADD     A, #0DH                       ;加上偏移量
        MOVC    A,@A + PC                     ;查段码表 SEGTAG,取出段码
        MOV     SBUF,A                        ;将段码送 SBUF
DL1:    JNB     TI,DL1                        ;输出段码,查询 TI 状态,1 个字节的段码输出完
                                              ;否?
        CLR     TI                            ;1 个字节的段码输出完,清 TI 标志
        DEC     R0                            ;指向下一个显示数据单元
        DJNZ    R7,DL0                        ;段码个数计数器 R7 是否为 0,如不为 0,继续送
                                              ;段码
        CLR     P3.3                          ;8 个段码输出完毕,关闭显示器输出
        RET                                   ;返回
SEGTAB: DB      0C0H,0F9H,0A4H,0B0H,99H       ;共阳极段码表,0,1,2,3,4
        DB      92H,82H,0F8H,90H              ;5,6,7,8,9
        DB      88H,83H,0C6H,0A1H,86H         ;A,B,C,D,E
        DB      8FH,0BFH,8CH,0FFH,0FFH        ;F, - ,P,暗
```

键盘扫描子程序：

```
KEYI:   MOV    A, # 00H        ;判有无键按下,使所有列线为 0 的编码送 A
        MOV    SBUF, A         ;扫描键盘的(8)号 74LS164 输出为 00H,使所有
                               ;列线为 0
KL0:    JNB    TI, KL0         ;串行输出完否?
        CLR    TI              ;串行输出完毕,清 TI
KL1:    JNB    P3.4, PK1       ;第 1 行有闭合键吗? 如有,跳 PK1 进行处理
        JB     P3.5, KL1       ;在第 2 行键中有闭合键吗? 无闭合键跳 KL1
PK1:    ACALL  DL10            ;调用延时 10ms 子程序 DL10,软件消除抖动
        JNB    P3.4, PK2       ;判是否抖动引起的?
        JB     P3.5, KL1
PK2:    MOV    R7, # 08H       ;不是抖动引起的
        MOV    R6, # 0FEH      ;判别是哪一个键按下,FEH 为最左一列为低
        MOV    R3, # 00H       ;R3 为列号寄存器
        MOV    A, R6
KL5:    MOV    SBUF, A         ;列扫描码从串行口输出
KL2:    JNB    TI, KL2         ;等待串行口发送完
        CLR    TI              ;串行口发送完毕,清 TI 标志
        JNB    P3.4, PKONE     ;读第 1 行线状态,第 1 行有键闭合,跳 PKONE 处理
        JB     P3.5, NEXT      ;读第 2 行线状态,是第 2 行某键否?
        MOV    R4, # 08H       ;第 2 行键中有键被按下,行首键号 08H 送 R4
        AJMP   PK3
PKONE:  MOV    R4, # 00H       ;第 1 行键中有键按下,行首键号 00H 送 R4
PK3:    MOV    SBUF, # 00H     ;等待键释放,发送 00H 使所有列线为低
KL3:    JNB    TI, KL3
        CLR    TI              ;发送完毕,清标志
KL4:    JNB    P3.4, KL4       ;判行线状态
        JNB    P3.5, KL4
        MOV    A, R4           ;两行线均为高,说明键已释放
        ADD    A, R3           ;计算得键码→A
        RET
NEXT:   MOV    A, R6           ;列扫描码左移一位,判下一列键是否按下
        RL     A
        MOV    R6, A           ;记住列扫描码于 R6 中
        INC    R3              ;列号增 1
        DJNZ   R7, KL5         ;列计数器 R7 减 1,8 列键都检查完否?
        AJMP   KEYI            ;8 列键扫描完毕,开始下一个键盘扫描周期
DL10:   MOV    R7, # 0AH       ;延时 10ms 子程序
DL:     MOV    R6, # 0FFH
```

```
DL6:    DJNZ    R6,DL6
        DJNZ    R7,DL
        RET
```

10.3.3 利用通用键盘/显示器接口芯片 8279 实现键盘/显示器接口

Intel 公司的 8279 芯片是一种通用可编程键盘/显示器接口电路芯片,它能完成监视键盘输入和显示控制两种功能。

8279 对键盘部分提供一种扫描工作方式,能对 64 个按键键盘阵列不断扫描,自动消抖,自动识别出闭合的键并得到键号,能对双键或 N 键同时按下进行处理。

显示部分为 LED 或其他显示器提供了按扫描方式工作的显示接口,可显示多达 16 位的字符或数字。

1.8279 的引脚及内部结构

8279 的引脚如图 10.16 所示。图 10.17 为 8279 的引脚功能。

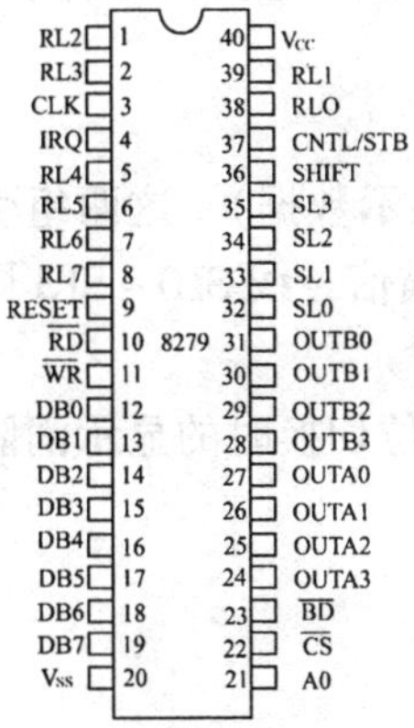

图 10.16 8279 的引脚

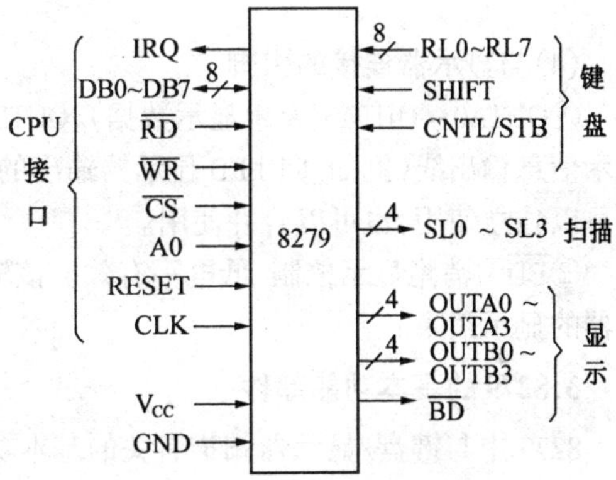

图 10.17 8279 的引脚功能

2.引脚功能介绍

下面结合图 10.17 来介绍各引脚的功能。

(1)与 CPU 的接口引脚

①DB0 ~ DB7 数据总线、双向、三态,与单片机数据总线相连,在 CPU 和 8279 之间传送命令或数据。

②CLK 系统时钟,输入线。用于 8279 内部定时,以产生其工作所需的时序。

③RESET 复位输入线。高电平有效。该引脚为高电平时,8279 被复位,复位后的状态如下:

a.16 个字符左边输入显示方式;b.编码扫描键盘、双键锁定方式

④$\overline{CS}$ 片选线,输入、低电平有效。$\overline{CS}=0$,8279 被选中,允许单片机对其进行读、写操作;$\overline{CS}=1$,禁止对 8279 读、写。

⑤A0 A0 = 1 时, CPU 写入 8279 的字节是命令字。从 8279 读出的字节是状态字。A0 = 0 时,写入或读出的字节均为数据。

⑥$\overline{RD}$、$\overline{WR}$　读、写控制引脚。输入线，低电平有效。这两个来自单片机的控制信号，控制单片机对 8279 的读出、写入操作。

⑦IRQ　中断请求线，高电平有效。

在键盘工作方式中，当键盘 RAM（为先进先出方式）中存有按下键的数据时，IRQ 为高电平，向 CPU 提出中断申请。CPU 每次从键盘 RAM 中读出一个字节数据时，IRQ 就变为低电平。如果键盘 RAM 中还有未读完的数据，IRQ 将再次变为高电平，再次提出中断请求。

(2)扫描信号输出引脚

SL0 ~ SL3　扫描输出线。这四条输出线用来扫描键盘和显示器。它们可以编程设定为编码输出，即 SL0 ~ SL3 需外接 4 – 16 译码器，译码器输出 16 中取 1 的扫描信号，也可编程设定为译码输出，即由 SL0 ~ SL3 直接输出 4 中取 1 的扫描信号。

(3)与键盘连接的引脚

①RL0 ~ RL7　输入线。它们是键盘矩阵的行信号输入线。

②SHIFT　输入线，高电平有效，通常用作键盘上、下挡功能的控制键。

③CNTL/STB　输入线，高电平有效。在键盘方式时，通常用来作为键盘控制功能键使用。

(4)与显示器连接的引脚

①OUTA0 ~ OUTA3（A 组显示数据）、OUTB0 ~ OUTB3（B 组显示数据）　这两组引脚均是显示信息输出线（例如，向 LED 显示器输出的段码），它们与扫描信号线 SL0 ~ SL3 同步。两组可以独立使用，也可以合并使用。

②$\overline{BD}$　消隐显示控制，低电平有效。该输出信号用于显示位切换时的显示消隐或将显示器的显示消隐。

3.8279 的基本功能部件

8279 中与键盘/显示器扫描有关的基本功能部件如下。

(1)扫描计数器

扫描计数器有两种输出方式。按编码方式工作时，计数器作二进制计数。四位计数状态从扫描线 SL0 ~ SL3 输出，经外部译码器 4 – 16 译码后，为键盘和显示器提供 16 中取 1 的扫描线。按译码方式工作时，扫描计数器的最低二位在 8279 内部被译码后，从 SL0 ~ SL3 输出，为键盘和显示器直接提供了 4 中取 1 的扫描线。

(2)键盘去抖动及回复缓冲器

8 根引脚 RL0 ~ RL7 被接到键盘矩阵的行线。在逐列扫描时，当某一键闭合时，消抖电路延时等待 10 ms 之后，再检验该键是否仍闭合。若闭合，则该键的行、列地址和附加的移位、控制状态一起形成键盘数据，送入 8279 内部的键盘 RAM 存储器。格式为

D7	D6	D5	D4	D3	D2	D1	D0
CNTL	SHIFT	扫描			回复		

控制（CNTL）和移位（SHIFT）的状态由两个独立的附加开关决定，而扫描（D5、D4、D3）和回复（D2、D1、D0）则是被按键的行、列位置数据，D5、D4、D3 三位是被按键的行编码，而 D2、D1、D0 三位是被按键的列编码。

(3)键盘 RAM 及其状态寄存器

这是一个双重功能的 8×8 位 RAM。它是先进先出(FIFO)存储器。内部有一个 FIFO 状态寄存器用来指示 FIFO 是空还是满,其中存有多少字符,是否操作出错等。当键盘 RAM 空间不足时,状态逻辑将产生 IRQ=1 信号,向 CPU 发出中断申请。

(4)显示 RAM 和显示地址寄存器

显示 RAM 用来存放显示数据。共 16 个字节,最多可以存放 16 位的显示信息。在显示过程中,这些信息被轮流从显示寄存器输出。而显示寄存器则分成 A、B 两组,即 OUTA0~OUTA3 和 OUTB0~OUTB3,它们可以单独送数,也可以共同组成一个 8 位的字节。显示寄存器的输出与显示扫描配合,不断从显示 RAM 中读出显示数据,同时轮流驱动被选中的显示位,使显示器呈现出稳定的显示(动态扫描)。

4.8279 的命令字和状态字

8279 是可编程接口芯片。编程就是 CPU 向 8279 写入命令控制字,共有 8 条。命令字的高三位 D7、D6 和 D5 为命令特征位,用来区分 8 条不同的命令。各条命令介绍如下。

(1)键盘/显示方式设置命令字

D7	D6	D5	D4	D3	D2	D1	D0
0	0	0	D	D	K	K	K

高三位 D7、D6、D5 位为特征位 000。D4、D3 两位用来设定显示器的显示方式,其定义见表 10.2。

表 10.2　显示器的显示方式设定

D4	D3	显示方式
0	0	左边输入的 8 位字符显示
0	1	左边输入的 16 位字符显示
1	0	右边输入的 8 位字符显示
1	1	右边输入的 16 位字符显示

8279 最多可用来控制 16 位 LED 显示器,当显示位数超过 8 位时,均需设定为 16 位字符显示。显示器的每一位对应 8279 内部的一个 8 位的显示 RAM 单元。CPU 将显示数据写入显示 RAM 单元时,有左边输入和右边输入两种方式。左边输入是地址为 0~15 的显示缓冲 RAM 单元分别对应于显示器的 0(左)位~15(右)位。显示位置从最左一位开始,显示字符逐个向右顺序排列。右边输入就是显示位置从最右一位开始,以后逐次输入显示字符时,已有的显示字符依次向左移动。

当 16 个显示 RAM 都已写满时(从 0 地址开始写,写了 16 次),第 17 次写,再从 0 地址开始写入。

D2、D1、D0 为键盘工作方式选择位,见表 10.3。

当设定为编码工作方式时,四位二进制计数器的状态从扫描线 SL0~SL3 输出,经外部 4-16 译码器译码后,最多可为键盘/显示器提供 16 根扫描信号线(16 选 1)。

当设定为内部译码工作方式时,内部扫描计数器的低 2 位在内部被译码后,再由 SL0~SL3 输出,此时 SL0~SL3 已经是 4 选 1 的扫描信号了。

表 10.3　键盘工作方式选择

D2	D1	D0	键盘工作方式
0	0	0	编码扫描键盘,双键锁定
0	0	1	译码扫描键盘,双键锁定
0	1	0	编码扫描键盘,N 键依次读出
0	1	1	译码扫描键盘,N 键依次读出
1	0	0	编码扫描传感器矩阵
1	0	1	译码扫描传感器矩阵
1	1	0	选通输入,编码扫描显示器方式
1	1	1	选通输入,译码扫描显示器方式

双键锁定,就是当键盘中同时有两个或两个以上的键被按下时,任何一个键的编码信息均不能进入键盘 RAM 中,直至仅剩下一键保持闭合时,该键的编码信息方能进入键盘 RAM,这种工作方式可以避免误操作信号进入计算机。

N 键依次读出,就是各个键的处理都与其他键无关。按下一个键时,片内去抖动电路等待两个键盘扫描周期,然后检查该键是否仍按着。如果仍按着,则该键编码就送入键盘 RAM 中。一次可以按下任意个键,其他的键也可被识别出来并送入键盘 RAM 中。如果同时按下多个键,则按键盘扫描过程发现它们的顺序识别,并送入键盘 RAM 中。

扫描传感器矩阵的工作方式,是指片内的去抖动逻辑被禁止掉,传感器的开关状态直接输入键盘 RAM 中,虽然这种方式不能提供去抖动的功能,但有下述优点:CPU 知道传感器闭合多久,何时释放。每当检测到传感器内部状态(开或闭)改变时,中断线上的 IRQ 就变为高电平,提出中断请求。

(2)程控时钟命令

D7	D6	D5	D4	D3	D2	D1	D0
0	0	1	P	P	P	P	P

D7、D6、D5 = 001 为命令的特征位。D4、D3、D2、D1、D0 = PPPPP 决定了对外部输入时钟 CLK 进行分频的分频系数 N。通过对 N 的设定可以获得 8279 内部所需的 100 kHz 的时钟。例如,外部时钟频率为 2 MHz,取 N 为 20 即可获得 100 kHz 的内部时钟频率。内部时钟频率的高低控制着扫描时间和键盘去抖动时间的长短。在内部时钟为 100 kHz 时,扫描时间为 5.1 ms,去抖动时间为 10.3 ms。注意,外部时钟信号的周期应不小于 500 ns。

(3)读键盘 RAM 命令字

D7	D6	D5	D4	D3	D2	D1	D0
0	1	0	AI	×	A	A	A

D7、D6、D5 = 010 为该命令特征位。该命令字只在传感器方式时使用。

D2、D1、D0 = AAA 为传感器 RAM 中的 8 个字节地址。

D4 = AI 自动增量特征位。当 AI = 1 时,则每次读出传感器 RAM 之后,RAM 地址将自动加 1,使地址指针指向顺序的下一个存储单元。这样,下一次读数便从下一个地址读出,而不必重新设置读键盘 RAM 命令。

(4)读显示 RAM 命令

D7	D6	D5	D4	D3	D2	D1	D0
1	0	0	AI	A	A	A	A

D7、D6、D5 = 100 为该命令特征字。该命令字用来设定将要读出的显示 RAM 地址。

D3、D2、D1、D0 = AAAA 用来对显示 RAM 的 16 个存储单元寻址。

D4 = AI 位，为自动增量特征位。当 AI = 1 时，每次读出之后，地址自动加 1，指向下一个地址，所以下一次顺序读出数据时，不必重新设置写显示 RAM 命令字。

(5)写显示 RAM 命令

D7	D6	D5	D4	D3	D2	D1	D0
0	1	1	AI	A	A	A	A

D7、D6、D5 = 100 为该命令特征字。该命令字用来设定将要写入的显示 RAM 地址。

D3、D2、D1、D0 = AAAA 用来对显示 RAM 的 16 个存储单元寻址。

D4 = AI 位，自动增量特征位。当 AI = 1 时，每次写入之后，地址自动加 1，指向下一个地址，所以下一次顺序写入数据时，不必重新设置读显示 RAM 命令字。

(6)显示禁止写入/消隐命令

D7	D6	D5	D4	D3	D2	D1	D0
1	0	1	X	IWA	IWB	BLA	BLB

D7、D6、D5 = 101 为该命令特征位。

D3、D2 = IWA，IWB，此两位分别用来屏蔽 A、B 两组显示。例如，当 A 组的屏蔽位 D3 = 1 时，A 组的显示 RAM 禁止写入。因此，从 CPU 写入显示器 RAM 的数据不会影响 A 的显示。这种情况通常在采用双 4 位显示器时使用。因为两个四位显示器是独立的，为了给其中一个 4 位显示器输入数据而又不影响另一个 4 位显示器，因此必须对另一组的输入实行屏蔽。

D1、D0 = BLA，BLB 是两个消隐特征位。分别对两组显示输出进行消隐，当 BL = 1 时，对应显示组被消隐，而当 BL = 0 时，则恢复正常显示。

(7)清除命令

D7	D6	D5	D4	D3	D2	D1	D0
1	1	0	CD	CD	CD	CF	CA

该命令字用来对键盘 RAM 和显示 RAM 清 0。

D7、D6、D5 = 110 为该特征位。

D3、D2、D1 = CD CD CD，用来设定清除显示 RAM 的方式。共有四种清 0 方式，定义见表 10.4。

表 10.4　清除显示 RAM 的方式

D4	D3	D2	清除显示 RAM 的方式
1	0	×	将显示 RAM 全部清 0
1	1	0	将显示 RAM 全部清成 20H
1	1	1	将显示 RAM 全部置 1
0	×	×	不清除(CA = 0 时)；若 CA = 1，则 D3、D2 仍有效

D1 = CF 用来清空显示 RAM。当 CF = 1 时，执行清除命令后，显示 RAM 被清空，使中断输出线 IRQ 复位，同时，传感器 RAM 的读出地址也被清 0。

D0 = CA 是总清的特征位。它兼有 CD 和 CF 两者的功效。当 CA = 1 时，对显示的清除方式由 D3、D2 两位编码决定。

清除显示 RAM 大约需要 160μs，在此期间，CPU 不能向显示 RAM 写入数据。

(8)结束中断/错误方式设置命令

D7	D6	D5	D4	D3	D2	D1	D0
1	1	1	E	X	X	X	X

D7、D6、D5 = 111 为该命令的特征位。

这个命令有两种不同的应用。

作为结束中断命令，在传感器工作方式中用来结束传感器 RAM 的中断请求。

作为特定错误方式设置命令，在 8279 已被设定为键盘扫描 N 键轮回方式以后，如果 CPU 给 8279 有写入结束中断/错误方式设置命令(E = 1)，则 8279 将以一种特定的错误方式工作。即 8279 在消抖周期内，如果发现有多个键被同时按下，则 FIFO 状态字中的错误特征位 S/E 将置 1，并将产生中断请求信号和阻止写入 FIFO RAM。

至此，8279 的 8 个命令字已介绍完毕。8 个命令字均由 D7、D6、D5 特征位确定，当写入 8279 之后能自动寻址到相应的命令寄存器。

(9)8279 的状态字

8279 的状态字，主要用于键盘工作方式，以指示键盘 RAM 的字符数和有无错误发生。

D7	D6	D5	D4	D3	D2	D1	D0
DU	S/E	O	U	F	N	N	N

D7 = DU 为显示无效特征位。当 DU = 1 表示显示无效。当显示 RAM 由于清除显示或全清命令尚未完成时，DU = 1。

D6 = S/E 为传感器信号结束/错误特征位。8279 工作在传感器工作方式或特殊错误方式使用。

D5、D4 = O、U 为超出、不足错误特征位。对于键盘 RAM 的操作可能出现两种错误：超出或不足。键盘 RAM 已经充满时，若其他的键盘数据还企图写入键盘 RAM 中，则出现超出错误，状态字的 0 位置 1；当键盘 RAM 为空时，若 CPU 还企图读出，则出现不足错误，状态字的 U 位置 1。

D3 = F 表示键盘 RAM 是否已满。当 F = 1 时，表示键盘 RAM 中已满。

D2、D1、D0 = NNN 表示键盘 RAM 中的字符数，最多 8 个。

5.8279 与键盘/显示器的接口

图 10.18 为 MCS - 51 通过 8279 与 8 位显示器，4 × 8 键盘的接口电路。图中键盘的行线接 8279 的 RL0 ~ RL3，8279 选用外部译码方式，SL0 ~ SL2 经 74LS138(1)译码输出，接键盘的列线，来实现逐列扫描。

SL0 ~ SL2 又由 74LS138(2)译码输出，经驱动后到显示器各位的公共阴极，进行逐位扫描显示。输出线 OUTB0 ~ 3、OUTA0 ~ 3 作为 8 位段数据输出口，输出段码。当位切换时，$\overline{BD}$

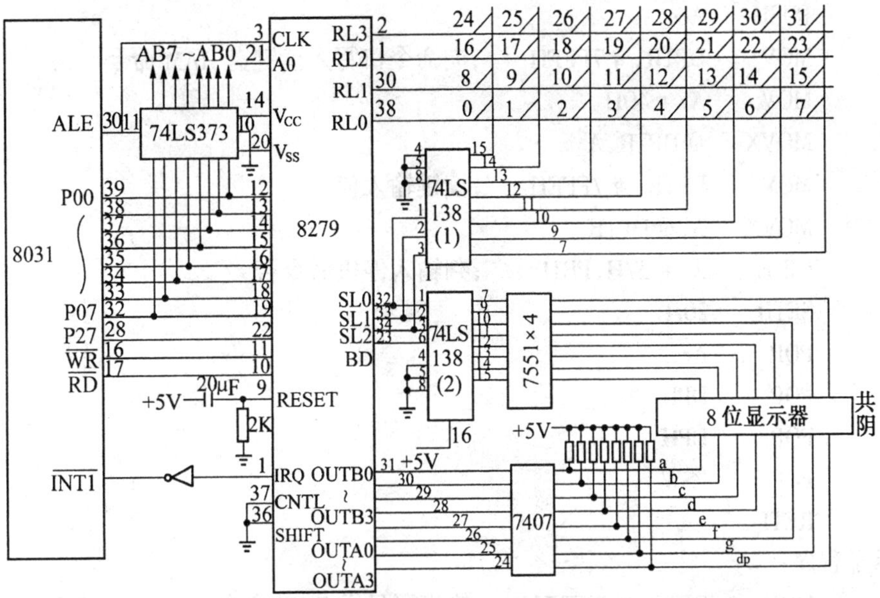

图 10.18　MCS－51 通过 8279 与显示器/键盘的接口电路

输出为低电平，使 74LS138(2)输出全为高电平，显示进行消隐。当键盘上出现有效的闭合键时，键输入数据自动地进入 8279 的键盘 RAM 存储器，并向 8031 请求中断，8031 响应中断读取键盘 RAM 中的键输入数据。若要更新显示器输出，仅需改变 8279 中显示 RAM 中的内容。

在图 10.18 中，8279 的命令/状态口地址为 7FFFH，数据口地址为 7FFEH。

与 8279 有关的初始化程序：

```
INITI:  SETB EX1;               允许外部中断 1 中断
        MOV     DPTR, #7FFFH    ;命令/状态口地址写入 DPTR
        MOV     A, #0D1H        ;控制字 D1H 送 A
        MOVX    @DPTR,A         ;向命令/状态口写入控制字
LP:     MOVX    A,@DPTR         ;读 8279 的状态
        JB      Acc.7,LP
        MOV     A, #00H
        MOVX    @DPTR,A
        MOV     A, #2AH
        MOVX    @DPTR,A
        SETB    EA
        ……
        ……
```

键输入中断服务程序：

```
PINT1:  PUSH    PSW
        PUSH    DPH
        PUSH    DPL
```

```
        PUSH    Acc
        MOV     DPTR, # 7FFFH      ;向命令口写入读键盘 RAM 命令
        MOV     A, # 40H
        MOVX    @DPTR, A
        MOV     DPTR, # 7FFEH      ;读键输入值
        MOVX    A, @DPTR
        CJNE    A, # 37H, PRI1     ;判输入停机命令否
        SETB    20H
PRI1:   POP     Acc
        POP     DPL
        POP     DPH
        POP     PSW
        RETI
```

显示子程序：

```
DIR:    MOV     DPTR, # 7FFFH      ;输出写显示 RAM 命令
        MOV     A, # 90H
        MOVX    @DPTR, A
        MOV     R0, # 70H
        MOV     R7, # 08H          ;送显示 RAM 数据的个数
        MOV     DPTR, # 7FFEH
DL0:    MOV     A, @R0
        ADD     A, # 05H           ;05H 为查表偏移量
        MOVC    A, @A + PC         ;查表得到段码
        MOVX    @DPTR, A           ;写入显示 RAM
        INC     R0                 ;显示数据单元地址增 1
        DJNZ    R7, DL0            ;8 个显示数据是否输出完毕
        RET
ADSEG:  DB      3FH,06H,5BH,4FH,66H,6DH     ;段码表(共阴极)
        DB      7DH,07H,7FH,6FH,77H,7CH
        DB      39H,5EH,79H,71H,73H,3EH
        DB      31H,6EH,1CH,23H,40H,03H
        DB      18H,38H,00H
```

10.4 MCS－51 与液晶显示器(LCD)的接口

LCD(Liquid Crystal Display)是液晶显示器的缩写,它是一种被动式的显示器,即液晶本身并不发光,而是利用液晶经过处理后能改变光线通过方向的特性,而达到白底黑字或黑底白字显示的目的。液晶显示器具有功耗低、抗干扰能力强等优点,因此被广泛地应用在仪器仪表和控制系统中。

10.4.1 LCD显示器的分类

当前市场上液晶显示器种类繁多,按排列形状可分为字段型、点阵字符型和点阵图形型。

(1)字段型。字段型是以长条状组成的字符显示。该类显示器主要用于数字显示,也可用于显示西文字母或某些字符,已广泛用于电子表、数字仪表、计算器中。

(2)点阵字符型。点阵字符型液晶显示模块是专门用来显示字母、数字、符号等点阵型液晶显示模块。它是由若干个5×7或5×10点阵组成,每一个点阵显示一个字符。此类显示模块广泛应用在各类单片机应用系统中。

(3)点阵图形型。点阵图形型是在平板上排列多行或多列,形成矩阵式的晶格点,点的大小可根据显示的清晰度来设计。这类液晶显示器可广泛应用于图形显示,如游戏机、笔记本电脑和彩色电视等设备中。

10.4.2 点阵字符型液晶显示模块介绍

在单片机应用系统中,常使用点阵字符型LCD显示器。要使用点阵字符型LCD显示器,必须有相应的LCD控制器、驱动器,来对LCD显示器进行扫描、驱动,以及一定空间的RAM和ROM来存储写入的命令和显示字符的点阵。现在人们已将LCD控制器、驱动器、RAM、ROM和LCD显示器用PCB连接到一起,称为液晶显示模块LCM(LCD Module)。使用者只要向LCM送入相应的命令和数据就可实现所需要的显示内容,这种模块与单片机接口简单,使用灵活方便。产品分为字符和图形两种。下面仅对使用较为广泛的国内天马公司制作的点阵字符液晶显示模块作以介绍。

1.基本结构

(1)液晶板

在液晶板上排列着若干5×7或5×10点阵的字符显示位,从规格上分为每行8、16、20、24、32、40位,有一行、两行及四行三类,用户可根据需要,来选择购买。

(2)模块电路框图

图10.19是字符型模块的电路框图,它由控制器HD44780、驱动器HD44100及几个电阻电容组成。HD44100是扩展显示字符位用的(例如,16字符×1行模块就可不用HD44100,16字符×2行模块就要用一片HD44100)。

模块有14个引脚(见图中左侧),其中有8条数据线,3条控制线,3条电源线,见表10.5。通过单片机写入模块的数据和指令,就可对显示方式和显示的内容作出选择。

表10.5 液晶显示模块的引脚

引线号	符　号	名　　称	功　　能
1	V_{SS}	地	0V
2	V_{DD}	电源	5V±5%
3	V_{EE}	液晶驱动电压	
4	RS	寄存器选择	1:数据寄存器,0:数据寄存器
5	R/$\overline{W}$	读/写	1:读,0:写
6	E	使能	下降沿触发

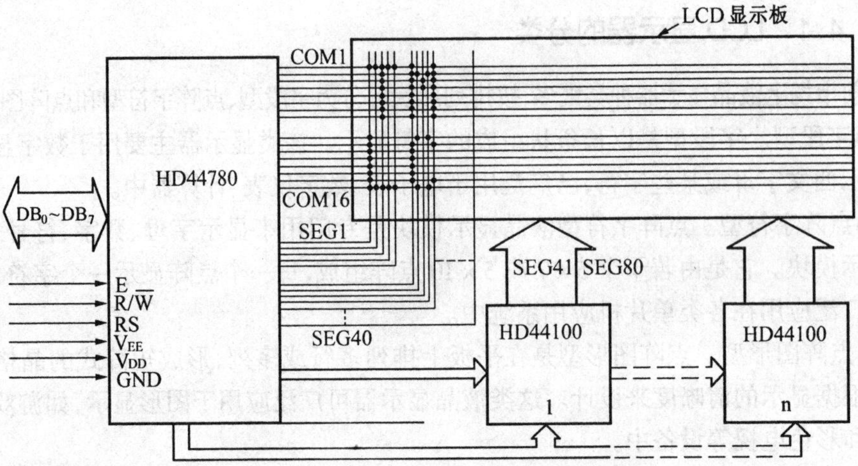

图 10.19　字符型 LCD 模块的电路框图

2.命令格式及命令功能说明

(1)内部寄存器

LCD 控制器 HD44780 内有多个寄存器,如表 10.6 所示。

表 10.6　寄存器的选择

RS	$R/\overline{W}$	操　　作
0	0	命令寄存器写入
0	1	忙标志和地址计数器读出
1	0	数据寄存器写入
1	1	数据寄存器读出

RS 位和 R/引脚上的电平用来决定寄存器的选择,而 DB7 ~ DB0 则决定命令功能。

(2)命令功能说明

下面介绍可写入命令寄存器的 11 个命令。

①清屏

命令格式:

RS	$R/\overline{W}$	DB7	DB6	DB5	DB4	DB3	DB2	DB1	DB0
0	0	0	0	0	0	0	0	0	1

功能:清除屏幕显示,并置地址计数器 AC 为 0。

②返回

命令格式:

RS	$R/\overline{W}$	DB7	DB6	DB5	DB4	DB3	DB2	DB1	DB0
0	0	0	0	0	0	0	0	1	X

功能:置 DDRAM 及显示 RAM 的地址为 0,显示返回到原始位置。

③输入方式设置

命令格式:

RS	$R/\overline{W}$	DB7	DB6	DB5	DB4	DB3	DB2	DB1	DB0
0	0	0	0	0	0	0	1	I/D	S

功能:设置光标的移动方向,并指定整体显示是否移动。其中 I/D 如为 1,则是增量方式,如为 0,则是减量方式;S 如为 1,则移位,如为 0,则不移位。

④显示开关控制

命令格式:

RS	$R/\overline{W}$	DB7	DB6	DB5	DB4	DB3	DB2	DB1	DB0
0	0	0	0	0	0	1	D	C	B

功能:

D 位控制整体显示的开与关,D = 1,开显示;D = 0,则关显示。

C 位控制光标的开与关,C = 1,光标开;C = 1,则光标关

B 位控制光标处字符的闪烁,B = 1,字符闪烁;B = 0,字符不闪烁。

⑤光标移位

命令格式:

RS	$R/\overline{W}$	DB7	DB6	DB5	DB4	DB3	DB2	DB1	DB0
0	0	0	0	0	1	S/C	R/L	×	×

功能:移动光标或整体显示,DDRAM(显示数据 RAM)中内容不变。

其中:

S/C = 1 时,显示移位;S/C = 0 时,光标移位。

R/L = 1 时,向右移位,R/L = 0 时,向左移位。

⑥功能设置

命令格式:

RS	$R/\overline{W}$	DB7	DB6	DB5	DB4	DB3	DB2	DB1	DB0
0	0	0	0	1	DL	N	F	×	×

功能:

DL 设置接口数据位数,DL = 1 为 8 位数据接口;DL = 0 为 4 位数据接口。

N 设置显示行数,N = 0,单行显示;N = 1 双行显示。

F 设置字型大小,F = 1,为 5 × 10 点阵;F = 0,为 5 × 7 点阵

⑦CGRAM 地址设置

命令格式:

RS	$R/\overline{W}$	DB7	DB6	DB5	DB4	DB3	DB2	DB1	DB0
0	0	0	1	A	A	A	A	A	A

功能:设置 CGRAM(字符生成 RAM)的地址,地址范围为 0 ~ 63。

⑧DDRAM 地址设置

命令格式:

RS	R/$\overline{W}$	DB7	DB6	DB5	DB4	DB3	DB2	DB1	DB0
0	0	1	A	A	A	A	A	A	A

功能:设置 DDRAM 的地址,地址范围位 0~127。

⑨读忙标志 BF 及地址计数器

命令格式:

RS	R/$\overline{W}$	DB7	DB6	DB5	DB4	DB3	DB2	DB1	DB0
	BF					AC			

功能:

BF 为忙标志,BF=1,表示忙,此时 LCM 不能接收命令和数据;BF=0,则表示 LCM 不忙,可以接收命令和数据。

AC 为地址计数器的值,范围是 0~127。

⑩向 CGRAM/DDRAM 写数据

命令格式:

RS	R/$\overline{W}$	DB7	DB6	DB5	DB4	DB3	DB2	DB1	DB0
DATA						0			

功能:将数据写入 CGRAM 或 DDRAM 中,应与 CGRAM 或 DDRAM 地址设置命令相结合。

⑪从 CGRAM/DDRAM 中读数据

命令格式:

RS	R/$\overline{W}$	DB7	DB6	DB5	DB4	DB3	DB2	DB1	DB0
	DATA					1			

功能:本指令从 CGRAM 或 DDRAM 中读出数据,应与 CGRAM 或 DDRAM 地址设置命令相结合。

3.有关说明

①显示位与 DDRAM 地址的对应关系,见表 10.7。

表 10.7　显示位与 DDRAM 地址的对应关系

显示位		1	2	3	4	5	6	7	8	9	…	39	40
DDRAM 地址(H)	第一行	00	01	02	03	04	05	06	07	08	…	26	27
	第二行	40	41	42	43	44	45	46	47	48	…	66	67

②标准字符库

图 10.20 所示的是字符库的内容、字符码和字型的对应关系。例如"A"的字符码为 41(HEX),"B"的字符码为 42(HEX)。

③字符码(DDRAM DATA),CGRAM 地址与自编字型(CGRAM DATA)之间的关系,如表 10.8 所示。

字符码的高 4 位 DB7~DB4 为 0 时,即为自编字型码,其低三位 DB0~DB2 即 aaa 共寻址 1~8 个自编字符,并与 CGRAM 地址的 DB5~DB3 三位相对应,而 CGRAM 地址的低三位

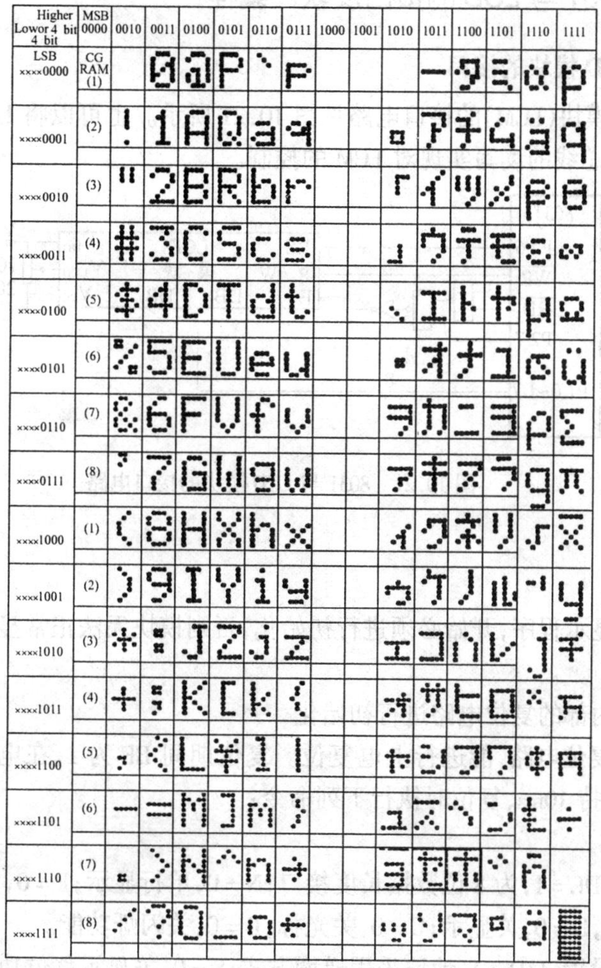

图 10.20　字符库的内容

DB2 ~ DB0,则用来寻址自编字型点阵数据,即 CGRAM DATA。点阵数据每字符 8byte,每字节低 5 位有效。表中为字符“￥”的点阵数据。

表 10.8　DDRAM 数据、CGRAM 地址与自编字型的关系

DDRAM 数据								CGRAM 地址						CGRAM 数据(字符“￥”的点阵数据)							
7	6	5	4	3	2	1	0	5	4	3	2	1	0	7	6	5	4	3	2	1	0
											0	0	0	×	×	×	1	0	0	0	1
											0	0	1	×	×	×	0	1	0	1	0
											0	1	0	×	×	×	1	1	1	1	1
0	0	0	0	×	a	a	a	a	a	a	0	1	1	×	×	×	0	0	1	0	0
											1	0	0	×	×	×	1	1	1	1	1
											1	0	1	×	×	×	0	0	1	0	0
											1	1	0	×	×	×	0	0	1	0	0
											1	1	1	×	×	×	0	0	0	0	0

10.4.3 8031与LCD的接口及软件编程

1.8031与LCD模块的接口

8031与LCD模块(LCM)的接口电路见图10.21所示。也可以将LCM挂接在8031的总线上,通过对数据总线的读写实现对LCM的控制。

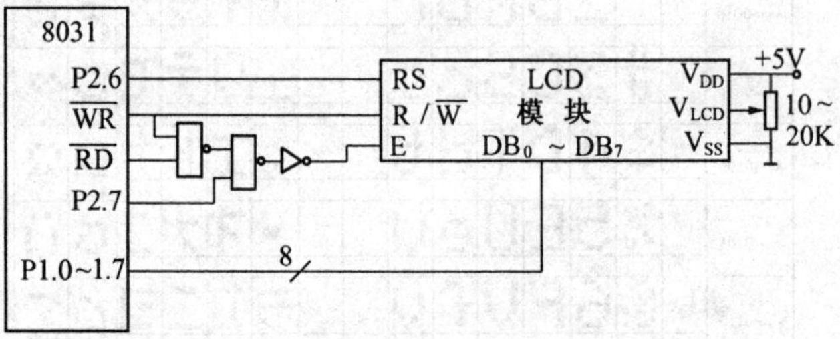

图10.21 8031与LCD模块的接口电路

2.软件编程

(1)初始化

用户所编的显示程序,开始必须进行初始化,否则模块无法正常显示。下面介绍两种初始化方法。

①利用模块内部的复位电路进行初始化

LCM有内部复位电路,能进行上电复位。复位期间BF为1,在电源电压VDD达4.5V以后,此状态可维持10ms,复位时执行下列命令:

a.清除显示。

b.功能设置,DL=1,为8位数据长度接口;N=0,单行显示;F=0,为5×7点阵字符。

c.开/关设置,D=0,关显示;C=0,关光标;B=0,关闪烁功能。

d.进入方式设置,I/D=1,地址采用递增方式;S=0,关显示移位功能。

②软件初始化

软件初始化流程如图10.22所示。

(2)显示程序编写

例 编写程序在LCD第1行显示出"CS&S",第2行显示"92"。

假定对LCM已完成初始化。程序如下:

```
START:  MOV     DPRT,#8000H     ;命令口地址8000H送DPTR
        MOV     A,#01H          ;清屏并置AC为0
        MOVX    @DPTR,A         ;输出命令
        ACALL   F-BUSY          ;等待直至LCM不忙
        MOV     A,#30H          ;功能设置,8位接口,2行显示,5×7点阵
        MOVX    @DPTR,A
        ACALL   F-BUSY
        MOV     A,#0EH          ;开显示及光标,不闪烁
        MOVX    @DPTR,A
```

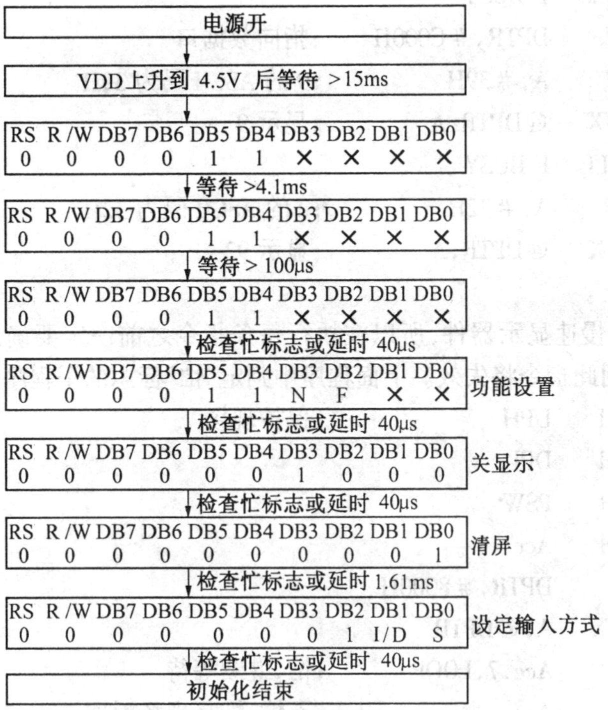

图 10.22 软件初始化流程

```
ACALL   F-BUSY
MOV     A, # 06H           ;显示不移位,AC 为增量
MOVX    @DPTR, A
ACALL   F-BUSY
MOV     DPTR, # C000H      ;数据口地址 C000H 送 DPTR
MOV     A, # 43H           ;C 的 ASCII 码为 43H
MOVX    @DPTR, A           ;第一行第一位显示 C
ACALL   F-BUSY
MOV     A, # 53H           ;S 的 ASCII 码为 53H
MOVX    @DPTR, A           ;显示 CS
ACALL   F-BUSY
MOV     A, # 26H           ;& 的 ASCII 码为 26H
MOVX    @DPTR, A           ;显示 CS&
ACALL   F-BUSY
MOV     A, # 53H
MOVX    @DPTR, A           ;显示 CS&S
ACALL   F-BUSY
MOV     DPTR, # 8000H      ;指向命令口
MOV     A, # 0C0H          ;置 DDRAM 地址为 40H
MOVX    @DPTR, A           ;光标与第二行首显示
```

```
        ACALL   F-BUSY
        MOV     DPTR, # C000H       ;指向数据口
        MOV     A, # 39H            ;9 的 ASCII 码为 39H
        MOVX    @DPTR,A             ;显示 9
        ACALL   F-BUSY
        MOV     A, # 32H            ;2 的 ASCII 码为 32H
        MOVX    @DPTR,A             ;显示 92
        ……
```

由于 LCD 是一慢速显示器件,所以在执行每条指令之前一定要确认 LCM 的忙标志为 0,即非忙状态,否则此指令将失效。上面程序中判定"忙"标志的子程序 F-BUSY 如下:

```
F-BUSY: PUSH    DPH                 ;保护现场
        PUSH    DPL
        PUSH    PSW
        PUSH    Acc
LOOP:   MOV     DPTR, # 8000H
        MOVX    A, @DPTR
        JB      Acc.7,LOOP          ;忙,继续等待
        POP     Acc                 ;不忙,恢复现场返回
        POP     PSW
        POP     DPL
        POP     DPH
        RET
```

10.5 MCS－51 与微型打印机 TPμP－40A/16A 的接口

在单片机应用系统中多使用微型点阵式打印机,在微型打印机的内部有一个控制用单片机,固化有控打程序,智能化程度高。

打印机通电后,由打印机内部的单片机执行固化程序,就可以接收和分析主控单片机送来的数据和命令,然后通过控制电路,实现对打印头机械动作的控制,进行打印。此外,微型打印机还能接受人工干预,完成自检、停机和走纸等操作。

在单片机应用系统中,常用的微型打印机有 TPμP－40A/16A、GP16 以及 XLF 嵌入仪器面板上的汉字微型打印机。本节介绍 MCS－51 与常见的 TPμP－40A/16A 微型打印机的接口设计。

一、TPμP－40A/16A 微型打印机

TPμP－40A/16A 是一种单片机控制的微型智能打印机。TPμP－40A 与 TPμP－16A 的接口信号与时序完全相同,操作方式相近,硬件电路及插脚完全兼容,只是指令代码有些不同。TPμP－40A 每行打印 40 个字符,TPμP－16A 则每行打印 16 个字符。

二、主要性能、接口要求及时序

1.TPμP－40A 主要技术性能

(1)采用单片机控制,具有 2Kbyte 控打程序以及标准的 Centronics 并行接口。

(2)可打印全部标准的 ASCII 代码字符,以及 128 个非标准字符和图符。有 16 个代码字符(6×7 点阵)可由用户通过程序自行定义。并可通过命令用此 16 个代码字符去更换任何驻留代码字型,以便用于多种文字的打印。

(3)可打印出 8×240 点阵的图样(汉字或图案点阵)。代码字符和点阵图样可在一行中混合打印。

(4)字符、图符和点阵图可以在宽和高的方向放大为×2、×3、×4 倍。

(5)每行字符的点行数(包括字符的行间距)可用命令更换。即字符行间距空点行在0～256 间任选。

(6)带有水平和垂直制表命令,便于打印表格。

2.接口信号

TPμP－40A/16A 采用国际上流行的 Centronics 打印机并行接口,与单片机间是通过一条 20 芯扁平电缆及接插件相连。打印机有一个 20 线扁平插座,信号引脚排列如图 10.23 所示。

2	4	6	8	10	12	14	16	18	20
GND	GND	GND	GND	GND	GND	GND	GND	$\overline{ACK}$	$\overline{ERR}$
$\overline{STB}$	DB_0	DB_1	DB_2	DB_3	DB_4	DB_5	DB_6	DB_7	BUSY
1	3	5	7	9	11	13	15	17	19

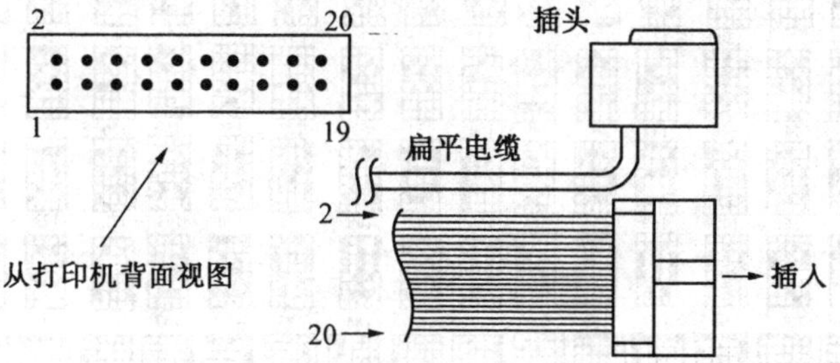

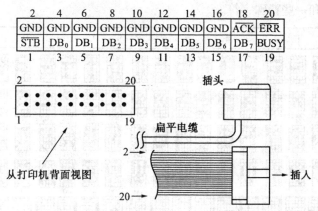

图 10.23　TPμP－40A 插脚安排(从打印机背视)

其中:

·DB0～DB7:数据线,单向传输,由单片机输入给打印机。

·$\overline{STB}$(STROBE):数据选通信号。在该信号的上升沿时,数据线上的 8 位并行数据被打印机读入机内锁存。

·BUSY:打印机“忙”状态信号。当该信号有效(高电平)时,表示打印机正忙于处理数据。此时,单片机不得使$\overline{STB}$信号有效,向打印机送入新的数据。

·$\overline{ACK}$:打印机的应答信号。低电平有效,表明打印机已取走数据线上的数据。

·$\overline{ERR}$:“出错”信号。当送入打印机的命令格式出错时,打印机立即打印一行出错信息,提示出错。在打印出错信息之前,该信号线出现一个负脉冲,脉冲宽度为 30 μs。

3.接口信号时序

接口信号时序如图 10.24 所示。

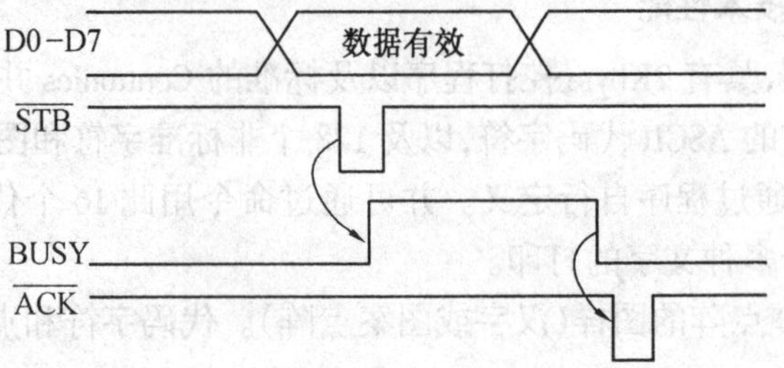

图 10.24　TPμP-40A/16A 接口信号时序

选通信号$\overline{STB}$宽度需大于 0.5 μs。$\overline{ACK}$应答信号可与$\overline{STB}$信号作为一对应答联络信号，也可使用$\overline{STB}$和 BUSY 作为一对应答联络信号。

三、字符代码及打印命令

写入 TPμP-40A/16A 的全部代码共 256 个，其中 00H 无效。代码 01H ~ 0FH 为打印命令；代码 10H ~ 1FH 为用户自定义代码；代码 20H ~ 7FH 为标准 ASCII 代码；TPμP-40A 可打印的非 ASCII 代码如图 10.25 所示，代码 80H ~ FFH 为非 ASCII 代码，其中包括少量汉字、希腊字母、块图图符和一些特殊字符。

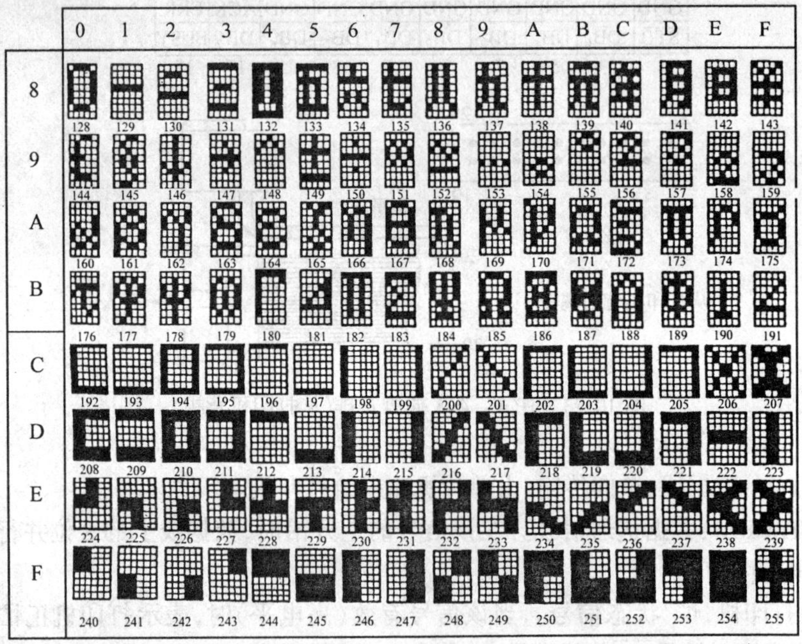

图 10.25　TPμP-40A 的非 ASCII 代码

1.字符代码

TPμP-40A/16A 中全部字符代码为 10H ~ FFH，回车换行代码 0DH 为字符串的结束符。但当输入代码满 40/16 个时，打印机自动回车。举例如下。

(1)打印“ $ 2356.73”

输送代码串为:24,32,33,35,36,2E,37,33,0D。

(2)打印“23.7”

输送代码为:32,33,2E,37,63,6D,9D,0D。

2.打印命令

打印命令由一个命令字和若干个参数字节组成,表10.9为TPμP-40A命令代码及功能。命令结束符为0DH,除表10.7中代码为06H的命令必须用它外,其余均可省略。更详细的说明,参见技术说明书。

表10.9 命令代码表

命令代码	命令功能	命令代码	命令功能
01H	打印字符、图等,增宽(×1,×2,×3,×4)	08H	垂直(制表)跳行
02H	打印字符、图等,增宽(×1,×2,×3,×4)	09H	恢复ASCII代码和清输入缓冲区命令
03H	打印字符、图等,宽和高同时增加(×1,×2,×3,×4)	0AH	一个空位后回车换行
04H	字符行间距更换/定义	0BH~0CH	无效
05H	用户自定义字符点阵	0DH	回车换行/命令结束
06H	驻留代码字符点阵式样更换	0EH	重复打印同一字符命令
07H	水平(制表)跳区	0FH	打印位点阵图命令

四、TPμP-40A/16A与MCS-51单片机接口设计

TPμP-40A/16A在输入电路中有锁存器,在输出电路中有三态门控制。因此,可以直接与单片机相接。

TPμP-40A/16A没有读、写信号,只有握手线$\overline{STB}$、BUSY(或$\overline{ACK}$),接口电路如图10.26所示。

用一根地址线(图中使用P2.7即A15)来控制写选通信号$\overline{STB}$和读取BUSY状态。

图10.27是通过扩展的并行I/O口连接的打印机接口电路。图中的扩展I/O口为8255A的PA口,采用了查询法,即通过读8255A的PC0脚的状态来判断送给打印机的一个字节的数据是否处理完毕。也可用中断法(BUSY直接与单片机的P3.3脚相连)。

例 把MCS-51单片机内部RAM 3FH~4FH单元中的ASCII码数据送到打印机。8255A设置为方式0,即端口A与端口C的上半部为输出方式。端口C的下半部为输入方式。

打印程序PRINT如下:

```
PRINT:  MOV     R0,#7FH         ;控制口地址→R0
        MOV     A               ,#81H ;8255A控制字→A
        MOVX    @R0,A           ;控制字→控制口
        MOV     R1,#3FH         ;数据区首地址→R1
```

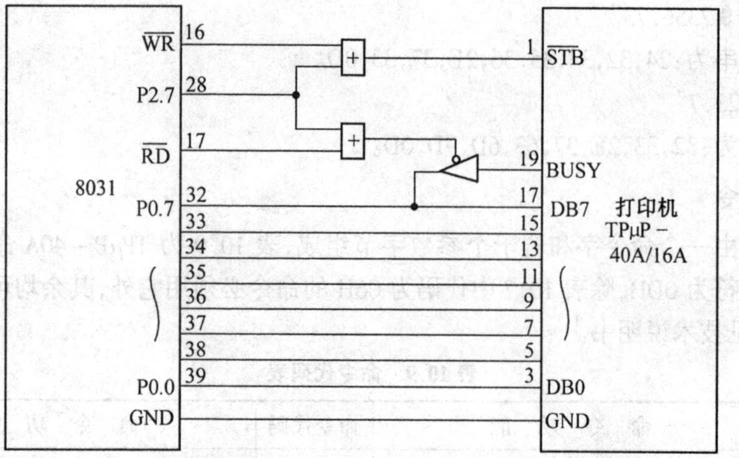

图 10.26　TPμP－40A/16A 与 8031 数据总线的接口

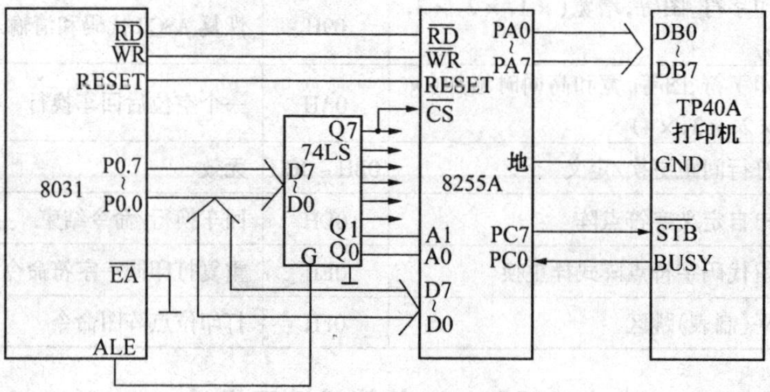

图 10.27　TPμP－40A/16A 与 8031 扩展的 I/O 连接

```
        MOV     R2,#0FH        ;R2 作打印数据个数的计数器用,
LOOP:   MOV     A,@R1          ;打印数据单元中内容→A
        INC     R1             ;指向下一个数据单元
        MOV     R0,#7CH        ;8255A 的端口 A 地址→R0
        MOVX    @R0,A          ;打印数据送 8255A 的端口 A 并锁存
        MOV     R0,#7FH        ;8255A 的控制口地址→R0
        MOV     A,#0EH         ;PC7 的复位控制字→A
        MOVX    @R0,A          ;PC7 = 0
        MOV     A,#0FH         ;PC7 的置位控制字→A
        MOVX    @R0,A          ;PC7 由 0 变 1
LOOP1:  MOV     R0,#7EF        ;口 C 地址→R0
        MOVX    A,@R0          ;读入口 C 的值
        ANL     A,#01H         ;屏蔽掉口 C 的高 7 位,只留 PC0 位
        JNZ     LOOP1          ;查询 PC0 即 BUSY 的状态,如为 1 跳 LOOP1
        DJNZ    R2,LOOP        ;未打完,循环
```

10.6 MCS－51 与 BCD 码拨盘的接口设计

一、BCD 码拨盘简介

在某些单片机系统中，有时需要输入一些控制参数，这些参数一经设定将维持不变，除非给系统断电后重新设定。这时使用数字拨盘既简单直观，又方便可靠。

拨盘种类很多，但使用最方便的拨盘是十进制输入、BCD 码输出的 BCD 码拨盘。这种拨盘如图 10.28 所示，图中为四片 BCD 码拨盘拼接的 4 位十进制输入拨盘组。每片拨盘具有 0～9 十个位置，每个位置都有相应的数字显示，代表拨盘输入的十进制数。因此，每片拨盘可代表一位十进制数。需要几位十进制数即可选择几片 BCD 码拨盘拼接。

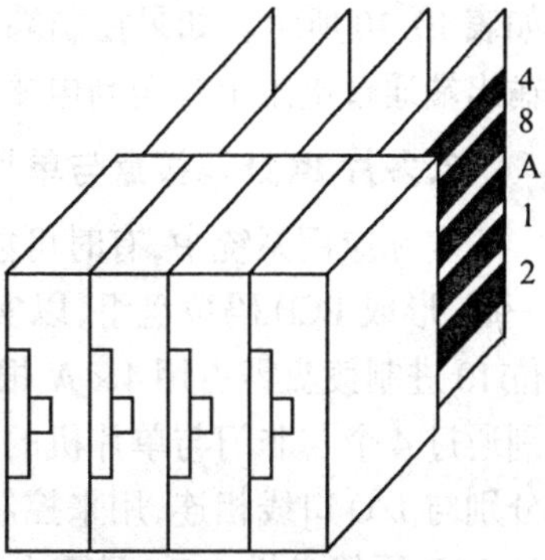

图 10.28　4 位 BCD 码拨盘组

BCD 码拨盘后面有 5 个接点，其中 A 为输入控制线，另外 4 根是 BCD 码输出线。拨盘拨到不同位置时，输入控制线 A 分别与 4 根 BCD 码输出线中的某根或某几根接通，其接通的 BCD 码输出线状态正好与拨盘指示的十进制数相一致。

表 10.10 为 BCD 码拨盘的输入输出状态表。

表 10.10　BCD 码拨盘的输入输出状态

拨盘输入	控制端 A	输出状态			
		8	4	2	1
0	1	0	0	0	0
1	1	0	0	0	1
2	1	0	0	1	0
3	1	0	0	1	1
4	1	0	1	0	0
5	1	0	1	0	1
6	1	0	1	1	0
7	1	0	1	1	1
8	1	1	0	0	0
9	1	1	0	0	1

注：输出状态为 1 时，表示该输出线与 A 相遇。

二、BCD 码拨盘与单片机的接口

1. 单片 BCD 码拨盘的接口

单片 BCD 码拨盘可以与任何一个 4 位的 I/O 口或扩展的 I/O 口相连，以输入 BCD 码，A

端接+5V,为了使输出端在不与控制端A相连时有确定的电平,常将8,4,2,1输出端电平通过电阻拉低。图10.29是8031通过P1.0~P1.3与单片BCD码拨盘的接口电路。

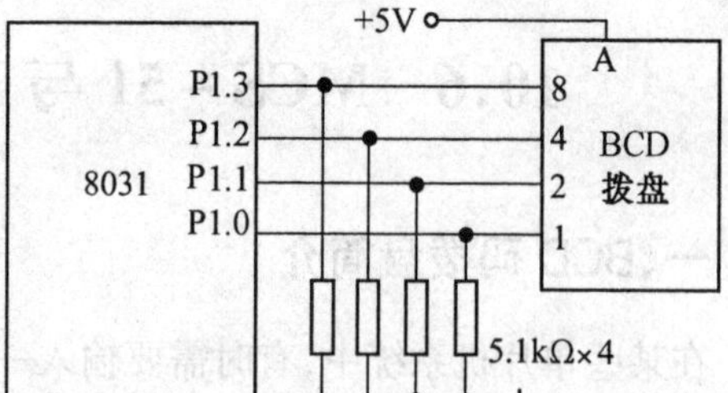

图10.29 单片BCD码拨盘与8031的接口

控制端A接+5V,当拨盘拨至某输入十进制数时,相应的8,4,2,1有效端输出高电平(如拨至"6"时,4,2,端为有效端),无效端为低电平。这时拨盘输出的BCD码为正逻辑(原码),如表10.10所示。如果控制端A接地,8,4,2,1输出端通过电阻上拉至高电平时,拨盘输出的BCD码为负逻辑(反码)。

2.多片BCD码拨盘与单片机的接口

实际应用系统中,有时可能输入不止一位十进制数,这时应将多片BCD码拨盘拼接在一起,形成BCD码拨盘组,以实现多位十进制数的输入。如果还是按图10.29的接法,则N位10进制拨盘需占用$4\times N$根I/O口线,为了减少I/O口线占用数量,可将拨盘的输出线分别通过4个与非门与单片机的I/O口相连,而每片拨盘的控制端A不再接+5V或地,而是分别与I/O口线相连,用来控制选择多片拨盘中的任意一片。这时,N位十进制拨盘,用N片BCD码拨盘拼成时,只需占用$4+N$根I/O口线。图10.30是通过P1口与4片BCD码拨盘相连的4位BCD码输入电路。

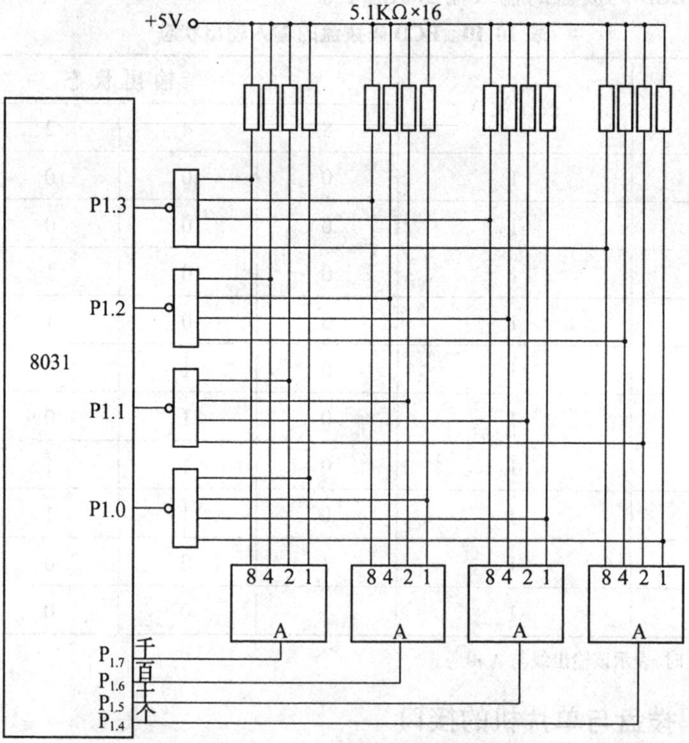

图10.30 4片BCD码拨盘与8031接口

4 片拨盘的 BCD 码输出相同端接入同一个 4 个与非门。四个与非门输出 8,4,2,1 端分别接入 P1.3,P1.2,P1.1,P1.0。其余的 P1.6,P1.5,P1.4 分别与千、百、十、个位 BCD 码拨盘的控制端相连。当选中某位时,该位的控制端置 0,其他三个控制端置 1。例如选中千位时,P1.7 置 0,P1.4 ~ P1.6 置 1,此时四个与非门所有其他位连接的输入端均为 1 状态,因此四个与非门输出的状态完全取决于千位数 BCD 拨盘输出状态。由于该位的控制端置 0,因此拨盘所置之数输出为 BCD 反码,通过与非门输出为该千位数的 BCD 码。

下面以图 10.30 为例,介绍 BCD 码拨盘输入子程序。在执行拨盘输入程序之前,各位的 BCD 码拨盘已拨好数码,例如为 9345,这时,每位 BCD 码输出端上有相应的数字与 A 接通。

本程序将读入的 4 位 BCD 码按千、百、十、个依次存放在 8031 片内 RAM 的 30H ~ 33H 单元中,每个地址单元的高 4 位为 0,低 4 位为 BCD 码。

程序清单如下:

```
RDS:   MOV    R0, #30H     ;初始化,存放单元首址
       MOV    R2, #7FH     ;P1 口高 4 位置控制字及低 4 位置输入方式
       MOV    R3, #04H     ;读入 4 个 BCD 码
LOOP:  MOV    A,R2
       MOV    P1,A         ;P1 口送控制字及低 4 位置输入方式
       MOV    A,P1         ;读入 BCD 码
       ANL    A, #0FH      ;屏蔽高 4 位
       MOV    @R0,A        ;送入存储单元
       INC    R0           ;指向下个存储单元
       MOV    A,R2         ;准备下一片拨盘的控制端置 0
       RR     A;
       MOV    R2,A         ;
       DJNZ   R3,LOOP      ;未读完返回
       RET                 ;读完结束
```

思考题及习题

1.为什么要消除按键的机械抖动?消除按键的机械抖动的方法有哪几种?原理是什么?

2.下列说法正确的是　　　　(　　)

(1)8279 是一个用于键盘和 LED(LCD)显示器的专用接口芯片

(2)在单片机与微型打印机的接口中,打印机的 BUSY 信号可作为查询信号或中断请求信号使用

(3)为给扫描法工作的 8 × 8 键盘提供接口电路,在接口电路中只需要提供两个输入口和一个输出口

(4)LED 的字型码是固定不变的

3.LED 的静态显示方式与动态显示方式有何区别?各有什么优缺点?

4.写出表 10.1 中仅显示小数点“.”的段码。

5.说明矩阵式键盘按键按下的识别原理。

6.对于图 10.10 的键盘,采用线反转法原理来编写出识别某一按键被按下并得到其键号的程序。

7.键盘有哪三种工作方式,它们各自的工作原理及特点是什么?

8.根据图 10.13 的电路,编写出在 6 个 LED 显示器上轮流显示"1,2,3,4,5,6"的显示程序。

9.根据图 10.15 的接口电路编写出在 8 个 LED 上轮流显示"1,2,3,4,5,6,7,8"的显示程序,比较一下与上一题的显示程序的区别。

10.8279 中的扫描计数器有两种工作方式,这两种工作方式各应用在什么场合?

11.简述 TPμP40A/16A 微型打印机的 Centronics 接口的主要信号线的功能,与 MCS - 51 单片机相连接时,如何连接几条控制线?

12.如果把图 10.26 中的打印机的 BUSY 线断开,然后与 8031 的 $\overline{INT0}$ 线相接,请简述电路的工作原理并编写出把 20H 为起始地址的连续 20 个内存单元中的内容输出打印程序。

13.根据图 10.13,8155H 与 32 键的键盘相连接,编写程序实现如下功能:用 8155H 的定时器定时,每隔一秒读一次键盘,并将其读入的键值存入 8155H 片内 RAM 中 30H 开始的单元中。

14.采用 8279 芯片的键盘/显示器接口方案,与本章介绍的其他的键盘/显示器的接口方案相比,有什么特点?

第 11 章　MCS－51 与 D/A 转换器、A/D 转换器的接口

在单片机的应用系统中，被测量对象的有关变量，如温度、压力、流量、速度等非电物理量，须经传感器转换成连续变化的模拟电信号（电压或电流），这些模拟电信号必须转换成数字量后才能在单片机中用软件进行处理。单片机处理完毕的数字量，也常常需要转换为模拟信号。实现模拟量转换成数字量的器件称为 A/D 转换器（ADC），数字量转换成模拟量的器件称为 D/A 转换器（DAC）。

在大规模集成电路技术飞速发展的今天，对于单片机应用系统的设计者来说，只需要合理地选用商品化的大规模 ADC、DAC 集成电路芯片，了解它们的引脚及功能以及与单片机的接口设计方法。本章将着重从应用的角度，介绍几种典型的 ADC、DAC 集成电路芯片，以及它们同 MCS－51 的硬件接口设计及软件设计。

11.1　MCS－51 与 DAC 的接口

11.1.1　D/A 转换器概述

1. 概述

D/A（数/模）转换器输入的是数字量，经转换后输出的是模拟量。转换过程是先将 MCS－51 送到 D/A 转换器的各位二进制数，按其权的大小转换为相应的模拟分量，然后再以叠加方法把各模拟分量相加，其和就是 D/A 转换的结果。

使用 D/A 转换器时，要注意区分 D/A 转换器的输出形式和内部是否带有锁存器。

（1）电压与电流输出形式

D/A 转换器有两种输出形式，一种是电压输出形式，即给 D/A 转换器输入的是数字量，而输出为电压。另一种是电流输出形式，即输出为电流。在实际应用中，对于电流输出的 D/A 转换器，如需要模拟电压输出，可在其输出端加一个由运算放大器构成的 I－V 转换电路，将电流输出转换为电压输出。

（2）D/A 转换器内部是否带有锁存器

由于 D/A 转换是需要一定时间的，在这段时间内 D/A 转换器输入端的数字量应保持稳定，为此应当在 D/A 转换器数字量输入端的前面设置锁存器，以提供数据锁存功能。根据转换器芯片内是否带有锁存器，可以把 DAC 分为内部无锁存器的和内部有锁存器的两类。目前大多采用内部带有锁存器的 D/A 转换器。这种 D/A 转换器的芯片内部不但有锁存器，而且还包括地址译码电路，有的还具有双重或多重的数据缓冲电路。

2. 主要技术指标

D/A 转换器的指标很多，使用者最关心的几个指标如下。

(1)分辨率

分辨率指输入给 D/A 转换器的单位数字量变化引起的模拟量输出的变化，通常定义为输出满刻度值与 2^n 之比（n 为 D/A 转换器的二进制位数）。显然，二进制位数越多，分辨率越高，即 D/A 转换器对输入量变化的敏感程度越高。例如，若满量程为 10V，根据分辨率定义则分辨率为 $10V/2^n$。设 8 位 D/A 转换，即 $n=8$，分辨率为 $10V/2^n=39.1$ mV，即输入的二进制数最低位的变化可引起输出的模拟电压变化 39.1 mV，该值占满量程的 0.391%，常用符号 1 LSB 表示。

同理：10 位 D/A 转换　1 LSB = 9.77mV = 0.1%满量程

12 位 D/A 转换　1 LSB = 2.44mV = 0.024%满量程

14 位 D/A 转换　1 LSB = 0.61mV = 0.006%满量程

16 位 D/A 转换　1 LSB = 0.076mV = 0.000 76%满量程

使用时，应根据对 D/A 转换器分辨率的需要来选定 D/A 转换器的位数。

(2)建立时间

建立时间是描述 D/A 转换器转换快慢的一个参数，用于表明转换速度，其值为从输入数字量到输出达到终值误差(1/2)LSB(最低有效位)时所需的时间。输出形式为电流的转换时间较短，而输出形式为电压的转换器，由于要加上完成 I - V 转换的运算放大器的延迟时间，因此建立时间要长一些。快速的 D/A 转换器的建立时间可达 1 μs 以下。

(3)精度

理想情况下，精度与分辨率基本一致，位数越多精度越高。但由于电源电压、参考电压、电阻等各种因素存在着误差，严格讲精度与分辨率并不完全一致。只要位数相同，分辨率则相同，但相同位数的不同转换器精度会有所不同。例如，某种型号的 8 位 DAC 精度为 0.19%，而另一种型号的 8 位 DAC 精度为 0.05%。

11.1.2 MCS - 51 与 8 位 DAC0832 的接口

1. DAC0832 芯片介绍

(1)DAC0832 的特性

美国国家半导体公司的 DAC0832 芯片是具有两个输入数据寄存器的 8 位 DAC，它能直接与 MCS - 51 单片机相连接，其主要特性如下。

① 分辨率为 8 位；

② 电流输出，稳定时间为 1μs；

③ 可双缓冲输入、单缓冲输入或直接数字输入；

④ 单一电源供电（+5 ~ +15V）；

⑤ 低功耗，20mW。

(2)DAC0832 的引脚及逻辑结构

DAC0832 的引脚如图 11.1 所示。

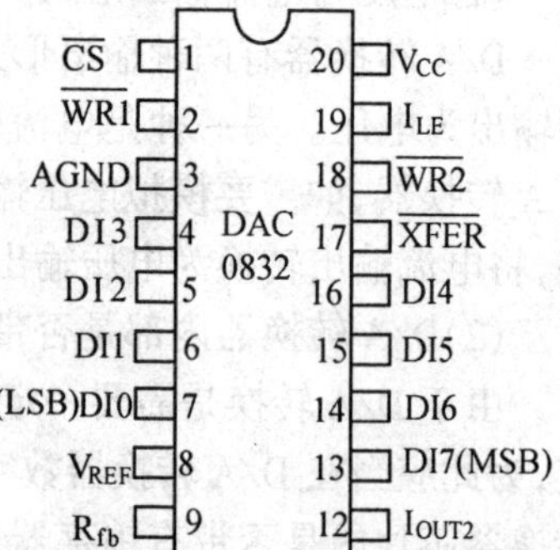

图 11.1　DAC0832 的引脚

DAC0832 的逻辑结构如图 11.2 所示。

各引脚的功能如下：

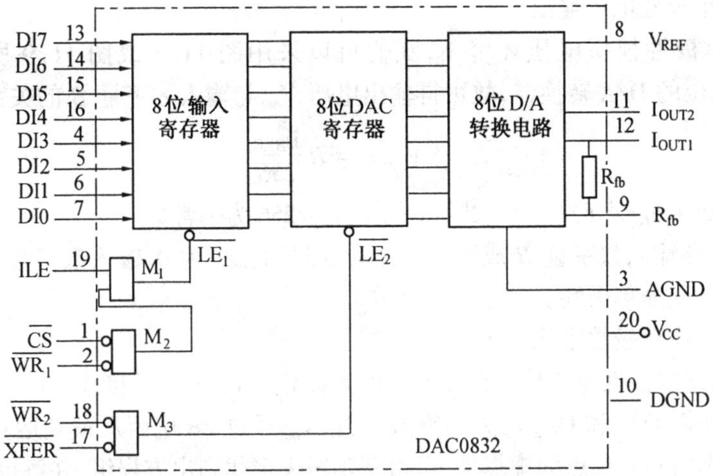

图 11.2　DAC0832 的逻辑结构

DI0 ~ DI7:8 位数字信号输入端,与单片机的数据总线相连,用于接收单片机送来的待转换的数字量,DI7 为最高位。

$\overline{CS}$:片选端,当$\overline{CS}$为低电平时,本芯片被选中。

ILE:数据锁存允许控制端,高电平有效。

$\overline{WR1}$:第一级输入寄存器写选通控制,低电平有效。当$\overline{CS}=0$、$ILE=1$、$\overline{WR1}=0$时,数据信号被锁存到第一级 8 位输入寄存器中。

$\overline{XFER}$:数据传送控制,低电平有效。

$\overline{WR2}$:DAC 寄存器写选通控制端,低电平有效。当$\overline{XFER}=0$,$\overline{WR2}=0$时,输入寄存器状态传入 8 位 DAC 寄存器中。

I_{OUT1}:D/A 转换器电流输出 1 端,输入数字量全“1”时,I_{OUT1}最大,输入数字量全为“0”时,I_{OUT1}最小。

I_{OUT2}:D/A 转换器电流输出 2 端,$I_{OUT2}+I_{OUT1}=$常数。

R_{fb}:外部反馈信号输入端,内部已有反馈电阻 R_{fb},根据需要也可外接反馈电阻。

V_{cc}:电源输入端,可在 +5V ~ +15V 范围内。

DGND:数字信号地。

AGND:模拟信号地,最好与基准电压共地。

DAC0832 内部的三部分电路如图 11.2 所示。“8 位输入寄存器”用于存放 CPU 送来的数字量,使输入数字量得到缓冲和锁存,由$\overline{LE1}$加以控制;“8 位 DAC 寄存器”用于存放待转换的数字量,由$\overline{LE2}$控制;“8 位 D/A 转换电路”受“8 位 DAC 寄存器”输出的数字量控制,能输出和数字量成正比的模拟电流。因此,DAC0832 通常需要外接运算放大器,进行 I—V 转换,才能得到模拟输出电压。

2.DAC 的应用

MCS－51 与 DAC0832 的接口常和 DAC 的具体应用有关,因此,我们先以 DAC 0832 为例,讨论有关 DAC 的应用问题,然后介绍它与 MCS－51 的接口。

(1)用作单极性电压输出

在需要单极性模拟电压环境下,我们可以采用图 11.5 或图 11.9 所示接线。由于 DAC0832 是 8 位的 D/A 转换器,故可得输出电压 V_{out}与输入数字量 B 的关系为

$$V_{out} = -B\frac{V_{REF}}{256}$$

式中,$B = b_7 \cdot 2^7 + b_6 \cdot 2^6 + \cdots + b_1 \cdot 2^1 + b_0 \cdot 2^0$;$V_{REF}/256$ 为一常数。

显然,V_{out}和输入数字量 B 成正比。B 为 0 时,V_{out}也为 0,输入数字量为 255 时,V_{out}为最大值,输出电压为单极性。

(2)DAC 用作双极性电压输出

在需要用到双极性电压输出的场合,可以采用图 11.3 所示接线。图中,DAC0832 的数字量由 CPU 送来,OA_1 和 OA_2 均为运算放大器,V_{out}通过 2R 电阻反馈到运算放大器 OA2 输入端,其他如图所示。G 点为虚拟地,可由基尔霍夫定律列出方程组,并解得

$$V_{out} = (B - 128)\frac{V_{REF}}{128}$$

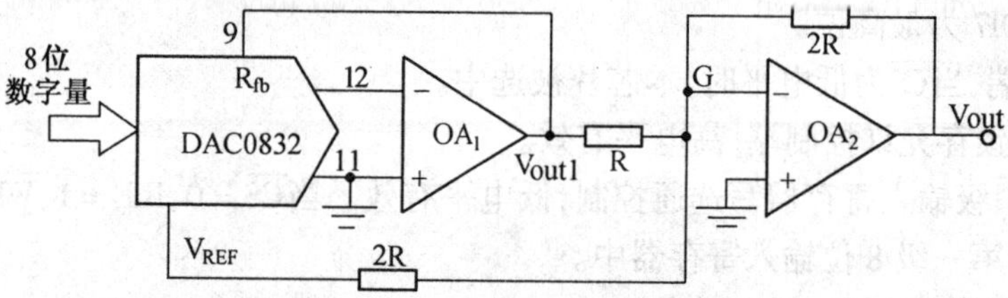

图 11.3　双极性 DAC 的接法

由上式可知,在选用 $+V_{REF}$时,若输入数字量最高位 b_7 为“1”,则输出模拟电压 V_{out}为正;若输入数字量最高位为“0”,则输出模拟电压 V_{out}为负。在选用 $-V_{REF}$时,V_{out}输出值正好和选用 $+V_{REF}$时极性相反。

(3)DAC 用作程控放大器

DAC 还可以用作程控放大器,其电压放大倍数可由 CPU 通过程序设定。图 11.4 为用作程控电压放大器的 DAC 接线。由图可见,需要放大的电压 V_{in}和反馈输入端 R_{fb}相接,运算放大器输出 V_{out}还作为 DAC 的基准电压 V_{REF},数字量由 CPU 送来,其余如图所示。DAC0832 内部 I_{out}一边和 T 型电阻网络相连,另一边又通过内部反馈电阻 R_{fb}和 V_{in}端相通,故可得到 DAC 的输出和输入之间的关系

$$V_{out} = -\frac{V_{in}}{B} \cdot \frac{R}{R_{fb}} \cdot 256$$

选 $R = R_{fb}$,则上式变为

$$V_{out} = -\frac{V_{in}}{B} \cdot 256$$

式中的 $256/B$ 看做放大倍数。但输入的数字量 B 不得为“0”,否则放大倍数为无限大,此时放大器处于饱

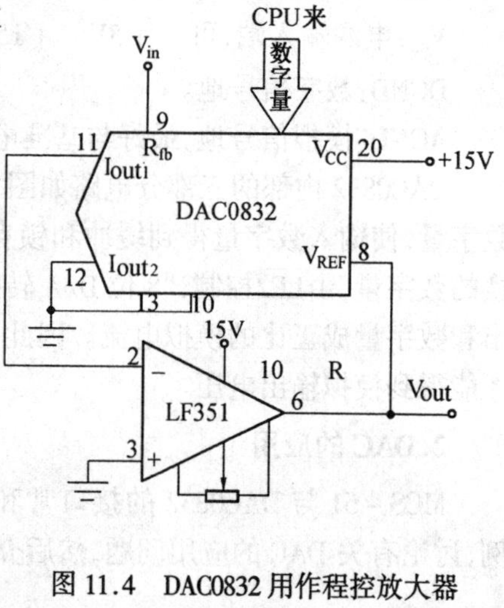

图 11.4　DAC0832 用作程控放大器

和状态。

3.MCS－51 与 DAC0832 的接口电路

设计 MCS－51 与 DAC0832 的接口电路时，常用的是单缓冲方式或双缓冲方式的单极性输出。

(1)单缓冲方式

单缓冲方式是指 DAC0832 内部的两个数据缓冲器有一个处于直通方式，另一个处于受 MCS－51 控制的锁存方式。在实际应用中，如果只有一路模拟量输出，或虽是多路模拟量输出但并不要求多路输出同步的情况下，就可采用单缓冲方式。

单缓冲方式的接口电路如图 11.5 所示。

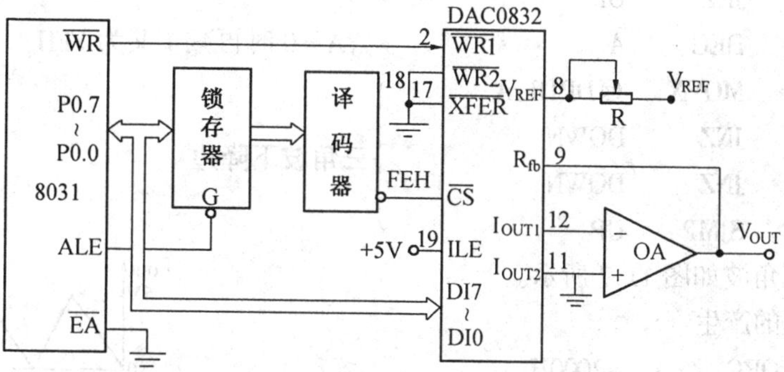

图 11.5　单缓冲方式下的 DAC0832

图中可见，$\overline{WR2}$和$\overline{XFER}$接地，故 DAC0832 的“8 位 DAC 寄存器”(见图 11.2)工作于直通方式。“8 位输入寄存器”受$\overline{CS}$和$\overline{WR1}$端控制，而且$\overline{CS}$由译码器输出端 FEH 送来(也可由 P2 口的某一根口线来控制)。因此，8031 执行如下两条指令就可在$\overline{WR1}$和$\overline{CS}$上产生低电平信号，使 DAC0832 接收 8031 送来的数字量。

```
        MOV     R0,＃0FEH       ;DAC 地址 FEH→R0
        MOVX    @R0,A           ;8031 的WR和译码器 FEH 输出端有效
```

现举例说明单缓冲方式下 DAC0832 的应用。

【例 11.1】 DAC0832 用作波形发生器。试根据图 11.5，分别写出产生锯齿波、三角波和矩形波的程序。

解　在图 11.5 中，运算放大器 OA 输出端 V_{out}直接反馈到 R_{fb}，故这种接线产生的模拟输出电压是单极性的。现把产生上述三种波形的参考程序列出如下。

1) 锯齿波的产生

```
        ORG     2000H
START:  MOV     R0,＃0FEH       ;DAC 地址→R0
        MOV     A,＃00H         ;数字量→A
LOOP:   MOVX    @R0,A           ;数字量送 D/A 转换器
        INC     A               ;数字量逐次加 1
        SJMP    LOOP
```

当输入数字量从 0 开始，逐次加 1 进行 D/A 变换，模拟量与之成正比输出。当 A＝FFH 时，再加 1 则溢出清 0，模拟输出又为 0，然后又重新重复上述过程，如此循环下去，输出波形

就是一个锯齿波，如图 11.6 所示。但实际上每一个上升斜边要分成 256 个小台阶，每个小台阶暂留时间为执行程序中后 3 条指令所需要的时间。因此，在上述程序“INCA”指令后插入 NOP 指令或延时程序，则可以改变锯齿波的频率。

2)三角波的产生

```
         ORG       2000H
START:   MOV       R0, # 0FEH      }
         MOV       A, # 00H        }
UP:      MOVX      @R0, A          } 三角波上升边
         INC       A               }
         JNZ       UP              }
DOWN:    DEC       A               ;A=0 时再减 1 又为 FFH
         MOVX      @DPTR, A        }
         JNZ       DOWN            }
         JNZ       DOWN            } 三角波下降边
         SJMP      UP              }
```

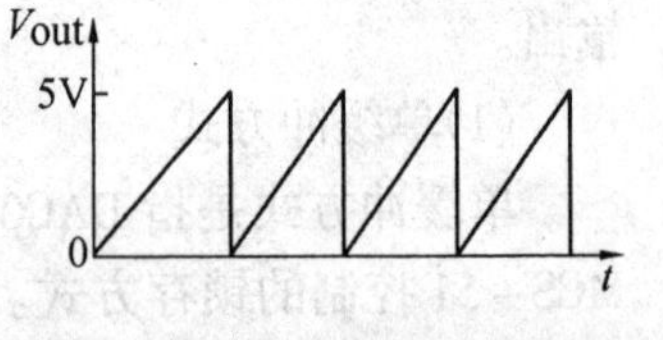

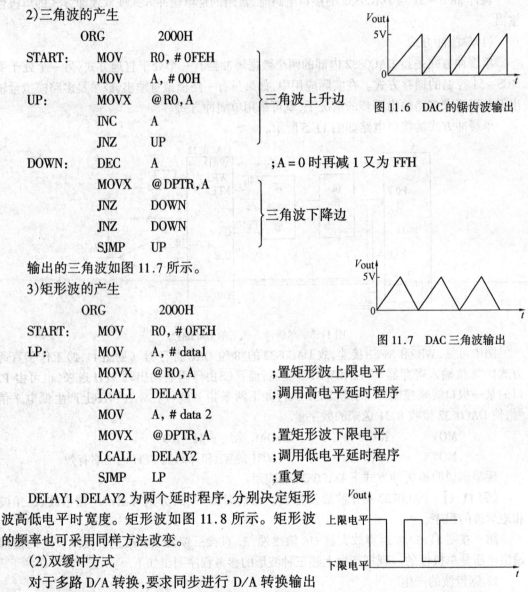

图 11.6　DAC 的锯齿波输出

输出的三角波如图 11.7 所示。

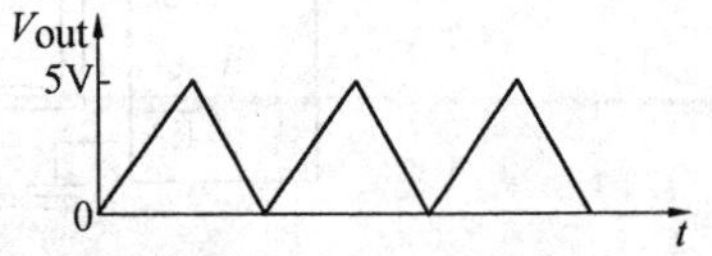

图 11.7　DAC 三角波输出

3)矩形波的产生

```
         ORG       2000H
START:   MOV       R0, # 0FEH
LP:      MOV       A, # data1
         MOVX      @R0, A          ;置矩形波上限电平
         LCALL     DELAY1          ;调用高电平延时程序
         MOV       A, # data 2
         MOVX      @DPTR, A        ;置矩形波下限电平
         LCALL     DELAY2          ;调用低电平延时程序
         SJMP      LP              ;重复
```

DELAY1、DELAY2 为两个延时程序，分别决定矩形波高低电平时宽度。矩形波如图 11.8 所示。矩形波的频率也可采用同样方法改变。

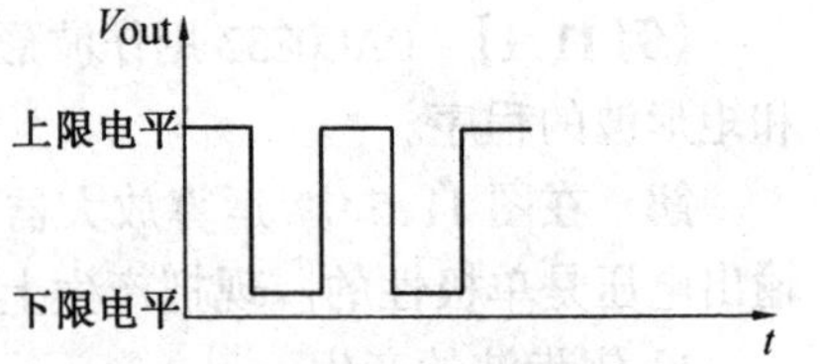

图 11.8　DAC 的矩形波输出

(2)双缓冲方式

对于多路 D/A 转换，要求同步进行 D/A 转换输出时，必须采用双缓冲同步方式。在此种方式工作时，数字量的输入锁存和 D/A 转换输出是分两步完成的。单片机必须通过 $\overline{LE1}$ 来锁存待转换数字量，通过 $\overline{LE2}$ 来启动 D/A 转换。因此，双缓冲方式下，DAC0832 应为单片机提供两个 I/O 端口。8031 和 DAC0832 在双缓冲方式下的连接关系如图 11.9 所示。由图可见，$1^{\#}$ DAC0832 因 $\overline{CS}$ 和译码器 FDH 相连而占有 FDH 和 FFH 两个 I/O 端口，而 $2^{\#}$ DAC0832 的两个端口地址为 FEH 和 FFH。其中，FDH 和 FEH 分别为 $1^{\#}$ 和 $2^{\#}$ DAC0832 的数字量端口，而 FFH 为启动 D/A 转换的端口地址，其余连接如图 11.9 所示。

若把图 11.9 中 V_X 和 V_Y 分别加到 X－Y 绘图仪的 X 通道和 Y 通道，而 X－Y 绘图仪由

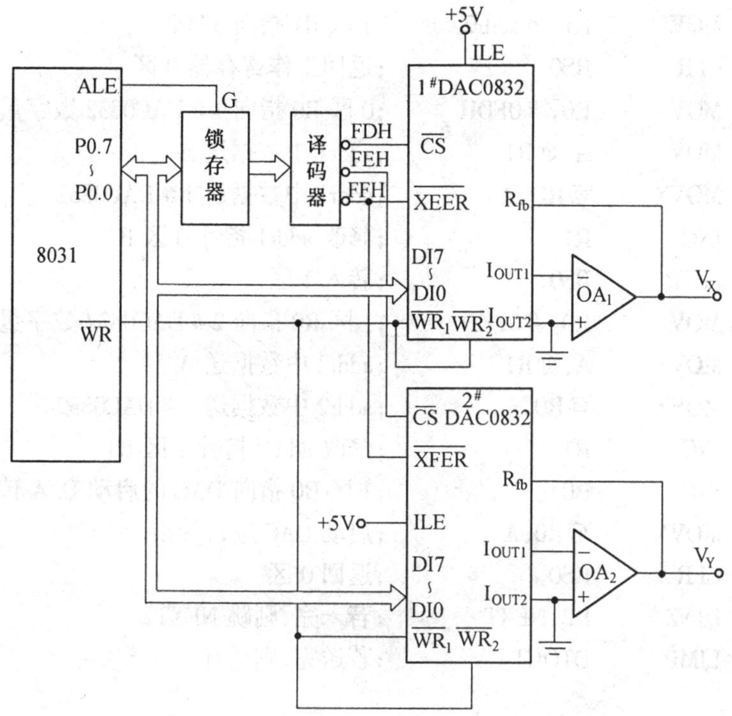

图 11.9　8031 和两片 DAC0832 的接口(双缓冲方式)

X、Y 两个方向的步进电机驱动,其中一个电机控制绘笔沿 X 方向运动;另一个电机控制绘笔沿 Y 方向运动。因此,对 X－Y 绘图仪的控制有两点基本要求,一是需要两种 D/A 转换器分别给 X 通道和 Y 通道提供模拟信号,使绘图笔能沿 X－Y 轴作平面运动;二是两路模拟信号要同步输出,使绘制的曲线光滑,否则绘制的曲线就是阶梯状的。通过执行下例中程序就可达到控制绘图仪的目的。程序中的 Addr1 和 Addr2 中的数据,即为曲线的 X、Y 坐标点。

【例 11.2】　设 8031 内部 RAM 中有两个长度为 20 的数据块,其起始地址分别为 Addr1 和 Addr2,请根据图 11.9,编出能把 Addr1 和 Addr2 中数据分别从 1# 和 2# DAC0832 输出的程序。

解　根据图 11.9,DAC0832 各端口地址为:

FDH　1# DAC0832 数字量输入控制口

FEH　2# DAC0832 数字量输入控制口

FFH　1# 和 2# DAC0832 启动 D/A 转换口

我们使工作寄存器区的 R1 指向 Addr1;1 区的 R1 指向 Addr2;0 区工作寄存器的 R2 存放数据块长度;0 区和 1 区工作寄存器区的 R0 指向 DAC 端口地址。相应程序为:

```
        ORG     2000H
addr1   DATA    20H             ;定义存储单元
addr2   DATA    40H             ;定义存储单元
DTOUT:  MOV     R1, # addr1     ;0 区 R1 指向 addr1
        MOV     R2, # 20        ;数据块长度送 0 区 R2
        SETB    RS0             ;切换到工作寄存器 1 区
```

```
        MOV     R1, # addr2     ;1 区 R1 指向 addr2
        CLR     RS0             ;返回工作寄存器 0 区
NEXT:   MOV     R0, # 0FDH      ;0 区 R0 指向 1 # DAC0832 数字量控制端口
        MOV     A, @R1          ;addr1 中数据送 A
        MOVX    @R0,A           ;addr1 中数据送 1 # DAC0832
        INC     R1              ;修改 addr1 指针 0 区 R1
        SETB    RS0             ;转入 1 区
        MOV     R0, # 0FEH      ;1 区 R0 指向 2 # DAC0832 数字量控制端口
        MOV     A, @R1          ;addr2 中数据送 A
        MOVX    @R0,A           ;addr2 中数据送 2 # DAC0832
        INC     R1              ;修改 addr2 指针 1 区 R1
        INC     R0              ;1 区 R0 指向 DAC 的启动 D/A 转换端口
        MOVX    @R0,A           ;启动 DAC 进行转换
        CLR     RS0             ;返回 0 区
        DJNZ    R2,NEXT         ;若未完,则跳 NEXT
        LJMP    DTOUT           ;若送完,则循环
```

11.2 MCS-51 与 ADC 的接口

11.2.1 A/D 转换器概述

A/D 转换器(ADC)的作用就是把模拟量转换成数字量,以便于计算机进行处理。

随着超大规模集成电路技术的飞速发展,A/D 转换器的新设计思想和制造技术层出不穷。为满足各种不同的检测及控制任务的需要,大量结构不同、性能各异的 A/D 转换芯片应运而生。

1.A/D 转换器简介

尽管 A/D 转换器的种类很多,但目前应用较广泛的主要有以下几种类型:逐次比较式转换器、双积分式转换器、$\sum-\Delta$ 式 A/D 转换器。

逐次比较型 A/D 转换器,在精度、速度和价格上都适中,是最常用的 A/D 转换器件。双积分 A/D 转换器,具有精度高、抗干扰性好、价格低廉等优点,但转换速度慢,近年来在单片机应用领域中也得到广泛应用。$\sum-\Delta$ 式 A/D 转换器具有积分式与逐次比较式转换器的双重优点。它对工业现场的串模干扰具有较强的抑制能力,不亚于双积分 ADC,它比双积分 ADC 有较高的转换速度,与逐次比较式 ADC 相比,有较高的信噪比,分辨率高,线性度好,不需要采样保持电路。由于上述优点,$\sum-\Delta$ 式 A/D 转换器得到了重视,目前已有多种 $\sum-\Delta$ 式 A/D 芯片投向市场。

2.A/D 转换器的主要技术指标

(1)转换时间和转换速率

转换时间是 A/D 完成一次转换所需要的时间。转换时间的倒数为转换速率。

(2)分辨率

A/D 转换器的分辨率习惯上用输出二进制位数或 BCD 码位数表示。例如 AD574 A/D 转换器,可输出二进制 12 位,即用 2^{12} 个数进行量化,其分辨率为 1 LSB,用百分数表示为 $\frac{1}{2^{12}} \times 100\% = 0.024\,4\%$。又如双积分式输出 BCD 码的 A/D 转换器 MC14433,其分辨率为 $3\frac{1}{2}$位,即三位半。若满字位为 199 9,用百分数表示其分辨率为 $1/199\,9 \times 100\% = 0.05\%$。

量化过程引起的误差为量化误差。量化误差是由于有限位数字量对模拟量进行量化而引起的误差。量化误差理论上规定为一个单位分辨率的 $\pm \frac{1}{2}$ LSB,提高分辨率可减少量化误差。

(3)转换精度

A/D 转换器的转换精度定义为一个实际 A/D 转换器与一个理想 A/D 转换器在量化值上的差值。可用绝对误差或相对误差表示。

3.A/D 转换器的选择

A/D 转换器按照输出代码的有效位数分为 4 位、8 位、10 位、12 位、14 位、16 位和 BCD 码输出的 $3\frac{1}{2}$位、$4\frac{1}{2}$位、$5\frac{1}{2}$位等多种;按照转换速度可分为超高速(转换时间$\leqslant$1 ns)、高速(转换时间$\leqslant$1 μs)、中速(转换时间$\leqslant$1 ms)、低速(转换时间$\leqslant$1 s)等几种不同转换速度的芯片。为适应系统集成的需要,有些转换器还将多路转换开关、时钟电路、基准电压源、二/十进制译码器和转换电路集成在一个芯片内,为用户提供了很多方便。在设计数据采集系统、测控系统和智能仪器仪表时,首先考虑的就是如何选择合适的 A/D 转换器以满足应用系统设计的要求。下面从不同角度介绍选择 A/D 转换器的要点。

(1)A/D 转换器位数的确定

A/D 转换器位数的确定与整个测量控制系统所要测量控制的范围和精度有关,但又不能惟一地确定系统的精度,因为系统精度涉及的环节较多。A/D 转换器的位数至少要比总精度要求的最低分辨率高一位(虽然分辨率与转换精度是不同的概念,但没有基本的分辨率就谈不上转换精度,精度是在分辨率的基础上反映的)。实际选取的 A/D 转换器的位数应与系统其他环节所能达到的精度相适应。只要不低于它们就行,选得太高没有意义,而且价格还要高得多。

(2)A/D 转换器转换速率的确定

A/D 转换器从启动转换到转换结束,输出稳定的数字量,需要一定的时间,这就是 A/D 转换器的转换时间;转换时间的倒数就是每秒钟能完成的转换次数,称为转换速率。用不同原理实现的 A/D 转换器其转换时间是大不相同的。双积分型的 A/D 转换器的转换时间从几毫秒到几百毫秒不等,只能构成低速 A/D 转换器。一般适用于对温度、压力、流量等缓变参量的检测和控制。逐次比较型的 A/D 转换器的转换时间可从几微秒到 100 微秒左右,属于中速 A/D 转换器,常用于工业多通道数据采集的单片机控制系统中。

(3)是否要加采样保持器

原则上直流和变化非常缓慢的信号可不用采样保持器,其他情况下都要加采样保持器。根据分辨率、转换时间、信号带宽关系,可得到如下数据作为是否要加采样保持器的参考:如果 A/D 转换器的转换时间是 100ms、ADC 是 8 位时、没有采样保持器时,信号的允许频率是 0.12Hz;如果 ADC 是 12 位,该频率为 0.007 7 Hz;如果转换时间是 100 μs,ADC 是 8 位时,该频率为 12 Hz,12 位时为 0.77 Hz。

(4)基准电压

基准电压源是提供给 A/D 转换器在转换时所需要的参考电压,这是为保证转换精度的基本条件。在要求较高精度时,基准电压要单独用高精度稳压电源供给。

11.2.2 MCS－51 与 ADC0809(逐次比较型)的接口

1.ADC0809 引脚及功能

ADC0809 是一种逐次比较式 8 路模拟输入、8 位数字量输出的 A/D 转换器,其引脚如图 11.10 所示。

由引脚图可见,ADC0809 共有 28 引脚,采用双列直插式封装。其主要引脚功能如下。

(1)IN0～IN7 是 8 路模拟信号输入端。

(2)D0～D7 是 8 位数字量输出端。

(3)A、B、C 与 ALE 控制 8 路模拟通道的切换,A、B、C 分别与三根地址线或数据线相连,三位编码对应 8 个通道地址端口。C、B、A＝000111 分别对应 IN0IN7 通道的地址。

这里要强调的是,ADC0809 虽然有 8 路模拟通道可以同时输入 8 路模拟信号,但每个瞬间只能转换一路,各路之间的切换由软件改变 C、B、A 引脚上的代码来实现。

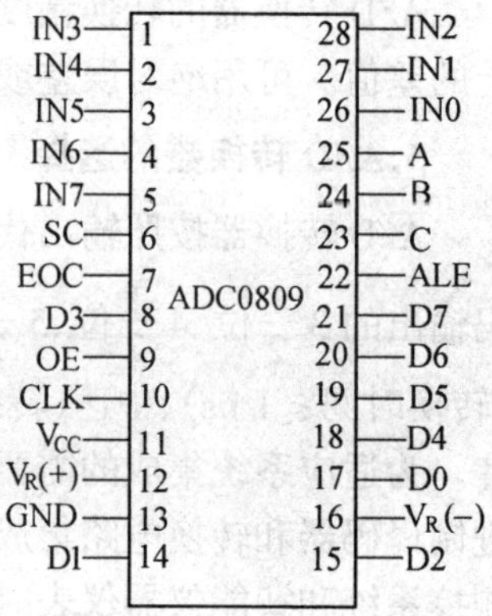

图 11.10　ADC0809 的引脚

(4) OE、START、CLK 为控制信号端,OE 为输出允许端,START 为启动信号输入端,CLK 为时钟信号输入端。

(5) $V_R(+)$和 $V_R(-)$为参考电压输入端。

2.ADC0809 结构及转换原理

ADC0809 的结构框图如图 11.11 所示。0809 是采用逐次比较的方法完成 A/D 转换的,由单一的＋5V 电源供电。片内带有锁存功能的 8 路选 1 的模拟开关,由 C、B、A 的编码来决定所选的通道。0809 完成一次转换需 100 μs 左右,输出具有 TTL 三态锁存缓冲器,可直接连到 MCS－51 的数据总线上。通过适当的外接电路,0809 可对 0～5V 的模拟信号进行转换。

3.MCS－51 与 ADC0809 的接口

在讨论 MCS－51 与 0809 的接口设计之前,先来讨论单片机如何来控制 ADC 的问题。单片机控制 ADC0809 的工作过程如下。

首先用指令选择 0809 的一个模拟输入通道,当执行 MOVX @DPTR,A 时,单片机的$\overline{WR}$信号有效,从而产生一个启动信号给 0809 的 START 引脚送入脉冲,开始对选中通道转换。当转换结束后,0809 发出转换结束 EOC(高电平)信号,该信号可供单片机查询,反相后可作为向单片机发出的中断请求信号;当执行指令 MOVX A, @DPTR 时,单片机发出读控制$\overline{RD}$信号,OE 端有高电平,且把经过 0809 转换完毕的数字量读到 A 累加器中。

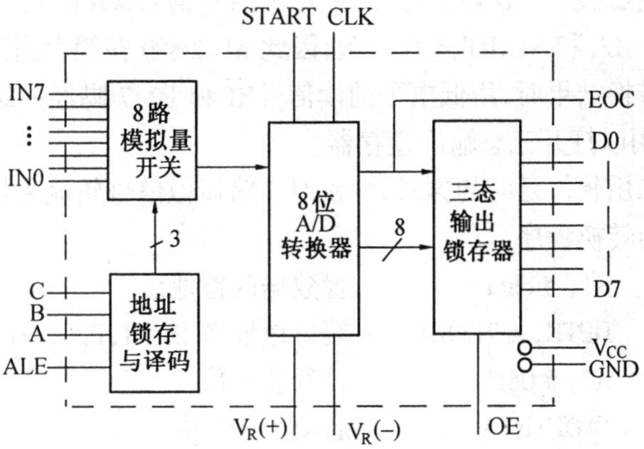

图 11.11　ADC0809 结构图

由上述可见,用单片机控制 ADC 时,可采用查询和中断控制两种方式。查询方式是在单片机把启动信号送到 ADC 之后,执行别的程序,同时对 0809 的 EOC 脚的状态进行查询,以检查 ADC 变换是否已经结束,如查询到变换已经结束,则读入转换完毕的数据。

中断控制方式是在启动信号送到 ADC 之后,单片机执行别的程序。0809 转换结束并向单片机发出中断请求信号时,单片机响应此中断请求,进入中断服务程序,读入转换数据。中断控制方式效率高,所以特别适合于变换时间较长的 ADC。

(1)查询方式

ADC0809 与 8031 单片机的接口如图 11.12 所示

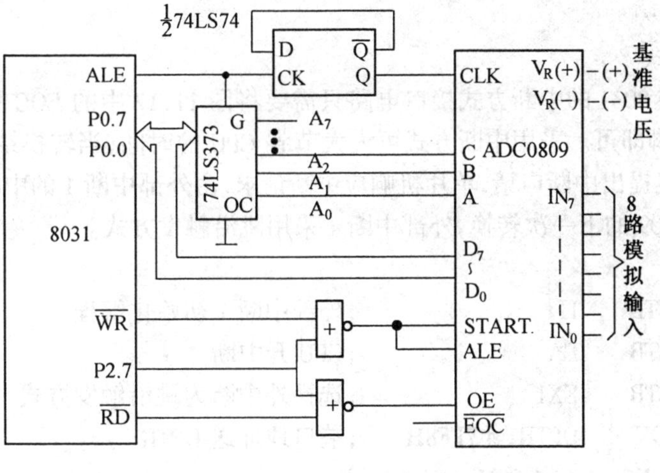

图 11.12　ADC0809 与 8031 的查询方式接口

由于 ADC0809 片内无时钟,可利用 8031 提供的地址锁存允许信号 ALE 经 D 触发器二分频后获得,ALE 脚的频率是 8031 单片机时钟频率的 1/6(但要注意的是,每当访问外部数据存储器时,将少一个 ALE 脉冲)。如果单片机时钟频率采用 6MHz,则 ALE 脚的输出频率为 1MHz,再二分频后为 500kHz,恰好符合 ADC0809 对时钟频率的要求。由于 ADC0809 具有输出三态锁存器,其 8 位数据输出引脚可直接与数据总线相连。地址译码引脚 C、B、A 分别与地址总线的低三位 A2、A1、A0 相连,以选通 IN0 ~ IN7 中的一个通路。将 P2.7(地址总线

A15)作为片选信号，在启动 A/D 转换时，由单片机的写信号$\overline{WR}$和 P2.7 控制 ADC 的地址锁存和转换启动，由于 ALE 和 START 连在一起，因此 ADC0809 在锁存通道地址的同时，启动并进行转换。在读取转换结果时，用低电平的读信号$\overline{RD}$和 P2.7 脚经一级或非门后，产生的正脉冲作为 OE 信号，用以打开三态输出锁存器。

下面的程序是采用软件延时的方式，分别对 8 路模拟信号轮流采样一次，并依次把结果转储到数据存储区的转换程序。

```
MAIN:   MOV     R1, # data          ;置数据区首地址
        MOV     DPTR, # 7FF8H       ;端口地址送 DPTR,P2.7 = 0,且指向通道 IN0
        MOV     R7, # 08H           ;置通道个数
LOOP:   MOVX    @DPTR,A             ;启动 A/D 转换
        MOV     R6, # 0AH           ;软件延时,等待转换结束
DELAY:  NOP
        NOP
        NOP
        DJNZ    R6,DELAY
        MOVX    A,@DPTR             ;读取转换结果
        MOV     @R1,A               ;存储转换结果
        INC     DPTR                ;指向下一个通道
        INC     R1                  ;修改数据区指针
        DJNZ    R7,LOOP             ;8 个通道全采样完否? 未完则继续
        ……
```

(2)中断方式

ADC0809 与 8031 的中断方式接口电路只需要将图 11.12 中的 EOC 脚经过一非门连接到 8031 的$\overline{INT1}$脚即可。采用中断方式可大大节省 CPU 的时间，当转换结束时，EOC 发出一个脉冲向单片机提出中断申请，单片机响应中断请求，由外部中断 1 的中断服务程序读 A/D 结果，并启动 0809 的下一次转换，外部中断 1 采用跳沿触发方式。

程序如下：

```
INIT1:  SETB    IT1                 ;外部中断 1 初始化编程
        SETB    EA                  ;CPU 开中断
        SETB    EX1                 ;选择外中断为跳沿触发方式
        MOV     DPTR, # 7FF8H       ;端口地址送 DPTR
        MOV     A, # 00H
        MOVX    @DPTR,A             ;启动 0809 对 IN0 通道转换
        …                           ;完成其他的工作
```

中断服务程序：

```
PINT1:  MOV     DPTR, # 7FF8H       ;读取 A/D 结果送内部 RAM 单元 30H
        MOVX    A,@DPTR
        MOV     30H,A
        MOV     A, # 00H            ;启动 0809 对 IN0 的转换
```

```
MOVX    @DPTR,A
RETI
```

11.2.3 MCS－51 与 A/D 转换器 MC14433(双积分型)的接口

双积分型的 ADC 由于两次积分时间比较长,所以 A/D 转换速度慢,但精度可以做得比较高;对周期变化的干扰信号积分为零,抗干扰性能也较好。

目前,国外双积分 A/D 转换器集成电路芯片很多,大部分是应用于数字测量仪器上。常用的有 $3\frac{1}{2}$ 位双积分 A/D 转换器 MC14433(精度相当于 11 位二进制数)和 $4\frac{1}{2}$ 位双积分 A/D 转换器 ICL7135(精度相当于 14 位二进制数)。

1.MC14433A/D 转换器简介

MC14433 是 $3\frac{1}{2}$ 位双积分型的 A/D 转换器,具有精度高、抗干扰性能好等优点,其缺点为转换速度慢,约 1～10 次/秒。在不要求高速转换的数据采集系统中,被广泛应用。MC14433 A/D 转换器与国内产品 5G14433 完全相同,可以互换。

MC14433 A/D 转换器的被转换电压量程为 199.9mV 或 1.999V。转换完的数据以 BCD 码的形式分四次送出。最高位输出内容特殊,详见表 11.1。

表 11.1　DS1 选通时 Q3～Q0 表示的结果

Q3	Q2	Q1	Q0	表 示 结 果
1	×	×	0	千位数为 0
0	×	×	0	千位数为 1
×	1	×	0	结果为正
×	0	×	0	结果为负
0	×	×	1	输入过量程
1	×	×	1	输入欠量程

MC14433A/D 转换器引脚如图 11.13 所示。

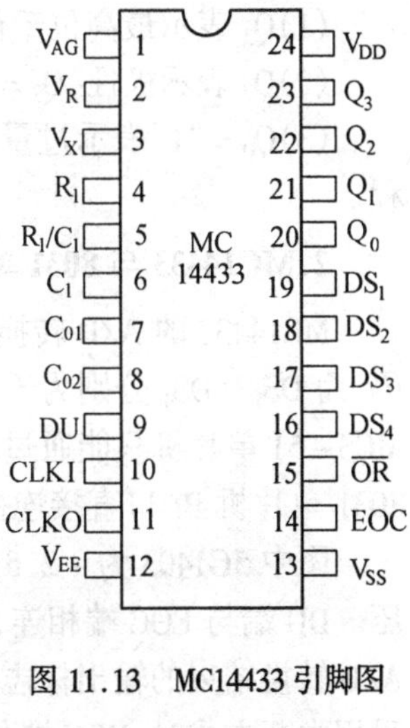

图 11.13　MC14433 引脚图

下面分类介绍各引脚的功能。

(1)电源及共地端

V_{DD}:主工作电源＋5V。

V_{EE}:模拟部分的负电源端,接－5V。

V_{AG}:模拟地端。

V_{SS}:数字地端。

V_R:基准电压输入端。

(2)外接电阻及电容端

R_1:积分电阻输入端,转换电压 $V_X = 2V$ 时,$R_1 = 470\Omega$;$V_X = 200mV$ 时,$R_1 = 27k\Omega$。

C_1:积分电容输入端,C_1 一般取 $0.1\mu F$。

R_1/C_1:R_I 与 C_I 的公共端。

CLKI、CLKO:外接振荡器时钟调节电阻，R_C，R_C一般取470Ω左右。

(3)转换启动/结束信号端

EOC:转换结束信号输出端，正脉冲有效。

DU: 启动新的转换，若DU与EOC相连，每当A/D转换结束后，自动启动新的转换。

(4)过量程信号输出端

$\overline{OR}$:当$|V_X| < V_R$，过量程$\overline{OR}$输出低电平。

(5)位选通控制端

$DS_4 \sim DS_1$:分别为个、十、百、千位输出的选通脉冲，正脉冲有效。DS_1对应千位，DS_4对应个位。每个选通脉冲宽度为18个时钟周期，两个相应脉冲之间间隔为2个时钟周期，如图11.14所示。

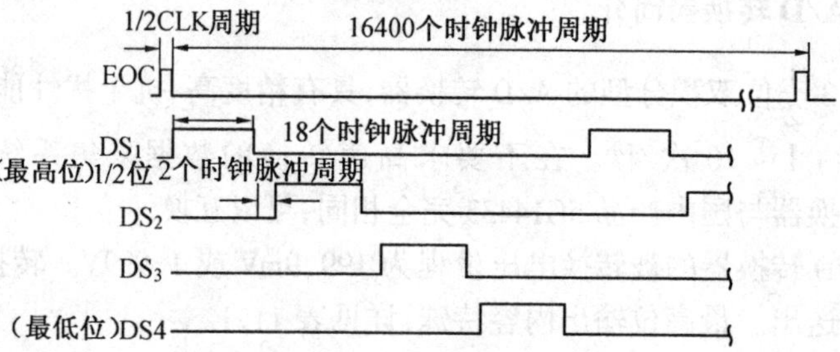

图11.14 MC14433选通脉冲时序图

(6)BCD码输出端

$Q_0 \sim Q_3$:BCD码数据输出线，其中Q_0为最低位，Q_3为最高位。当DS_2、DS_3和DS_4选通期间，输出三位完整的BCD码数，但在DS_1(千位)选通期间，输出端$Q_0 \sim Q_3$除了表示个位的0或1外，还表示被转换电压的正负极性($Q_2 = 1$为正)和欠量程还是过量程，其具体含义如表11.1所示。

由表11.1可知:

(1)Q_3表示最高位千位(1/2位)，Q_3 = "0"对应1，反之对应0。

(2)Q_2表示极性，Q_2 = "1"为正极性，Q_2 = "0"为负极性。

(3)Q_0 = "1"表示过量程或欠量程:当Q_3 = "0"时，表示过量程;当Q_3 = "1"时，表示欠量程。

2.MC14433与8031单片机的接口

MC14433的A/D转换结果是动态分时输出的BCD码，$Q_0 \sim Q_3$为千、百、十、个位的BCD码，而$DS_1 \sim DS_4$分别为千、百、十、个位的选通信号，由于转换结果输出不是总线式的，因此MCS-51单片机只能通过并行I/O接口或扩展I/O接口与其相连。下面介绍MC14433与8031单片机P1口直接连接的接口电路，电路如图11.15所示。

图中5G1403为+2.5V精密集成电压基准源，经电位器分压后作为A/D转换用基准电压。DU端与EOC端相连，即选择连续转换方式，每次转换结果都送至输出寄存器。EOC是A/D转换结束的输出标志信号。8031读取A/D转换结果可以采用中断方式或查询方式。采用中断方式时，EOC端与8031外部中断输入端$\overline{INT0}$或$\overline{INT1}$相连。采用查询方式时EOC端可与8031的任一I/O口线相连。

若选用中断方式读取 MC14433 的结果，应选用跳沿触发方式。如果将 A/D 转换的结果存放到 8031 内部 RAM 的 20H、21H 单元中，则存放的格式如图 11.16 所示。

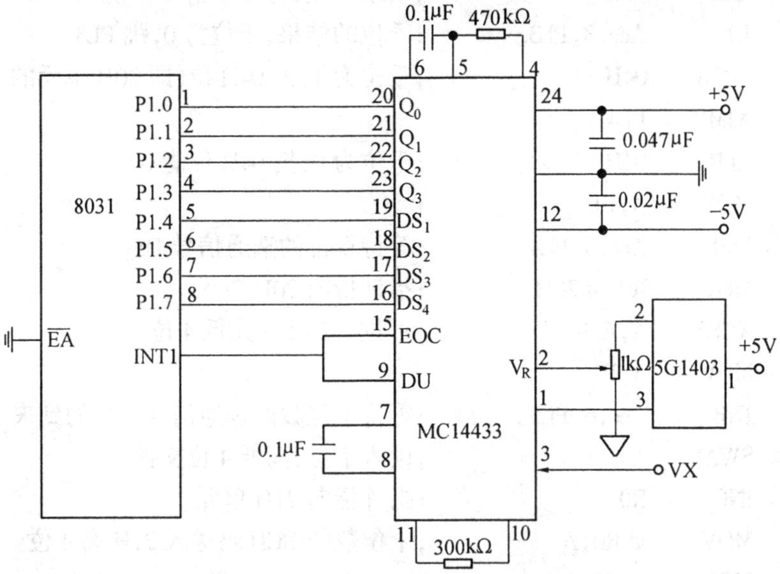

图 11.15　MC14433 与 8031 单片机直接连接的硬件接口

	D7			D4	D3 … D0
20H	符号	×	×	千	百

	D7 … D4	D3 … D0
21H	十	个

图 11.16　数据存放格式

下面介绍读取 A/D 转换结果的程序编写。

初始化程序开放 CPU 中断，允许外部中断 1 中断请求，置外部中断 1 为跳沿触发方式。每次 A/D 转换结束，都向 CPU 请求中断，CPU 响应中断，执行中断服务程序，读取 A/D 转换的结果。

程序如下：

```
        ORG     001BH
        LJMP    PINT1           ;跳外部中断 1 的中断服务程序
        ORG     0100H
INITI:  SETB    IT1             ;初始化程序，选择外中断 1 为跳沿触发方式
MOV     IE, # 84H;CPU 开中断，允许外部中断 1 中断
                :
PINT1:  MOV     A,P1            ;外部中断 1 服务程序
        JNB     Acc.4,PINT1     ;等待 DS1 选通信号的到来
        JB      Acc.0,Per       ;是否过、欠量程，是则转向 Per 处理
        JB      Acc.2,PL1       ;转换结果是正还是负，为正，跳 PL1
```

```
        SETB   07H          ;结果为负,符号位 07H 置 1
        AJMP   PL2
PL1:    CLR    07H          ;结果为正,符号位清零
PL2:    JB     Acc.3,PL3    ;千位的结果,千位为 0,跳 PL3
        SETB   04H          ;千位为 1,把 04H 位(即 20H 单元的 D4 位)置 1
        AJMP   PL4
PL3:    CLR    04H          ;千位为 0,把 04H 位清 0
PL4:    MOV    A,P1         ;
        JNB    Acc.5,PL4    ;等待百位的选通信号 DS2
        MOV    R0,#20H      ;指针指向 20H 单元
        XCHD   A,@R0        ;百位→20H 单元低 4 位
PL5:    MOV    A,P1
        JNB    Acc.6,PL5    ;等待十位数的选通信号 DS3 的到来
        SWAP   A            ;读入十位,高低 4 位交换
        INC    R0           ;指针指向 21H 单元
        MOV    @R0,A        ;十位数的 BCD 码送入 21H 高 4 位
PL6:    MOV    A,P1
        JNB    Acc.7,PL6    ;等待个位数选通信号 DS4 的到来
        XCHD   A,@R0        ;个位数送入 21H 单元的低 4 位
        RETI
PEr:    SETB   10H          ;置过量程、欠量程标志
        RETI   ;中断返回
```

MC14433 外接的积分元件 R_1、C_1(图 11.15 中的 4、5、6 脚)大小和时钟有关,在实际应用中加以调整,以得到正确的量程和线性度。积分元件 C_1 也应选择聚丙烯电容器。

思考题及习题

1.对于电流输出的 D/A 转换器,为了得到电压的转换结果,应使用(　　)。

2. D/A 转换器的主要性能指标都有哪些?设某 DAC 为二进制 12 位,满量程输出电压为 5V,试问它的分辨率是多少?

3. 说明 DAC 用作程控放大器的工作原理。

4.使用双缓冲方式的 D/A 转换器,可实现多路模拟信号的(　　)输出。

5.MCS-51 与 DAC0832 接口时,有哪三种连接方式?各有什么特点?各适合在什么场合使用?

6.A/D 转换器两个最重要的指标是什么?

7.分析 A/D 转换器产生量化误差的原因,一个 8 位的 A/D 转换器,当输入电压为 0~5V 时,其最大的量化误差是多少?

8.目前应用较广泛的 A/D 转换器主要有哪几种类型?它们各有什么特点?。

9.DAC 和 ADC 的主要技术指标中,"量化误差","分辨率"和"精度"有何区别?

10.在一个由 8031 单片机与一片 ADC0809 组成的数据采集系统中,ADC0809 的 8 个输

入通道的地址为 7FF8H ~ 7FFFH,试画出有关接口电路图,并编写出每隔 1 分钟轮流采集一次 8 个通道数据的程序,共采样 50 次,其采样值存入片外 RAM 2000H 单元开始存储区中。

11.判下列说法正确的是 ( )

(A)"转换速度"这一指标仅适用于 A/D 转换器,D/A 转换器不用考虑"转换速度"这一问题

(B)ADC0809 可以利用"转换结束"信号 EOC 向 8031 发出中断请求

(C)输出模拟量的最小变化量称为 A/D 转换器的分辨率

(D)对于周期性的干扰电压,可使用双积分的 A/D 转换器,并选择合适的积分元件,可以将该周期性的干扰电压带来的转换误差消除

第 12 章　MCS－51 的开关型功率接口设计

在 MCS－51 单片机应用系统中，有时需要用单片机控制各种各样的高压、大电流负载，如电动机、电磁铁、继电器、灯泡等，显然不能用单片机的 I/O 线来直接驱动，而必须通过各种开关型驱动电路来驱动。此外，为了使 MCS－51 与强电隔离和抗干扰，有时需加接光电耦合器。本章将介绍 MCS－51 单片机与开关型功率驱动接口的设计。常用的开关型驱动器件有光电耦合器、继电器、晶闸管、固态继电器等。下面介绍这些器件与单片机的接口。

12.1　MCS－51 与光电耦合器的接口

一、晶体管输出型光电耦合器驱动接口

晶体管输出型光电耦合器的受光器是光电晶体管。光电晶体管除了没有使用基极外，跟普通晶体管一样。取代基极电流的是以光作为晶体管的输入。当光电耦合器的发光二极管发光时，光电晶体管受光的影响在 cb 间和 ce 间有电流流过，这两个电流基本上受光的照度控制，常用 ce 极间的电流作为输出电流，输出电流受 V_{ce}的电压影响很小，在 V_{ce}增加时，稍有增加。光电晶体管的集电极电流 I_c 与发光二极管的电流 I_F 之比称为光电耦合器的电流传输比。不同结构的光电耦合器的电流传输比相差很大，如输出端是单个晶体管的光电耦合器 4N25 的电流传输比≥20%。输出端使用达林顿管的光电耦合器 4N33 的电流传输比≥500%。电流传输比受发光二极管的工作电流大小影响，电流为 10～20mA 时，电流传输比最大，电流小于 10mA 或大于 20mA 时，传输比都下降。温度升高，传输比也会下降，因此在使用时要留一些余量。

光电耦合器在传输脉冲信号时，对不同结构的光电耦合器的输入输出延迟时间相差很大。4N25 的导通延迟 t_{on}是 2.8μs，关断延迟 t_{off}是 4.5μs，4N33 的导通延迟 t_{on}是 0.6μs，关断延迟 t_{off}是 45μs。

图 12.1 是使用 4N25 的光电耦合器接口电路图。4N25 起到耦合脉冲信号和隔离单片机系统与输出部分的作用，使两部分的电流信号独立。输出部分的地线接机壳或接大地，而 8031 系统的电源地线浮空，不与交流电源的地线相接。这样可以避免输出部分电源变化对单片机电源的影响，减少系统所受的干扰，提高系统的可靠性。4N25 输入输出端的最大隔离电压大于 2 500V。

图 12.1 接口电路中使用同相驱动器 7407 作为光电耦合器 4N25 输入端的驱动。光电耦合器输入端的电流一般为 10～15mA，发光二极管的压降约为 1.2～1.5V。限流电阻由下式计算。

$$R = \frac{V_{cc} - (V_F + V_{cs})}{I_F}$$

式中　V_{cc}——电源电压；

V_F——输入端发光二极管的压降，取 1.5V；

V_{cs}——驱动器的压降；

I_F——发光二极管的工作电流。

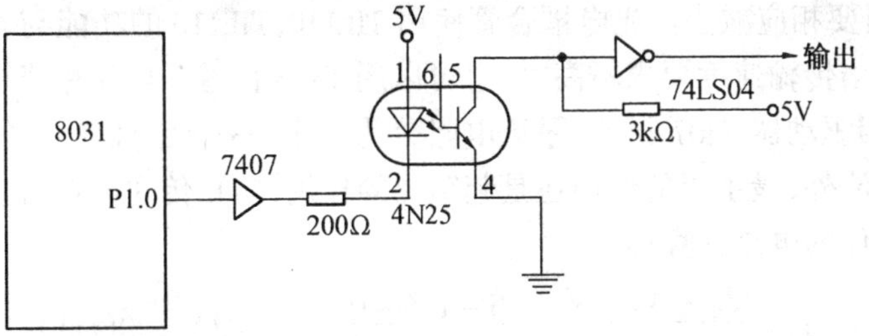

图 12.1 光电耦合器 4N25 的接口电路

如图 12.1 电路要求 I_F 为 15mA，则限流电阻计算如下。

$$R = \frac{V_{cc} - V_F - V_{cs}}{I_F} = \frac{5 - 1.5 - 0.5}{0.015} = 200(\Omega)$$

当 8031 的 P1.0 端输出高电平时，4N25 输入端电流为 0，输出相当开路，74LS04 的输入端为高电平，输出为低电平。8031 的 P1.0 端输出低电平时，7407 输出端为低电压输出，4N25 的输入电流为 15mA，输出端可以流过大于或等于 3mA 的电流。如果输出端负载电流小于 3mA，则输出端相当于一个接通的开关。74LS04 输出高电平。4N25 的 6 脚是光电晶体管的基极，在一般的使用中可以不接，该脚悬空。

由于光电耦合器是电流型输出，不受输出端工作电压的影响。因此，可以用于不同电平的转换。若图 12.1 的电路中，输出部分不是使用 74LS04，而是要求使用 CMOS 的反相器 MC14069，工作电压用 15V，这时只需把 3kΩ 的电阻改为 10kΩ，工作电压由 5V 改为 15V，74LS04 改用 MC14069 即可。当 P1.0 端输出高电平时，光电耦合器的输出端相当开路，MC14069 的输入端电压为 15V。当 P1.0 端输出低电平时，光电耦合器的输出晶体管导通，MC14069 的输入端电压接近 0V。4N25 输出端晶体管的 ce 极间的耐压大于 30V，所以 4N25 最大的电平转换可到 30V。

光电耦合器也常用于较远距离的信号隔离传送。一方面光电耦合器可以起到隔离两个系统地线的作用，使两个系统的电源相互独立，消除地电位不同所产生的影响。另一方面，光电耦合器的发光二极管是电流驱动器件，可以形成电流环路的传送形式。由于电流环电路是低阻抗电路，它对噪音的敏感度低，因此提高了通信系统的抗干扰能力。常用于有噪音干扰的环境下传输信号。图 12.2 是用光电耦合器组成的电流环发送和接收电路。

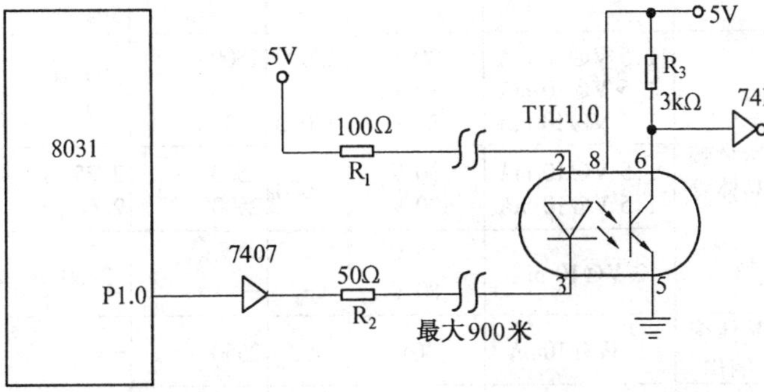

图 12.2 电流环电路

图 12.2 电路可以用来传输数据，最大速率为 50Kbit/s，最大传输距离为 900m。环路连线的电阻对传输距离影响很大，此电路中环路连线电阻不能大于 30Ω，当连线电阻较大时，100Ω 的限流电阻要相应减小。光电耦合管使用 TIL110，TIL110 的功能与 4N25 相同，但开关速度比 4N25 快，当传输速度要求不高时，也可以用 4N25 代替。电路中光电耦合器放在接收端，输入端由同相驱动器 7407 驱动，限流电阻分为两个，一个是 50Ω，一个是 100Ω。50Ω 电阻的作用除了限流外，最主要的作用还是起阻尼的作用，防止传送的信号发生畸变和产生突发的尖峰。电流环的电流计算如下。

$$I_F = \frac{V_{cc} - V_F - V_{cs}}{R_1 + R_2} = \frac{5 - 1.5 - 0.5}{50 + 100} = 0.02\text{A} = 20(\text{mA})$$

TIL110 的输出端接一个带施密特整形电路的反相器 74LS14，作用是提高抗干扰能力。施密特触发电路的输入特性有一个回差。输入电压大于 2V 时才认为是高电平输入，小于 0.8V 时才认为是低电平输入。电平在 0.8～2V 之间变化时，则不改变输出状态。因此，信号经过 74LS14 之后便更接近理想波形。

表 12.1 为常用的晶体管输出型光电耦合器，供读者在选用光电耦合器时参考。

表 12.1　晶体管输出型光电耦合器

类型	器件型号	输出结构	发射体正向电压(最大)	最小输出电压(V_{ceo})	典型 h_{FE}	最小 DC 冲击隔离电压	典型工作速度或带宽	应用
晶体管型	MCT2	晶体管	1.5V@20mA	30V	250	3550V	150kHz	AC 线/数字逻辑之间的隔离，用于线性接收、继电器监控、电源监控、开关网络、传感系统、开关电源，通信系统等领域
	MCT271 MCT274	晶体管	1.5V@20mA	30V	420 360	3550	7μs 25μs	
	4N25，A 4N27 4N35	晶体管	1.5V@10mA	30V	250 325 100	2500V 1500V 3500V	300kHz 300kHz 150kHz	
	4N38，A		1.5V@10mA	80V	250	2500V	0.8/7μs	
	TIL 111 TIL 112 TIL 116 TIL 117 TIL 124	晶体管	1.4V@16mA 1.5V@10mA 1.5V@60mA 1.4V@16mA 1.4V@10mA	30V 20V 30V 30V 30V	300 200 300 550 100	1500V 1500V 2500V 2500V 5000V	5μs 2μs 5μs 5μs 2μs	
高压晶体管型	MCT275	晶体管			170	3550V	4.5/3.5V	
	MOC8024		1.5V@20mA	80V	—	—		
	MOC8205		1.5V@10mA	400V				
	MOC8206				—	—	5μs	
达林顿输出型	TIL113 TIL119 TIL156	达林顿晶体管	1.5 V@10 mA 1.5 V@10 mA 1.5 V@10 mA	30 V 30 V 30 V	15000 — 15000	1500 1500 3535	300 μs 300 μs	大电流、低容抗、快速关断等器件的控制，用于通信、遥控逻辑隔离、报警监控电路等
	4N29，A 4N32，A		1.5 V@10 mA 1.5 V@10 mA	30 V 30 V	15000	2500 2500	2/25 μs 2/60 μs	
	MOC8020 MOC8030		2 V@10 mA	50 V 80 V	— —	— —	13/60 μs	
AC 输入型	H11AA1	晶体管输出	1.5V@10mA	30V	400	2550	—	用于监控 AC“掉电”的情况
	MID400	集电极开路逻辑门	1.5V@30mA	—	—	3550	1ms	

二、晶闸管输出型光电耦合器驱动接口

晶闸管输出型光电耦合器的输出端是光敏晶闸管或光敏双向晶闸管。当光电耦合器的输入端有一定的电流流入时，晶闸管即导通。有的光电耦合器的输出端还配有过零检测电路，用于控制晶闸管过零触发，以减少用电器在接通电源时对电网的影响。

4N40 是常用的单向晶闸管输出型光电耦合器。当输入端有 15～30mA 电流时，输出端的晶闸管导通。输出端的额定电压为 400V，额定电流有效值为 300mA。输入输出端隔离电压为 1500～7500V。4N41 的 6 脚是输出晶闸管的控制端，不使用此端时，此端可对阴极接一个电阻。

MOC3041 是常用的双向晶闸管输出的光电耦合器，带过零触发电路，输入端的控制电流为 15mA，输出端额定电压为 400V，最大重复浪涌电流为 1A，输入输出端隔离电压为 7500V。MOC3041 的 5 脚是器件的衬底引出端，使用时不需要接线。图 12.3 是 4N40 和 MOC3041 的接口驱动电路。

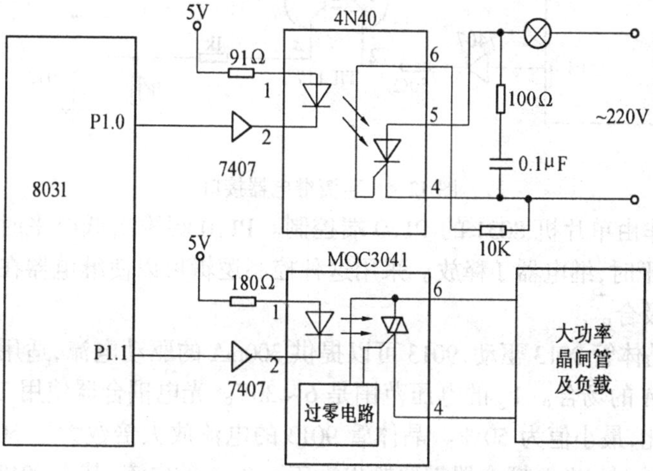

图 12.3　晶闸管输出型光电耦合器驱动接口

4N40 输入端限流电阻的计算：

$$R=\frac{V_{cc}-V_F-V_{cs}}{I_F}=\frac{5-1.5-0.5}{0.03}=100(\Omega)$$

实际应用中可以留一些余量，限流电阻取 91Ω。

MOC3041 输入端限流电阻的计算：

$$R=\frac{V_{cc}-V_F-V_{cs}}{I_F}=\frac{5-1.5-0.5}{0.015}=200(\Omega)$$

为留一定的余量，限流电阻选 180Ω。

4N40 常用于小电流用电器的控制，如指示灯等，也可以用于触发大功率的晶闸管。MOC3041 一般不直接用于控制负载，而用于中间控制电路或用于触发大功率的晶闸管。

12.2　MCS-51与继电器的接口

一、直流电磁式继电器功率接口

直流电磁式继电器,一般用功率接口集成电路或晶体管驱动。在使用较多继电器的系统中,可用功率接口集成电路驱动,例如SN75468等。一片SN75468可以驱动7个继电器,驱动电流可达500mA,输出端最大工作电压为100V。

常用的继电器大部分属于直流电磁式继电器,也称为直流继电器。图12.4是直流继电器的接口电路图。

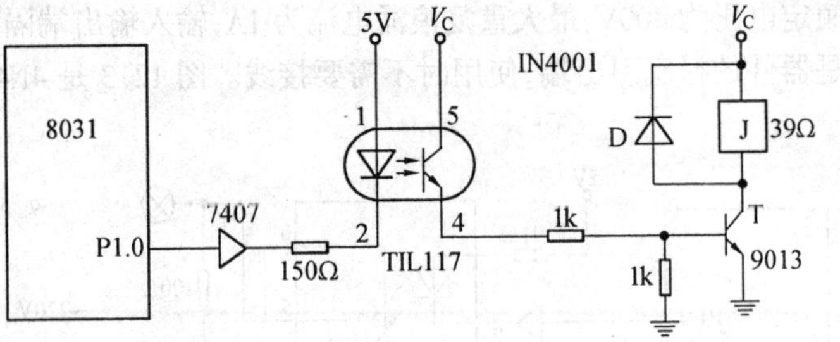

图12.4　直流继电器接口

继电器的动作由单片机8031的P1.0端控制。P1.0端输出低电平时,继电器J吸合;P1.0端输出高电平时,继电器J释放。采用这种控制逻辑可以使继电器在上电复位或单片机受控复位时不吸合。

继电器J由晶体管9013驱动,9013可以提供300mA的驱动电流,适用于继电器线圈工作电流小于300mA的场合。V_c的电压范围是6~30V。光电耦合器使用TIL117。TIL117有较高的电流传输比,最小值为50%。晶体管9013的电流放大倍数大于50。当继电器线圈工作电流为300mA时,光电耦合器需要输出大于6.8mA的电流,其中9013基极对地的电阻分流约0.8mA。输入光电耦合器的电流必须大于13.6mA,才能保证向继电器提供300mA的电流。光电耦合器的输入电流由7407提供,电流约为20mA。

二极管D的作用是保护晶体管T。当继电器J吸合时,二极管D截止,不影响电路工作。继电器释放时,由于继电器线圈存在电感,这时晶体管T已经截止,所以会在线圈的两端产生较高的感应电压。这个感应电压的极性是上负下正,正端接在T的集电极上。当感应电压与V_c之和大于晶体管T的集电结反向耐压时,晶体管T就有可能损坏。加入二极管D后,继电器线圈产生的感应电流由二极管D流过,因此不会产生很高的感应电压,晶体管T得到了保护。

二、交流电磁式接触器的功率接口

继电器中切换电路能力较强的电磁式继电器称为接触器。接触器的触点数一般较多。交流电磁式接触器由于线圈的工作电压要求是交流电,所以通常使用双向晶闸管驱动或使用一个直流继电器作为中间继电器控制。图12.5是交流接触器的接口电路图。

交流接触器C由双向晶闸管KS驱动。双向晶闸管的选择要满足:额定工作电流为交

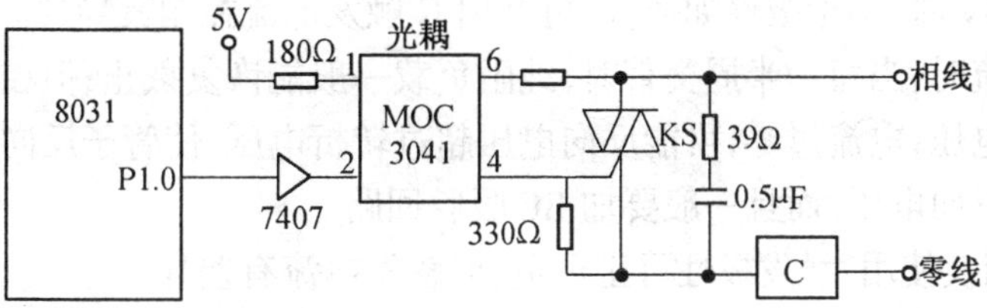

图 12.5　交流接触器接口

流接触器线圈工作电流的 2～3 倍；额定工作电压为交流接触器线圈工作电压的 2～3 倍。对于工作电压 220V 的中、小型的交流接触器，可以选择 3A、600V 的双向晶闸管。

光电耦合器 MOC3041 的作用是触发双向晶闸管 KS 以及隔离单片机系统和接触器系统。光电耦合器 MOC3041 的输入端接 7407，由单片机 8031 的 P1.0 端控制。P1.0 输出低电平时，双向晶闸管 KS 导通，接触器 C 吸合。P1.0 输出高电平时，双向晶闸管 KS 关断，接触器 C 释放。MOC3041 内部带有过零控制电路，因此双向晶闸管 KS 工作在过零触发方式。接触器动作时，电源电压较低，这时接通用电器，对电源的影响较小。

12.3　MCS－51 与晶闸管的接口

一、单向晶闸管

晶闸管习惯上称可控硅(整流元件)，英文名为 Silicon Controlled Rectifier，简写成 SCR，这是一种大功率半导体器件，它既有单向导电的整流作用，又有可以控制的开关作用。利用它可用较小的功率控制较大的功率。在交、直流电动机调速系统、调功系统、随动系统和无触点开关等方面均获得广泛的应用，如图 12.6 所示，它外部有三个电极：阳极 A、阴极 C、控制极(门极)G。

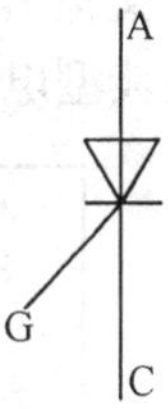

图 12.6　单向晶闸管结构符号

与二极管不同的是当其两端加上正向电压而控制极不加电压时，晶闸管并不导通，其正向电流很小，处于正向阻断状态；当加上正向电压，且控制极上(与阴极间)也加上一正向电压时，晶闸管便进入导通状态，这时管压降很小(1V 左右)。这时即使控制电压消失，仍能保持导通状态，所以控制电压没有必要一直存在，通常采用脉冲形式，以降低触发功耗。它不具有自关断能力，要切断负载电流，只有使阳极电流减小到维持电流以下，或加上反向电压实现关断。若在交流回路中应用，当电流过零和进入负半周时，自动关断，为了使其再次导通，必须重加控制信号。

二、双向晶闸管

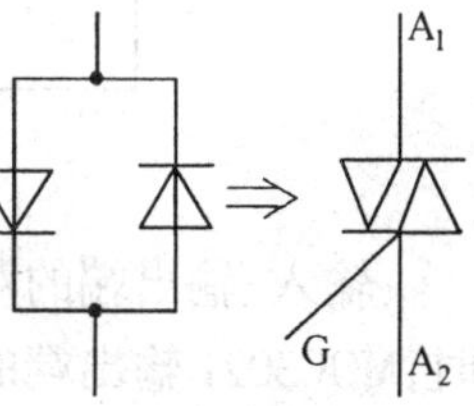

图 12.7　双向晶闸管结构

晶闸管应用于交流电路控制时，如图 12.7 所示，采用两个器件反并联，以保证电流能沿正反两个方向流通。

如把两只反并联的 SCR 制作在同一片硅片上，便构成双向可控硅，控制极共用一个，使电路大大简化，其特性如下：

①控制极 G 上无信号时，A_1、A_2 之间呈高阻抗，管子截止。

②$V_{A1A2} > 1.5V$时，不论极性如何，便可利用G触发电流控制其导通。

③工作于交流时，当每一半周交替时，纯阻负载一般能恢复截止；但在感性负载情况下，电流相位滞后于电压，电流过零，可能反向电压超过转折电压，使管子反向导通。所以，要求管子能承受这种反向电压，而且一般要加RC吸收回路。

④A_1、A_2可调换使用，触发极性可正可负，但触发电流有差异。

双向可控硅经常用作交流调压、调功、调温和无触点开关，过去其触发脉冲一般都用硬件产生，故检测和控制都不够灵活，而在单片机控制应用系统中则经常可利用软件产生触发脉冲。

三、光耦合双向可控硅驱动器

这种器件是一种单片机输出与双向可控硅之间较理想的接口器件，它由输入和输出两部分组成，输入部分是一砷化镓发光二极管，该二极管在5～15mA正向电流作用下发出足够强度的红外光，触发输出部分。输出部分是一硅光敏双向可控硅，在红外线的作用下可双向导通。该器件为六引脚双列直插式封装，其引脚配置和内部结构见图12.8。

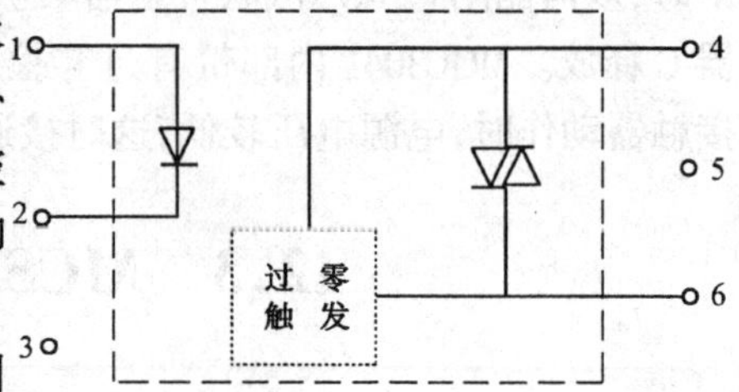

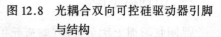

图12.8 光耦合双向可控硅驱动器引脚与结构

有的光耦合双向可控硅驱动器还带有过零检测器，以保证在电压为零(接近于零)时才触发可控硅导通，如MOC3030/31/32(用于115V交流)，MOC3040/41(用于220V交流)。图12.9为这类光耦驱动器与双向可控硅的典型电路。

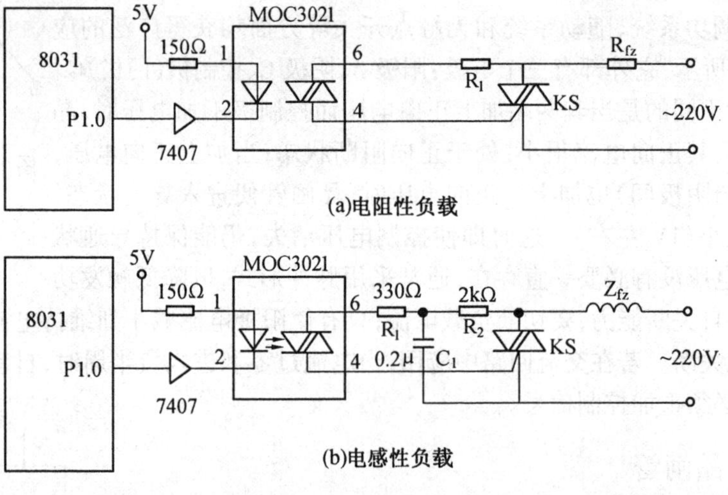

图12.9 双向晶闸管型触发电路

输入、输出端的双向晶闸管导通，触发外部的双向晶闸管KS导通。当P1.0输出高电平时，MOC3021输出端的双向晶闸管关断，外部双向晶闸管KS也关断。电阻R1的作用是限制流过MOC3021输出端的电流不要超过1A。R1的大小由下式计算。

$$R_1 = \frac{V_P}{I_P} = \frac{200 \cdot \sqrt{2}}{1} = 31(\Omega)$$

R_1 取 300Ω。由于串入电阻 R_1,使得触发电路有一个最小触发电压,低于这个电压时,KS 才导通。最小触发电压 V_T 的计算式为

$$V_T = R_1 \cdot I_{GT} + V_{GT} + V_{TM} = 300 \times 0.05 + 2 + 3 = 21.5(V)$$

对应的最小控制角为

$$\alpha = \arcsin \frac{V_T}{V_P} = \arcsin \frac{21.5}{311} = 3.96°$$

即控制角不能小于 3.96°。如小于 3.96°,也必须等到 3.96°时,内部双向晶闸管才导通。当外接的双向晶闸管功率较大时,需要较大的 I_{GT},这时最小控制角比较大,可能会超出使用的要求。解决的方法是在大功率晶闸管和 MOC3021 之间再加入一个触发用的晶闸管,这个触发用的晶闸管的限流电阻可以用得比较小,所以最小控制角也可以做得比较小。当负载为感性负载时,由于电压上升率 dV/dt 较大,有可能超过 MOC3021 允许的范围。在阻断状态下,晶闸管的 PN 结相当于一个电容,如果突然受到正向电压,充电电流流过门极 PN 结时,起了触发电流的作用。当电压上升率 dV/dt 较大时,就会造成 MOC3021 的输出晶闸管误导通。因此,在 MOC3021 的输出回路中加入 R2 和 C1 组成的 RC 回路,降低电压上升率 dV/dt,使 dV/dt 在允许的范围内。经计算 R_2 取 2kΩ。

$$C_1 = \frac{289 \times 10^{-6}}{2 \times 10^3} = 0.19 \times 10^{-6}(F) = 0.19\ \mu F$$

在使用晶闸管的控制电路中,常要求晶闸管在电源电压为零或刚过零时触发晶闸管,来减少晶闸管在导通时对电源的影响。这种触发方式称为过零触发。过零触发需要过零检测电路,有些光电耦合器内部含有过零检测电路,如 MOC3061 双向晶闸管触发电路。图 12.10 是使用 MOC3061 双向晶闸管的过零触发电路。

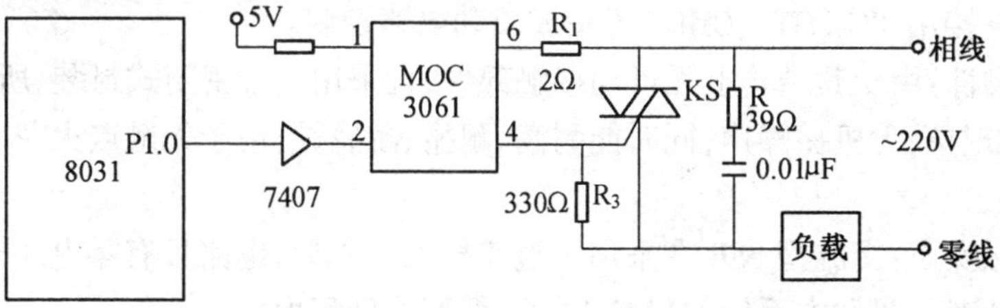

图 12.10　带过零触发的双向晶闸管触发电路

表 12.2 列出了 MOTOROLA 公司 MOC3000 系列光耦合双向可控硅驱动器的参数。

表 12.2　MOTOROLA MOC3000 系列光耦合双向可控硅驱动电路性能表

型号	峰值夹断电压最小值/V	LED 触发电流(V_{T4} = 3V) 典型值/mA	LED 触发电流(V_{T4} = 3V) 最大值/mA	正向电压典型值/V
MOC3009	250	15	30	1.2
MOC3010	250	8	15	1.2
MOC3011	250	5	10	1.2
MOC3012	250	—	5	1.2
MOC3020	400	15	30	1.2

续表 12.2

型号	峰值夹断电压最小值/V	LED 触发电流($V_{T4}=3V$)		正向电压
		典型值/mA	最大值/mA	典型值/V
MOC3021	400	8	15	1.2
MOC3022	400	—	10	1.2
MOC3023	400	—	5	1.2
MOC3030	250	—	30	1.3
MOC3031	250	—	15	1.3
MOC3032	250	—	10	1.3
MOC3040	400	—	30	1.3
MOC3041	400	—	15	1.3

12.4 MCS-51与固态继电器的接口

固态继电器(Solid state Relay-SSR)是近年发展起来的一种新型电子继电器,其输入控制电流小,用TTL、HTL、CMOS等集成电路或加简单的辅助电路就可直接驱动,因此适宜于在单片机测控系统中作为输出通道的控制元件;其输出利用晶体管或可控硅驱动,无触点。与普通的电磁式继电器和磁力开关相比,具有无机械噪声、无抖动和回跳、开关速度快、体积小、质量轻、寿命长、工作可靠等特点,并且耐冲击、抗潮湿、抗腐蚀,因此在单片机测控等领域中,已逐渐取代传统的电磁式继电器和磁力开关作为开关量输出控制元件。

一、固态继电器的主要特性

(1)功率小:由于其输入端采用的是光电耦合器,其驱动电流仅需几毫安便能可靠地控制,所以可以直接用TTL、HTL、CMOS等集成驱动电路控制。

(2)高可靠性:由于其结构上无可动接触部件,且采用全塑密闭式封装,所以SSR开关时无抖动和回跳现象,无机械噪声,同时能耐潮、耐振、耐腐蚀;由于无触点火花,可用在有易燃易爆介质的场合。

(3)低电磁噪声:交流型SSR在采用了过零触发技术后,电路具有零电压开启、零电流关断的特性,可使对外界和本系统的射频干扰减低到最低程度。

(4)能承受的浪涌电流大:其数值可为SSR额定值的6~10倍。

(5)对电源电压适应能力强:交流型SSR的负载电源电压可以在30~220V范围内任选。

(6)抗干扰能力强:由于输入与输出之间采用了光电隔离,割断了两者的电气联系,避免了输出功率负载电路对输入电路的影响。另外,又在输出端附加了干扰抑制网络,有效地抑制了线路中 dV/di 和 di/dt 的影响。

二、固态继电器的分类

固态继电器是一种四端器件,两端输入,两端输出。它们之间用光电耦合器隔离。

(1)以负载电源类型分类:可分为直流型(DC-SSR)和交流型(AC-SSR)两种。直流型是用功率晶体管做开关器件;交流型则用双向晶闸管做开关器件,分别用来接通和断开直流或交流负载电源。

(2)以开关触点形式分类:可分为常开式和常闭式。目前市场上以常开式为多。

(3)以控制触发信号的形式分类:可分为过零型和非过零型。它们的区别在于负载交流电流导通的条件。非过零型在输入信号时,不管负载电源电压相位如何,负载端立即导通。而过零型必须在负载电源电压接近零且控制信号有效时,输出端负载电源才导通。其关断条件是在输入端的控制电压撤销后,流过双向晶闸管的负载电流为零时,SSR关断。

三、固态继电器的典型应用

1.输入端的驱动

(1)触点控制

最基本的驱动——触点控制,见图12.11。

(2)TTL驱动SSR,见图12.12。

(3)CMOS驱动SSR,见图12.13。

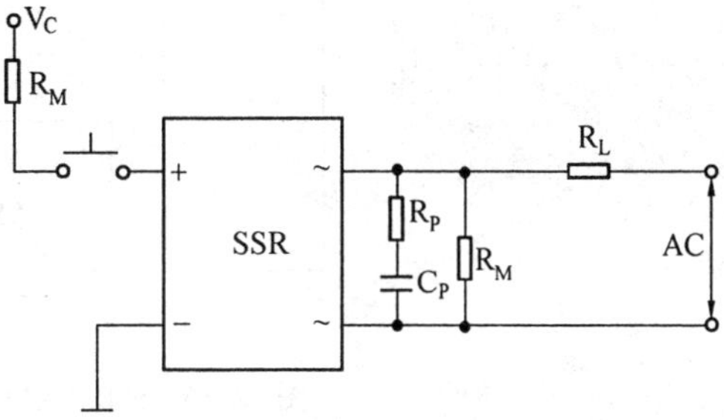

图12.11　触点控制

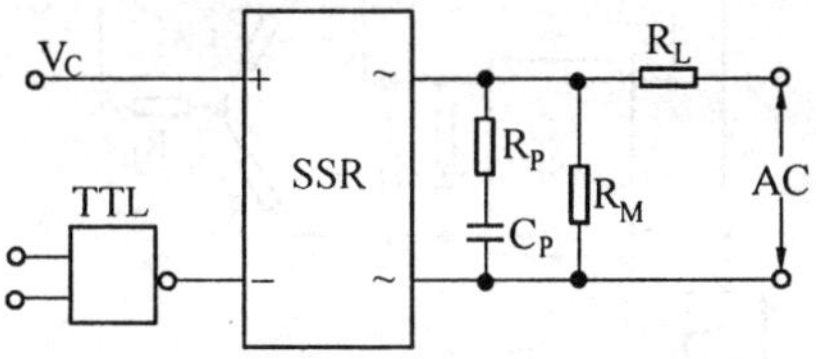

图12.12　TTL驱动SSR

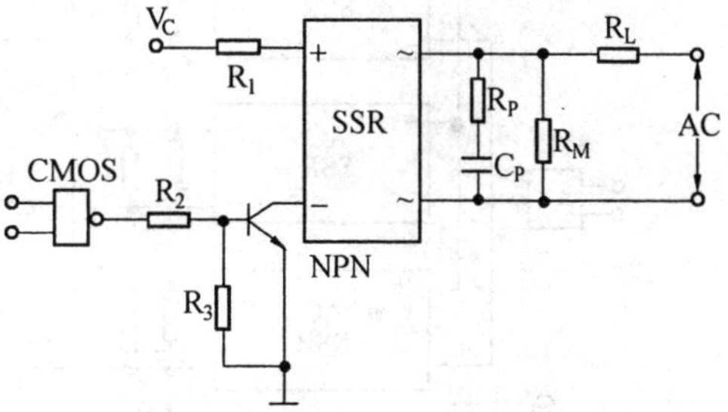

图12.13　CMOS驱动SSR

2.输出端驱动负载

(1)DC－SSR驱动大功率负载,见图12.14。

(2)DC－SSR驱动大功率高压负载,见图12.15。

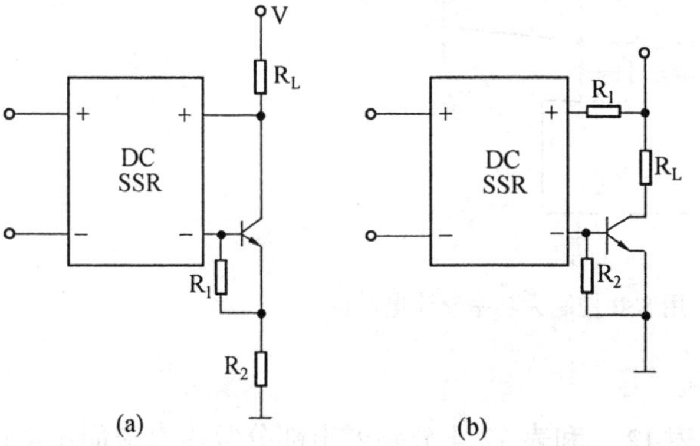

图12.14　DC－SSR驱动大功率负载

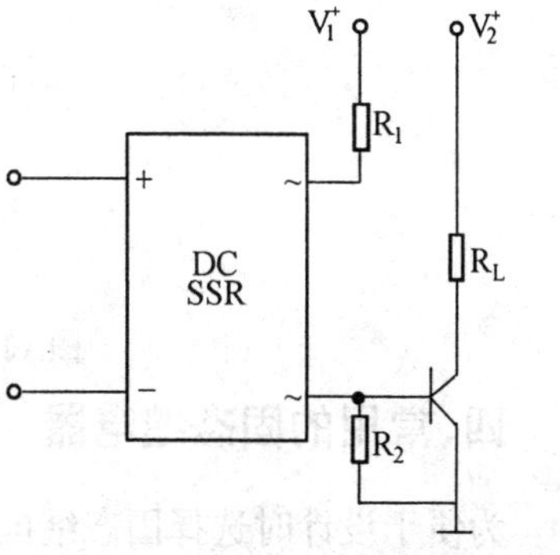

12.15　DC－SSR驱动大功率高压负载

(3)用 SSR 控制单相交流电动机正反转电路,见图 12.16。

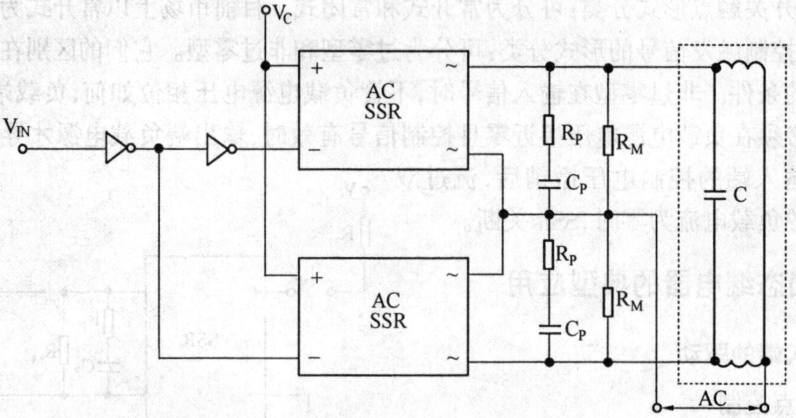

图 12.16　SSR 控制单向交流电机正反转电路

(4)用 SSR 控制三相系统负载,见图 12.17。

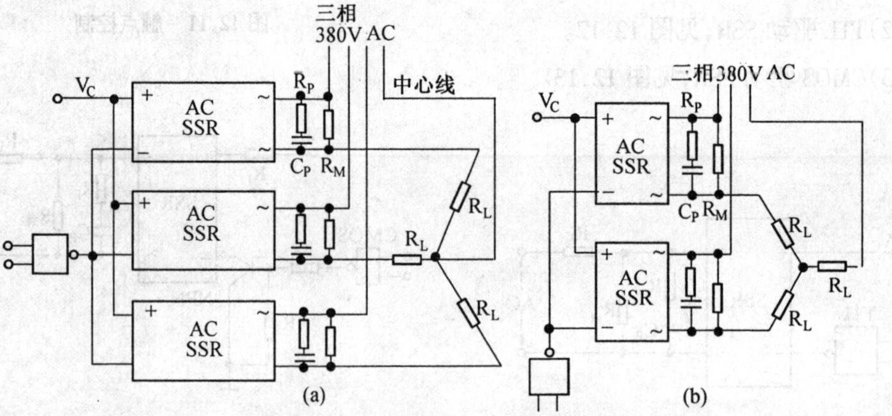

图 12.17　用 SSR 控制三相系统负载

(5)用 SSR 控制大功率交流电动机,见图 12.18。

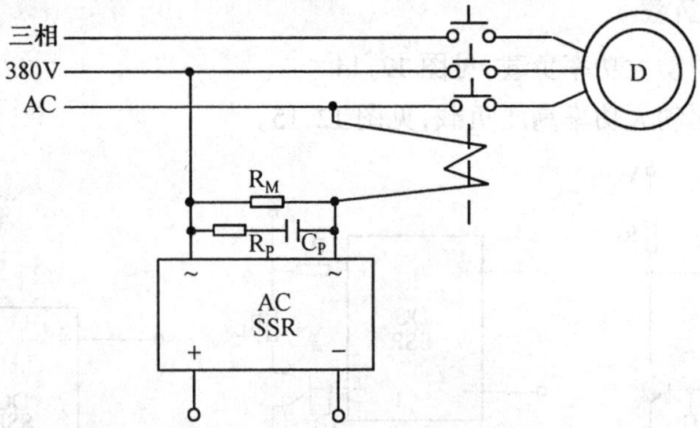

图 12.18　用 SSR 控制大功率交流电动机

四、常用的固态继电器

为便于设计时选择固态继电器,表 12.3 和表 12.4 分别列出部分常用直流固态继电器和交流固态继电器参数。

表 12.3　常用直流固态继电器参数表

型　　号	输入电压/V	输入电流/mA	输出电压/V	输出电流/A	厂　　家
GZ1	4~28	4	10~50	1	苏州集成科技实业有限公司
GZ3	4~28	4	10~50	3	
GZ5	4~28	4	10~50	5	
GZ10	4~28	4	10~50	10	
C603－01	3~14	3~15	30~180	1	北京半导体器件十一厂
C603－02	3~14	3~15	30~180	2	
C603－03	3~14	3~15	30~180	3	
C603－04	3~14	3~15	30~180	4	
C603－05	3~14	3~15	30~180	5	
C603－10	3~14	3~15	30~180	10	
J83－03－2	4~7	6~18	50	0.3×2	上海电器电子元件厂
GTJ－0.5DP	6~30	3~30	24	0.5	
GTJ－1DP	6~30	3~30	24	1	

表 12.4　常见交流固态继电器参数表

型　　号	输入电压/V	输入电流/mA	输出电压/V	输出电流/A	厂　　家
GJN－1	3~28	4	30~250	1	苏州集成科技实业有限公司
GJN－3	3~28	4	30~250	3	
GJN－5	3~28	4	30~250	5	
GJN－10	3~28	4	30~250	10	
GJ1	3~28	4	30~250	1	
GJ2	3~28	4	30~250	2	
GJ3　交流过零触发	3~28	4	30~250	3	
GJ5	3~28	4	30~250	5	
GJ10	3~28	4	30~250	10	
GJ20	3~28	4	30~250	20	
GJ40	3~28	4	30~250	40	
GJH－1	3~28	4	30~250	1	
GJH－3	3~28	4	30~250	3	
CG3C－01	3~14	3~50	140/250/400	1	北京半导体器件十一厂
CG3C－02				2	
CG3C－03				3	
CG3C－04				4	
CG3C－05				5	
CG3A－2				20	
GTJ－1AP	3~30	30	30~220	1	
GTJ－2.5AP	3~30	30	30~220	2.5	
SP110	2~6	3~10	350	1	

思考题及习题

1.讨论 MCS－51 的功率接口的意义是什么？

2.常用的开关型驱动器件都有哪些？请列举。

3.固态继电器分为哪几类？具有哪些优点？

4.使用固态继电器的注意事项都有哪些？

第13章　MCS-51应用系统的设计、开发与调试

本章我们将对单片机应用系统的设计、开发和调试等各个方面作以介绍,以便读者通过对本章的学习,能掌握单片机应用系统的设计、开发和调试的思路和方法。

13.1　MCS-51应用系统的设计步骤

设计一个单片机测控系统,一般可分为四个步骤。

(1)需求分析,方案论证和总体设计。

(2)器件选择,电路设计制作,数据处理,软件的编制。

(3)系统调试与性能测定。

(4)文件编制。

文件不仅是设计工作的结果,而且是以后使用、维修以及进一步再设计的依据。因此,一定要精心编写,描述清楚,使数据及资料齐全。

文件应包括:任务描述;设计的指导思想及设计方案论证;性能测定及现场试用报告与说明;使用指南;软件资料(流程图,子程序使用说明,地址分配,程序清单);硬件资料(电原理图,元件布置图及接线图,接插件引脚图,线路板图,注意事项)。

13.2　应用系统的硬件设计

为使硬件设计尽可能合理,应重点考虑以下几点。

1.尽可能采用功能强的芯片

(1)单片机可考虑优先选用片内带有闪烁存储器的产品。例如使用ATMEL公司的89C51/89C52/89C55, PHILIPS公司的产品89C58(内有32K的闪烁存储器),可使单片机扩展程序存储器的工作省去,减少芯片数量,缩小体积。

(2) EPROM空间和RAM空间。目前EPROM容量越来越大,一般尽量选用容量大的EPROM。MCS-51内部的RAM单元有限,当要增强软件数据处理功能时,往往觉得不足,这就要求系统配置外部RAM,如6264,62256等。如果处理的数据量大,需要更大的数据存储器空间,可采用数据存储器芯片DS12887,其容量为256Kbyte,内有锂电池保护,保存数据可达10年以上。

(3)I/O端口。在样机研制出来后进行现场试用时,往往会发现一些被忽视的问题,而这些问题是不能单靠软件措施来解决的。如有些新的信号需要采集,就必须增加输入检测端,有些物理量需要控制,就必须增加输出端,如果硬件设计之初就多设计出一些I/O端口,这问题就会迎刃而解。

(4)A/D 和 D/A 通道。和 I/O 端口同样的原因,留出一些 A/D 和 D/A 通道将来可能会解决大问题。

2.以软代硬

原则上,只要软件能做到,且能满足性能要求的,就不用硬件。硬件多了不但增加成本,而且系统故障率也提高了。以软带硬的实质是以时间代空间,软件执行过程需要消耗时间,因此,这种代替带来的不足就是实时性下降。在实时性要求不高的场合,以软代硬是很合算的。

3.工艺设计

对机箱、面板、配线、接插件等,必须考虑到安装、调试、维修的方便。另外,硬件抗干扰措施也必须在硬件设计时一并考虑进去。

13.3 应用系统的软件设计

在进行应用系统的总体设计时,软件设计和硬件设计应统一考虑,相结合进行。当系统的电路设计定型后,软件的任务也就明确了。

一般说来,软件的功能可分为两大类。一类是执行软件,它能完成各种实质性的功能,如测量、计算、显示、打印、输出控制等;另一类是监控软件,它是专门用来协调各执行模块和操作者的关系,在系统软件中充当组织调度角色。设计人员在进行程序设计时应从以下几个方面加以考虑。

(1)根据软件功能要求,将系统软件分成若干个相对独立的部分。设计出合理的软件总体结构,使其清晰、简捷、流程合理。

(2)各功能程序实行模块化、子程序化。这既便于调试、链接,又便于移植、修改。

(3)在编写应用软件之前,应绘制出程序流程图。多花一份时间来设计程序流程图,就可以节约几倍源程序的编辑调试时间。

(4)要合理分配系统资源,包括 ROM、RAM、定时器/计数器、中断源等。其中最关键的是片内 RAM 分配。对 8031 来讲,片内 RAM 指 00H ~ 7FH 单元,这 128byte 的功能不完全相同,分配时应充分发挥其特长,做到物尽其用。例如在工作寄存器的 8 个单元中,R0 和 R1 具有指针功能,是编程的重要角色,避免作为它用;20H ~ 2FH 这 16byte 具有位寻址功能,用来存放各种标志位、逻辑变量、状态变量等;设置堆栈区时应事先估算出子程序和中断嵌套的技术及程序中栈操作指令使用情况,其大小应留有余量。若系统中扩展了 RAM 存储器,应把使用频率最高的数据缓冲器安排在片内 RAM 中,以提高处理速度。当 RAM 资源规划好后,应列出一张 RAM 资源详细分配表,以备编程查用。

应用设计者在进行软件设计时,感觉比较困难的是如何进行系统软件的总体设计。下面给出一个典型的例子,它是对前面介绍的各种接口驱动程序、子程序、中断服务子程序的总体综合,供读者在软件设计时参考。

例 一个 MCS-51 的应用系统,假设 5 个中断源都已用到,应用系统的程序框架为

```
ORG     0000H       ;系统程序入口
LJMP    MAIN        ;跳向主程序入口
```

```
        ORG     0003H       ;外中断 0 中断向量入口
        LJMP    IINT0P      ;跳向外中断 0 中断处理程序入口 IINT0P
        ORG     000BH       ;T0 中断向量入口
        LJMP    IT0P        ;跳 T0 中断处理程序入口 IT0P
        ORG     0013H       ;外中断 0 中断向量入口
        LJMP    IINT1P      ;跳向外中断 1 中断处理程序入口 IINT1P
        ORG     001BH       ;T1 中断向量入口
        LJMP    IT1P        ;跳 T1 中断处理程序入口 IT1P
        ORG     0023H       ;串行口中断向量入口
        LJMP    ISIOP;      ;跳串行口中断处理程序入口 ISIOP
        ORG     0040H       ;主程序入口

MAIN:   [对片内各功能部件,如定时器、串行口、中断系统进行初始化;
         对扩展的各个 I/O 接口芯片进行初始化]
            MOV     SP, # 60H       ;对堆栈区进行初始化
        [主处理程序(根据实际处理任务编写)]
            ORG     XXXXH           ;外中断 0 中断处理子程序 IINT0P 入口
IINT0P: [处中断 0 中断处理子程序]
            RETI
            ORG     YYYYH           ;T0 中断处理子程序 IT0P 入口
IT0P:   [T0 中断处理子程序]
            RETI
            ORG     ZZZZH           ;外中断 1 中断处理子程序 IINT1P 入口
IINT1P: [外中断 1 中断处理子程序]
            RETI
            ORG     UUUUH           ;T1 中断处理子程序 IT1P 入口
IT1P:   [T1 中断处理子程序]
            RETI
            ORG     VVVVH           ;串行口中断处理子程序 ISIOP 入口
ISIOP:  [T1 中断处理子程序]
            RETI
```

上述的程序框架仅供参考,5 个中断源的中断入口 XXXXH－－－VVVVH 要根据主程序、各中断源的中断处理程序的长度而定,不要重叠。

13.4 MCS－51单片机系统设计举例

上节介绍了硬件设计时要考虑的一些问题，本节我们介绍一些基本的单片机应用系统，供读者在设计时参考。

13.4.1 应用系统设计中的地址空间分配与总线驱动

一个 MCS－51 应用系统有时往往是多芯片系统，这时要遇到两个问题，一是如何把 64K 程序存储器和 64K 数据存储器的空间分配给各个芯片，另一个问题是解决 MCS－51 单片机如何对多片芯片的驱动问题。

1.地址空间分配

对于要扩展多片各种芯片的应用系统，首先应考虑如何把 64K 程序存储器和 64K 数据存储器的空间分配给各个芯片。我们已在第 8 章中介绍了如何进行地址空间分配，有两种方法：线选法和译码法。我们通过一个例子来说明如何解决这个问题。

图 13.1 是一个全地址译码的系统实例。

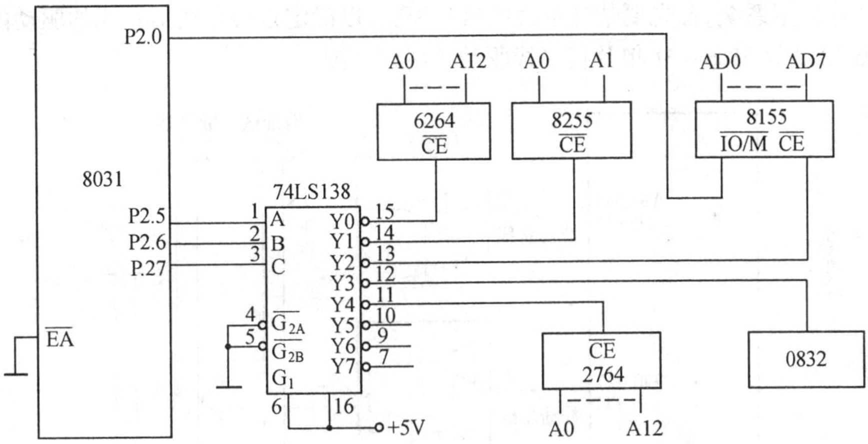

图 13.1 全地址译码实例

图 13.1 中 MCS－51 扩展的各器件芯片所对应的地址如表 13.1 所示。

表 13.1 各扩展芯片的地址

器件		地址线(A15－A0)	片内地址单元数	地址编码
6264		000××××××××××××××	8K	0000H－1FFFH
8255(1)		001 11111111111××	4	3FFCH－3FFFH
8155	RAM	010 11110 ××××××××	256	5E00H－5EFFH
	I/O	010 1111111111×××	6	5FF8H－5FFDH
0832		011 1111111111111	1	7FFFH
2764		100 ××××××××××××××	8K	8000H－9FFFH

因 6264、2764 都是 8K 字节，故需要 13 根低位地址线（A12$_2$ ~ A0）进行片内寻址，其他三根高位地址线 A15 ~ A13 经 3—8 译码器译码后作为外围芯片的片选线。图中尚剩余三根地址选择线$\overline{Y7}$ ~ $\overline{Y5}$，可供扩展三片存储器芯片或外围 I/O 接口电路芯片。

2.总线的驱动

在进行 MCS – 51 系统设计时，有时要扩展多芯片，这时要注意 MCS – 51 片内的 I/O 口的驱动能力问题。

MCS – 51 有四个并行双向口，每个口由一个锁存器、一个输出驱动器和一个输入缓冲器组成。如不用外部存储器，P0、P1、P2、P3 四个口都可做输出口，但其驱动能力不同，P0 口的驱动能力较大，每位可驱动 8 个 LSTTL 输入，即当其输出高电平时，可提供 400 μA 的电流；当其输出低电平（0.45V）时，则可提供 3.2mA 的灌电流，如低电平允许提高，灌电流可相应加大。P1、P2、P3 口的每一位只能驱动 4 个 LSTTL，即可提供的电流只有 P0 口的一半。所以，任何一个口要想获得较大的驱动能力，只能用低电平输出。8031 通常要用 P0、P2 口作访问外部存储器用，所以只能用 P1、P3 口作输入/输出口。P1、P3 口的驱动能力有限，在低电平输出时，一般也只能提供不到 2mA 的灌电流。当应用系统规模过大时，可能造成负载过重，致使驱动能力不够，系统不能可靠地工作，所以通常要加总线驱动器或其他驱动电路。

多芯片应用系统，首先要估计总线的负载情况，以确定是否需要对总线的驱动能力进行扩展。图 13.2 为 MCS – 51 单片机总线驱动扩展原理图。

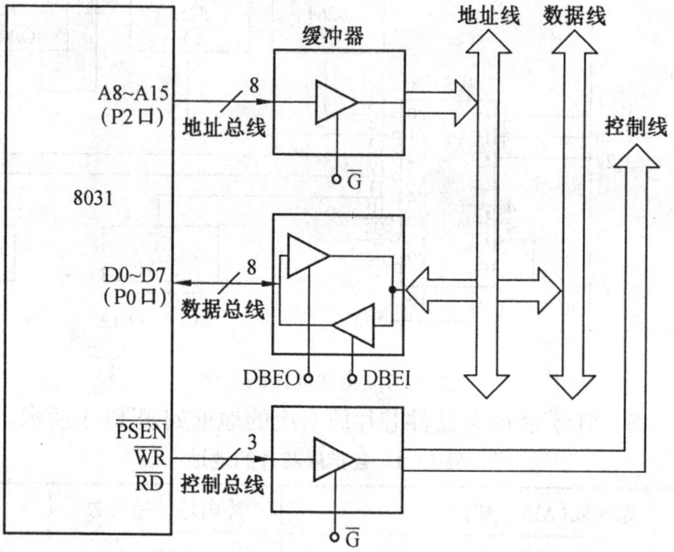

图 13.2　MCS – 51 单片机总线驱动扩展原理图

地址总线和控制总线的驱动器为单向驱动器，并具有三态输出功能。驱动器有一个控制端$\overline{G}$，以控制驱动器开通或处于高阻状态。通常，在单片机应用系统中不采用 DMA 功能时，地址总线及控制总线可一直处于开通状态，这时控制端$\overline{G}$接地即可。

常用的单向总线驱动器为 74LS244。图 13.3 为 74LS244 引脚和逻辑图。8 个三态线驱动器分成两组，分别由 1 $\overline{G}$和 2 $\overline{G}$控制。

数据总线的驱动器应为双向驱动、三态输出，并有两个控制端，控制数据传送方向。如

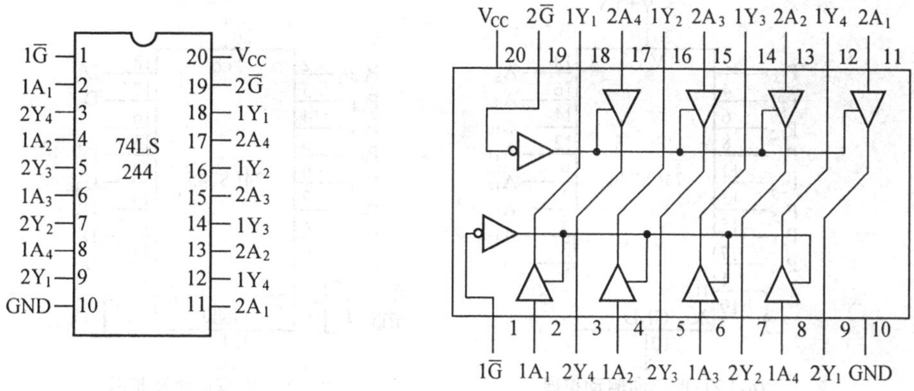

(a) 74LS244 引脚　　(b) 74LS244 逻辑图

图 13.3　74LS244 引脚和逻辑图

图 13.2 所示，数据输出允许控制端 DBEO 有效时，数据总线输入高阻状态，输出为开通状态；数据输入允许控制端 DBEI 有效时，则状态与上相反。

常用的双向驱动器为 74LS245，图 13.4 为其引脚和逻辑图，16 个三态门，每两个三态门组成一路双向驱动。驱动方向由 $\overline{G}$、DIR 两个控制端控制，$\overline{G}$控制端控制驱动器有效或高阻态，在$\overline{G}$控制端有效（$\overline{G}=0$）时，DIR 控制端控制驱动器的驱动方向，DIR = 0 时，驱动方向为从 B 至 A，DIR = 1 则相反。

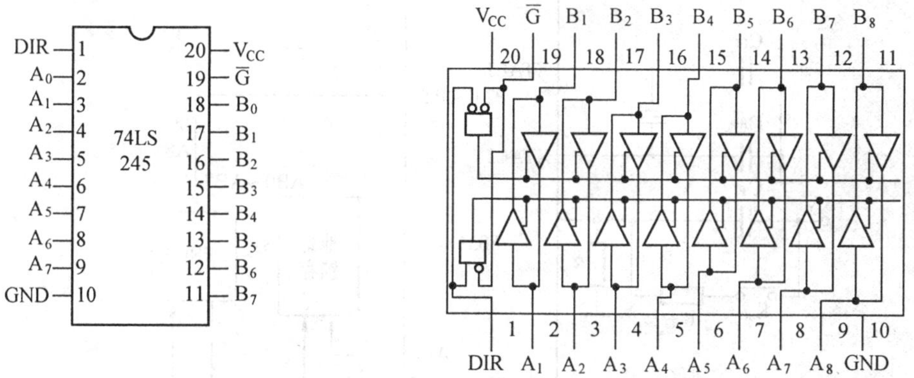

(a) 74LS245 引脚　　(b) 74LS245 逻辑图

图 13.4　74LS245 的引脚和逻辑图

图 13.5 是 MCS－51 单片机应用系统总线驱动扩展电路。P0 口的双向驱动采用双向驱动器 74LS245，如图（b）所示；P2 口的单向驱动器采用 74LS244，如图（a）所示。

对于 P0 口的双向驱动器 74LS245，使$\overline{G}$接地保证芯片一直处于工作状态，而输入/输出的方向控制由单片机的数据存储器的“读”控制引脚（$\overline{RD}$）和程序存储器的取指控制引脚（$\overline{PSEN}$）通过与门控制 DIR 引脚实现。这种连接方法保证无论是“读”数据存储器中数据（$\overline{RD}$有效）还是从程序存储器中取指令（$\overline{PSEN}$有效）时，都能保证对 P0 口的输入驱动；除此以外的时间（$\overline{RD}$及$\overline{PSEN}$均无效），保证对 P0 口的输出驱动。

对于 P2 口，因为只作地址输出口，故 74LS244 的驱动门控制端$\overline{G1}$、$\overline{G2}$接地。

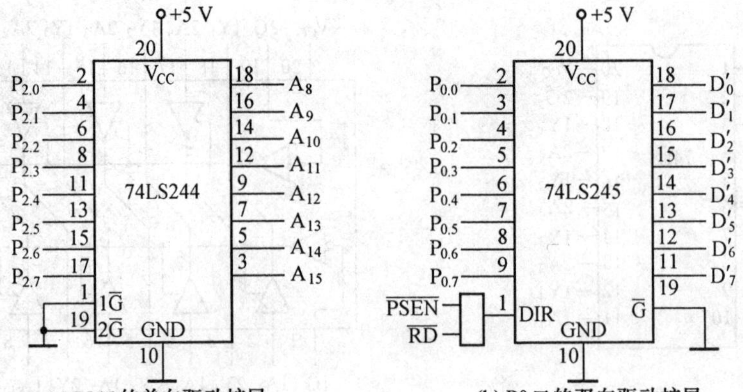

(a) P2 口的单向驱动扩展　　(b) P0 口的双向驱动扩展

图 13.5　MCS－51 单片机应用系统中的总线驱动扩展

13.4.2　8031 的最小系统

8031 无片内程序存储器，因此，其最小应用系统必须在片外扩展 EPROM，必须有复位及时钟电路。图 13.6 为 8031 外扩程序存储器的最小应用系统。该系统仅能完成数字量的输入和输出控制。

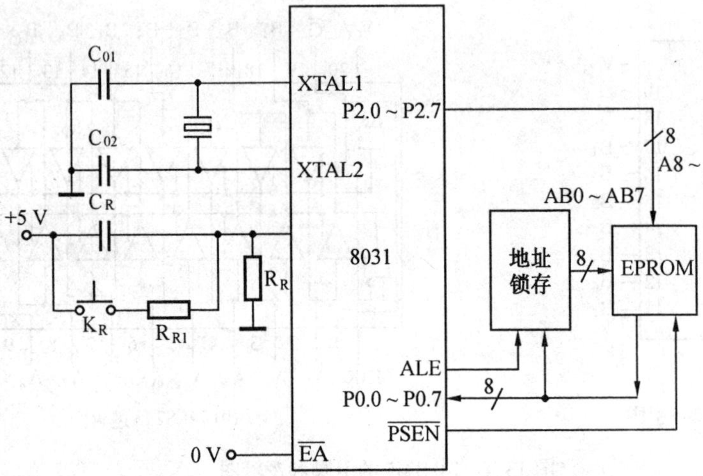

图 13.6　8031 最小应用系统

片外 EPROM 或 RAM 的地址线由 P0 口(低 8 位地址线)和 P2 口(高 8 位地址线)组成。地址锁存器的锁存信号为 ALE。

程序存储器的控制取指信号为$\overline{PSEN}$。当程序存储器只有一片时，可将其片选端直接接地。

数据存储器的读/写控制信号为$\overline{RD}$、$\overline{WR}$，其片选线与译码器输出端相连。

8031 的$\overline{EA}$脚必须直接接地。

13.4.3 AT89C5X 为核心的系统

美国 ATMEL 公司是世界著名的半导体公司之一，该公司的 Flash（闪烁）存储器技术在世界上处于领先地位。它以闪烁存储器技术与 Intel 公司的 MCS－51 内核技术相交换，推出与 MCS－51 相兼容的内带闪烁存储器的 ATMEL89C5X 系列单片机，已得到了广泛的应用。目前，应用较为广泛的 ATMEL89C5X 系列单片机如表 13.2 所示。

表 13.2　ATMEL89C5X 系列单片机

型　号	片内存储器（字节）		定时/计数器	特　点
	程序存储器	数据存储器		
AT89C2051	2K 闪烁存储器	128	2 个 16 位	20 引脚
AT89C51	4K 闪烁存储器	128	2 个 16 位	40 引脚
AT89C52	8K 闪烁存储器	256	3 个 16 位	40/44 引脚
AT89LV51	4K 闪烁存储器	128	2 个 16 位	低压，40 引脚
AT89LV52	8K 闪烁存储器	256	3 个 16 位	低压，40/44 引脚

1.AT89C51 的最小系统

89C51 内部有 4K 闪烁存储器，芯片本身就是一个最小系统。在能满足系统的性能要求的情况下，可优先考虑采用此种方案。用这种芯片构成的最小系统，简单、可靠。用 89C51 单片机构成最小应用系统时，只要将单片机接上时钟电路和复位电路即可，如图 13.7 所示。与 8031 外扩程序存储器的最小应用系统相比，本系统省去了外扩程序存储器的工作。本最小应用系统只能用作一些小型的数字量的测控单元。

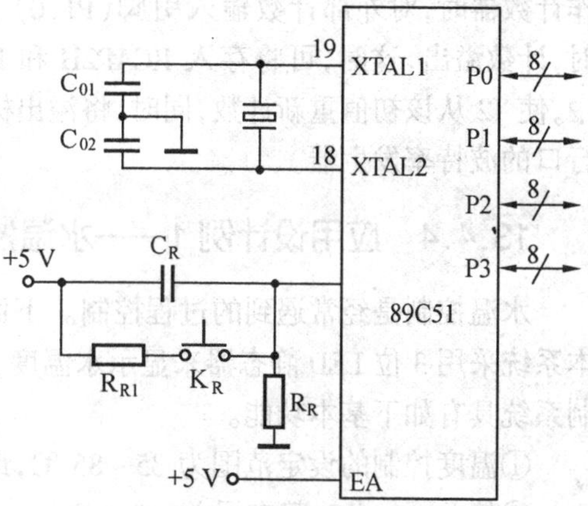

图 13.7　89C51 最小应用系统

2.AT89C2051 简介

AT89C2051 相对于 AT89C51 的变化有：

(1) 为适应嵌入式系统的要求，引脚由 40 脚减为 20 脚；

(2) 内部闪烁存储器为 2K 字节；

(3) 增加了一个模拟比较器。

AT89C2051 由于引脚数目的限制，没有设置外部存储器的接口。所以，对于外部存储器的读/写指令，如 MOVX 等不起作用。

模拟比较器的信号经原来的 P3.6 引脚引入到单片机内，所以原来的 P3.6 引脚已经无法在外部使用。模拟比较器可以方便地比较两个模拟电压大小。若外接一个 D/A 转换器并将其输出作为模拟比较器的一个输入，而模拟比较器的另一个输入端引入被测电压，通过软件的方法也可以实现 A/D 转换。

3. AT89C52 简介

AT89C52 是低功耗、高性能的 CMOS 的 8 位单片机，内有 8K 闪烁存储器，指令系统和引脚与 8052/80C52 完全兼容。

AT89C52 除了内有 8K 闪烁存储器外，片上还有 256byte 的 RAM、3 个 16 位的定时器/计数器，支持软件选择的空闲和掉电的两种节电运行方式。

AT89C52 采用 40 引脚双列直插式封装和 44 脚方形封装。双列直插式封装的 89C52 的引脚定义与 8052/80C52 的引脚定义基本相同（仅增加了定时器/计数器 T2 相应的引脚定义：T2 的外部计数输入与 P1.0 复用，T2 的外部中断输入 T2EX 与 P1.1 复用）。

AT89C52 与 AT89C51 相比，增加了一个定时器/计数器 T2，从而使中断源从 5 个增加到 6 个。增加的 T2 中断源由 T2 的溢出标志 TF2 和 T2 外部中断标志 EXF2 逻辑或产生。CPU 响应中断后，通过软件来判断是 TF2 还是 EXF2 产生的中断，并由软件将该引起中断的标志清 0（而 TF0 和 TF1 是由硬件清 0，这点应特别引起注意）。T2 中断的优先级最低。

定时器/计数器 T2 的工作方式有两种：扑捉方式和常数自动装入方式。

(1)扑捉方式：即当外部输入引脚 T2EX(P1.1)的输入电平发生负跳变时，会把此时的 16 位计数值 TH2 和 TL2 的内容锁入扑捉寄存器 RCAP2H 和 RCAP2L 中，并将中断标志 EXF2 置“1”，向 CPU 发出中断申请信号。

(2)常数自动装入方式：T2 作定时器使用时，对内部振荡器时钟的 12 分频脉冲计数；T2 作计数器时，对外部计数输入引脚（P1.0）上的计数输入脉冲进行计数。当计数至 FFFFH 时，计数溢出，这时，可将存入 RCAP2H 和 RCAP2L 中 16 位计数初值重新装入 TH2 和 TL2 中，使 T2 从该初值重新计数，同时，将溢出标志 TF2 置“1”，申请中断。此外，T2 还可用作串行口的波特率发生器。

13.4.4 应用设计例 1——水温控制系统的设计

水温控制是经常遇到的过程控制。下面介绍以 89C51 为核心的水温控制系统的设计。本系统采用 3 位 LED 静态器来显示水温度，温度控制采用改进的 PID 数字控制算法。该控制系统具有如下基本功能。

①温度控制的设定范围为 35～85 ℃，最小分辨率为 0.1℃。

②偏差≤0.6℃，静态误差≤0.4℃。

③实时显示当前的温度值。

④命令按键 4 个：复位键，功能转换键，加 1 键，减 1 键。

1. 硬件电路设计

硬件电路从功能模块上来划分有：

①主机电路；

②数据采集电路；

③键盘、显示电路；

④控制执行电路。

(1)硬件功能结构框图

硬件功能结构框图如图 13.8 所示。

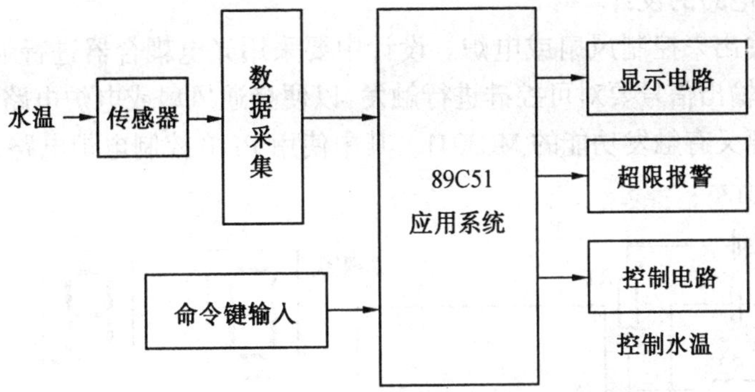

图 13.8　硬件结构框图

(2)数据采集电路的设计

主机采用 89C51,系统时钟采用 12MHz,内部含有 4Kbyte 的闪烁存储器。无须外扩程序存储器。

本系统需要实时采集水温数据,然后经过 A/D 转换为数字信号,存入 89C51 的内部数据存储器,送显示器显示,并与设定值进行比较,经过 PID 算法得到控制量并由单片机输出去控制电炉加热或开动风扇进行降温。

数据采集电路主要由温度传感器、A/D 转换器、放大电路等组成。具体电路如图 13.9 所示。

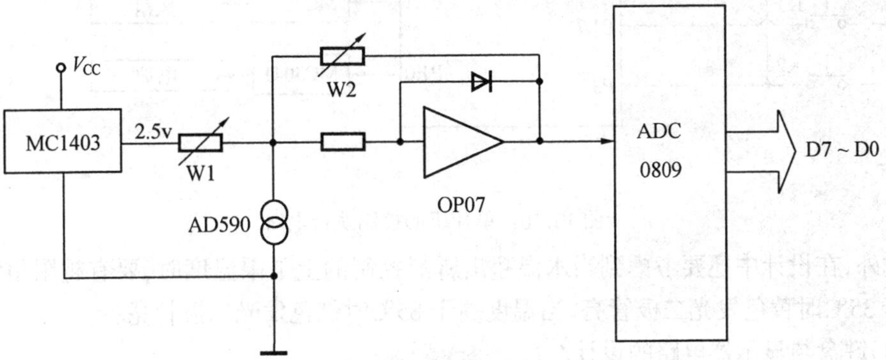

图 13.9　数据采集电路

温度传感器采用了常见的二端式电流型集成温度传感器 AD590。温度每变化 1℃,其输出电流变化 1μA,在 25℃时,其输出电流为 298.2μA。AD590 具有较高精度和重复性,测温的范围为 -55 ~ +150℃,重复性优于 0.1℃,通过激光平衡调整,校准精度可达 ±0.5℃。由于 AD590 的上述特点,使其在温度测控领域中得到广泛的应用。

A/D 转换器采用了 AD0809。考虑到水温信号为缓变信号,足以满足转换速度的要求,而且还可以根据需要最多扩展测量 8 路温度信号。如果对 A/D 转换器的转换精度要求更高,可采用 12 位的 A/D 转换器,例如 AD574A 等。

放大电路采用低温稳、高精度的运算放大器 OP07,将温度传感器来的电压信号进行放大,以便于 A/D 转换器进行转换。

(3)控制执行电路的设计

由单片机的输出来控制风扇或电炉。设计中要采用光电耦合器进行强电和弱电的隔离,但还要考虑到输出信号要对可控硅进行触发,以便接通风扇或电炉电路,所以可控硅选用了既有光电隔离又有触发功能的 MC3041。其中使用 P1.0 控制电炉电路,P1.1 控制风扇电路,如图 13.10 所示。

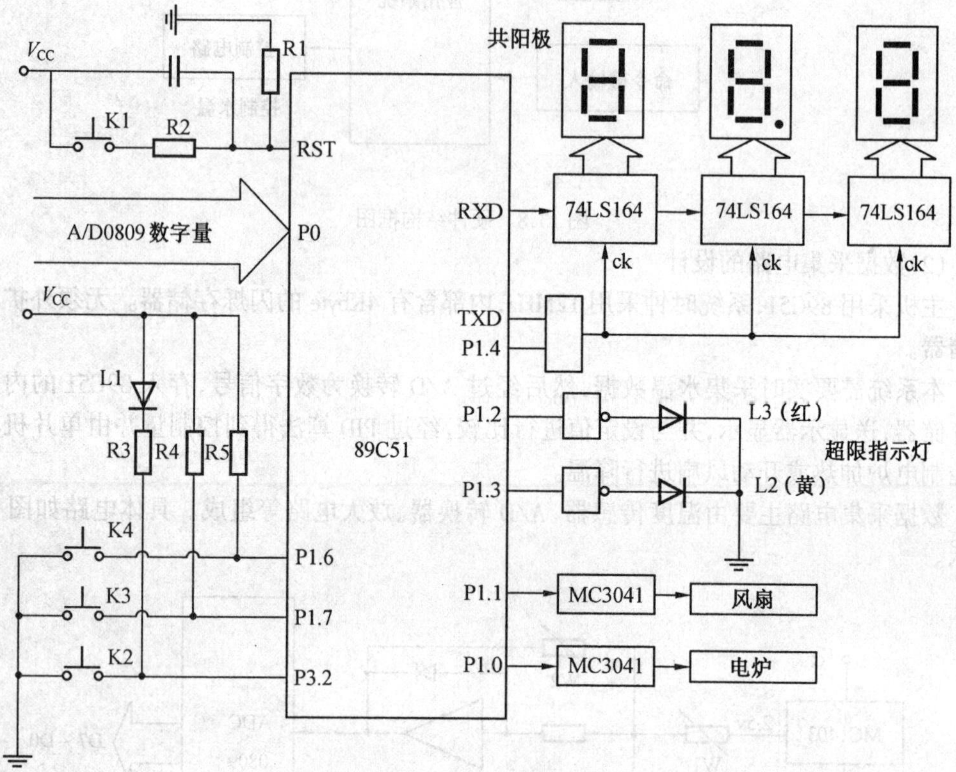

图 13.10 单片机的控制执行电路

此外,在设计中还要考虑到当水温超出所能控制的上下限温度时,要有越限报警,当温度低于 35℃时黄色发光二极管亮,当温度高于 85℃时红色发光二极管亮。

(4)键盘与显示器电路的设计

键盘共有 4 个键,采用软件查询和外部中断相结合的方法来设计,当某个键按下时,低电平有效。4 个键 K1 ~ K4 的功能定义如表 13.3 所示。

表 13.3 K1 ~ K4 个键的定义

按 键	键 名	功 能
K1	复位键	使系统复位
K2	功能转换键	按键按下,L1 亮,显示温度设定值,按键松开,L1 不亮,显示当前的温度值
K3	加 1 键	设定的温度值加 1
K4	减 1 键	设定的温度值减 1

按键 K2 与 $\overline{\text{INT0}}$(P3.2)相连,采用外部中断方式,且优先级定为高优先级。K3 和 K4 分

别与 P1.7 和 P1.6 相连,采用软件查询方式,K1 为复位键,与 RC 构成复位电路。

显示电路部分利用串行口来实现 3 位 LED 的共阳静态显示,显示内容为温度的十位、个位以及小数点后的一位。利用串行口实现 LED 的共阳静态显示的工作原理及软件编程,请见第 10 章中 10.3.2 节的有关内容。

2.软件设计

软件设计采用了模块化设计,由主程序模块、功能实现模块和运算控制模块三大模块组成。

(1)主程序模块

主程序流程如图 13.11 所示。在主程序中首先给定 PID 算法的参数值,然后通过循环显示当前温度,以等待中断,并且使键盘外部中断为高优先级,以便使主程序能实时响应键盘处理。软件设定定时器 T0 为 5s 定时,在无键按下时,应每隔 5s 响应一次,以用来采集温度传感器并经 A/D 转换的温度信号。设置定时器 T1 为嵌套在 T0 之中的定时中断,初值由 PID 算法子程序提供,以用来执行对电炉或风扇的控制。

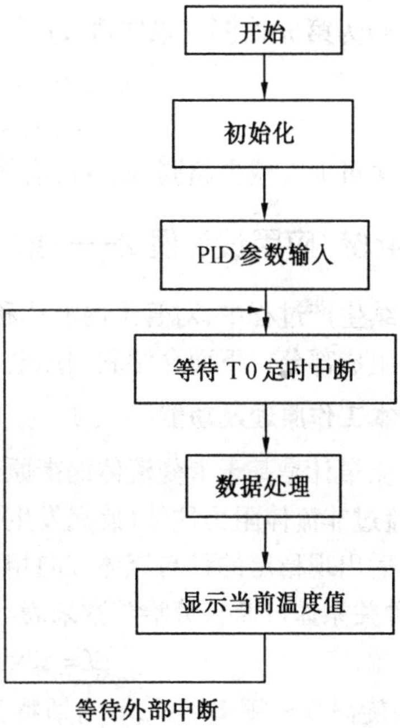

图 13.11 主程序流程

(2)功能实现模块

功能实现模块主要由 A/D 转换子程序、中断处理子程序、键盘处理子程序和显示子程序等组成。下面仅对几个中断处理子程序进行介绍。

1) T1 中断子程序

该中断是单片机内部 5s 定时中断,为低优先级,但却是最重要的子程序。在该中断响应中,单片机要完成如下工作:A/D 转换和数据采集、数字滤波、判断是否超限、标度变换处理、显示当前温度、与设定值进行比较、调用 PID 算法子程序并输出控制信号等。

2) 键盘中断子程序

作为高优先级的功能控制键,系统要实时准备响应该中断。在该中断的响应过程中,系统要显示上一次的温度设定值,并且可以通过 K3、K4 键来实现加 1、减 1 的输入修改。鉴于所控制的温度的上下限,程序实现加 1 到 90,再加 1 则为 40;减 1 到 40 时,再减 1 则为 90。

3) T0 中断子程序

T0 定时中断嵌套在 T1 中断之中,为高优先级中断。T0 的定时初值由 PID 算法子程序提供,T0 的中断响应时间用于输出对电炉或风扇的控制信号。

(3)运算控制模块

运算控制模块涉及标度变换、PID 算法以及该算法调用到的乘法子程序等。

1)标度变换子程序

该子程序的作用是将温度信号(00H - FFH)转换为对应的温度值,以便显示或与设定在

相同量纲下进行比较。所用的线性标度变换式为

$$Tx = [(Tm - T0) * (Nx - N0)/(Nm - N0)] + T0$$

式中，Tx 为实际测量的温度值，Tm 为 90，$T0$ 为 40，Nm 为 FEH，$N0$ 为 01H。采用定点数运算。

2)PID 算法子程序

控制算法采用工业上常用的位置型 PID 数字控制，并且结合本系统进行算法的改进，形成变速积分 PID－积分分离 PID 控制相结合的自动识别的控制算法。控制算法如下。

$$ui(n) - ur = e(n)$$

其中，$ui(n)$为第 n 次温度采样值，ur 为设定值。

若 $e(n) \geqslant \varepsilon$，采用 PD 算法

$e(n) < \varepsilon$，采用 PID 算法

该算法可大大减少超调，而且可有效地克服积分饱和的影响，使控制精度大大提高。

13.4.5 应用设计例 2——智能涡街流量计的设计

在连续生产过程中，对管道内液体和气体的流量进行测量和控制，是实现生产过程自动化的重要组成部分。下面介绍利用压电传感器和涡街原理开发的新型智能涡街流量计。

1.基本工作原理及功能

涡街流量计是基于卡曼流体涡街原理制成的一种流体振荡型流量计。卡曼流体旋涡力学指出，流过非流体阻力柱体（旋涡发生体）在雷诺数为 5 000～500 000 范围内时，流体在旋涡发生体后出现稳定的且与流体方向相反的两侧内旋涡列，一侧的旋涡分离频率与流速成正比，这种关系通过斯特劳哈尔数来表示，即

$$f = s_t \times \overline{v}/(1 - 1.25d/D)d$$

式中，f 为旋涡分离频率（Hz），s_t 为斯特劳哈尔数，$\overline{v}$ 为被测流体的平均流速，d 为与流体流动方向垂直的非流线体迎流宽度，D 为管道直径。旋涡在柱体两侧产生时，柱体受到与流向垂直方向的交变升力，交变升力使柱体内产生交变应力，应力的方向变化频率与旋涡分离频率相同，采用封装在柱体内部的压电元件，通过正压电效应将这种交变应力转换成变化频率与旋涡发热频率相同的交变电荷，通过信号调理电路将这种电荷信号进行变换处理后，输出与流量成正比的脉冲信号，再将该脉冲信号换算成相应的流量。

仪器包括两部分：(1)流量计部分，有时称流量变送器；(2)流量计的附加装置，通常称为流量积算仪。整机原理框图如图 13.12 所示。

仪器设置显示、预置、打印和选择功能键。可随时显示标况、瞬时和累计流量值以及现场温度、压力值和仪表常数 K 值，还可以实现现场瞬时显示。可根据用户需要分别显示体积流量、质量流量和重量流量。预置功能包括预置各种计算数字、仪表常数和被测介质的密度值和相对密度值等。可随时打印用户所需的瞬时、累计各种流量值、压力值、温度值和仪表常数等参数。

2.硬件设计

(1)变送器

从传感器的角度分析，压力式涡街流量计是一个压电测试系统。变送器的电子线路部

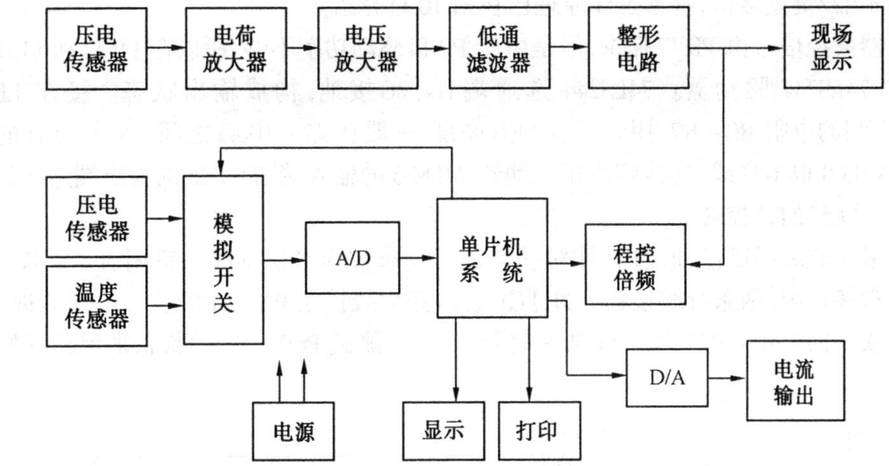

图 13.12 整机原理框图

分由完整的压电传感器的信号调理电路组成,其中包括电荷放大级、失调放大级、低通滤波器及施密特整形电路等。电荷放大级属于静电测试系统,为仪表的核心部分,应该采用高输入阻抗、高增益、低漂放大器。

(2)单片机系统结构及其硬件配置

根据设计要求,单片机应用系统包括:①接受变送器送来的与流量成正比的脉冲,并对其定时、计数的电路;②显示器与键盘接口电路;③温度、压力传感器送来的两路信号的数据处理转换电路;④TPμP16 打印机接口及报警二极管指示电路;⑤与流量成正比的控制电流的转换驱动电路;⑥外部存储器的扩展电路。单片机系统的整体框图如图 13.13 所示,现将其中主要电路介绍如下。

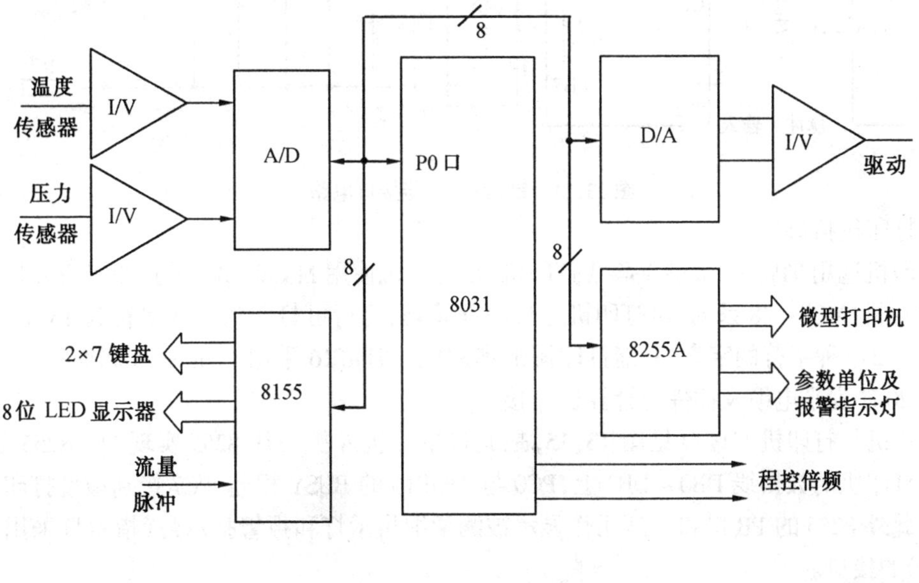

图 13.13 单片机应用系统框图

1)显示器/键盘接口

8031 外扩一片 8155RAM/IO 扩展器同显示器/键盘相连接如图 13.14 所示。这是常用的一种显示器/键盘接口,基本工作原理已在第 10 章介绍。

显示器段控信号由 PB 口提供,但是由于 PB 口驱动功率不够,所以在 PB 口和 LED 之间加入一片 74LS244 驱动器。74LS244 选通端 $\overline{1G}$、$\overline{2G}$ 接地,构成输出状态。接在 LED 与 74LS244 之间的电阻 R0 ~ R7,用于调节 LED 亮度,一般在 47 ~ 100Ω 之间。8 个 LED 的位控信号为 PA 的 8 根 I/O 线,连接到反相驱动器 74LS26 的输入端,74LS26 的输出端连接到 LED 显示器(共阴极)的位控端。

仪器采用非编码键盘,通过软件对键盘进行动态扫描来识别哪一键闭合。在图 13.14 所示的键盘接口中,两条行线接在 PC0、PC1 上,8 条列线接在 PA0 ~ PA7 上。在工作时,键盘扫描程序依次向 PA0 ~ PA7 发出低电平信号,并通过测试 PC0、PC1 的状态来判断键的闭合情况。

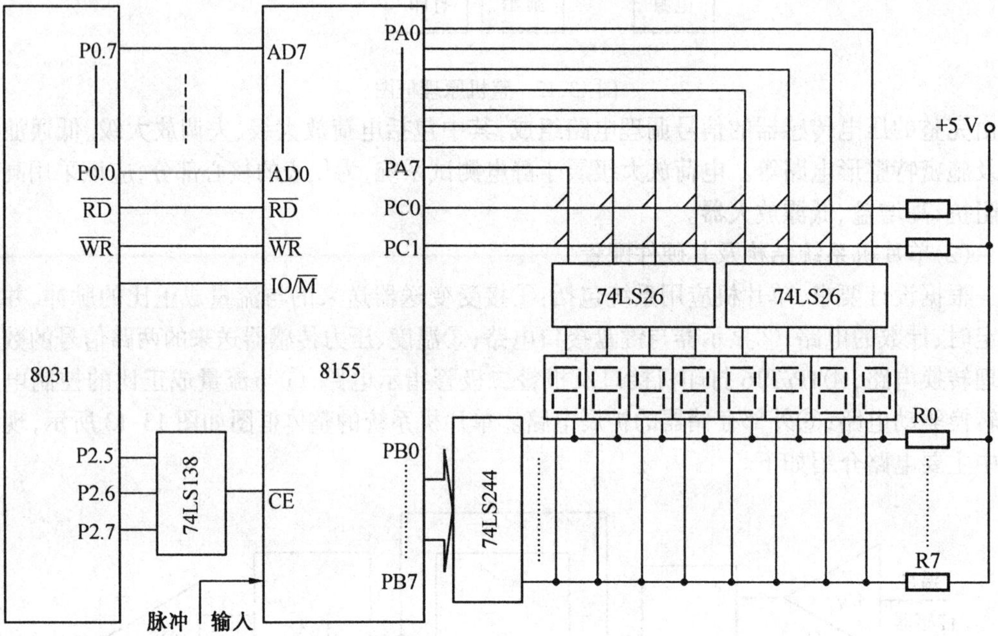

图 13.14 键盘/显示器接口电路

2)打印机接口

打印机选用 TPμP16 微型点阵式打印机,该打印机使用 Model150Ⅱ型打印机心并用一片 8039 单片机(MCS - 48 系列)对打印机进行内部管理,每行可打印的点阵字符为 16 个,其内部有一个 240 种字符的字库,并能打印图形和曲线。TPμP16 采用 Centronics 标准接口,通过机后的 20 芯扁平电缆及插件与计算机连接。

单片机与打印机的接口见图 13.15,是通过单片机外扩一片 8255 实现的。8255 的 PA 口接在打印机的数据线 DB0 ~ DB7 上,PC0 与 TPμP16 的 BUSY 相连,PC7 接到微型打印机的 $\overline{STB}$上,此外 8255 的 PB 口和 PC4 用作显示被测量纲指示灯和报警指示灯(指示灯采用发光二极管)的接口。

3)A/D 与 D/A 转换器与单片机的接口

本机采用监测被测介质温度和压力传感器,分别提供 0 ~ 10mA 或 4 ~ 20mA 电流输出。

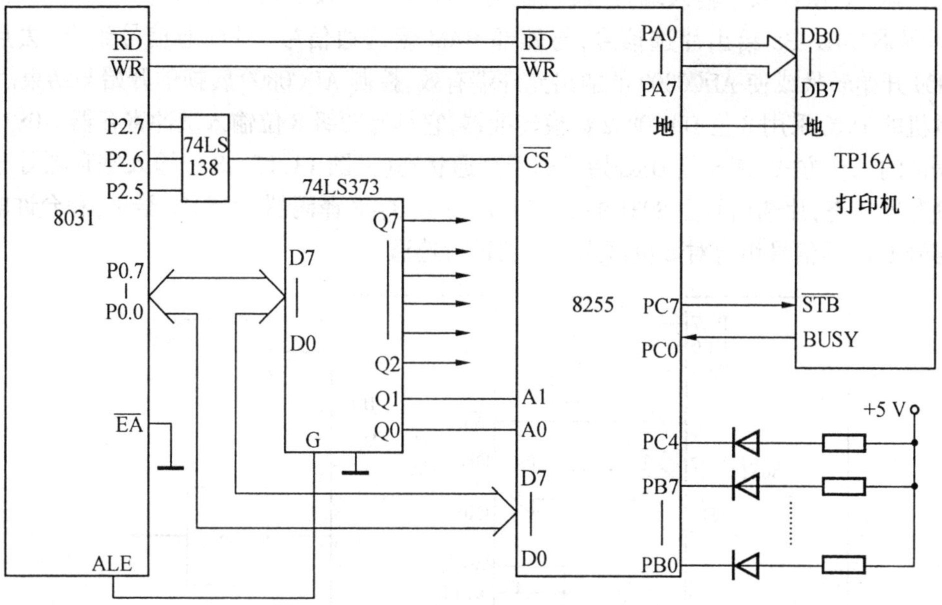

图 13.15 打印机接口电路

采用的 A/D 转换器为 ADC0809,因其模拟信号输入范围为 0～5V,故应在其模拟电压信号输入端,设置 I/V 转换器,接口电路见图 13.16。

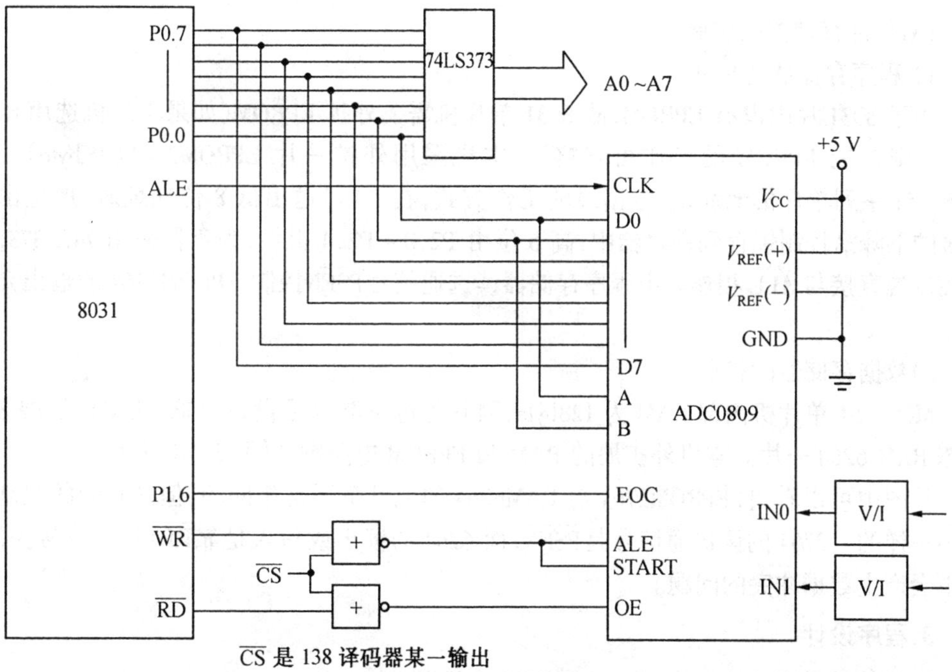

图 13.16 A/D 接口电路

由于 ADC0809 带有三态输出口,D0～D7 可接在 8031 P0 口上。选用低功耗双运放 LM358 作为电流/电压变换器,其输出分别加到 AD0809 的 IN0、IN1 两个模拟量输入端,通过译码选择器(A、B、C 三个输入端)选通一输入进行 A/D 变换。由单片机的 P2.7 ~ P2.5,经 3 - 8 译码器 74LS138 给出片选信号,与外部 RAM 读选通信号,写选通信号组合,去启动 ADC0809 开始转换或使 ADC0809 的输出允许端有效,控制 ADC0809 转换的开始与结束。

本机的 DAC 采用 8 位 DAC0832 数模转换器,它具有两级 8 位输入缓冲寄存器。0832 采用单缓冲的工作方式,使 8 位 DAC 始终处于直通状态(见图 13.17),8 位输入寄存器处于受控的锁存器状态,片选信号由 8031 的 P2.5 ~ P2.7 经 3 - 8 译码器 74LS138 给出,和允许输入锁存信号 ILE、写信号组合对 8 位输入寄存器进行选通。

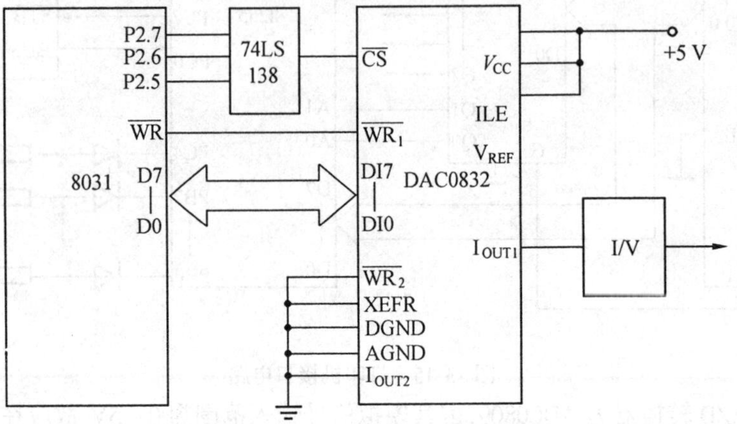

图 13.17　D/A 接口电路

(3)外部存储器的扩展

1) 程序存储器的扩展

由于 8031 片内没有 EPROM,故 8031 单片机需要外扩 EPROM(如果单片机选用 89C51/89C52,则扩展 EPROM 的工作可省略)。本机采用外扩一片 EPROM2764(8Kbyte)。根据 MCS - 51 系列单片机地址线、数据线的工作方式,在 P0 口送出低 8 位地址时,地址由信号 ALE 的下降沿控制锁存到锁存器中,高 5 位由 P2.0 ~ P2.4 提供,锁存器采用 74LS373,其锁存控制端直接与 ALE 相连。由程序存储器读选通信号 $\overline{PSEN}$ 控制 EPROM2764 的输出允许端 $\overline{OE}$。

2)数据存储器的扩展

MCS - 51 单片机内部 RAM 为 128byte,因其容量不能满足设计要求,故本机扩展 8Kbyte 静态 RAM 6264 一片。本机外扩展的 RAM 和 EPROM 电路图如图 13.18 所示。

从图中可以看出,EPROM2764 与 RAM6264 的地址范围是相同的,但是它们的控制信号是不一样的。2764 的读选通信号是 $\overline{PSEN}$,而 6264 的读出或写入是靠 $\overline{RD}$ 或 $\overline{WR}$ 信号控制,所以不会产生数据冲突的问题。

3.程序设计

本机软件采用模块结构,分为如下四个主要部分。

(1)主程序

主程序为本仪器的监控程序,是控制者。用户通过监控程序监控仪器工作。在程序运行中,必须首先对系统进行初始化,清各工作单元,置计数器及标志位初值,自检指示灯,开

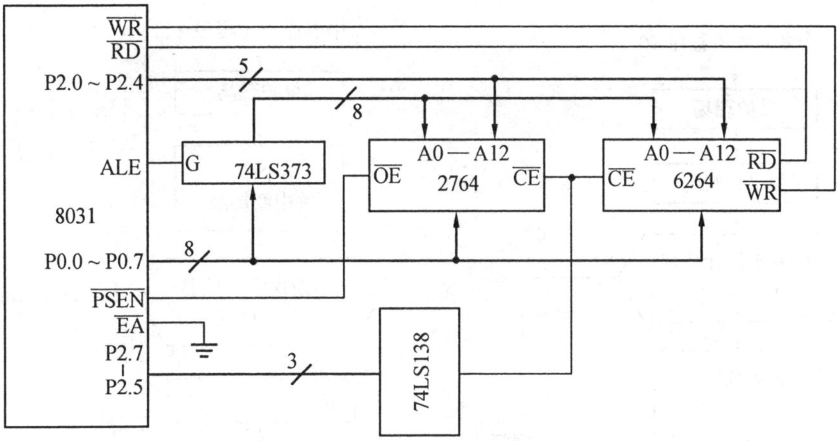

图 13.18 外部存储器扩展

中断,启动计数器等工作。

本仪器键盘和 LED 指示灯相配合,使仪器的各种功能清晰有序,共设 14 个按键,可分为功能键和数字键。功能键包括显示、打印、预置和选择等功能。

键盘子程序包括扫描键盘子程序,其功能是寻找是否有键按下;输入键值程序;键值扫描子程序;表驱动程序;通用显示子程序等。键值扫描子程序的功能是根据按键的位置一行行一列列地扫描。表驱动程序的功能是判别按键是哪种功能键。通用显示子程序的功能是将显示缓冲区中的字码转换成段码送入显示器中,显示各种字形。几乎所有程序中都要用到这一程序。因此称为通用显示子程序,以便与显示功能块相区别。

(2)中断服务程序

仪器的测量、转换和温度补偿等均采用中断方式同主程序相连,单片机内部的两个定时器,计数器均作为闸门使用。因为对流量传感器输出的频率的测量是最重要的,所以定时器 T0 被用来测频,并定为高级中断。流量测频中断服务子程序流程图,如图 13.19 所示。中断服务子程序 T1 的功能主要是定时地对被测物体的温度和压力进行采样,该参数用于工况流量转换为标况流量,该程序流程图如图 13.20 所示。

(3)功能块程序

仪器通过键盘输入命令,可随时得到用户所需的结果,这就要用到功能程序块。功能程序块包括显示、打印、锁定、清零等功能块。显示功能块的作用是根据用户的需要转入相应的入口,查找到相应的入口参数,再经过码制转换,送至显示缓冲区中。打印程序包括打印瞬时和累计流量。当打印瞬时流量时,还打印出当时的温度和压力值以及本机的仪表常数;当打印累计流量时,仅打印本机的仪表常数。锁定功能块的作用是在显示瞬时流量时,将此时刻的流量值记录下来,并使其保持不变,这一功能由锁定键处理子程序完成。

实用计算机程序主要包括计算流量的程序。采用的是浮点制运算子程序,这些运算子程序可直接调用。

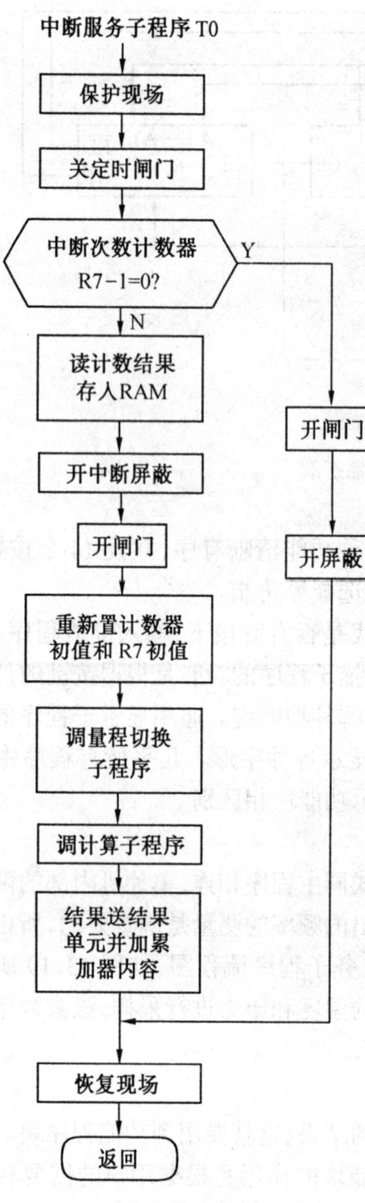

图 13.19　T0 的中断服务子程序框图

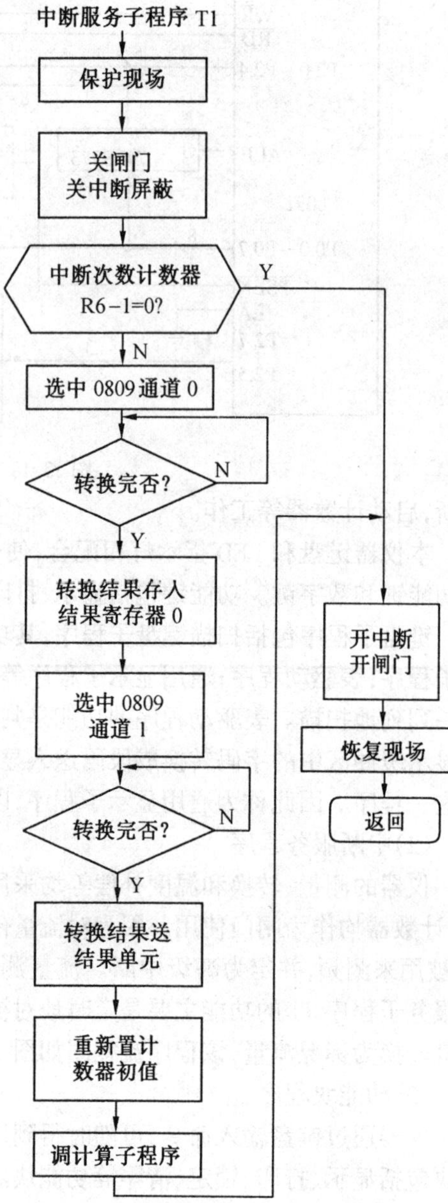

图 13.20　T1 的中断服务子程序框图

13.5　单片机应用系统的开发和调试

一个单片机系统经过总体设计,完成了硬件和软件设计开发。元器件安装后,在系统的程序存储器中放入编制好的应用程序,系统即可运行。但程序运行一次性成功几乎是不可能的,多少会出现一些硬件、软件上的错误,这就需要通过调试来发现错误并加以改正。MCS－51 单片机虽然功能很强,但只是一个芯片,既没有键盘,又没有 CRT,LED 显示器,也没有任何系统开发软件(如编辑、汇编、调试程序等),也就是说 MCS－51 单片机本身无自开发能力。而编写、开发应用软件,对硬件电路进行诊断、调试,必须借助某种开发工具来模拟用户实际的单片机,并且能随时观察运行的中间过程而不改变运行中原有的数据、性能和结果,从而进行模仿现成的真实调试。完成这一在线仿真工作的开发工具就是单片机在线仿真器。一般也把仿真、开发工具称为仿真开发系统。

13.5.1 仿真开发系统简介

1.仿真开发系统的功能

一般来说,仿真开发系统应具有如下最基本的功能。

(1)用户样机硬件电路的诊断与检查;

(2)用户样机程序的输入与修改;

(3)程序的运行、调试(单步运行、设置断点运行)、排错、状态查询等功能;

(4)将程序固化到EPROM芯片中。

不同的仿真开发系统都必须具备上述基本功能,但对于一个较完善的仿真开发系统还应具备:

(1) 有较全的开发软件。最好配有高级语言(C、PL/M等),用户可用高级语言编制应用软件;由开发系统编译连接生成目标文件、可执行文件。同时要求用户可用汇编语言编制应用软件;开发系统自动生成目标文件;并配有反汇编软件,能将目标程序转换成汇编语言程序;有丰富的子程序可供用户选择调用。

(2)有跟踪调试、运行的能力。仿真开发系统占用单片机的硬件资源尽量最少。

(3)为了方便模块化软件调试,还应配置软件转储、程序文本打印功能及设备。

2.仿真开发系统的种类

目前国内使用较多的仿真开发系统大致分为如下两大类。

(1)通用机仿真开发系统

此类仿真开发系统是目前国内使用最多的一类开发装置。这是一种通过通用计算机(PC机)的并行口或串行口,外加在线仿真器的仿真开发系统,如图13.21所示。

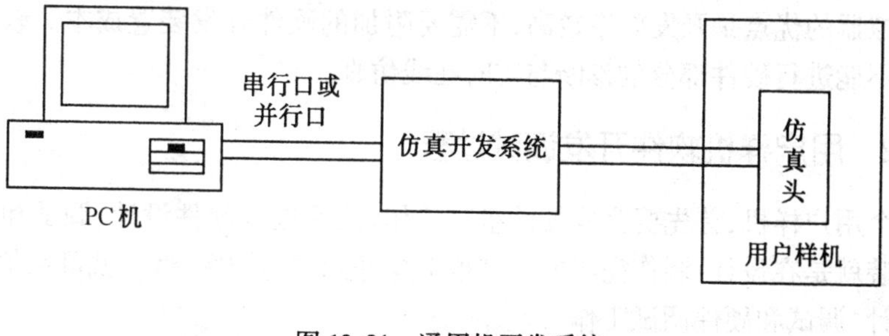

图13.21 通用机开发系统

在这种系统中,仿真开发系统不能独立完成开发任务,必须与PC机的并行口或串行口相连。

在调试用户样机时,仿真插头必须插入用户样机空出的单片机插座中。当仿真开发系统通过串行口(或并行口)与PC机联机后,用户可利用组合软件,在计算机上编辑、修改源程序,然后通过MCS-51交叉汇编软件将其汇编成目标码,传送到仿真器的仿真RAM中。

这时用户可用单步、断点、跟踪、全速等方式运行用户程序,系统状态实时地显示在屏幕上。待程序调试通过后,再使用专用的编程器,通过 PC 机,把程序写入到 EPROM 中。此类仿真开发系统的典型代表是南京伟福(Wave)公司的产品,配置不同的仿真头,可以仿真各种 1~16 位单片机。

通用机仿真开发系统中还有另一种结构,如上海复旦大学的 SICE-Ⅱ、SICE-Ⅳ的在线仿真器。它们采用国际上流行的独立型仿真结构,与任何具有 RS-232C 串行接口(或并行口)PC 机相连,即可构成单片机仿真开发系统。系统中配备有 EPROM 读出/写入器、仿真插头和其他外设。

在与 PC 机联机调试用户样机时,与前面介绍的仿真开发系统的使用方法基本一样。与上一种仿真开发系统不同的是,该类仿真器采用模块化结构,配备有不同外设,如外存板、打印机、键盘/显示板等,用户可根据需要加以选用。在没有通用计算机支持的场合,利用键盘/显示板也可在现场完成仿真调试工作。

(2)软件模拟开发系统

软件模拟开发系统,也称软件模拟器,这是一种完全用软件手段进行开发的系统。软件模拟开发系统与用户系统在硬件上无任何联系。通常这种系统是由通用 PC 机加模拟开发软件构成。用户在通用计算机上安装软件模拟器即可进行软件调试。使用者从南京伟福(Wave)的网站(www.wave.com)上即可下载该软件。

软件模拟器的工作原理是利用模拟开发软件在通用计算机上实现对单片机的硬件模拟、指令模拟、运行状态模拟,从而完成应用软件开发的全过程。单片机相应输入端由通用键盘相应的按键设定。输出端的状态则出现在 CRT 指定的窗口区域。在软件模拟器的支持下,通过指令模拟,可方便地进行编程、单步运行、设断点运行、修改等软件调试工作。调试过程中,运行状态、个寄存器状态、端口状态等都可以在 CRT 指定的窗口区域显示出来,以确定程序运行有无错误。

用软件模拟器调试软件不需任何在线仿真器,也不需要用户样机,就可以在 PC 机上直接开发和调试 MCS-51 单片机软件。调试完毕的软件可以将机器码固化,完成一次初步的软件设计工作。对于实时性要求不高的应用系统,一般能直接投入运行。

软件模拟器的优点是开发效率较高,不需要附加的硬件开发装置成本。软件模拟器的最大缺点是不能进行硬件部分的诊断与实时在线仿真。

13.5.2 用户样机软件开发调试过程

完成一个用户样机,首先要完成硬件组装工作,然后进入软件设计、调试和硬件调试阶段。硬件组装就是在设计、制作完毕的印刷板上焊好元件与插座,然后就可用仿真开发工具进行软件设计、调试和硬件调试工作。

用户样机软件设计、调试的过程如图 13.22 所示,可为以下几个步骤。

第一步,建立用户源程序。用户通过开发系统的键盘、CRT 显示器及开发系统的编辑软件 WS,按照汇编语言源程序所要求的格式、语法规定,把源程序输入到开发系统中,并存在磁盘上。

第二步,在开发系统机上,利用汇编程序对第一步输入的用户源程序进行汇编,直至语法错误全部纠正为止。如无语法错误,则进入下一个步骤。

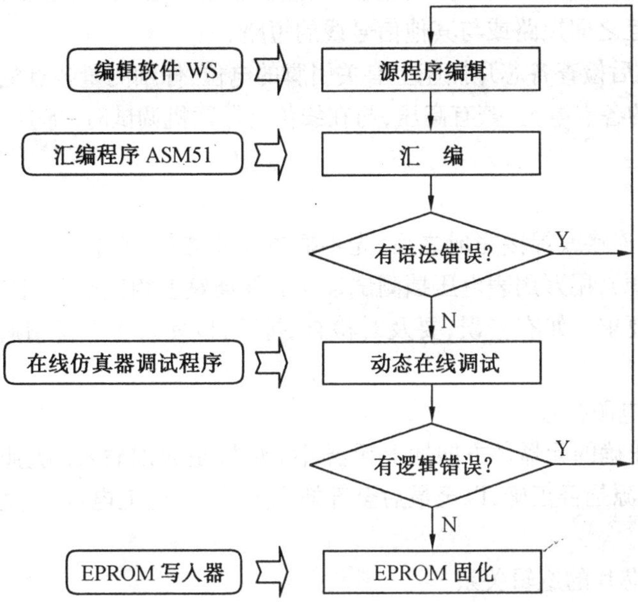

图 13.22　用户样机软件设计、调试的过程

第三步，动态在线调试。这一步是对用户的源程序进行调试。上述的第一步、第二步是一个纯粹的软件运行过程，而在这一步，必须要有在线仿真器配合，才能对用户源程序进行调试。用户程序中分为与用户样机硬件无联系的程序以及与其样机紧密关联的程序。

对于与用户样机硬件无联系的程序，例如计算程序，虽然已经没有语法错误，但可能有逻辑错误，使计算结果不对，这样必须借助于动态在线调试手段，如单步运行、设置断点等，发现逻辑错误，然后返回到第一步修改，直至逻辑错误纠正为止。

与用户样机硬件紧密相关的程序段（如接口驱动程序），一定要先把在线仿真器的仿真插头插入用户样机的单片机插座中（如图 13.21 所示），进行在线仿真调试。仿真开发系统提供了单步、设置断点等调试手段，来对用户样机进行调试。有关部门程序段运行有可能不正常，可能软件逻辑上有问题，也可能硬件有故障，必须先通过在线仿真调试程序提供的调试手段，把硬件故障排除以后，再与硬件配合，对用户程序进行动态在线调试。对于软件的逻辑错误，则返回到第一步进行修改，直至逻辑错误消除为止。在调试这类软件时，硬件调试与软件调试是不能完全分开的。许多硬件错误是通过软件的调试而发现和纠正的。

第四步，将调试完毕的用户程序通过 EPROM 编程器（也称 EPROM 写入器），固化在 EPROM中。

13.5.3　用户样机硬件调试

对用户样机进行调试，首先要进行静态调试，静态调试的目的是排除明显的硬件故障。

1.静态调试

静态调试工作分为两步：

第一步是在用户样机加电之前，先用万用表等工具，根据硬件逻辑设计图，仔细检查样机线路是否连接正确，并核对元器件的型号、规格和安装是否符合要求，应特别注意电源系统的检查，以防止电源的短路和极性错误，并重点检查系统总线（地址总线、数据总线、控制总线）是否存在相互之间短路或与其他信号线的短路。

第二步是加电后检查各芯片插座上有关引脚的电位，仔细测量各点电平是否正常，尤其应注意 8031 插座的各点电位，若有高压，与在线仿真器联机调试时，将会损坏在线仿真器。

具体步骤如下：

(1) 电源检查

当用户样机板连接或焊接完成之后，先不插主要元器件，通上电源。通常用 + 5V 直流电源（这是 TTL 电源），用万用表电压挡测试各元器件插座上相应电源引脚电压数值是否正确，极性是否符合要求。如有错误，要及时检查、排除，以使每个电源引脚的数值都符合要求。

(2) 各元器件电源检查

断开电源，按正确的元器件方向插上元器件。最好是分别插入，分别通电，并逐一检查每个元器件上的电源是否正确，以至最后全部插上元器件，通上电源后，每个元器件上电源应正确无误。

(3) 检查相应芯片的逻辑关系

检查相应芯片逻辑关系通常采用静态电平检查法，即在一个芯片信号输入端加入一个相应电平，检查输出电平是否正确，单片机系统大都是数字逻辑电路，使用电平检查法可首先检查出逻辑设计是否正确，选用的元器件是否符合要求，逻辑关系是否匹配，元器件连接关系是否符合要求等。

2.联机仿真，在线动态调试

在静态调试中，对用户样机硬件进行了初步调试，只是排除了一些明显的静态故障。

用户样机中的硬件故障（如各个部件内部存在的故障和部件之间连接的逻辑错误）主要是靠联机在线仿真来排除的。

在断电情况下，除 8031 外，插上所有的元器件，并把在线仿真器的仿真插头插入样机上 8031 的插座，然后与开发系统的仿真器相连，分别打开样机和仿真器电源后便可开始联机在线仿真调试。

前面已经谈到，硬件调试和软件调试是不能完全分开的，许多硬件错误是在软件调试中发现和被纠正的。所以说，在上面介绍的软件设计过程中的第三步：动态在线调试中，也包括联机仿真、硬件在线动态调试以及硬件故障的排除。

开发系统的在线仿真器是一个与被开发的用户样机具有相同单片机芯片的系统，它是借助开发系统的资源来模拟用户样机中的单片机，对用户样机系统的资源如存储器、I/O 接口进行管理。同时仿真开发机还具有跟踪功能，它可将程序执行过程中的有关数据和状态在屏幕上显示出来，这给查找错误和调试程序带来了方便。同时，其程序运行的断点功能、单步功能可直接发现硬件和软件的问题。仿真开发系统和用户样机的连接如图 13.22 所示。

下面介绍在仿真开发机上如何利用简单调试程序检查用户样机电路。

利用仿真开发系统对用户样机的硬件检查，常常按其功能及 I/O 通道分别编写相应简短的试验程序，来检查各部分功能及逻辑是否正确，下面作以简单介绍。

(1)检查各地址译码输出

通常，地址译码输出是一个低电平有效信号。因此，在选到某一个芯片时(无论是内存还是外设)其片选信号用示波器检查应该是一个负脉冲信号。由于使用的时钟频率不同，其负脉冲的宽度和频率也有所不同。注意在使用示波器测量用户板的某些信号时，要将示波器电源插头上的地线断开，这是由于示波器测量探头一端连到外壳，在有些电源系统中，保护地和电源地连在一起，有时会将电源插座插反，将交流 220V 直接引到测量端而将用户样机板全部烧毁，并且会殃及仿真开发机。

下面来讨论如何检查地址译码器输出，例如，一片 6116 存储芯片地址为 2000 ~ 27FFH，则可在开发机上执行如下程序：

```
LOOP:  MOV   DPTR, #2000H
       MOVX  A,@DPTR
       SJMP  LOOP
```

程序执行后，就应该从 6116 存储器芯片的片选端看到等间隔的一串负脉冲，就说明该芯片片选信号连接是正确的，即使不插入该存储器芯片，只测量插座相应片选引脚也会有上述结果。

用同样的方法，可对各内存及外设接口芯片的片选信号都逐一进行检查。如出现不正确现象，就要检查片选线连线是否正确，有无接触不好或错线、断线现象。

(2)检查 RAM 存储器

检查 RAM 存储器可编译程序，将 RAM 存储器进行写入，再读出，将写入和读出的数据进行比较，发现错误，立即停止。将存储器芯片插上，执行如下程序：

```
       MOV   A, #00H
       MOV   DPTR, #RAM        ;首地址
LOOP:  MOVX  @DPTR,A
       MOV   R0,A
       MOVX  A,@DPTR
       CLR   C
       SUBB  A,R0
       JNZ   LOOP1
       INC   DPTR
       MOV   A,R0
       INC   A
       SJMP  LOOP
LOOP1:出错停止
```

如一片 RAM 芯片的每个单元都出现问题，则有可能某些控制信号连接不正确，如一片 RAM 芯片中一个或几个单元出现问题，则有可能这一芯片本身是不好的，可换一片再测试一下。

(3)检查 I/O 扩展接口

对可编程接口芯片如 8155、8255，要首先对该接口芯片进行初始化，再对其 I/O 端口进行 I/O 操作。初始化要按系统设计要求进行，这个初始化程序调试好后就可作为正式编程的相应内容。程序初始化后，就可对其端口进行读写。对开关量 I/O 来讲，在用户样机板上

可利用钮子开关和发光二极管进行模拟，也可直接接上驱动板进行检查。一般情况下，用户样机板先调试，驱动板单独进行调试，这样故障排除更方便些。

如用自动程序检查端口状态不易观察时，就可用开发系统的单步功能，来单步执行程序，检查内部寄存器的有关内容或外部相应信号的状态，以确定开关量输入输出通道连接是否正确。

若外设端口连接一片 8255，端口地址为 B000 ~ B003H，A 口为方式 0 输入，B 口、C 口都为方式 0 输出，则可用下述程序进行检查。

```
        MOV   DPTR, # 0B003H
        MOV   A, # 90H              ;90H 为方式控制字
        MOVX  @DPTR, A
        NOP
        MOV   DPTR, # 0B000H
        MOVX  A, @DPTR              ;将 A 口输入状态读入累加器 A，单步执行完此
                                    ;步后暂停，
                                    ;检查 PA 口外部开关状态同 A 中相应位状态是
                                    ;否一致
        CLR   C
        MOV   A, # 01H
        INC   DPTR
LP:     MOVX  @DPTR, A              ;将 01H 送 B 口，此指令执行完后，暂停，看 B 口
                                    ;连接的发光二极管状态，第 0 位是否是高电平
        RLC   A                     ;将 1 从 0 位移到第 1 位
        JNZ   LP
        INC   DPTR
        RLC   A
LP1:    MOVX  @DPTR, A              ;将 01H 送 C 口，此指令执行完后，看 C 口第 0 位
                                    ;输出状态
        RLC   A
        JNZ   LP1
```

对锁存器和缓冲器，可直接对端口进行读写，不存在初始化的问题。

通过上面介绍的开发系统调试用户样机过程，可以体会到离开了仿真开发系统就根本不可能进行用户样机的调试，而调试的关键步骤是动态在线仿真调试，这又完全依赖于开发系统中的在线仿真器。所以说开发系统的性能优劣，主要取决于在线仿真器的性能优劣，在线仿真器所能提供仿真开发的手段，直接影响设计者的设计 、调试工作的效率。所以，它对于一个设计者来说，在了解了目前的开发系统的种类和性能之后，选择一个性能/价格比高的开发系统，并能够熟练地使用它调试用户样机是十分重要的。

思考题及习题

1. MCS－51 的四个并行双向口 P0－P3 的驱动能力各为多少？要想获得较大的驱动能

力，最好采用低电平输出，还是使用高电平输出？

2.设计一个单片机测控系统，一般需要哪几个步骤？各步骤的主要任务是什么？

3.画出89C51最小系统的电路图。

4.单片机仿真开发系统的功能是什么？

5.仿真开发系统分为分哪几类？各适合在什么场合下使用？

6.为什么单片机应用系统的开发与调试离不开仿真开发系统？

7.用软件模拟器能否对单片机应用系统中硬件部分进行调试与实时在线仿真？

8.利用仿真开发系统对用户样机软件调试，需经哪几个步骤？各个步骤的作用是什么？

参 考 文 献

1 Intel. Microcontroller Handbook, 1988

2 Intel. Software Handbook, 1984

3 Analog Device Corp. Data – Acquisition Databook, 1991

4 张毅刚.单片机原理及应用.北京:高等教育出版社,2004

5 张毅刚.MCS – 51 单片机应用设计.哈尔滨:哈尔滨工业大学出版社,1990

6 张毅刚.MCS – 51 单片机应用设计.哈尔滨:哈尔滨工业大学出版社,1997

7 张毅刚.新编 MCS – 51 单片机应用设计.哈尔滨:哈尔滨工业大学出版社,2003

8 张毅刚.单片微机原理及应用.西安:西安电子科技大学出版社,1994

9 张毅刚.8098 单片机应用设计.北京:电子工业出版社,1993

10 张毅刚.自动测试系统.哈尔滨:哈尔滨工业大学出版社,2001

11 张毅刚.MCS – 51 实用子程序设计.哈尔滨:哈尔滨工业大学出版社,2003

12 徐君毅等.单片微型计算机原理及应用.上海:上海科学技术出版社,1988

13 涂时亮.单片机软件设计技术.重庆:科学文献出版社重庆分社,1987

14 陈粤初等.单片机应用系统设计与实践.北京:北京航空航天大学出版社,1991

15 何立民.MCS – 51 单片机应用系统设计.北京:北京航空航天大学出版社,1990

16 李华.MCS – 51 系列单片机实用接口技术.北京:北京航空航天大学出版社,1993

17 何立民主编.单片机应用系统的功率接口技术.北京:北京航空航天大学出版社,1993

18 何立民.低功耗单片微机系统设计.北京:北京航空航天大学出版社,1994

19 何立民.单片机应用技术选编.北京:北京航空航天大学出版社,1993

20 王毅.单片机器件应用手册.北京:人民邮电出版社,1995

21 何立民.单片机应用技术选编.北京:北京航空航天大学出版社,1996

22 房小翠.单片机使用系统设计技术.北京:国防工业出版社,1999

23 胡汉才.单片机原理及其接口技术.北京:清华大学出版社,1996

24 王幸之.单片机应用系统抗干扰技术.北京:北京航空航天大学出版社,2000

25 李广弟.单片机基础.北京:北京航空航天大学出版社,2001

26 杨振江.智能仪器与数据采集系统中的新器件及应用.西安:西安电子科技大学出版社,2001